PRODUCT DESIGN & DIGITAL PAINTING

产品数字手绘综合表现技法

[德] 马蒂亚斯·舍恩赫尔（Matthias Schönherr）/ 著
张博　刘睿琪　王晓宇　孙畅 / 译

中国青年出版社
CHINA YOUTH PRESS

简介

关于本书

你对造型设计充满好奇心和兴趣吗？那么你将进入一个拥有上千年历史的领域。图形是一种重要的沟通方式，对造型及其产生的效果的理解反映了我们对一个时代的理解。

数字化手绘表现给人带来一种视觉上的吸引力，就如同是古代的象形文化——石洞壁画所带来的魅力。因此章节的开始也与我们古代的同行息息相关，只不过新的手工工具便是数字绘画。从来没有哪个表现方式能创造如此多的可能性来表达设计思想。

本书可看作一个艺术的工具箱，其内容则是对绘画造型的工具以及方法技巧的讲解，大多数的应用实例将会分步骤讲解。本书面向广大教师、学生以及数字化手绘的爱好者，当然也欢迎专业的设计师来寻找新的设计表达的可能性。

本书的第一部分带你了解什么是数字化手绘以及所需的工具。由于软件和硬件在不断发展和更新，本书只给出一个基本的方法概览，并不能保证所用的是最新版本。这一部分主要是分步骤讲解各种不同的表达方式的案例。在这里，不仅是绘画技巧，绘画步骤也会很清晰地列出。在专业部分你可以看到不同的操作方法。

在本书的第二部分你可以学习绘画的基础，以及了解如何进行数字化手绘。这一部分以透视作为开始，这是一切静物造型的基础，同时附有与其重要程度相一致的练习。本部分会介绍材料和绘画技巧，一个重点是立体模型的构建：这里将会系统地展示理论基础和规则。每一个模型的描绘都与一个可以被理解的逻辑（光照情况）相关。

第三部分讲解造型范围的知识，这个在绘画和造型中常被低估了的领域在效果图中意义重大。这里涉及图形和表现，以及造型与空间的关系。在图形元素的组成（构成）中，通过对比产生的视觉重量，以及图底关系是它的重要组成部分，合理的使用可以大大提高构成元素的质量和说服力。

为了可以更容易更快捷地了解每一个主题，在整本书中的图片下都有简短的备注和描述 （灰色文字）。通过经常重复的步骤，很容易理解其中的相关性。在讲述一些软件的详细内容或者特殊的技巧后有大量重要的网页来源作为补充。

祝愿你们在阅读、翻阅以及使用的过程中获得乐趣和灵感。

马蒂亚斯 · 舍恩赫尔

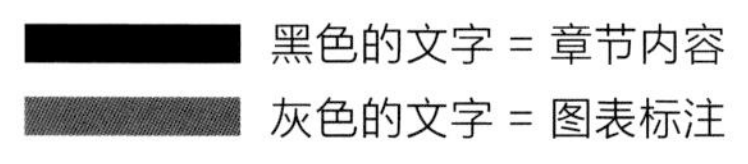

实用的绘画规则及技巧

在这里你可以看到一些绘画的规范和原则，它们是我从作为设计师的工作中、教师生涯，以及创作本书的过程中所积累和总结的。这些技巧可以帮助初学者，同时也适用于专业人士。如果你并不能很快地理解，这些内容还将出现在本书的不同章节中并附有详细的解释。

- 如果你有个想法并想画出来，就立刻行动吧！万事总是开头难。如果你有数字化的设备，那么就使用它们，或者使用扫描和拍照也可以。
- 如果可能的话，用你最喜欢的笔！把它们数字化吧，不断尝试使用笔尖和设置！
- 数字化手绘的一个好处是可以随时更改。你不需要在白纸面前害怕了，每一个步骤都是可以撤销的。
- 不要畏惧尝试新的软件，使用多个软件可以给你带来好处，因为你可以发挥不同软件的功能。
- 绘画是一种练习，在短期的练习和尝试后，你会得到数字化绘画会带来的乐趣。与此同时，你的手绘技能也会相应提高。
- 不要花太多精力在软件技术上（蒙版、图层、滤镜等），尝试一次完成你的创作。
- 在数字化处理过程中使用一个好的基本草图，否则你会花很多时间在修改和完善上。
- 请在绘画初期注意你的透视，以便减少后续的处理。
- 当你要进行数字化绘图时，使用图层（叠加技巧）去做修改以及立体化渲染。
- 每次绘画时，对一些欠佳的部分做后续处理是很正常的。
- 整理你的图层，并且使用效果和路径来提升表达复杂效果的可能性。
- 如果你对画面的表现不是很满意的话，调整画面的对比度。大多数表达可以通过调整对比度的“大-小”以及亮度的“明-暗”来校正。
- 图形元素的构成对整个画面的效果有着很重要的影响。
- 在好的构图中应有一个画面的主体，它是相对突出并且首先被人所感知的。这也是绘画的一个重要部分。
- 与画面中部或背景图像相比，位于前景的图像元素拥有更大的对比度、线条力度、纹理以及颜色的纯度。
- 通过结构、纹理、表面特征以及颜色来赋予画面活力和明确的外观。
- 为了体现物体的真实性，景物的每一个面都应该拥有明暗过渡。
- 调节色调完成你最后的数字化手绘，校准每个图层上的色调，或者复制图像在一个图层上进行色调校准。

目录

需要准备些什么？

- 设备——硬件与软件
- 工作技术和典型程序型工具
- 手绘表现形式
- 专业领域的事例

设备——硬件与软件

数字技术设备和其功能集合始终在不断增加。功能强大的小型设备诸如智能手机和平板电脑扮演着愈发重要的角色。这些设备往往都配备了多元的应用程序和联网功能。一些较大的智能手机尺寸堪比一个小型速写簿，并同样能像速写簿那样使用。而平板电脑有着普通速写簿的尺寸，并能整合高性能的手绘程序。同时，设备种类之间的界限也有重叠。笔记本电脑和台式电脑为高性能的应用程序提供强大的处理能力，更大的屏幕也更能发挥作用。应用程序则以家族系列的形式为不同设备提供不同版本。这使用户对软件的使用更加容易，也减轻了用户学习软件的过程中所产生的负担。除此以外，还调整了专业使用与业余使用之间的灵活性。

- 硬件概览
- 设备种类的比较
- 软件概览

硬件概览

有很多方式可以表达或编辑设计手绘。而现如今，数字化图形编辑是图形领域的核心技术。它让经过数字化后期制作的作品始终能够呈现出与用纸和笔绘画相同的效果。作品的数字化可以通过扫描仪，或更直接地使用相机甚至智能手机得以实现。数字绘画工具能同时为传统的绘画方式和数字化后期制作提供可能性。当然，要使用类似数位板这样的外部设备，电脑和显示屏等硬件支持则是不可或缺的。

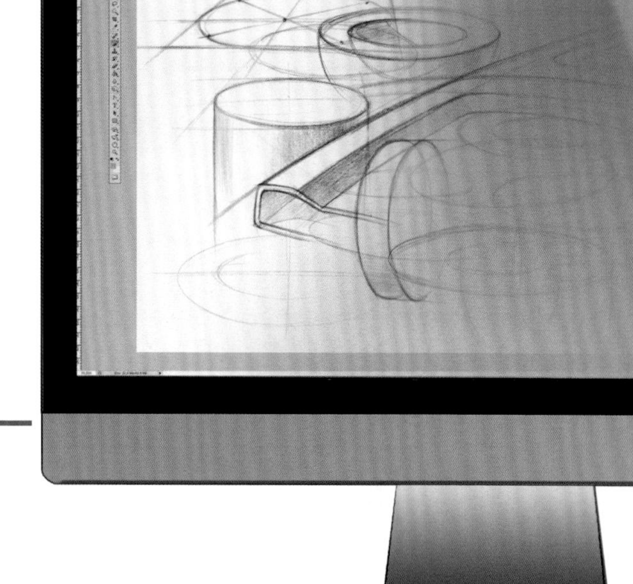

数码相机、平板电脑和智能手机都可以直接对图片或手绘作品进行拍摄，进而对某一部分进行后期制作，或是继续与其他设备协同使用。

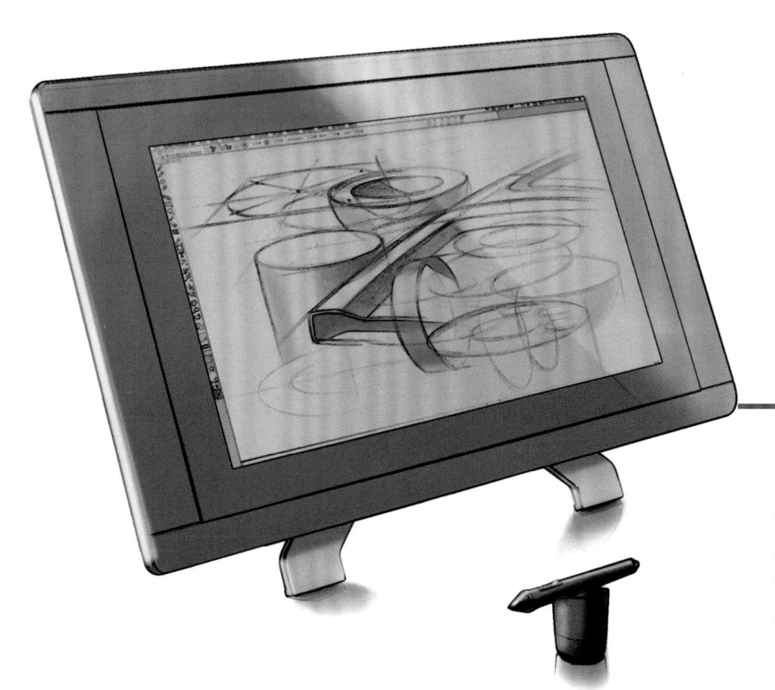

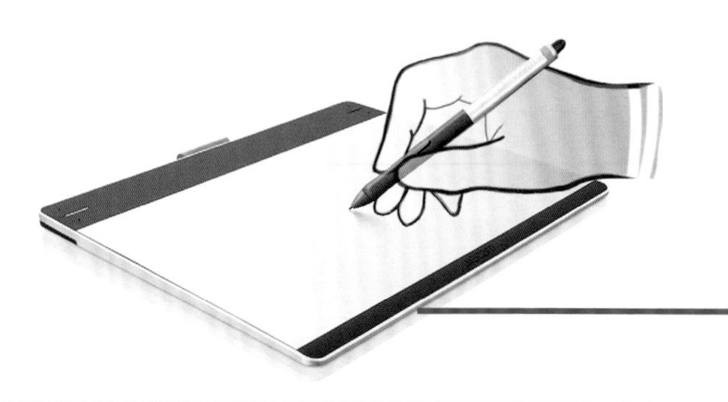

计算机或笔记本电脑所需的设备包括交互式屏幕、显卡以及数位板。绘画时的感觉与传统纸张多少有所不同，因此需要适应性的练习。使用交互式屏幕可以在屏幕上更加舒适地进行直接创作。此外，用户还可以对手绘作品进行直接修改，所有的数字化手绘工具也都可以进行直接设置。

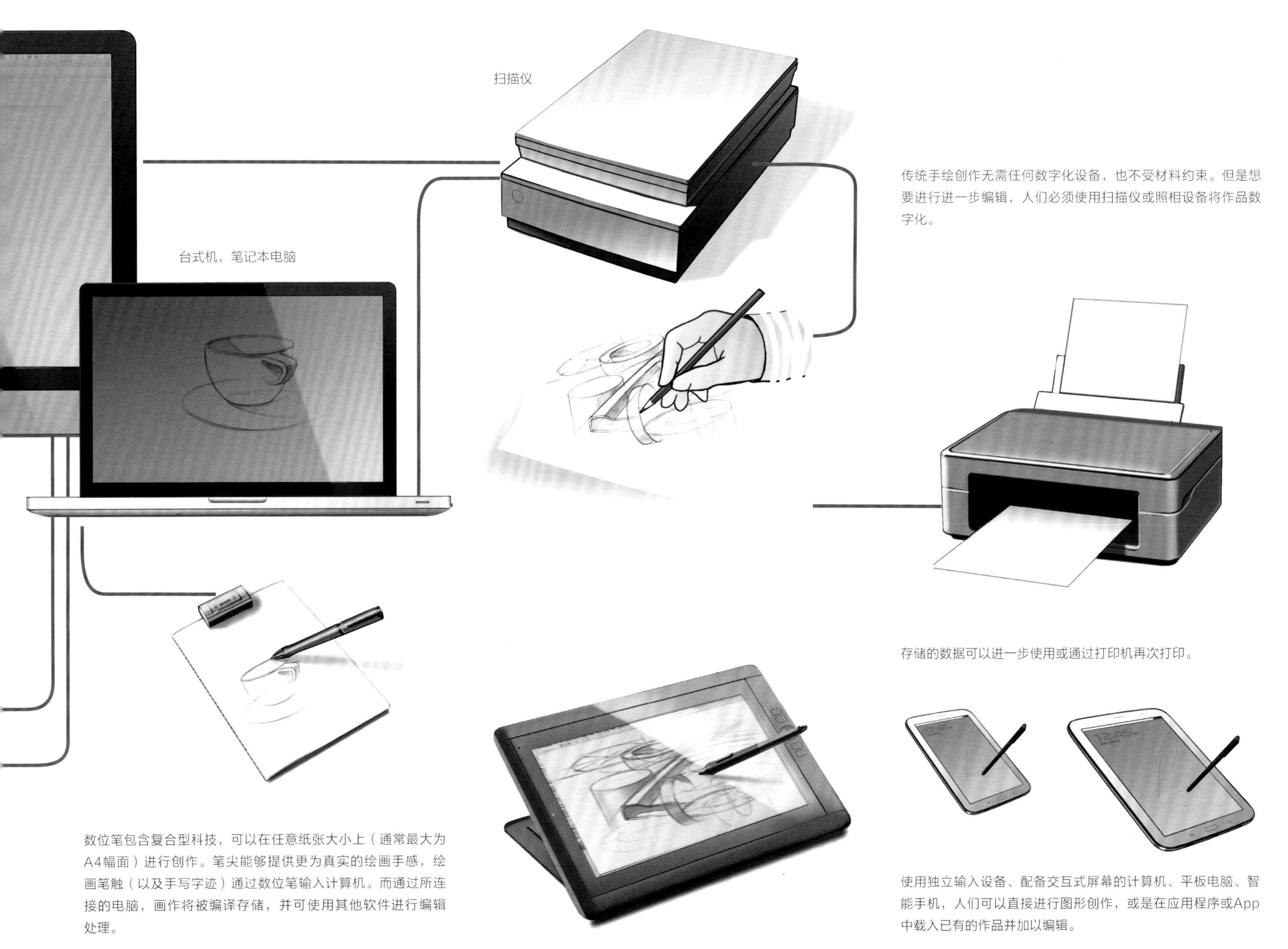

传统手绘创作无需任何数字化设备，也不受材料约束。但是想要进行进一步编辑，人们必须使用扫描仪或照相设备将作品数字化。

存储的数据可以进一步使用或通过打印机再次打印。

数位笔包含复合型科技，可以在任意纸张大小上（通常最大为A4幅面）进行创作。笔尖能够提供更为真实的绘画手感，绘画笔触（以及手写字迹）通过数位笔输入计算机。而通过所连接的电脑，画作将被编译存储，并可使用其他软件进行编辑处理。

使用独立输入设备、配备交互式屏幕的计算机、平板电脑、智能手机，人们可以直接进行图形创作，或是在应用程序或App中载入已有的作品并加以编辑。

设备种类的比较

软硬件的发展不断创造着新的设备和新的功能特性。不同尺寸和功能的设备可以分为多种基本类型，它们对数字化手绘具有不同的适用性。使用方式、专业性以及性能的偏向决定了用户的使用感受。两个决定性的方面包括工作区域（尺寸和质量）和笔尖（响应和精确度）。供专业人士使用的设备在这两方面都可以极好地满足需求。

用于电容式触摸屏如iPad和iPhone的数位笔（尖）是提供真实绘画手感和精确度的理想选择。对于更精确的手绘创作，它们总是比手指绘图更好。Bamboo Stylus Solo（上图左）：6mm 碳纤维柔软笔尖，无压力感应。Andonit Jot Touch和Intuos Creative Stylus 2 （上图中和右）具有更小的笔尖，并且有压感；通过使用蓝牙连接提供更精确的设备响应速度；可以识别手掌的触碰从而避免误触，属于目前此类设备中最好的触控笔。不过在技术层面上，它们的笔尖精度还未达到使用了EMR技术（电磁共振技术）的数位笔的精度，比如一些智能手机、平板电脑和部分Wacom设备所配备的那样。

智能手机

一个4英寸的智能手机（如iPhone 5）也适合作为草图设备。然而在较小的工作区域和笔触精度下，很多绘画操作可能显得不太得当。绘图时常常不得不竭尽最大可能配合缩放功能使用其绘图区域。下图的范例是使用Bamboo Stylus Solo触控笔所绘制的。

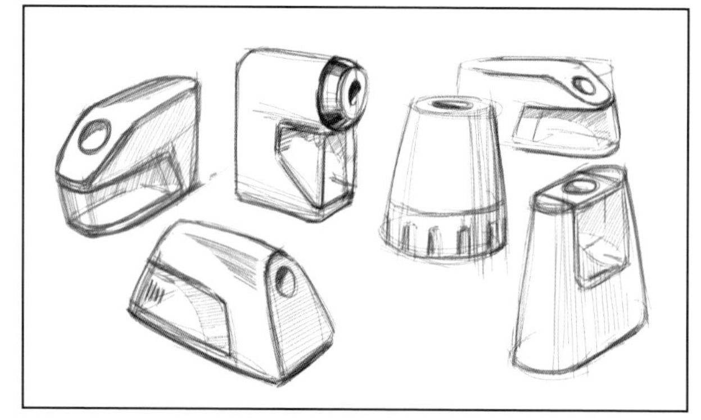

工作区域大约 1:1

可以使用绘图软件的平板电脑

iPad Air（9.7英寸）：精巧的平板电脑，专注于快速草图、会议笔记、创意可视化，更准确的手绘表达需要练习与坚持不懈。笔尖精确度是最大的挑战，但通过笔刷设置和屏幕缩放功能可以解决部分不便之处。如下手绘是使用Adonit Jot Touch在Procreates中创作的。

有桌面级应用程序的平板电脑

基于Windows系统的华硕Asus Note 8.8英寸平板电脑，是小巧但极佳的全能型设备。非常轻便（380克），具有足够的性能和精确的触控笔尖。是一款价格实惠、定位专业的数字草图本，据有更强大的桌面级应用程序，下图示例为SketchBook Pro。

EMR-触控笔

非常纤细的触控笔（可置入设备中携带），被Wacom整合了EMR技术（电磁共振技术），带有1024级压感，极为精确灵敏。从技术层面来说，在显示设备边缘（5mm）可能会产生较差的反馈。

有很多优秀的绘图App可以在iPad上使用。左页示例：Pro-create，极佳的造型手绘应用程序，包含易于设置的笔刷工具。上图示例：Tayasui Sketches，多样的背景，其对笔刷的设置可以精确调节。

拥有桌面级应用程序的平板电脑

Wacom Cintiq 系列，这里所展示的版本配备了Windows系统，屏幕对角线尺寸13.3英寸。功能强大，具有更加优化的绘图功能，可用于CAD、视频编辑和图像编辑等。配合Wacom数位笔和多点触控功能，它甚至等同于一个小型的移动办公室。改变或选择更有效的绘画创作工具，这些额外开支为人们专业绘画技能的提高提供了可能性。本系列另有15英寸屏幕可供选择，便携性有所降低，但可用的工作区域大大增加。

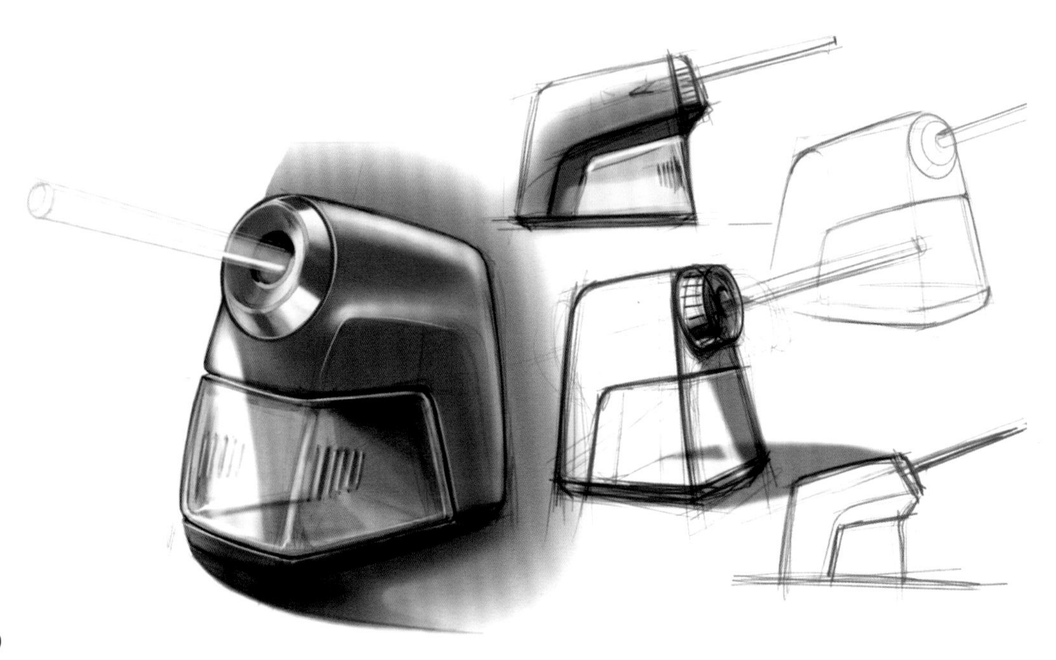

交互式显示屏

为创意而存在的旗舰级产品，22英寸的Wacom Cintiq HD是广为人知的。与计算机或笔记本电脑相连，它为人们在屏幕上的直接绘画提供更加精确灵敏的操作。较大的显示区域允许工具直接陈列或任意布局。程序依赖于所连接的电脑，这也意味着，从CAD到视频编辑，所有这些其他工作也都是可行的。Wacom数位笔更精确的响应（2048级压感）和绘画时更直接的手感建立了行业标准。显示屏幕的表面与一般显示器有所不同，实现更好的显示质量则是在技术层面上的一大挑战，更新的设备可以更好地满足这一要求。触屏版更能提供非常舒适的导航操作和对画作的编辑移动。24和27英寸的设备被设计成了固定的专业工作站。

数位板/手绘版

它们与台式计算机或笔记本电脑协同使用。创作与显示分别在不同的面板上，这有些限制了自由创作，但很适合通过使用自由绘画工具或路径工具来实现对已有作品的描边或填充操作。在屏幕表面能够直接绘画之前，数位板曾是许多诸如汽车设计师等人士的专业工具。它们轻便、价格适中、易于携带。可用的工作区域一般从21*15cm起，也可用鼠标操作。有些供应商还提供不同的尺寸与功能。

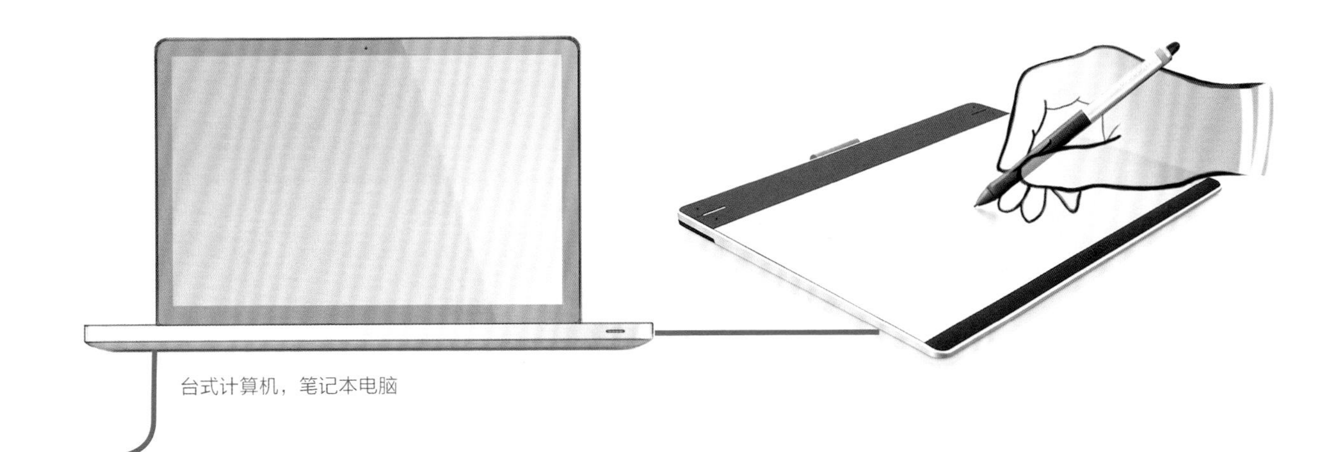

台式计算机，笔记本电脑

本书中手绘类图形编辑和排版编辑（除了对其他设备种类的示例以外）都是使用22英寸的Wacom Cintiq HD所创作的。配合快捷键和配备压力感应和倾斜感应的数位笔使工作变得更加轻松。

软件概览

用于数位手绘和图形编辑的应用程序会由于不同的开发厂商而提供不同的功能。这里只对新程序的开发和内容进行简短概述。在智能手机和平板电脑上也提供了大量可用的应用程序。诸如Adobe公司的专业软件以订阅包的方式提供。软件的多样性以及价格差异与设备和技术相对应。此处在数位绘画可用性方面整理了一些著名应用程序的概览。其中很多都被开发厂商在多种程序中集成了协同性的功能。比如用户可以使用图形处理软件Photoshop进行数位绘画，也可以用矢量图形编辑软件Illustrator进行绘画。

Adobe的程序包为创意工作者提供了非常丰富的选择。

图形处理应用程序是可以用于数位手绘的。例如，Photoshop作为全面的图形软件提供了非常庞大而专业的功能集合，在所有（同类）应用程序中占有着特殊地位。

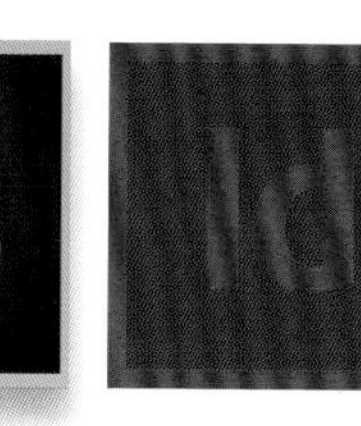

位图编辑应用程序

像素通常被理解为图像传感器或显示器表面上的图像点。这一数值即分辨率，在数位手绘的使用中非常重要，（根据这一数值）图像中精细的层次可以被再现。它适用于照片和手绘表达的再现。比如SketchBook或Painter这样的应用程序。

小型变体程序Photoshop Elements有一些简单的功能集合，很适用于绘画。

矢量图形编辑应用程序

矢量图形是基于数学函数而生成的图形或曲线，它描述了图形的存储形式。这使得用户在放大操作中不会使图像质量有任何损失。矢量元素适用于文本、图形、插画以及Logo，这些元素的形式都有着非常明显的边界。比如Adobe Illustrator或Corel Draw这样的应用程序。

在用于平板电脑和智能手机的软件领域中有一系列基于不同方向的程序被提供使用。面向对数字绘画感兴趣的爱好者，Photoshop Sketch有着更小型的功能集合。

为移动设备提供的Apps。

混合型应用程序

既提供像素处理工具也能对矢量功能进行控制的应用程序。Photoshop作为位图向的程序，也有一些矢量图形向的功能。因此可以把高像素的手绘表达与矢量图形类的字体设计相结合。

Autodesk为专业建模软件和设计软件提供了多种多样的系列产品。

SketchBook Pro 是一个跨平台的专业手绘应用程序（台式机、平板电脑、智能手机）。作为一个专业的混合型应用程序，SketchBook Designer 在一定的约束条件下可以被使用。

Corel 为图形及视频编辑、插画、数字绘画以及图文办公提供了多种不同的应用程序包。

Painter作为全能型应用程序为手绘的使用配备了非常庞大的功能集合。Painter Essentials则是有着极佳的工具和功能的简易版本。

用户也可以找到很多其他开发商提供的可替代的程序。这里是一些推荐的软件。

Windows/ Linux 平台上的应用程序MyPaint：为数位手绘提供了很好的操作工具。

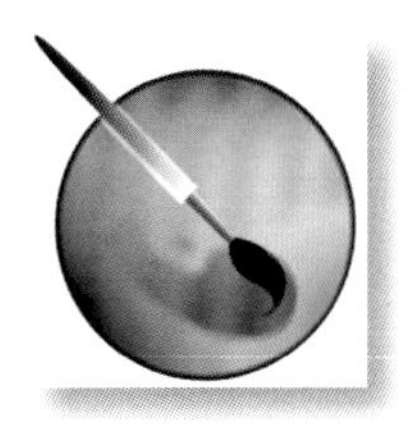

Krita：Windows平台上功能内容广泛的应用程序，为数位板进行了优化，可与Photoshop协同工作，面相艺术创作和手绘表达。

SketchBook Pro的移动版本面向Windows和Mac。SketchBook Express则作为小型版本免费使用。

面向Android移动版本的Painter有大量的工具和功能集合。

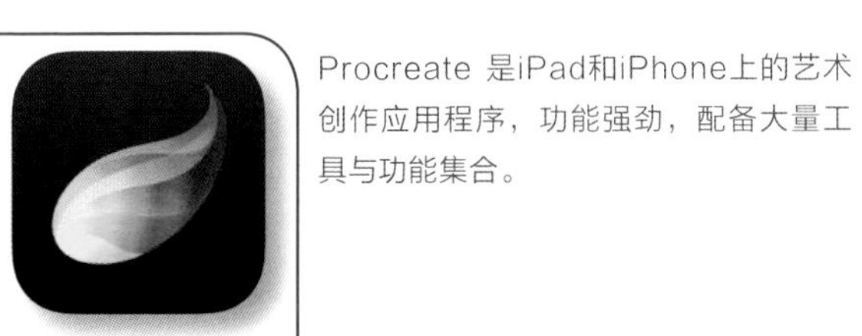

Procreate 是iPad和iPhone上的艺术创作应用程序，功能强劲，配备大量工具与功能集合。

Tayasui Sketches 是个基于更好结构的极佳的手绘软件（iPad / iPhone）。

Photoshop

最经典的一款图像加工软件于1990年诞生1.0 版。直到今天Photoshop还在不断增加它的功能。从CC/2013版开始可作为云版本使用。这个软件需要在一定的期限内付费订阅。具备完备的图片生成和加工功能。对于所有的指令，工具要求和任务它都有相应的解决途径。除了位图编辑处理功能之外，此程序在矢量图形编辑诸如线、面的调整上也具有优势。除了本身所提供的强大功能以外，它与Illustrator或者Indesign等软件也能够很好地结合使用，这让Photoshop在图像处理软件中有着尤为重要的地位。

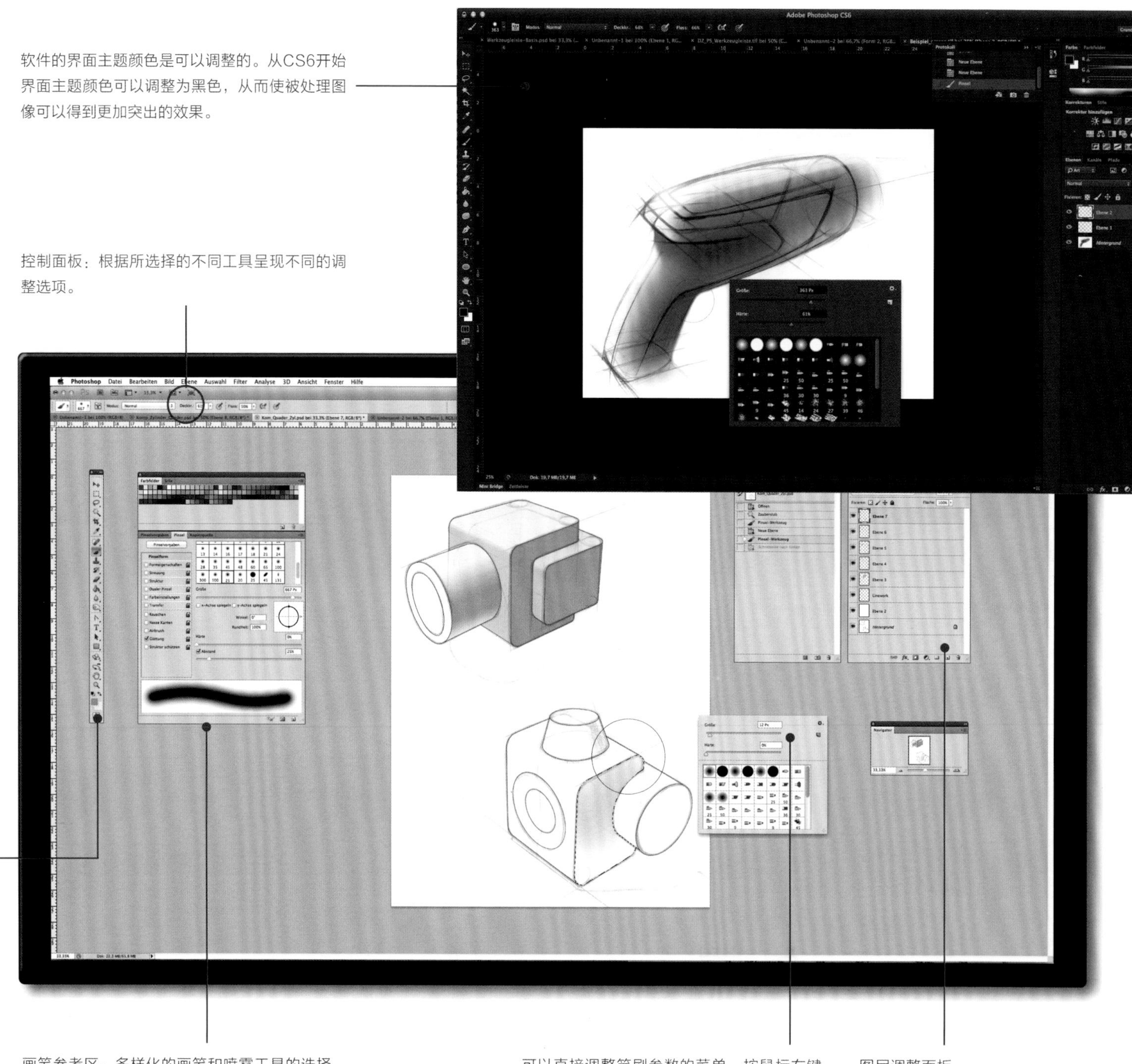

软件的界面主题颜色是可以调整的。从CS6开始界面主题颜色可以调整为黑色，从而使被处理图像可以得到更加突出的效果。

控制面板：根据所选择的不同工具呈现不同的调整选项。

工具栏里涵盖了所有常用的加工具。

画笔参考区：多样化的画笔和喷雾工具的选择，可通过不同参数进行调整。

可以直接调整笔刷参数的菜单，按鼠标右键打开。

图层调整面板

选项栏“控制面板”会根据所选择的功能进行改变。其本身可以通过控制手柄进行移动。以下是一些不同设置选项可能的示例。

工具栏可以说是Photoshop的控制中心区。绝大部分工具都有多于一项的复合功能，通过点击工具右下方的小三角形就可以实现。几乎所有的工具都可以在控制面板中进行功能调节。

工具栏

移动

矩形选框

套索

魔棒

裁剪

吸管

污点修复画笔

笔刷

仿制图章

历史记录画笔

橡皮擦

油漆桶

模糊

海绵

绘图和路径工具

横排文字

路径选择

圆角矩形

抓手

缩放

前景颜色

背景颜色

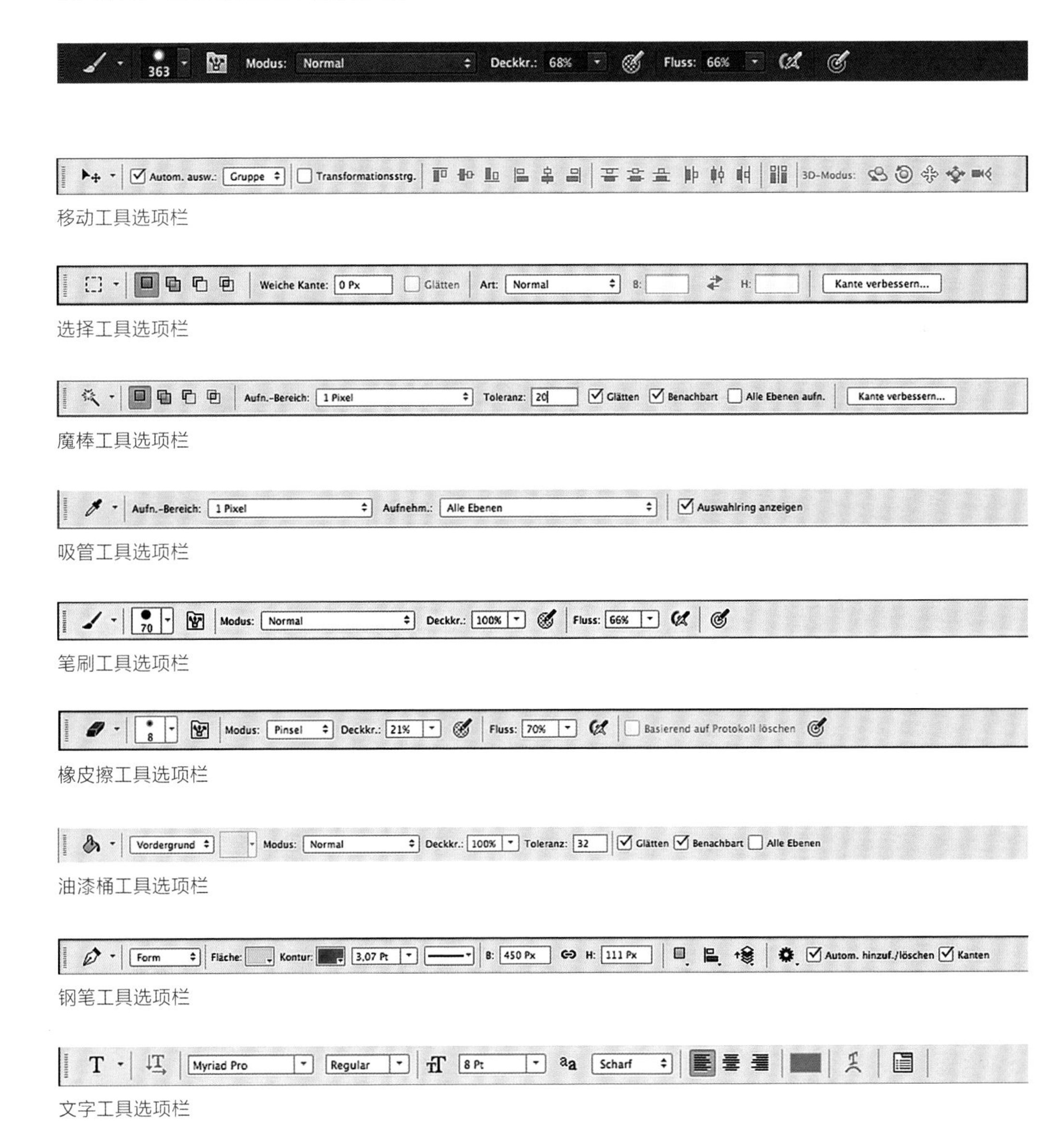

移动工具选项栏

选择工具选项栏

魔棒工具选项栏

吸管工具选项栏

笔刷工具选项栏

橡皮擦工具选项栏

油漆桶工具选项栏

钢笔工具选项栏

文字工具选项栏

Photoshop是一个功能如此强大的软件，以至于人们需要一整本书才能对其全部功能加以阐释。当用户结合矢量工具和图像编辑工具，把软件作为绘图工具使用的时候，Photoshop可以作为绘图软件提供非常丰富的功能。不过用于绘图的功能只是Photoshop全部功能中很小的一部分。Photoshop的一大优势是可以和Adobe旗下的其他软件诸如Illustrator、Indesign等进行协同工作。尽管功能多样，但Photo-shop同样是个可以直观学习的软件。软件作为绘图工具所提供的各项主要功能将在这一章节进行介绍。

状态栏：这里所显示的是所选工具的必要参数（此处为笔刷），譬如不透明度。

图层面板提供许多信息与设置选项：此处是图层混合模式和不透明度。

工具面板：最重要的工具集合都集中在这里。

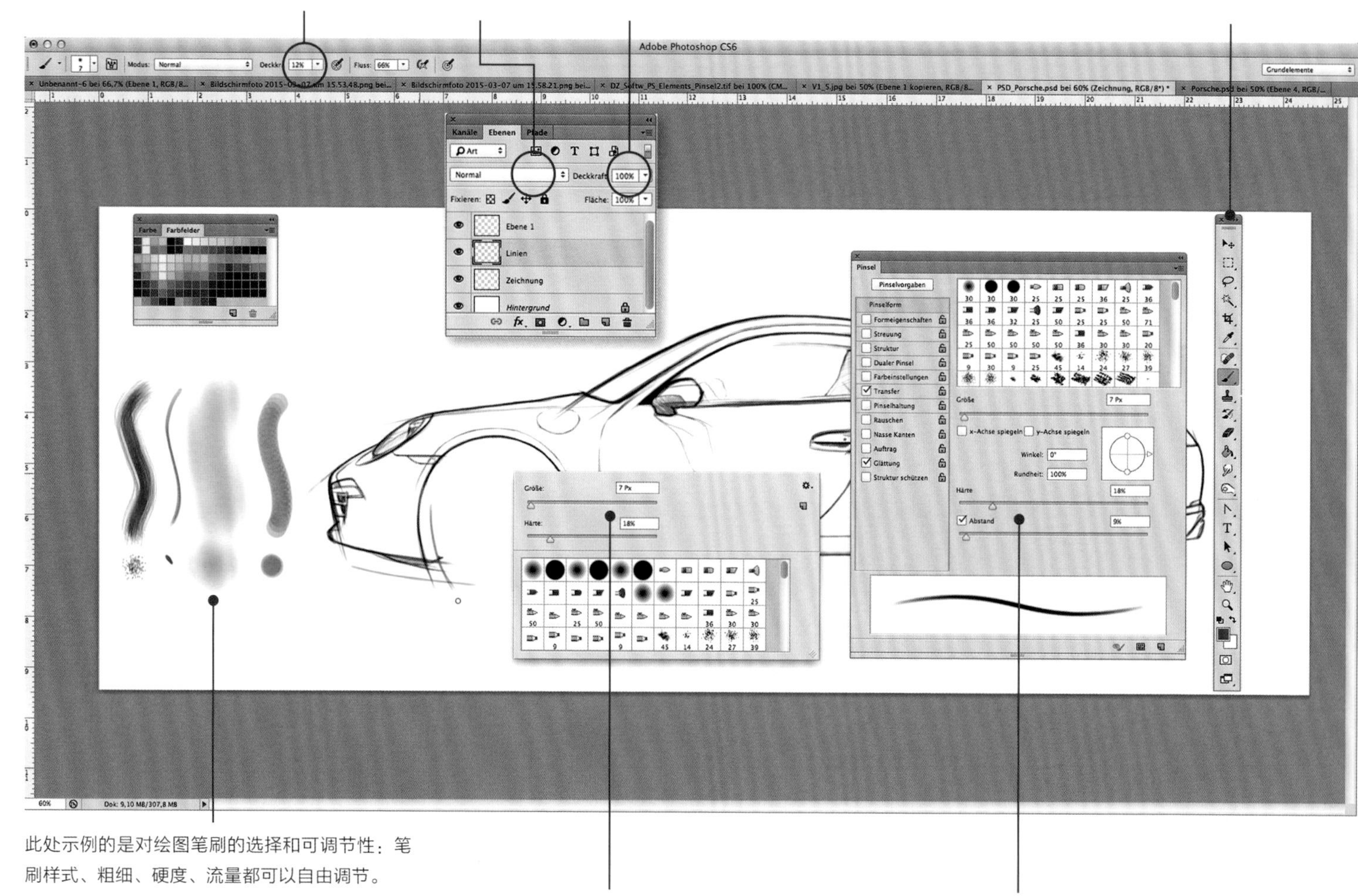

此处示例的是对绘图笔刷的选择和可调节性：笔刷样式、粗细、硬度、流量都可以自由调节。

参数的直接设置：此处所显示的是笔刷的参数设置面板，可以直接通过单击鼠标右键呼出。

笔刷有极为丰富的选择和设置选项。设置之后的笔刷可以随时进行存储与再次调出使用。

路径的调节置于绘图区内。它可以被选择、填充或是生成笔刷笔触的形式。

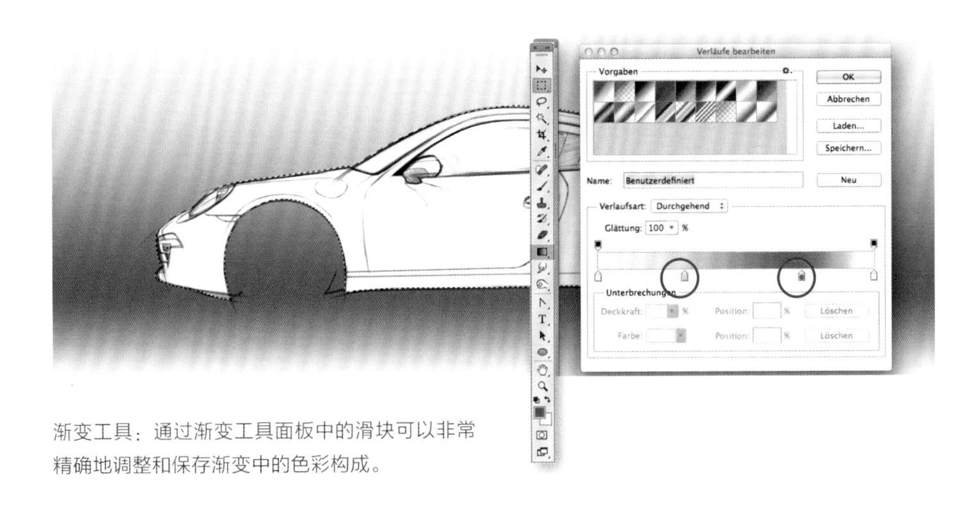

渐变工具：通过渐变工具面板中的滑块可以非常精确地调整和保存渐变中的色彩构成。

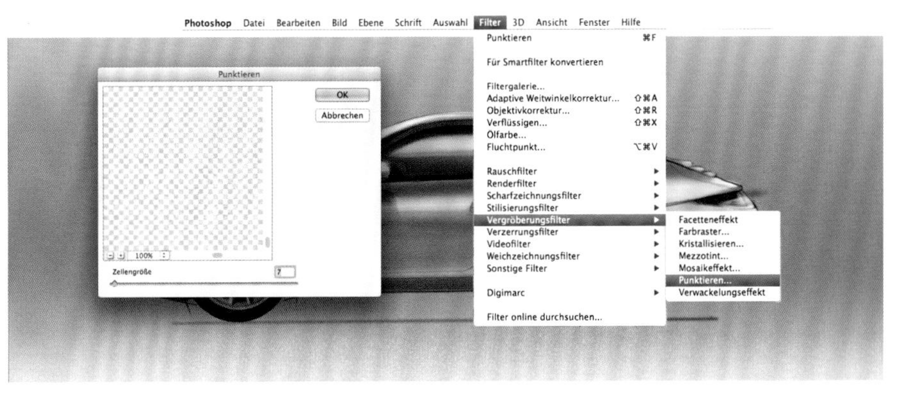

在菜单栏中的滤镜菜单下，许多经典的Photo-shop滤镜可以被选择使用。其他滤镜也可以被加载出来。它们可以互相组合使用，您可以进行更多不同的充满乐趣的尝试。

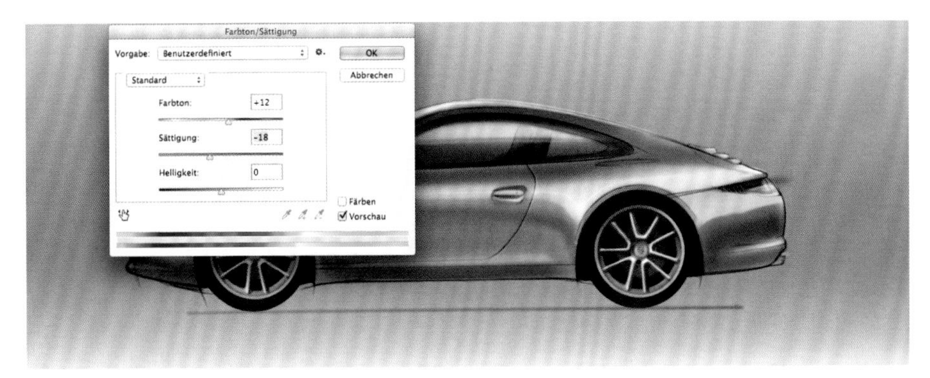

调节色调、饱和度和亮度的操作面板，也是最重要的功能菜单之一。在图形编辑下的次级菜单或图层面板上的图层设置中可以呼出此菜单。

这是图层面板的效果：您可以通过着色或擦除使其变得更透明或颜色更厚重。这使得在不改变本图层本身内容的前提下，可以对图层进行精确编辑调整。

Photoshop Elements

更加精简而实惠的Photoshop全功能软件。同样作为图像编辑处理软件，它也提供了使用丰富的工具进行出色手绘创作的可能性。通过应用程序Elements+，比如使用钢笔工具进行自由路径绘制等不同功能，软件水平甚至可以达到Photoshop（完全版）的程度。即使没有更多的路径功能，通过魔术棒、套索和磁性套索等工具也能实现随心所欲地调整与设置。颜色调节工具和滤镜是整合在一起的。在图层中使用图层蒙版功能以及设置图层（混合）样式可以简化手绘创作中的许多复杂步骤。软件结构（本身）和Photoshop完整版是相对应的。如果觉得Photoshop太专业难以操作，那么这个简易版应该能满足更普遍性的需求。

工具：类似于Photoshop（完整版）的工具区域展示、选择、优化、绘画、修改、颜色以及对前景色和背景色的展示和调换按钮。

信息、导览、记录、色板和文档的组合工具面板。此处的范例是导航区的视图放大或缩小功能。

带有指令的图层面板：新建图层、填充和设置图层、图层蒙版、锁定全部像素、锁定透明像素、废纸篓以及通用菜单。

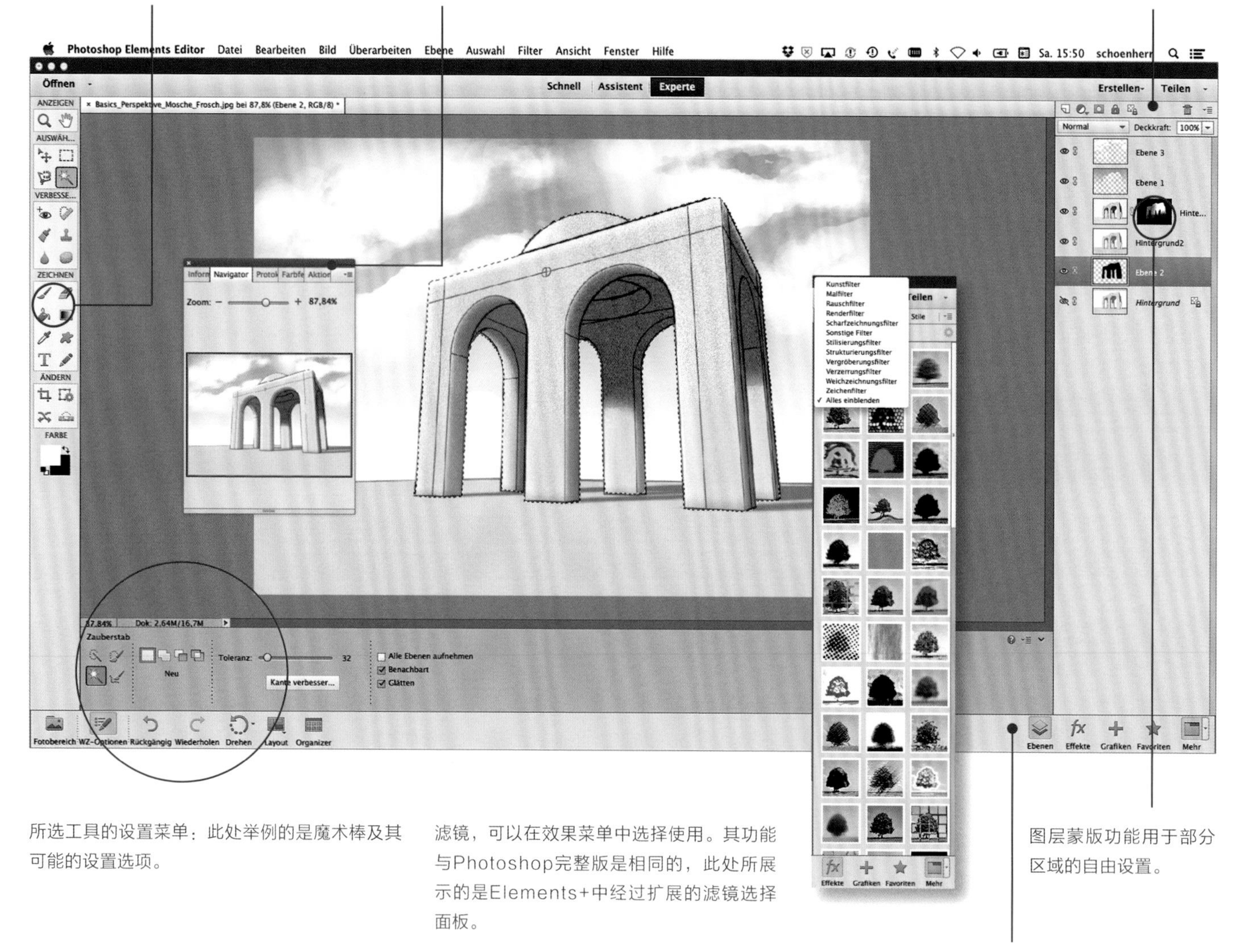

所选工具的设置菜单：此处举例的是魔术棒及其可能的设置选项。

滤镜，可以在效果菜单中选择使用。其功能与Photoshop完整版是相同的，此处所展示的是Elements+中经过扩展的滤镜选择面板。

图层蒙版功能用于部分区域的自由设置。

用于选择显示图层面板、滤镜面板、图形面板、收藏夹以及一个综合的选项区域（右侧箭头）包含更多功能，比如历史记录。

渐变工具设置面板：此处为线性渐变。渐变可以设置为线性、圆形、折线型、反射型和菱形并可以进行保存。

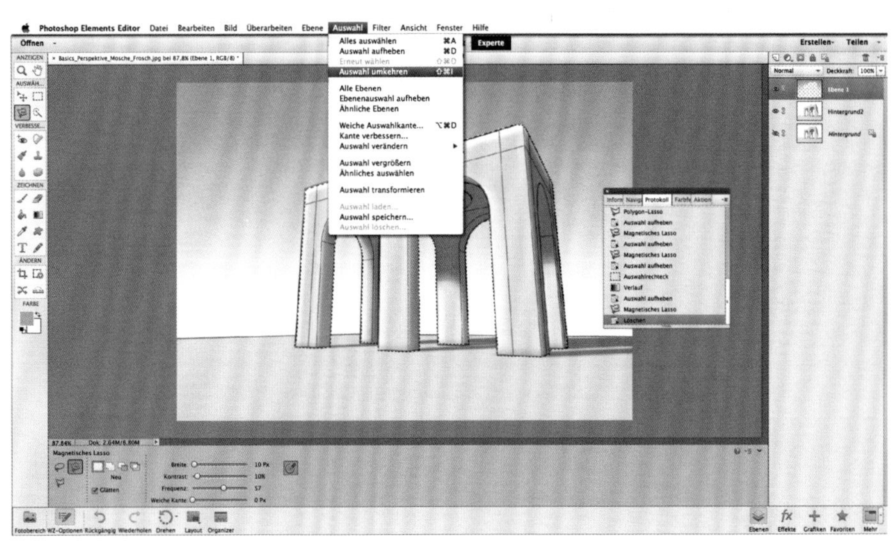

选择工具是可以进行设置的，通过使用选择工具可以对路径工具进行部分设置或修改。用户可以在已选择的区域外继续增加选区，也可以减少或进行交集区域的选择。

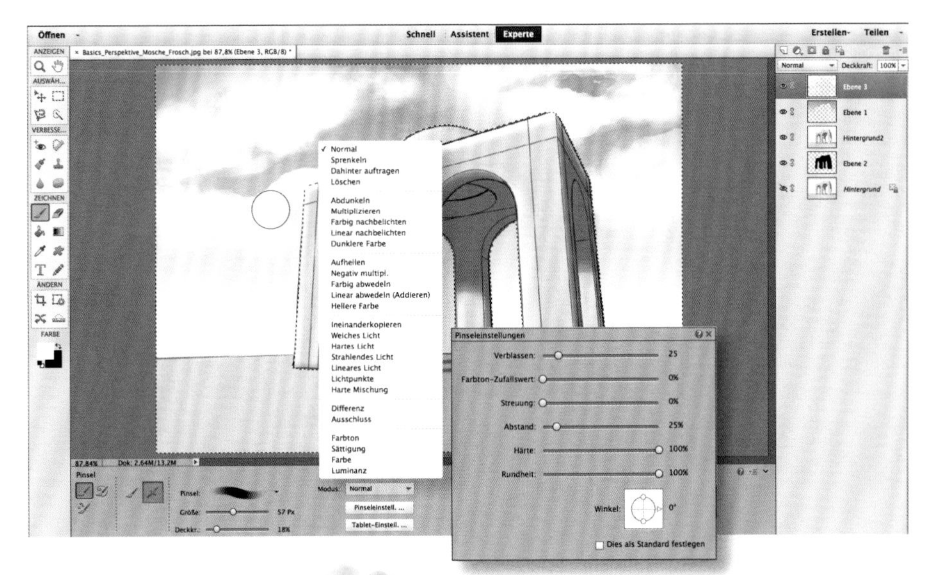

画笔和喷枪设置：画笔的笔触是可以选择的，类似于对绘画工具通过调节参数来达到不同效果。

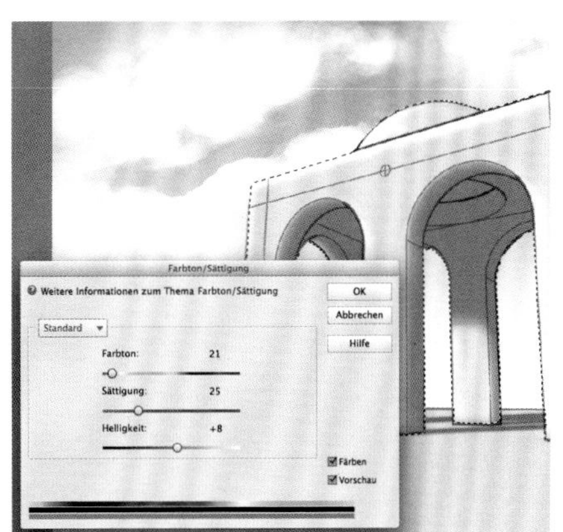

色彩设置面板：这里展示的是对三个参数色调、饱和度和明度的调节，可以调整选区或图层的颜色。

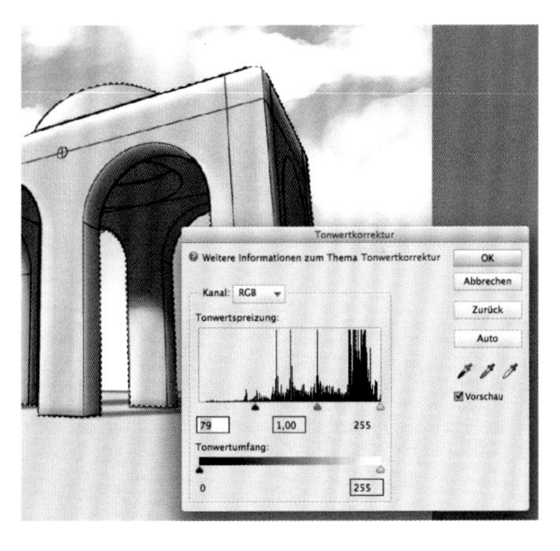

色调校对：跟Photoshop完整版用法相同，可以在艺术创作以及手绘的最终步骤中对色调范围进行调节的重要工具。

SketchBook Pro

这是配备了内容丰富、面向数位手绘功能与工具的应用程序。虽然缺少色彩滤镜与类似路径的矢量图形功能，然而也通过极为丰富的自由创作工具得到了弥补。种类多样的绘画工具均可以很好地进行设置。总体来说软件的使用非常直观且易于迅速掌握。许多快捷键以及鼠标操作都与其他（同类）软件相同。软件内整合的全套Copic色彩库、标尺以及图形变换工具展示了高度简易的操作与自然绘图手感之下所实现的面向专业设计草图的应用程序。软件目前的版本采取以每年或每月（订阅）付费的形式。多种版本（Mac/Windows）实现了在台式计算机、平板电脑以及智能手机上的可用性。用简化版本SketchBook Express可以进行试用。

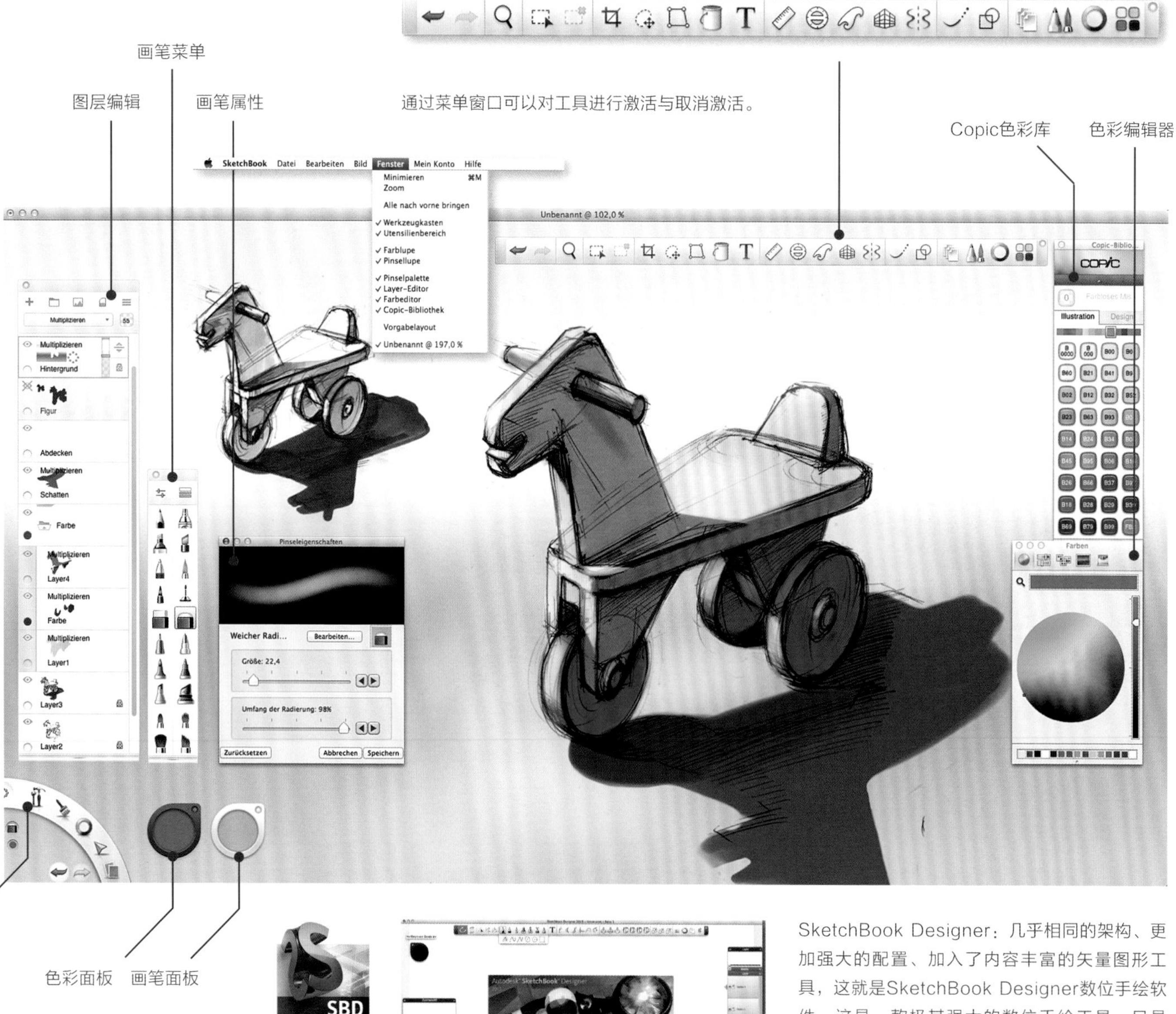

SketchBook Designer：几乎相同的架构、更加强大的配置、加入了内容丰富的矢量图形工具，这就是SketchBook Designer数位手绘软件。这是一款极其强大的数位手绘工具，只是SBD（SketchBook Designer）只与Auto-desk Design套装系列的其他产品共同（绑定）出售。

右图：图层编辑器。图层可以进行管理、排列，或赋予不同的图层属性。

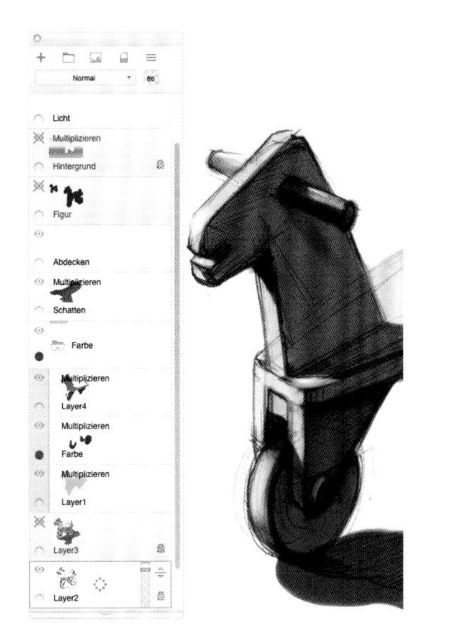

填充工具允许曲面、线性和径向填充。这些都可以通过多种方式进行编辑，并提供包括色彩选项在内的附加选项卡。

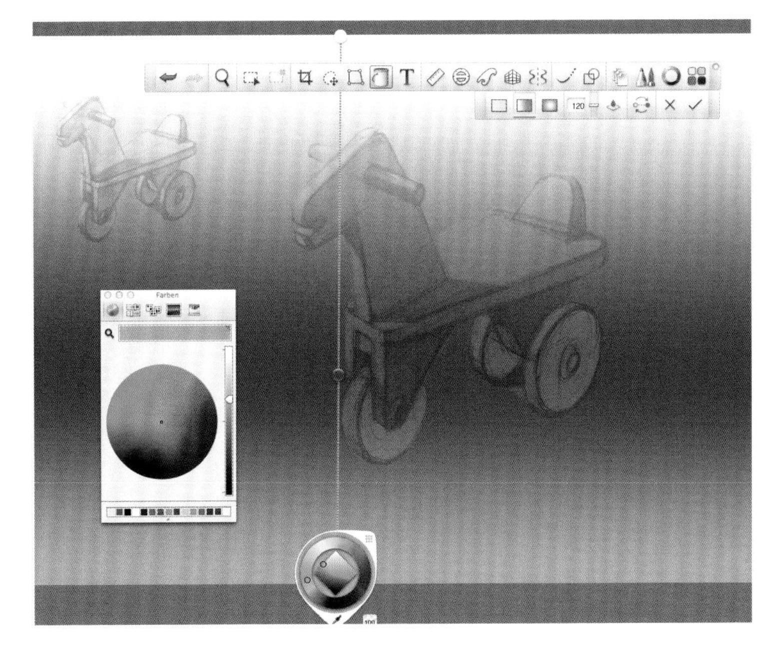

画笔属性对于所选的不同工具是不同的，通过它可以对绘画工具进行随心所欲地改变。

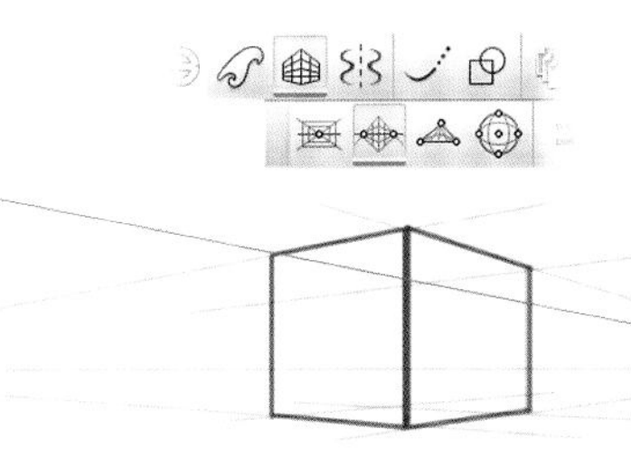

左图：透视辅助线工具，这里显示的是两点（透视）模式。它允许用户通过透视网格绘制复杂图形。

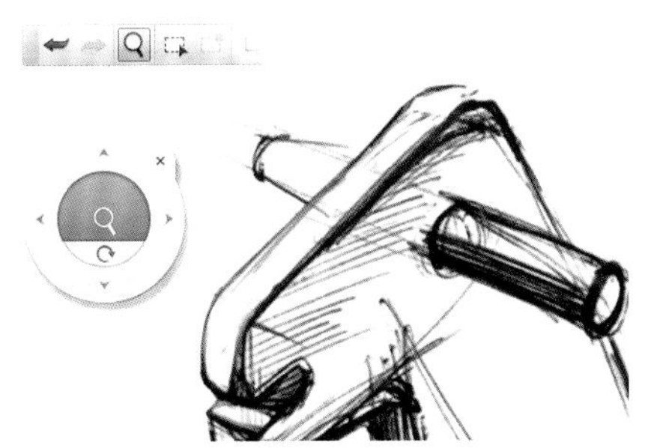

缩放工具：这一工具可以放大、缩小、旋转和平移图像（也可以通过键盘的空格键操作）。通过一番练习可以快速而舒适地进行操作。

选择工具：通过弹出式菜单可以激活各种选择方式，例如使用套索。选择的选区也可以添加、减少、反向和删除。

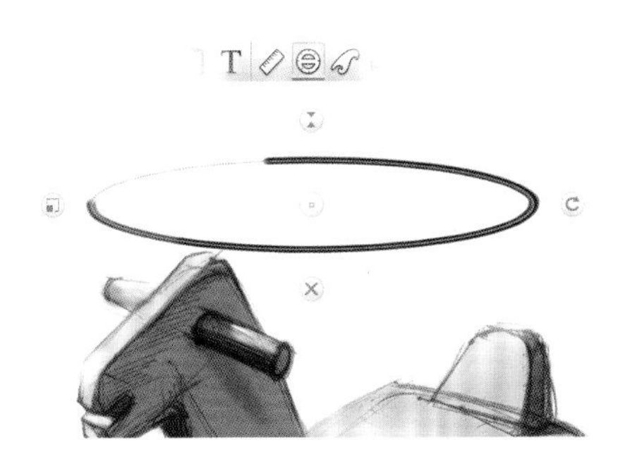

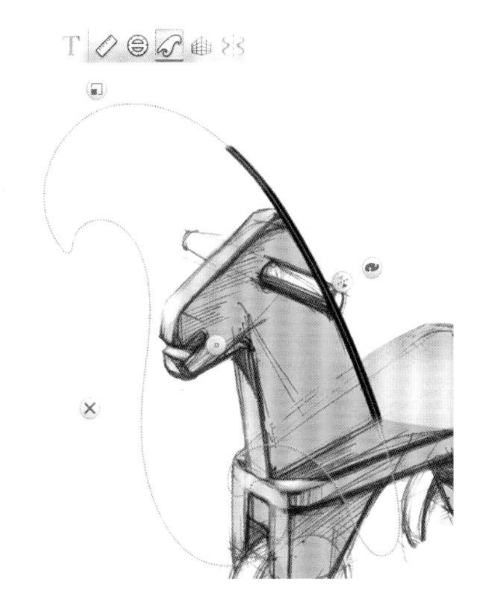

直尺、椭圆和法式曲线都是很好的绘图辅助工具，线条可以非常精确地与图像统一。这些线可以被旋转，翻转和调整大小。

Corel Painter Essentials

完整版本软件Corel Painter的小兄弟。这是一个价格便宜的软件，适合软件初学者。同时它丰富的功能和完备的结构又十分适合专业人士使用。最重要的绘图工具和加工功能都具备。绘图工具选择十分多样，不同工具之间能很好地结合使用，因此很适合绘画创作和设计工作。但如果要使用矢量功能、数字绘画功能和其他更多样化的工具，还是更推荐Corel Painter。Painter Essentials没有路径工具。这两种软件都有适用于Mac和Windows系统的版本。

状态栏：位于窗口菜单一栏，这与许多其他软件相同。

属性栏：显示所选工具的属性及设置选项。

通过色彩表或颜色混合器可以快速选择色调。而通过色轮和色调三角可以更加精准地选择颜色。

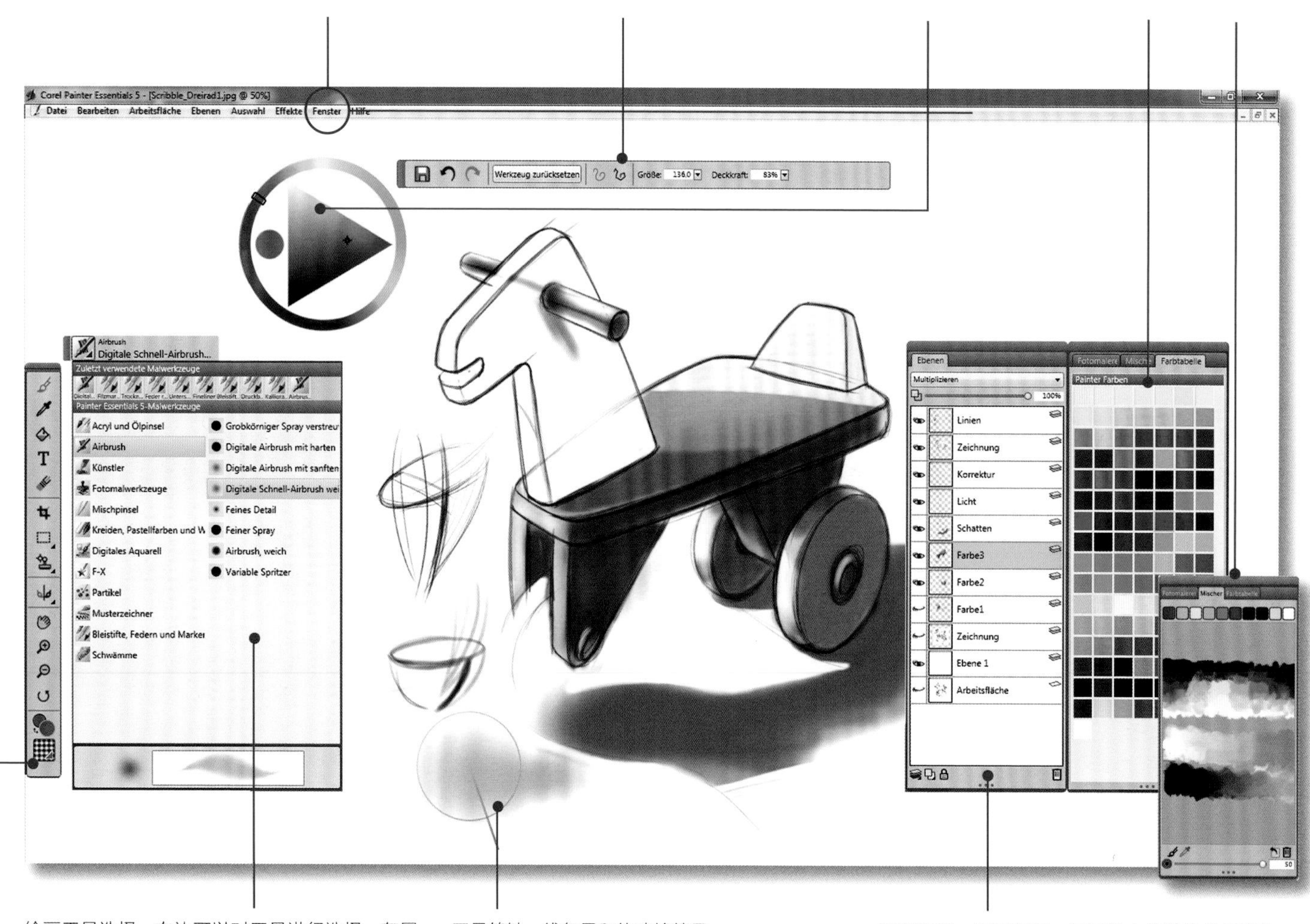

工具面板：它包含了绘图工具、吸管、填充工具、文本、橡皮擦、裁剪、选择、印章、镜像工具，前景色和背景色（等）。

绘画工具选择：右边可以对工具进行选择。在属性栏中可以进行设置。

工具笔触：线条柔和的喷枪效果。

图层面板：显示图层。与其他大多数软件相同的组成，直观可见且易于设置。图层模式是可以选择的，比如设置“图层叠加”效果，这通常是手绘表达中非常重要的一种设置类型。

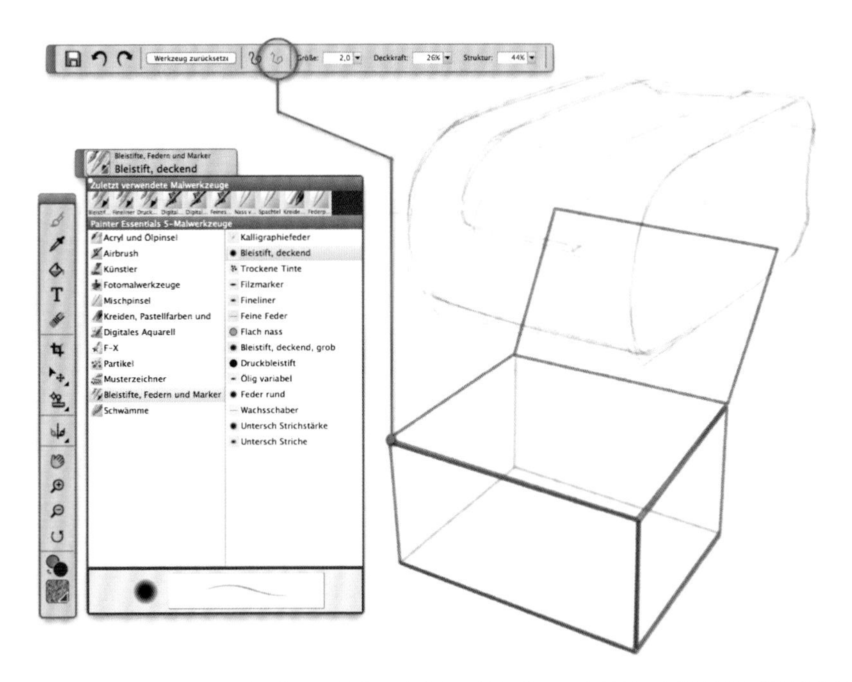

极为丰富的画笔工具及其属性设置为直观的数字手绘提供了极大便利。上图所展示的是使用清晰边缘以及低不透明度的喷枪工具所绘制的，可见非常适用于创作草图。下图所展示的“不透明铅笔”所用的是“直描”功能，适合进行概念创作。

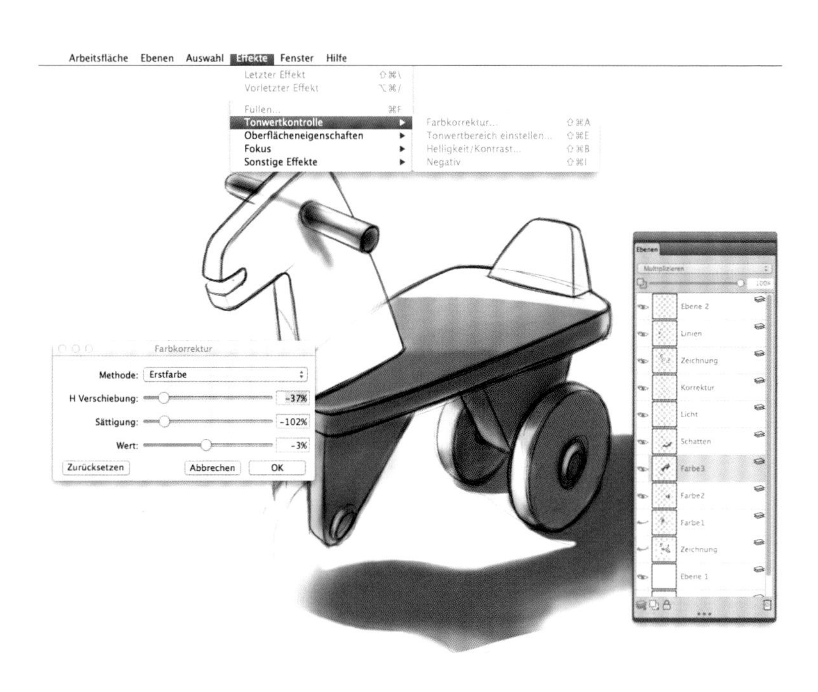

在菜单栏的效果选项下集合了一系列的图像编辑功能。经典功能诸如色调、亮度/对比度调节以及色彩校正等，此外还有填充和纹理，可以设置表面材质。

功能：移动、放大缩小、旋转画布，像其他软件一样，这些功能都可以很好地相互结合使用。

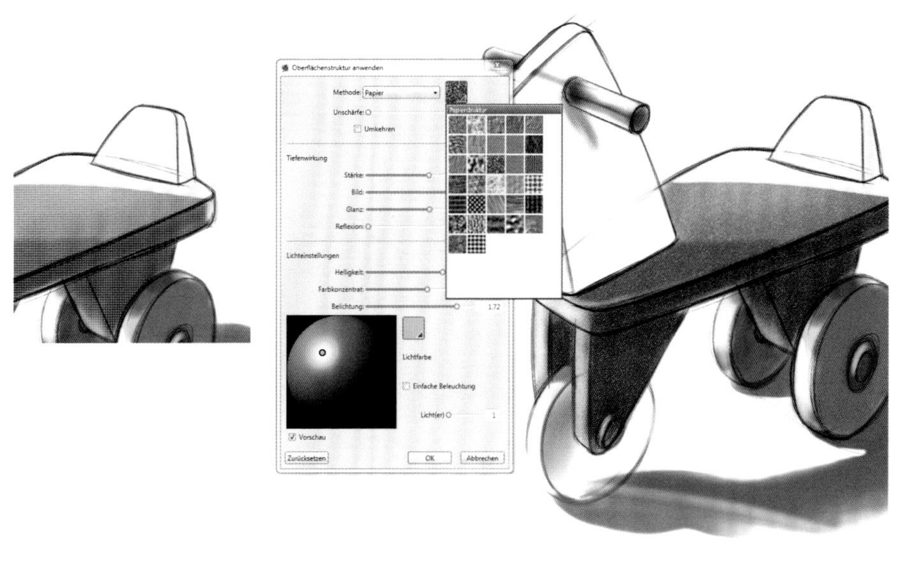

通过菜单项中的效果-表面属性-结构选项，可以对表面赋予不同结构并通过多项参数进行调节。

工作技术和典型程序型工具

创作绘画和手绘表达的方式已经被数字化所带来的诸多可能性所广泛扩展。因此，不存在某一种特定的或正确的方式，而是有大不相同的技术和方式去创建和编辑图像。在这一章节里，概述中将会介绍绘图方式的选择以及绘图程序中的典型工具。这些（应用程序及工具）都可以进行进一步的创造性开发或单独改变。此外，手绘技法和使用程序时所需的基本知识仍然是必要的，这会帮助用户扩展涉及手绘技法等方面丰富的知识，也使得对大范围（多方面）进行表达以及个人（手绘）风格的发展成为可能。通过对不同程序和设备进行实验以不断产生新的组合，正是这些发展过程的组成部分。

- 成稿 / 草稿
- 扫描
- 典型应用程序的工具

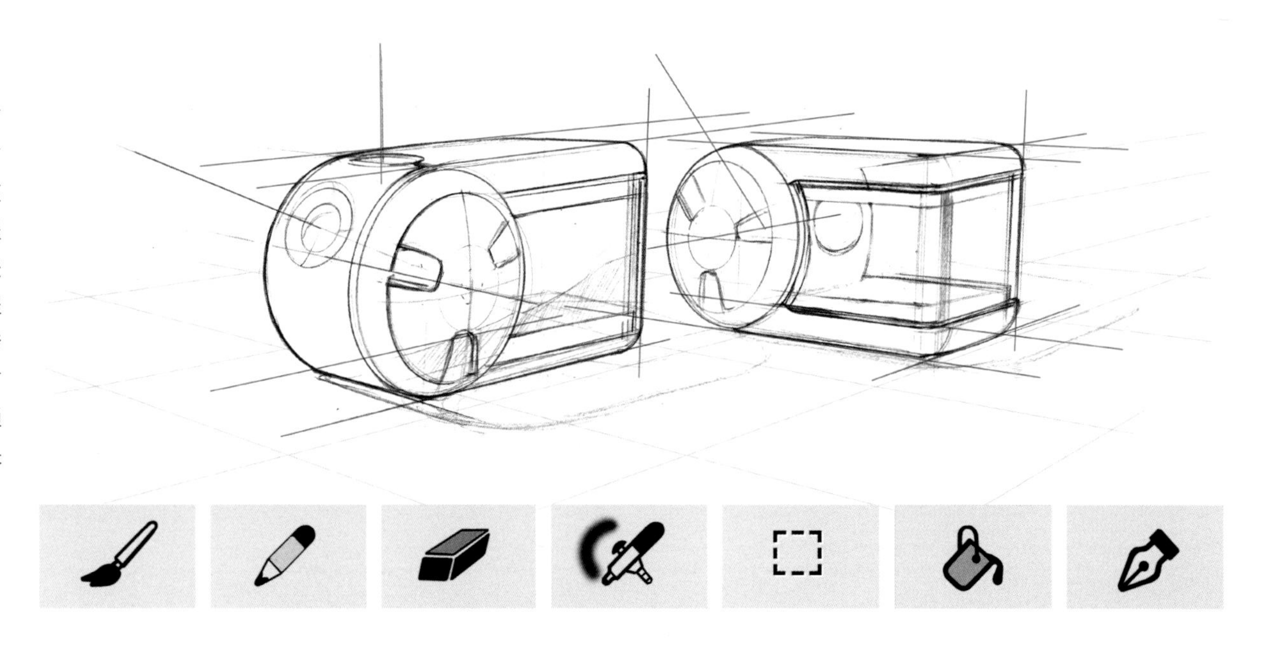

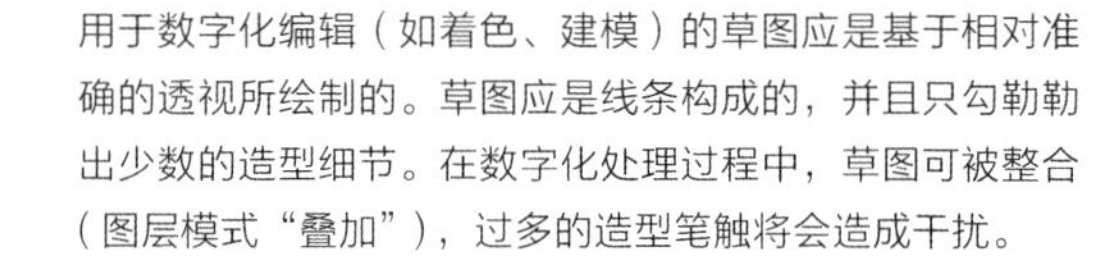

成稿 / 草稿

生成数字化手绘表达的传统方法，是通过一个近似的草图开始的。使用彩色画笔时的绘画手感是极其直接的，例如一支非水溶彩铅。创作时的全神贯注不会因为工具的变换或调整而被打断。因此，许多专业的设计师都会用这种方法工作。通过数字化处理之后，设计草图每一部分的生动活力和图像质量将可以进行保存。

草图将在很大程度上确定最终的手绘表达的效果。它应是：

- 透视正确
- 以线条为主
- 展示外轮廓和组成部分
- 清晰表达光影方向
- 通过多方位表达确定物体空间分布
- 有着灵活有趣的构图

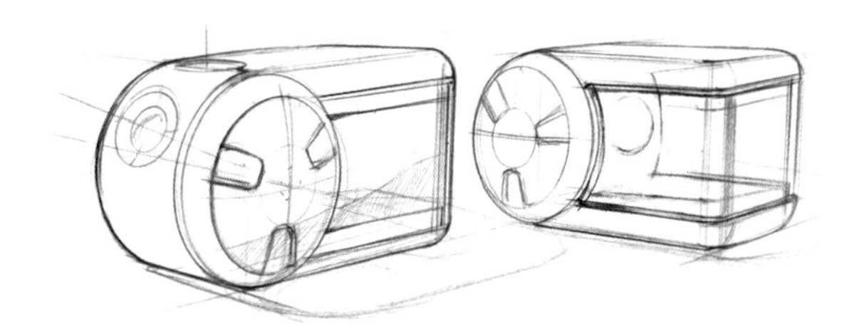

用于数字化编辑（如着色、建模）的草图应是基于相对准确的透视所绘制的。草图应是线条构成的，并且只勾勒勒出少数的造型细节。在数字化处理过程中，草图可被整合（图层模式“叠加”），过多的造型笔触将会造成干扰。

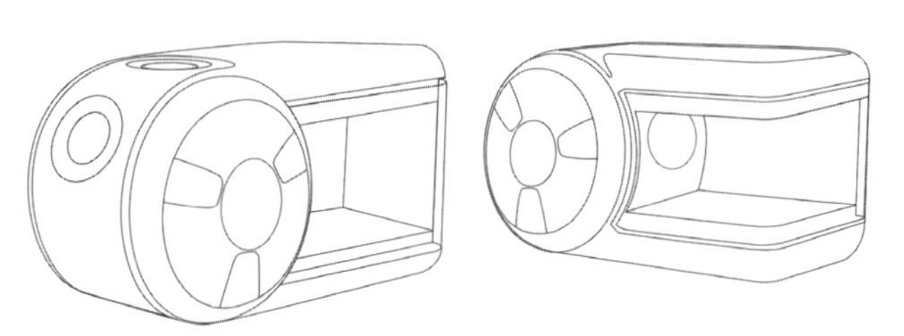

此处所展示的是以矢量图形作为草稿（例如，通过路径工具），通过魔棒工具对（封闭）面进行选择以填充，以此生成真实而准确的手绘表达。

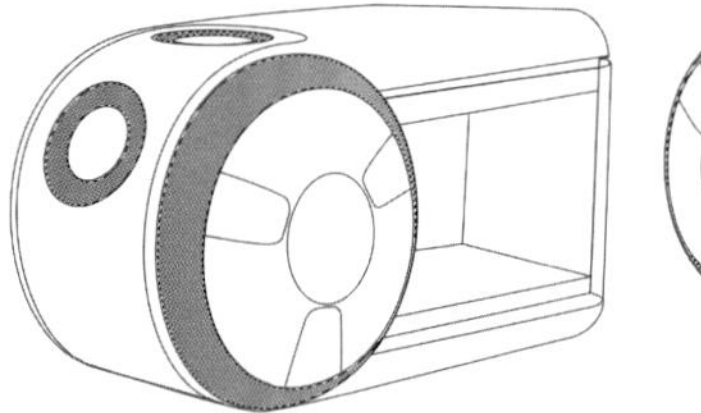

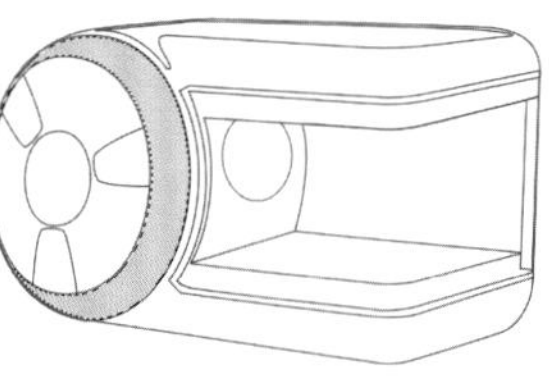

（封闭的）平面区域通过魔棒工具生成选区，以此可以手动使用笔刷填充、使用渐变工具过渡不同颜色，或在各个图层中以平面填充的形式编辑处理明暗面。

对草稿或设计草图进行进一步编辑处理的三种方法：

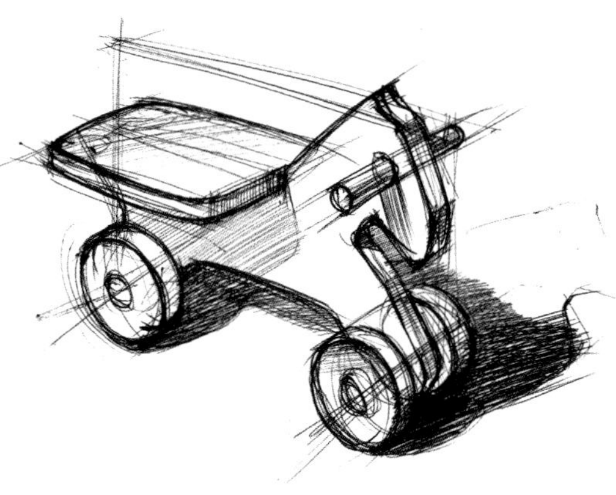

设计草图：展示设计的原创性，通过扫描用于后期处理。

方法1：小心谨慎地处理草图的样式，用于演示适当的画作以及草图的特征。

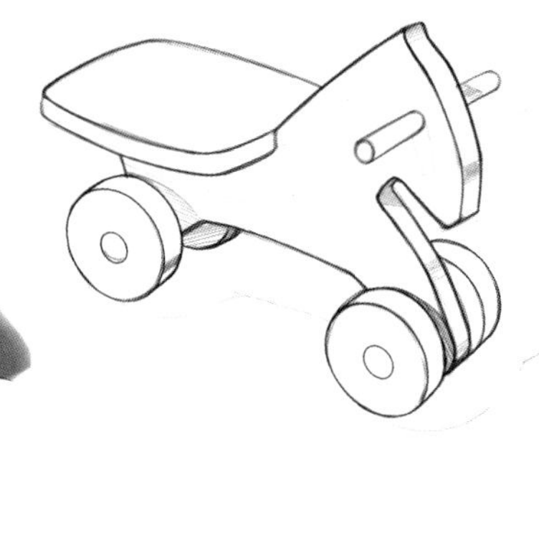

方法2：以草图的数字化手绘（作品临摹）生成干净整洁的造型表达。为进行展示性手绘表达的进一步处理做准备。

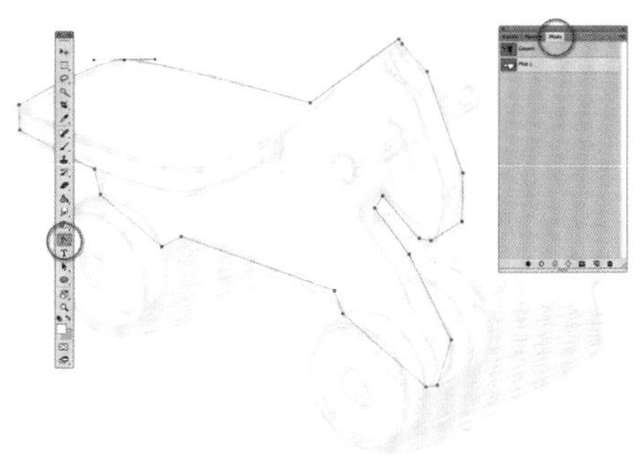

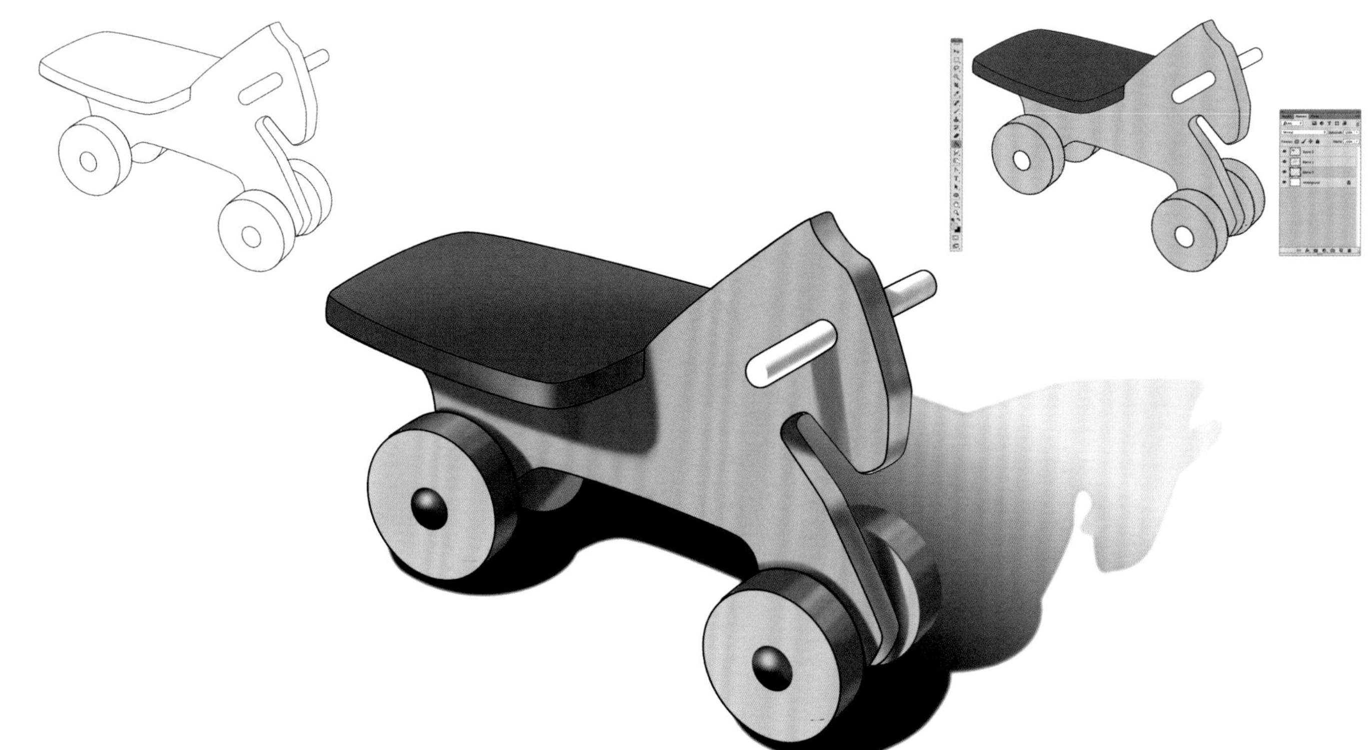

方法3：通过路径对草图进行重新勾图。整体造型和组成部分将被矢量化并在通道菜单中进行管理（这里指Photoshop）。各个组成部分将在单独的图层上以及色彩和表现力上进行塑造。这能为（之后的）演示生成一个干净整洁而客观的设计表达，但也同样失去了（设计过程中原创性的）自然的感觉和最初草图的图形质量。

扫描

为了进一步编辑处理而对绘画创作初稿进行数字化，通常需要通过扫描仪进行操作，也可以通过数码相机或智能手机（细节准确的）进行拍照。摄影过程应在靠近窗户的自然光线下或在阴天时的阳台/露台上。夜晚在人造光线（钨丝灯）下拍照的画作通常只用于将要进行临摹的底图。

扫描的时候，图像质量和图像尺寸之间应该有一个很好的结合。在典型的扫描菜单中您会看到一个预览图，高规格的扫描仪也可能提供不同的扫描设置选项（扫描的大致标准参数：普通设计图纸最小像素2600*1500，用于高质量A3打印的像素5000*3500）。

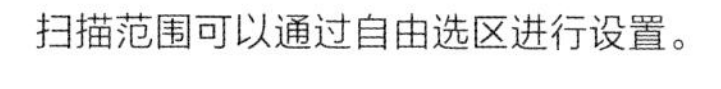

扫描范围可以通过自由选区进行设置。

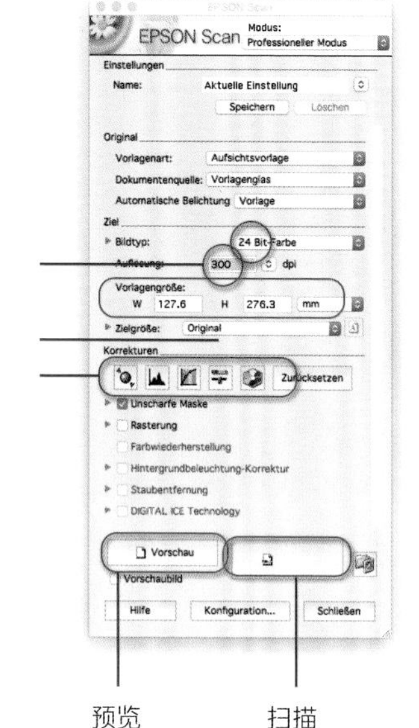

分辨率

大型扫描图像编辑工具

预览　　扫描

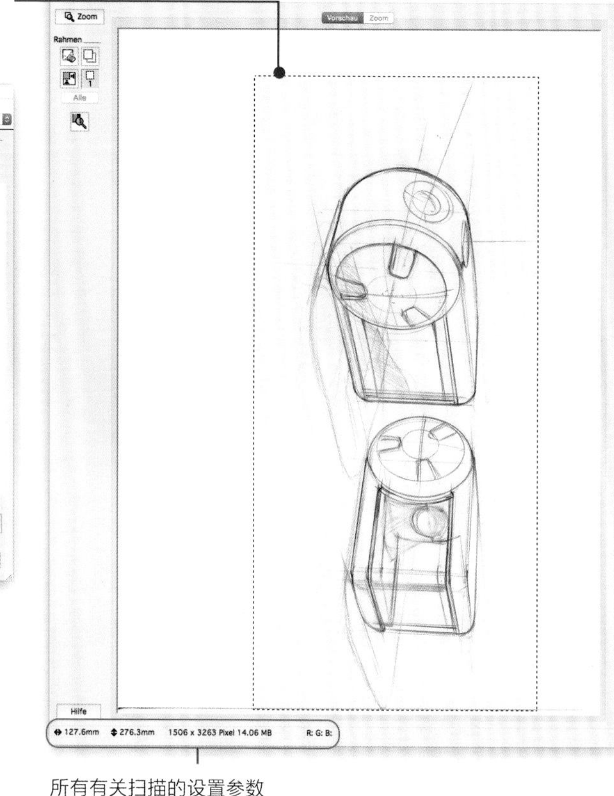

所有有关扫描的设置参数

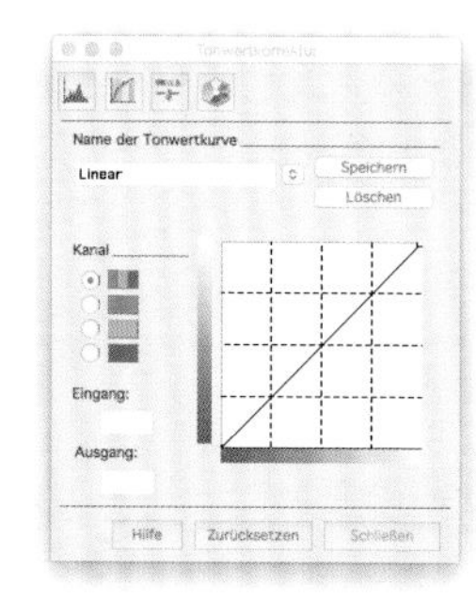

左移控制手柄

Histogrammanpassung
Kanal
Eingang: 102 1.62 250
Ausgang: 10 255
Tonwertkurvenanzeige
Ausgabe anzeigen
Graubalance-Intensität
100
Hilfe
Zurücksetzen

修正图像的色调

关键术语

分辨率：面上图像点（像素点）的数量。通常以dpi（每英寸点数）的形式标出，意为每英寸（2.54厘米）所含的像素点数，例如300 dpi是用于打印的质量。

图像大小：图形的完整像素数，例如1920×1080像素（全高清/屏幕显示）。

色彩深度：这表示每个像素点含有多少颜色信息。对于每个通道（24位）8位的RGB标准图像中，有1670万的色彩值。人们所讲的“真彩色”即为表达（图像色彩的）一个真实的印象。

在新菜单中可以查明（确定）图像数据（此处指Photoshop）。当绘画作品之后在一个全高清的设备（1920×1080像素）上显示时，在现有设备，一个27英寸的监视器上所展示的是画作的完整图像（2560x 1440像素）。

分辨率取决于输出形式，比如书籍印刷（300 dpi）或是用于喷墨打印机（240dpi）。

图像尺寸与分辨率的数据。图像点的数值是图像密度的决定性度量数据。

像素至厘米的数据转换可以生成高质量印刷（300 dpi）和喷墨打印机打印（240 dpi）的可能尺寸。

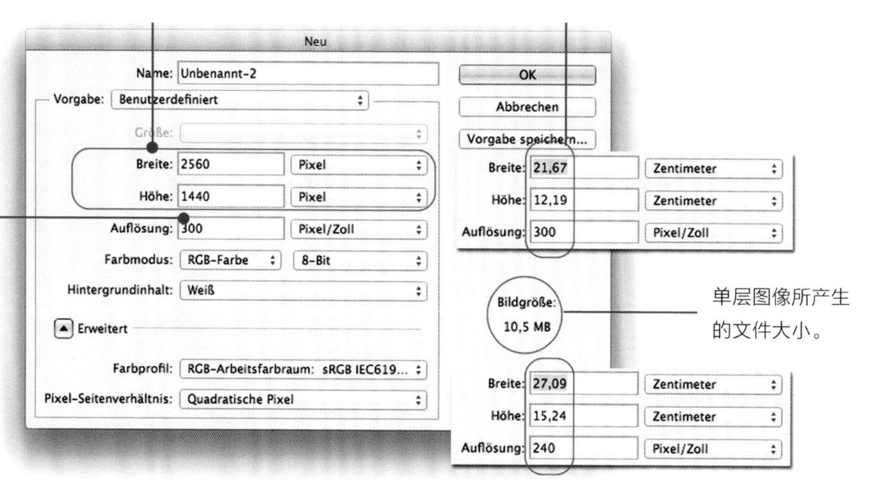

单层图像所产生的文件大小。

扫描文件可以在图像处理或绘图程序中作为（进一步）绘图的基础进行再处理。

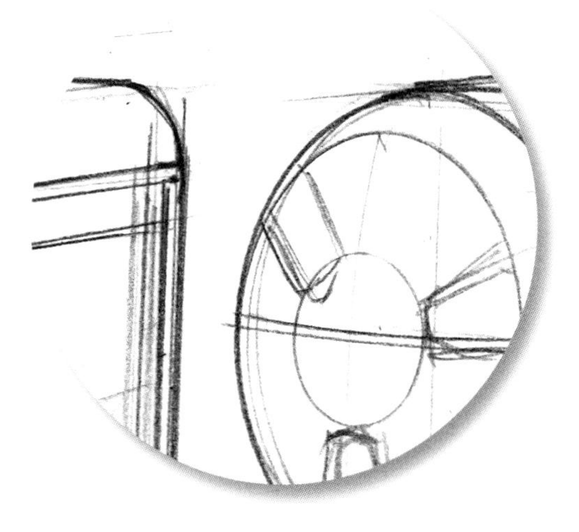

扫描中的一处：绘画作品精确的细节和色彩清晰可见。不规整、色彩运用和绘画过程中出现的错误则可以被清除。

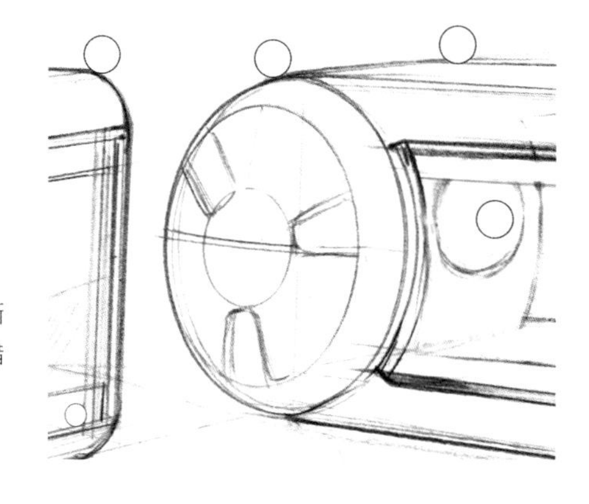

把不规整和画错的区域进行修整。在之后的数字化手绘表达中会继续保留的部分才是有意义的。

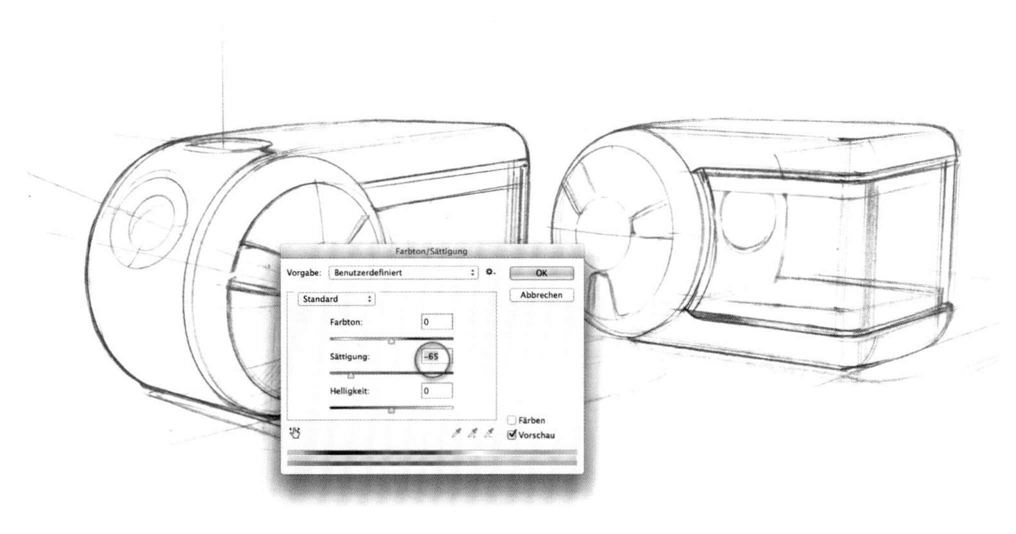

色相/饱和度：在Photoshop的（图像）菜单栏中可以对草图的颜色进行调整。此处对色彩（饱和度）的降低是为了中和（平衡）草图的基本色调。

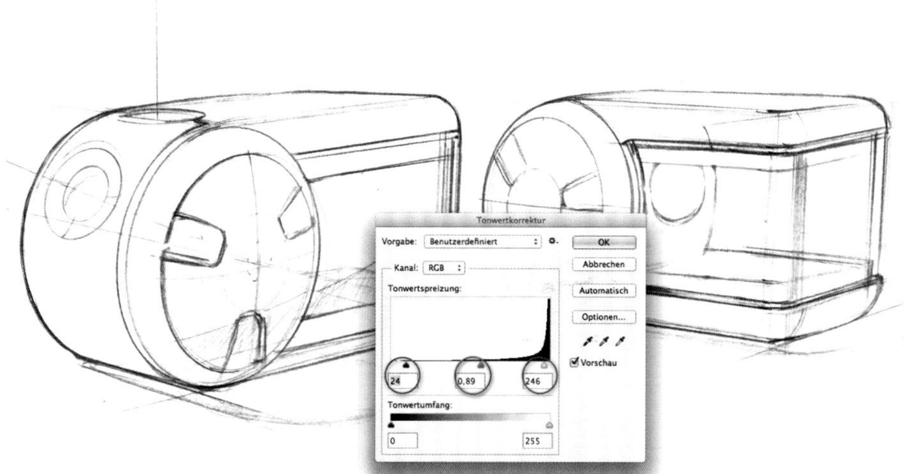

色调调整：在Photoshop的“图像”菜单中可以对色彩的分布和范围进行调整。为了得到明暗分布较好的画作，（色彩的）动态（分布）和对比度都是可调节的。

右侧是在色调曲线中的峰值（高比例的亮部图像点含量），把控制手柄向左拖动一部分。图片现在变得更干净了。把右侧拖到曲线的开端：画作的暗部将变得更强烈。

典型应用程序的工具

程序越复杂，越需要具备范围广泛可用的工具。对于数位手绘表达除了笔刷、喷枪、笔尖和橡皮擦以外，所有在准备阶段所需的、选择区域所需的以及用于变化的工具都是必需的。笔刷和喷枪笔尖的调整是由手绘过程和造型过程所决定的。

根据所选工具显示出的选项栏包含一些可用于设置有关此工具的主要特征。对于笔刷工具，（笔刷墨水的）模式、不透明度、流量和其他（一些特征）都是可以进行设置的。

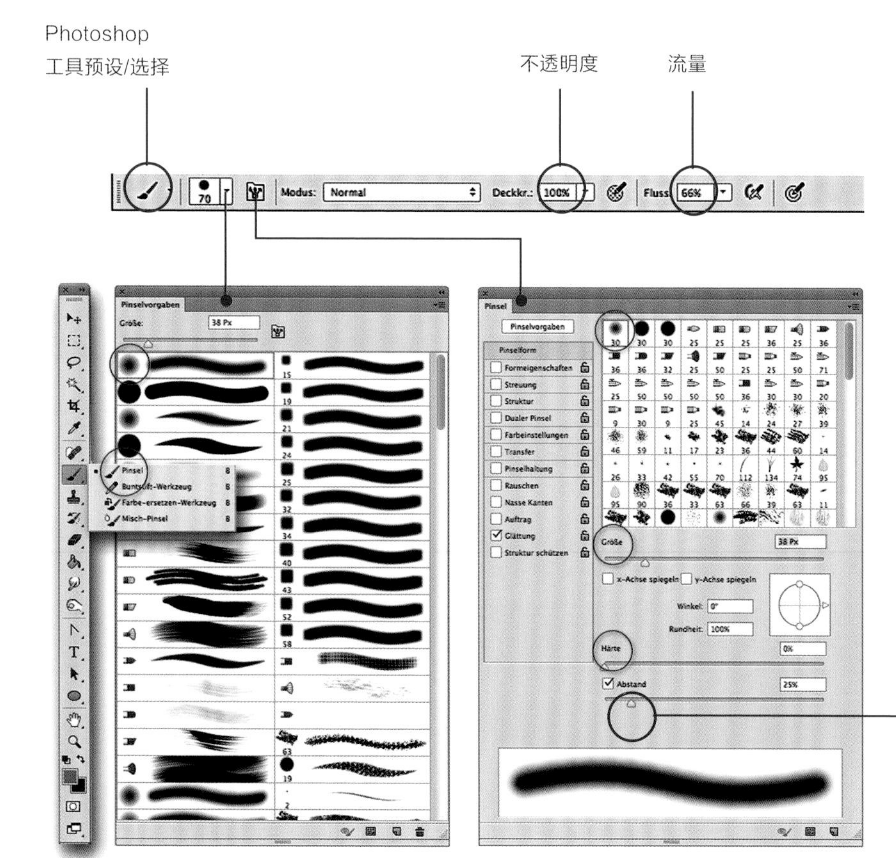

在Photoshop程序中范围涵盖广泛的菜单面板为内容丰富的调整设置提供了可能性。预设工具在一开始都是足够选择的，这也使工具可以轻易地通过参数进行调整改变。

笔刷

笔刷能够产生具有平滑边缘的有色线条。颜色流量在笔刷中部最大，向边缘逐渐变浅。对此有一相应数值可以对其进行设置。最重要的是硬度、流量和不透明度。

硬度：边缘锐利度，100%锐利的边缘。

流量：颜色的流量，100%颜色浓度，更粗的笔触。

不透明度：颜色覆盖程度100%，闭合的墨点。

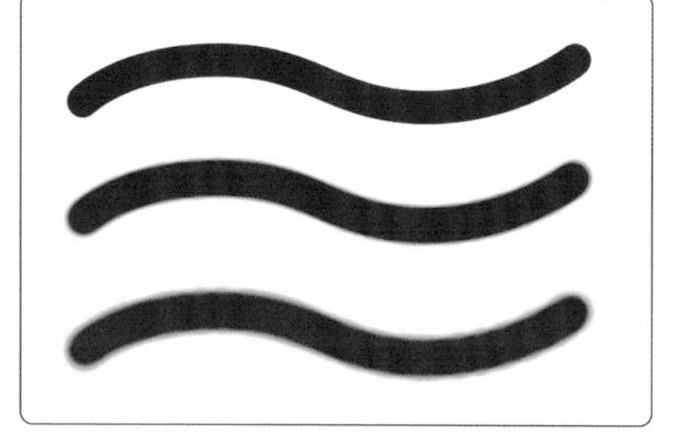

硬度参数：100%，40%，0%。

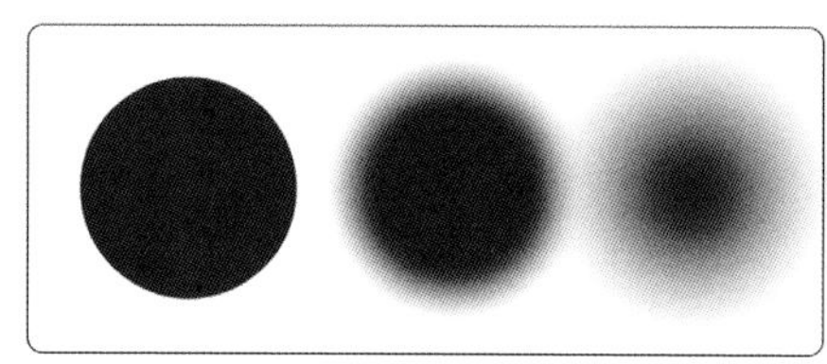

硬度参数：100%，50%，0%。
通过点击产生墨点。

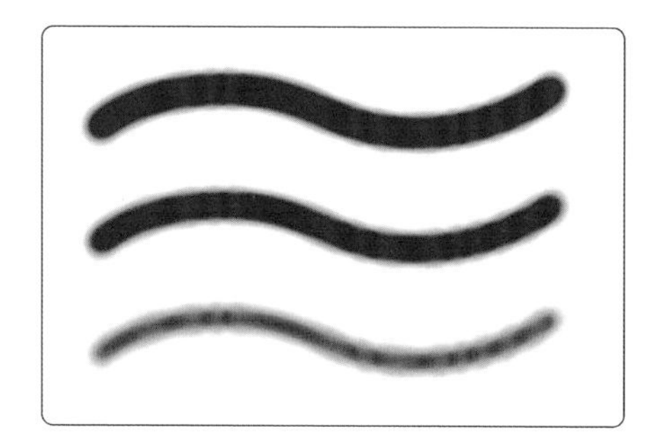

流量参数：100%，50%，10%。

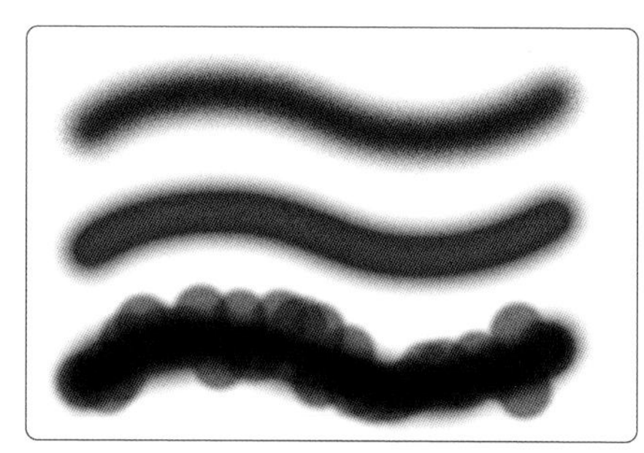

晕染参数：湿润边缘、扩散。

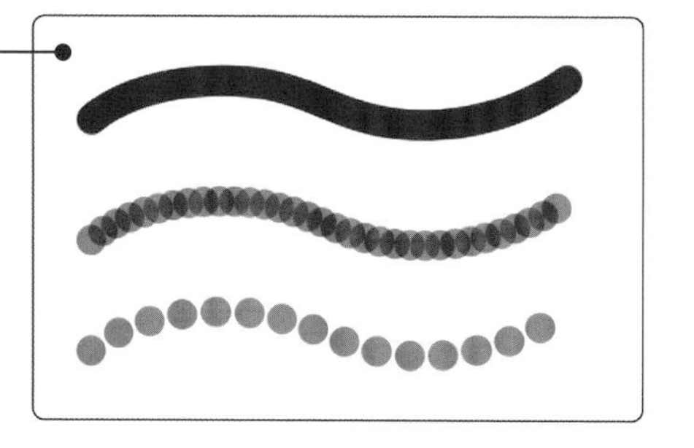

间距参数：0%，50%，110%（色彩点之间的间距）。

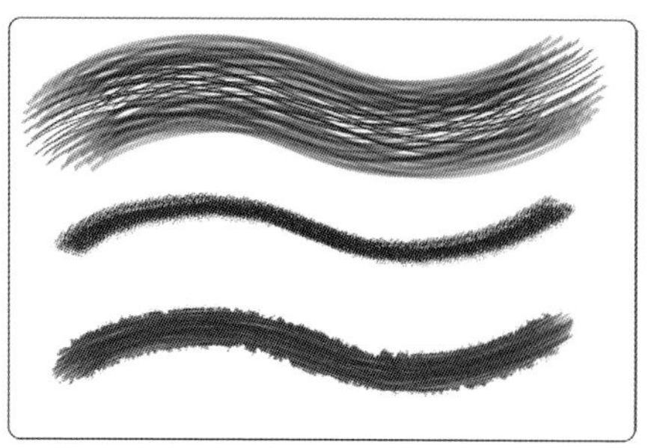

预设笔刷中的毛质笔刷。

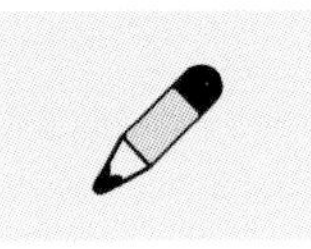

彩色铅笔

一个有些被低估的工具。它的作用类似于笔刷，也可以根据硬度和不透明度进行调整。边缘经过了不平滑处理。这使得它可以很好地像铅笔一样用于初期草图阶段。

笔触（下图）是用15%、50%和100% 的不透明度绘制的，以此可以展现轻快的初步草图并用更强的不透明度进行进一步绘制（通过画笔标记）。

不平滑边缘形成的明快层次产生了类似于真实彩铅的笔触特征，这也平衡了笔触所带来的轻微不规整感。

喷枪

颜色与空气喷枪相类似。因此颜色可以非常平滑地分层。多用于色彩精细过渡的造型表现中。

当在状态栏中激活喷枪图标时，只要光标保持到位，就能把更多颜色用于着色。

对喷枪效果的激活

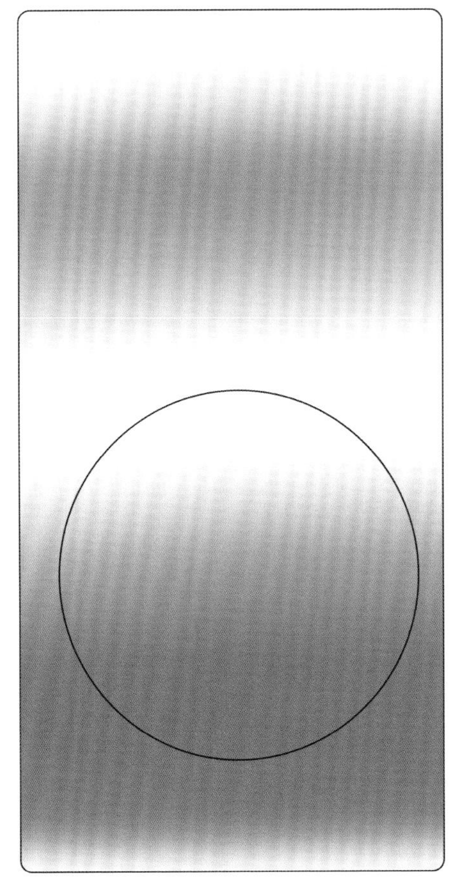

平滑过渡的渐变，选择非常大的喷枪笔尖（可以实现）。

喷枪不透明度：100%，50%，20%。
硬度：0% 控制颜色的着色力度。

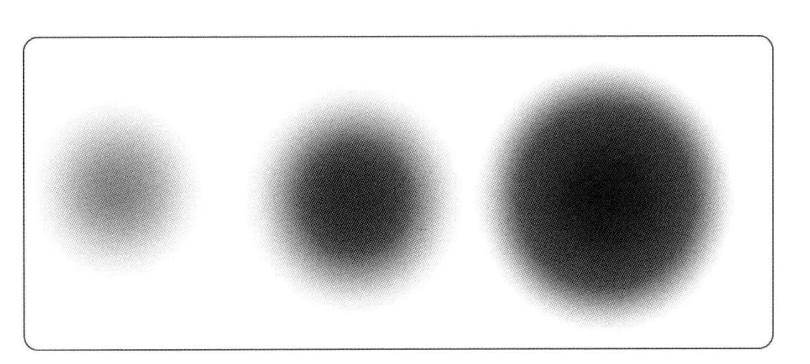

激活喷枪效果：短、中、长时间保持到位。

SketchBook Pro 程序中的工具面板：所有笔尖工具在笔刷菜单中都是可以通过不同参数进行调整的。

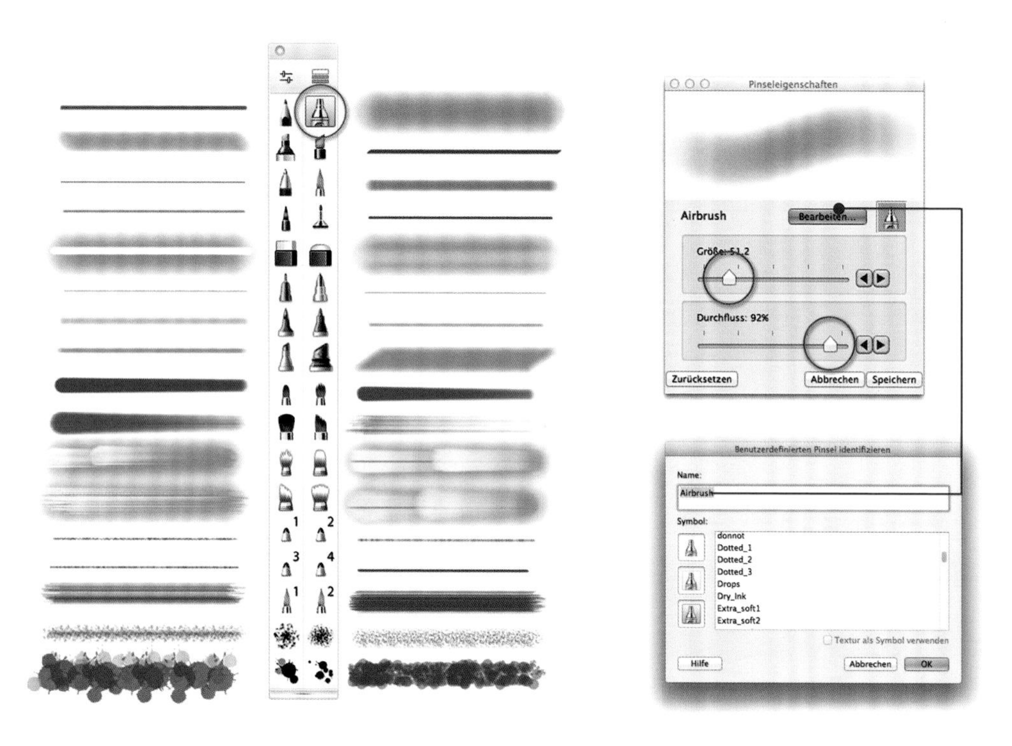

SketchBook Pro 中的橡皮擦工具也整合到了画笔工具面板中。橡皮擦像其他所有的笔尖工具一样可以在笔尖菜单中进行设置调节。橡皮擦可作为活跃的绘图工具进行使用。配合其精确的可调节性可以把它作为草图工具来使用。草图也可以在之后进行撤销操作或是进一步编辑处理。

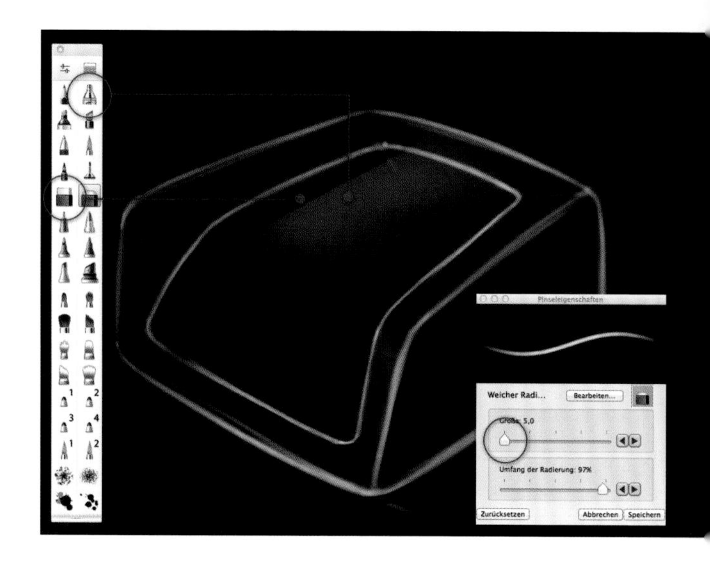

画笔工具面板

笔刷工具面板（此处为SketchBook Pro）可以通过工具栏或者菜单调出访问。笔尖工具可以通过画笔属性按钮进行选择，这里用于画笔笔尖、大小和笔刷属性（流量和硬度）。

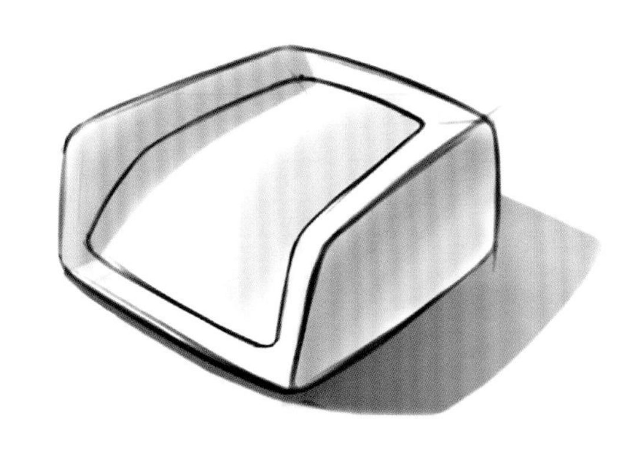

橡皮擦

橡皮擦用于去除活动图层中的图像。通过其灵活性，橡皮擦成为了数字化手绘的重要工具。它可以修整画作边缘，擦除溢出的填充色，还可以在非常低的不透明度和硬度下配合造型绘图。在Photoshop中，还有背景橡皮擦和魔术橡皮擦，它们可以通过调整容差范围捕捉并清除相近的像素。在实际绘图中对一般橡皮擦的设置和可用性是足够的。同时其设置也类似于画笔笔尖：基本参数有硬度（边缘锐度）、不透明度（橡皮强度）和距离（橡皮擦除点）。

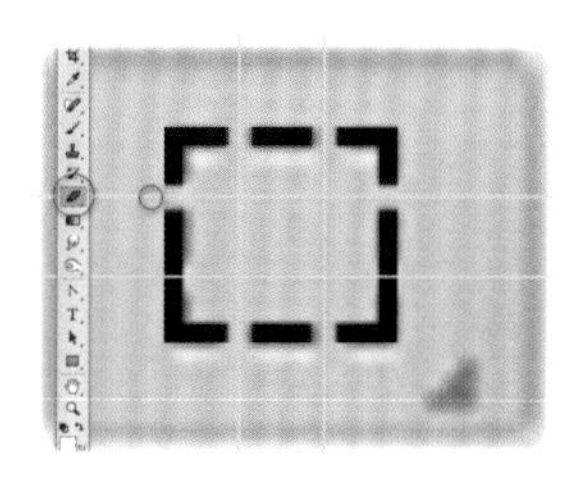

橡皮擦不透明度：100%，硬度：100%。（本书标志图形选自Photoshop）

橡皮擦选项菜单/ Photoshop

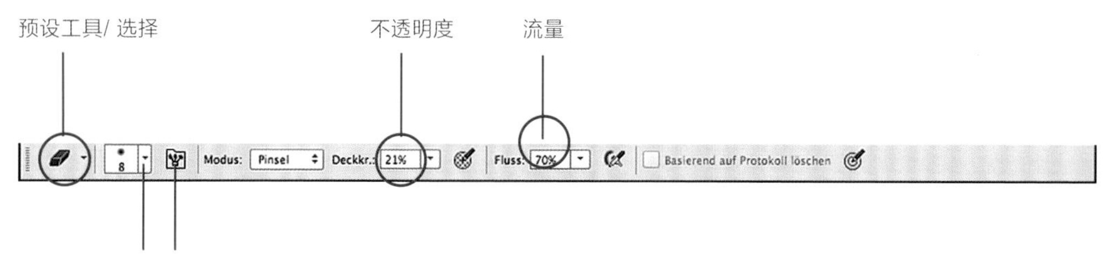

笔刷操作面板和预设笔刷也适用于橡皮擦设置。

对不透明度的设置为使用橡皮擦进行造型工作提供了极大可能性。

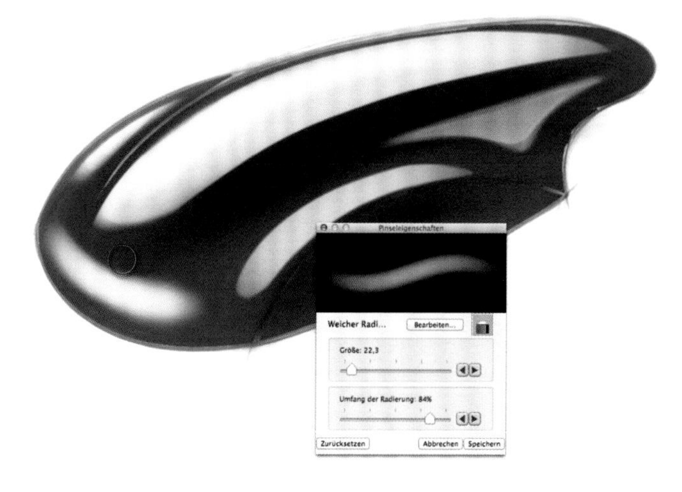

橡皮擦也可以用来进行手绘操作，此处展示的为在反光面上（使用橡皮而生成的）模糊过渡边缘和锐利边缘。

橡皮擦硬度的设置是对橡皮边缘锐利度的设置。

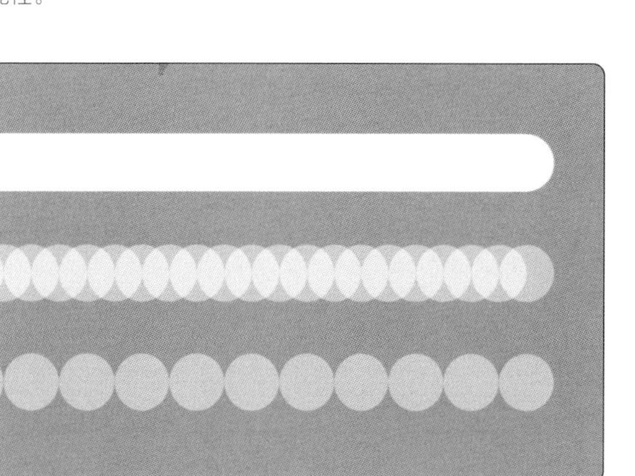

橡皮擦除点的间距可以笔刷菜单一样进行设置。

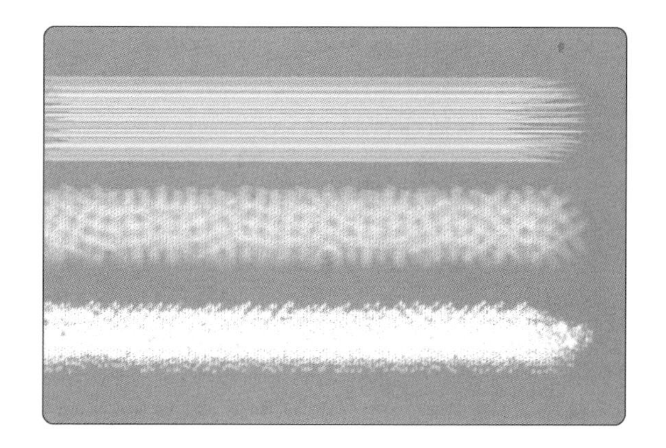

在菜单工具面板中（Photoshop），纹理化的橡皮笔触是可以进行设置并用于绘图的。

路径

路径为矢量对象，并由锚点和（之间的）路径段所组成。Photoshop、Illustrator和CAD程序都包括这类工具。路径段或曲线可以组成任何形状，它们可以通过控制线上的控制手柄精确调节。矢量图形无论尺寸大小，线条和轮廓都是分明的。因此它们适用于轮廓准确的图形元素。Photoshop里的路径在最初是不可见的曲线。路径轮廓和路径表面可以通过点击而变得可见，也可以进行填充（面积/轮廓）或创建选区。因此，它们是数字化手绘最得力的帮手。

从Photoshop到Illustrator的来回切换对一些绘图任务是非常有用的。Photoshop的路径能够被复制并插入在Illustrator里进行编辑处理。在Illustrator里完成设置并转移到Photoshop里的最好方式是使用拖放操作（点击文件并将其拖放到另一个文件里），或者通过复制和粘贴。

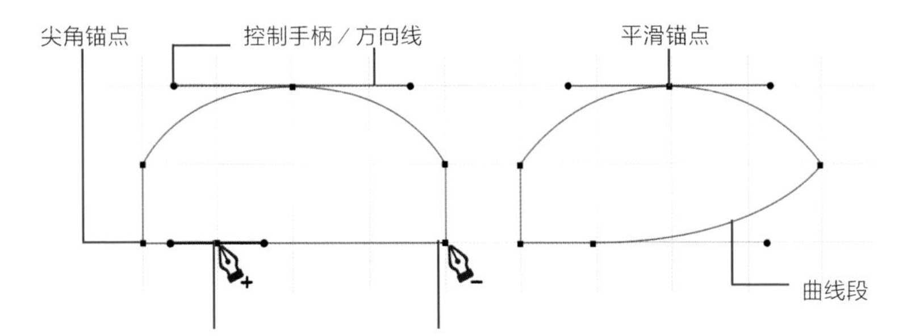

添加锚点，减少锚点　曲线会去除尖角锚点

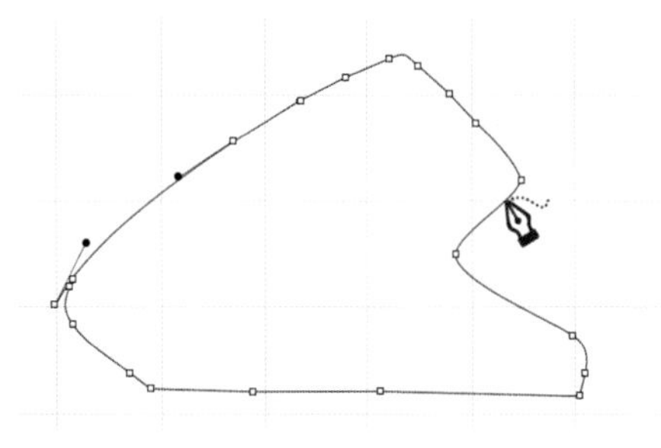

通过自由创作工具所画出的（路径）。许多锚点被自动放置。大多需要进一步编辑。

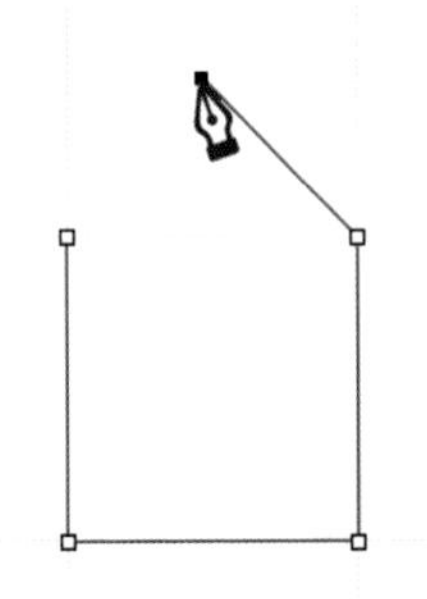

使用钢笔工具放置一个锚点，一个仍未闭合的路路径。

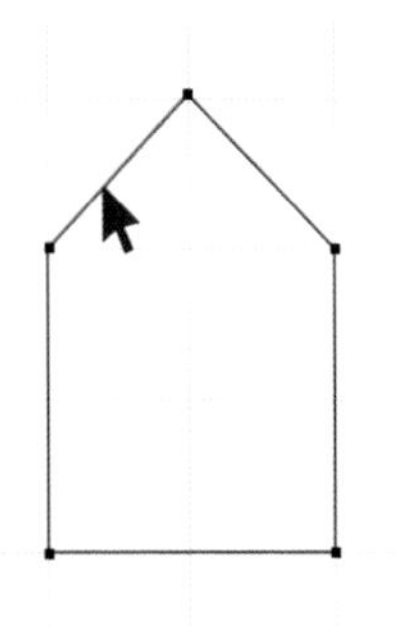

路径闭合，选择工具

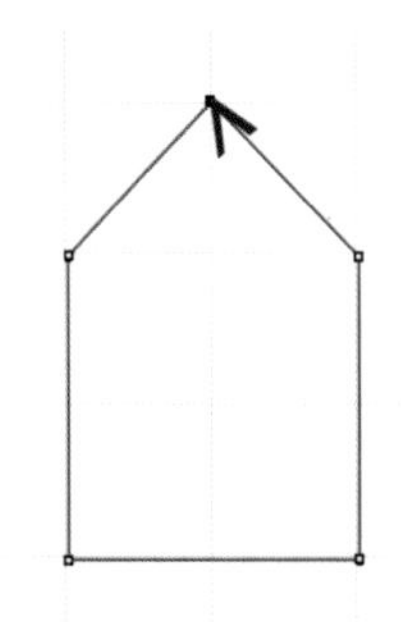

锚点模式转换

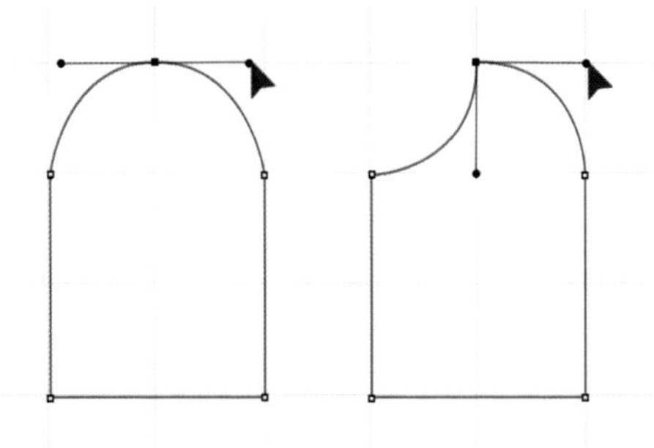

锚点模式转换通过锚点转换工具选择平滑锚点，生成曲线。

路径作为选区

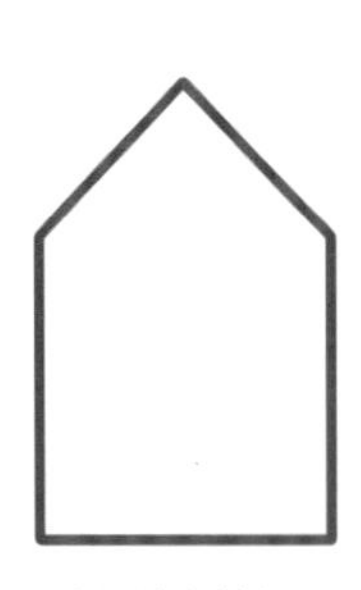

路径轮廓着色

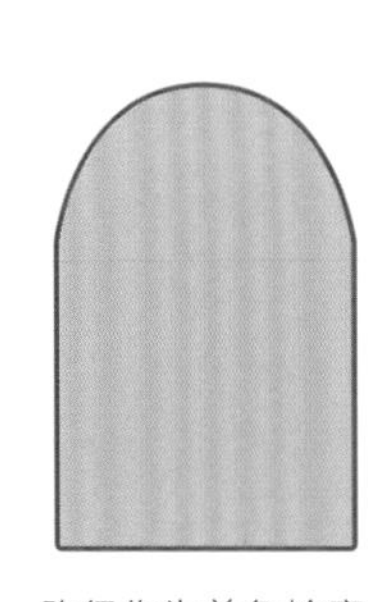

路径作为着色轮廓和面

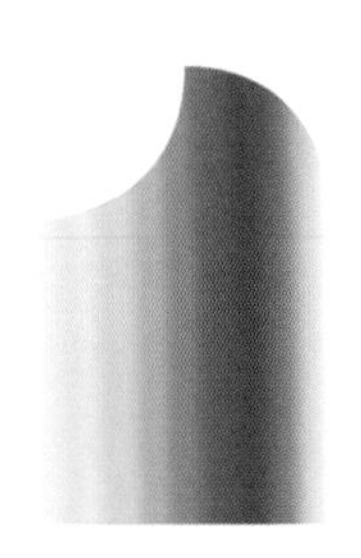

路径平面作为样式或渐变

用于生成、编辑和选择路径的Photoshop工具。

钢笔工具

自由创作工具

增加锚点工具

减少锚点工具

锚点模式转换工具

路径选择工具

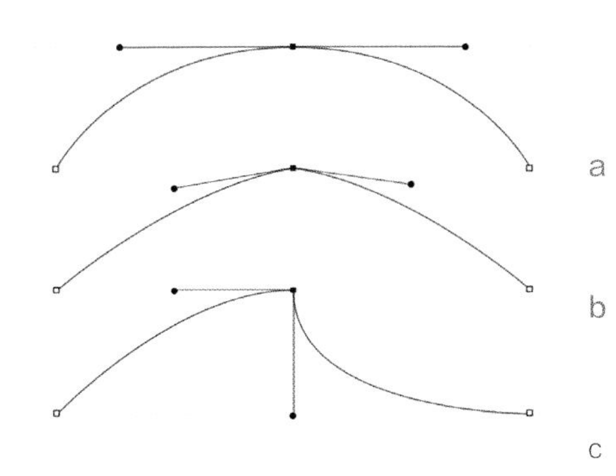

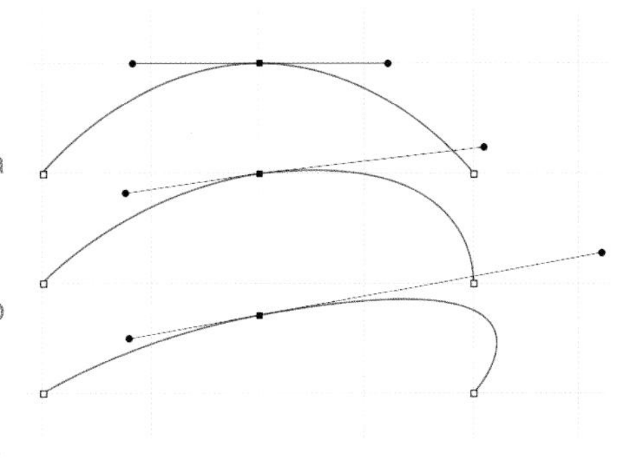

a）在节点上的平滑对称曲线，方向线形成一条直线，并且具有相同的长度。

b）对称曲线在锚点处产生拐点。方向线产生弯曲。

c）方向上改变的非对称曲线。方向线成90度弯曲。

a）平滑曲线过渡的对称曲线，锚点在顶峰减少了曲线的动态。

b）不对称的动态曲线，方向线呈一条直线，轻微倾斜。

c）不对称的，动态感强烈的曲线，方向线两端长度呈现极大差异，曲线平滑过渡。

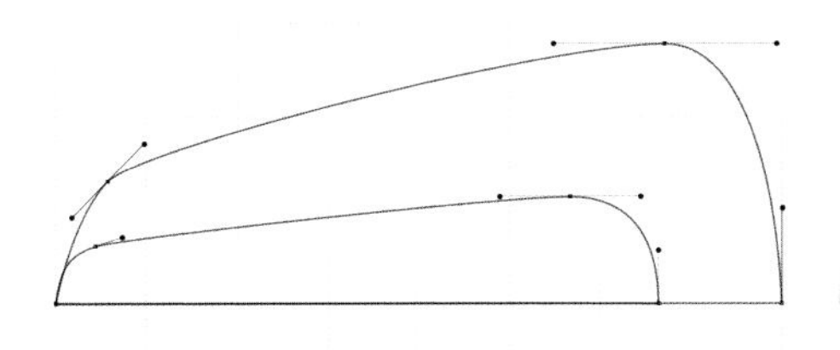

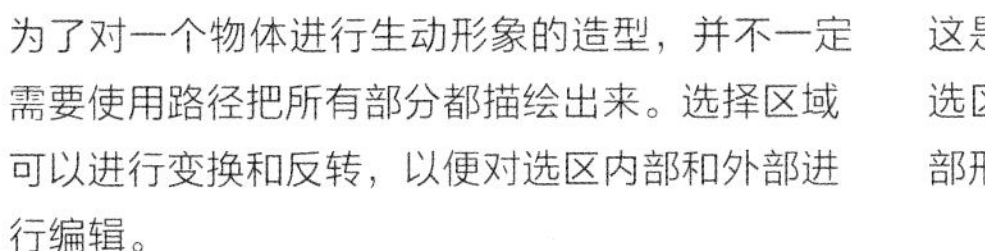

为了对一个物体进行生动形象的造型，并不一定需要使用路径把所有部分都描绘出来。选择区域可以进行变换和反转，以便对选区内部和外部进行编辑。

这是对于以上展示的曲线种类和通过路径生成的选区所绘制的应用示例。（带有柔软边缘的）内部形状是通过对选区的变形而实现的。

路径菜单/ Photoshop：路径展现在路径菜单中。可以对各个部分进行编辑造型或存储。物体的路径也可以被整合到统一的一个路径窗口中。

图形对象的全部路径

涉及到所选路径的全部选项

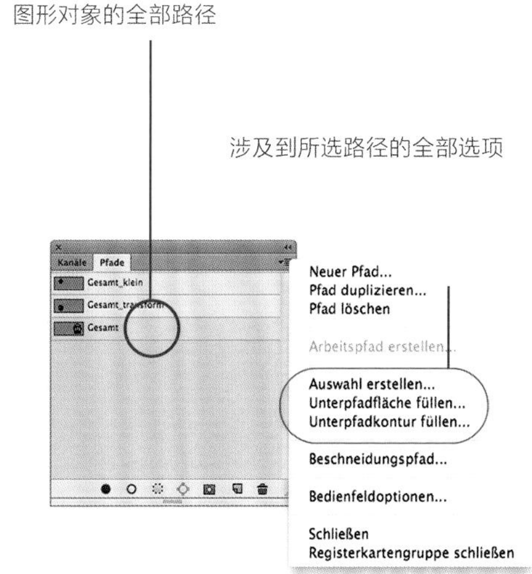

带有锚点的图形的路径结构，单一路径可以通过路径选择工具激活，进而用于诸如选择或填充等操作。

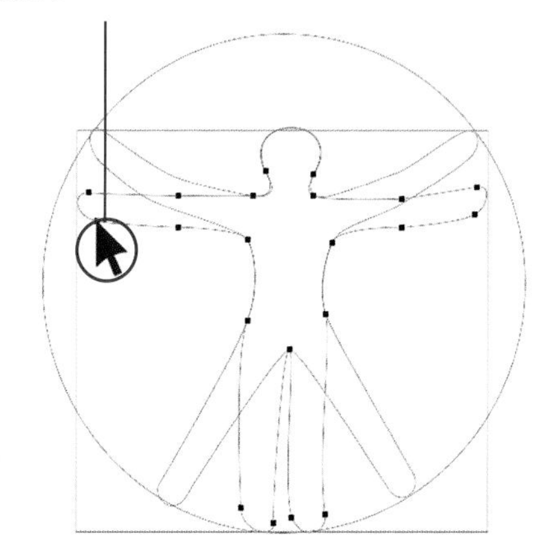

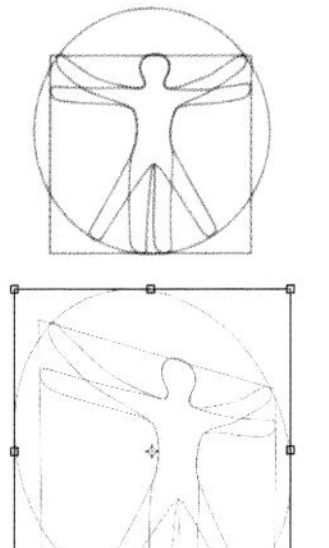

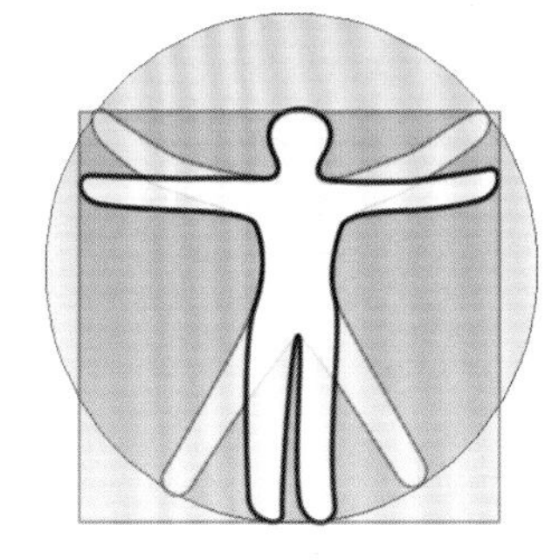

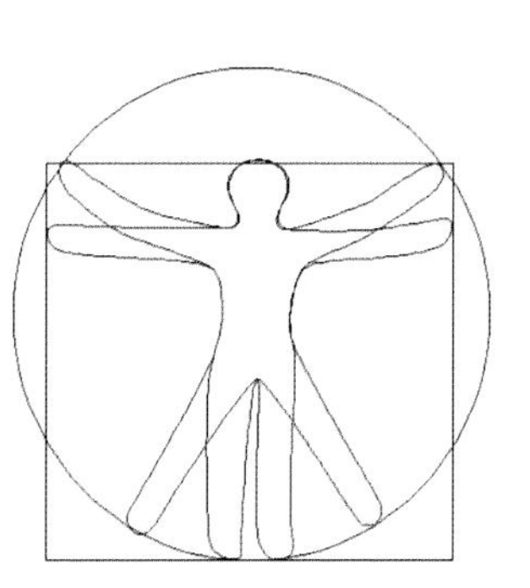

路径即使在组合（图形）之中也可以在不丢失数据的前提下进行缩放和变换，以此可以快速完成不同用法。也可以在稍后（重新或进一步）编辑路径。

在选项栏中的路径选项：它可以生成一个未填充路径，并在路径菜单中作为工作路径加以显示。

在选项菜单栏中的图形选项：它在绘制时生成一个被填充的面，并在图层菜单中以形状图层的形式显示。通过点击可以进行编辑。

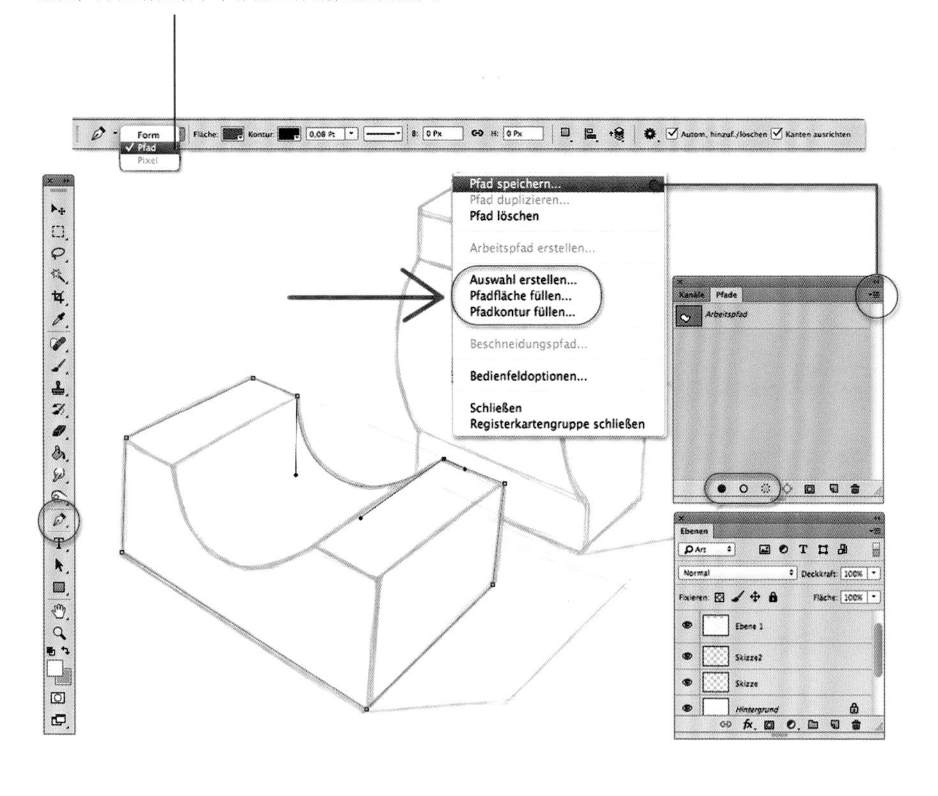

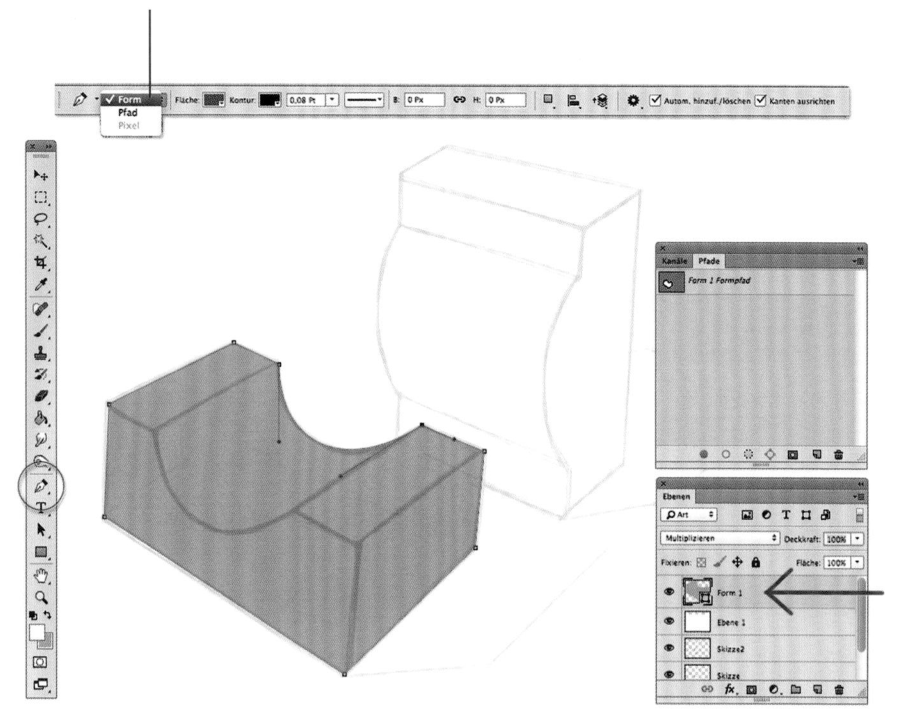

钢笔工具，路径选项菜单栏中的选项。创建可以被保存的工作路径。这一路径可以在路径工作面板中选择并编辑，例如作为面或轮廓进行填充或创建选区。

图层菜单中的图形图层：可以使用路径工具通过点击进行编辑。适合作为绘图创作的基本颜色，为了对带有色彩的图形图层进行造型创作，必须（把图形）进行栅格化。这样它将会变为普通的像素图层。

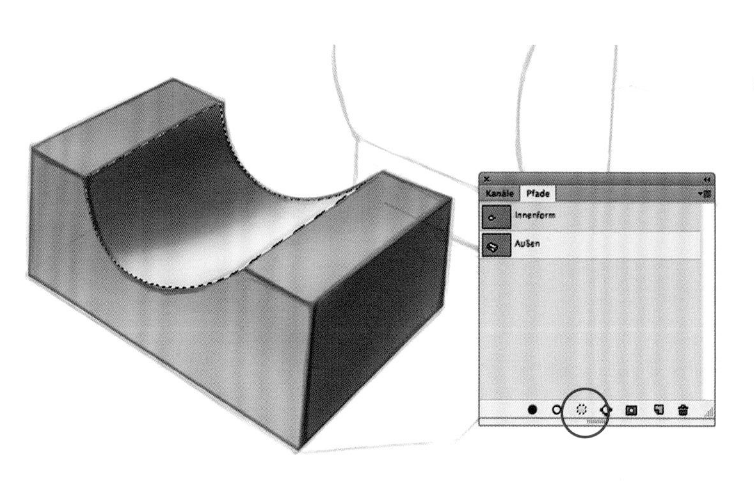

图形图层可以和路径混合。使用“加载路径作为选区”可以使图形对象区域作为像素图层进行造型绘制。

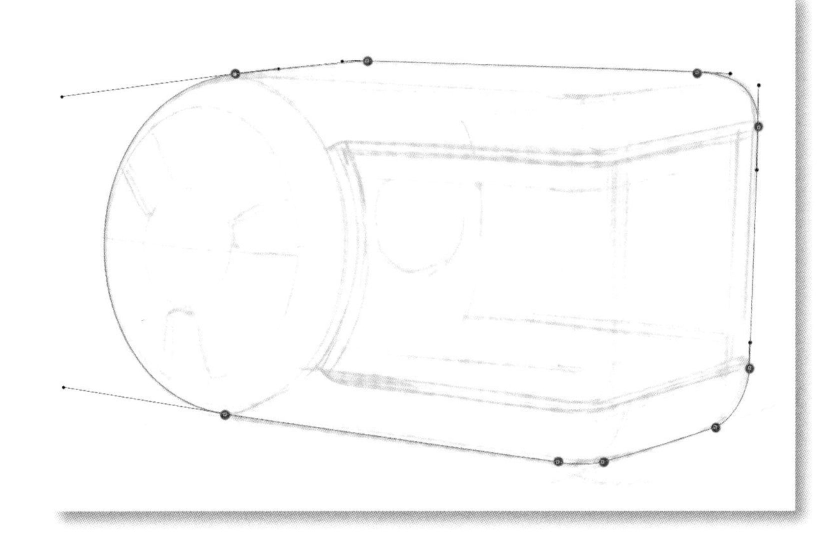

在图形对象周围设置作为轮廓的路径点：设置尽可能少的锚点。左边的边缘可以通过上下两个四分之一点形成。对于其他圆弧部分也可以使用锚点放置于四分之一圆点上，并用控制手柄塑造曲线。

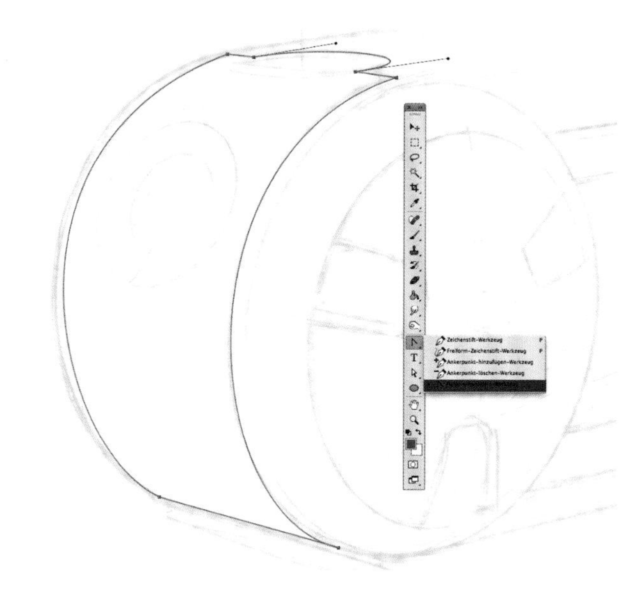

这一复杂路径是通过六个锚点创建的。要创建精确的圆形只需两个锚点，附加任一锚点都会影响曲线轨迹。

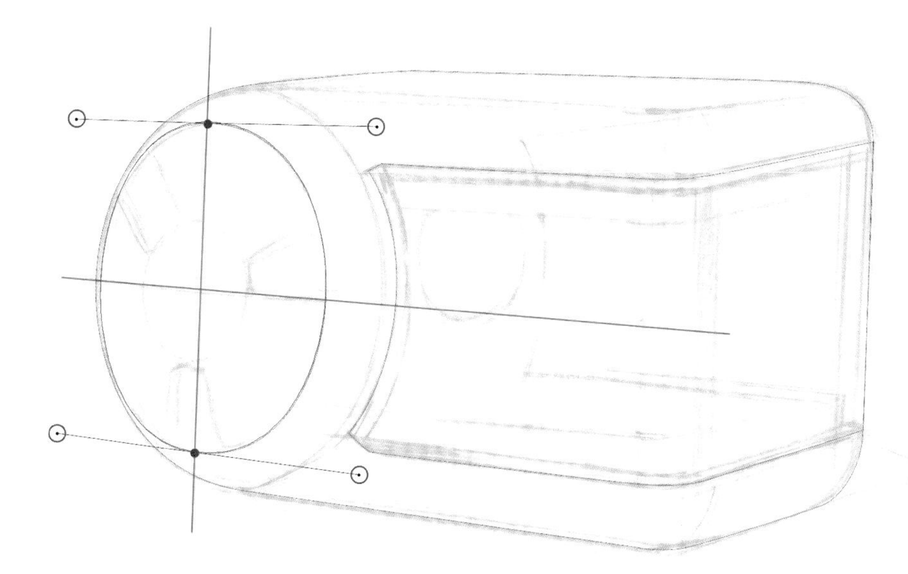

根据画作的直线放置路径的平滑方向线：把锚点准确地放置在透视基点上，向着直线的方向拖动控制手柄。

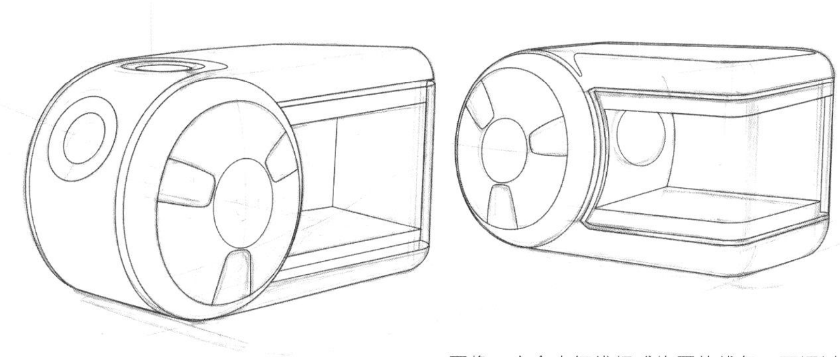

图像：完全由细线组成构图的线条，可通过使用选型工具制作造型。

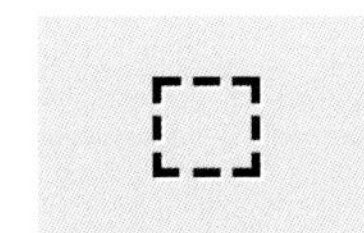

选区工具

对某一区域的选择以及因此对另一区域的保护属于图像生成的基本功能。选择与反选功能为用户同时对两边进行编辑处理提供了可能性。锐利和羽化的选区边缘、自由变换和选择工具以及魔棒工具可以产生多种多样的形态。通过鼠标右键或选项菜单可以对功能进行设置。典型的选区工具包括：长方形和椭圆形、魔术棒、套索、折线。它们全部完全或部分包括在大部分图像处理或手绘软件中。

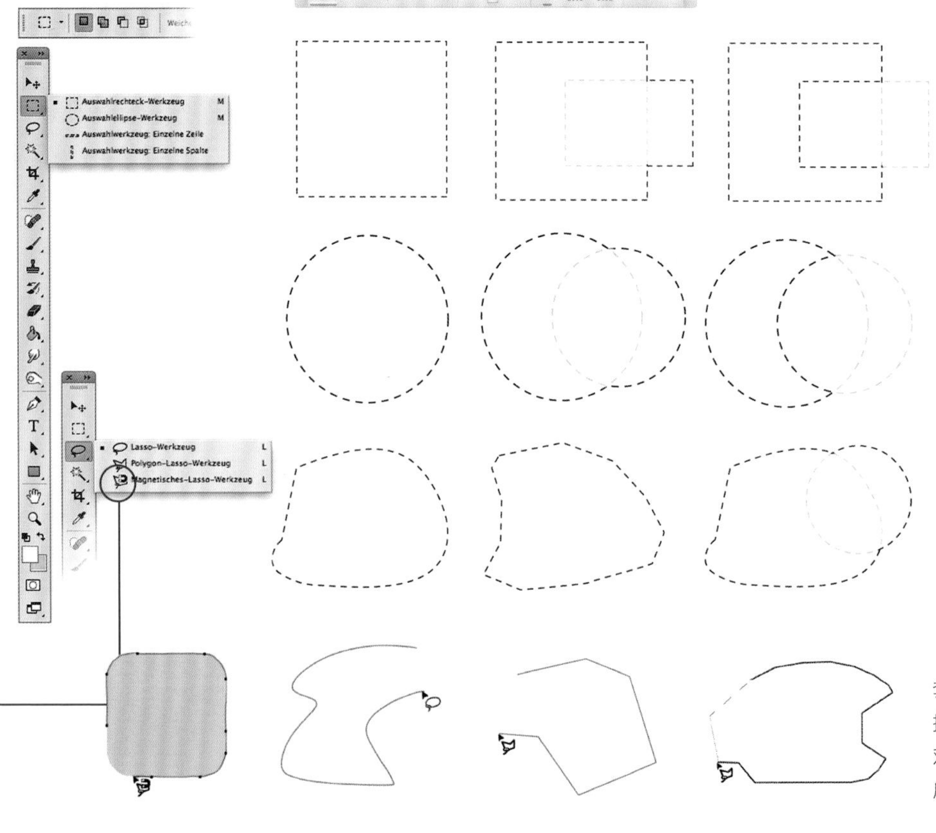

可以在选区选项栏中选择对单一选区进行加法、减法或是交集（如果可用的话）。

Photoshop 工具磁性套索（Photoshop）可以识别对比度的差异，适用于快速选择。

套索可以像钢笔一样移动。折线套索或折线图形挂在橡皮筋上，通过多次点击可以使选区闭合。对前一次图形填充进一步编辑操作，比如使用橡皮擦，可以更精确地控制图形边缘。

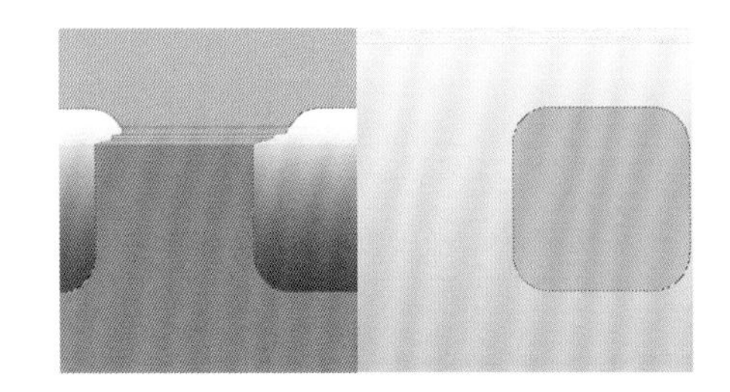

选区影响图形的内部与外部。通过指令“反向选择”（点击鼠标右键／选区菜单）。

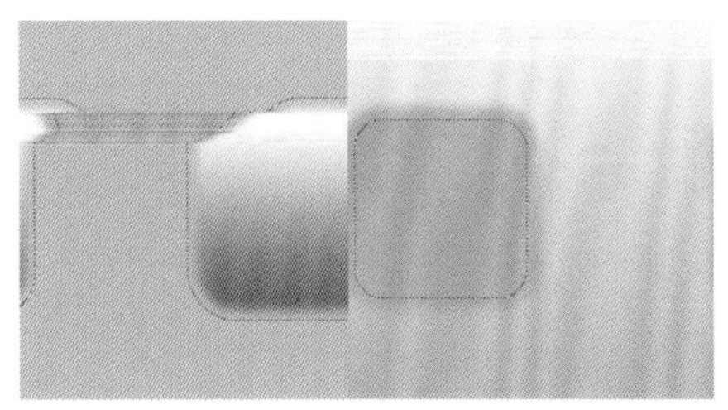

生成羽化选区，对图形内外都适用。在Photoshop中右击鼠标或使用选项菜单。

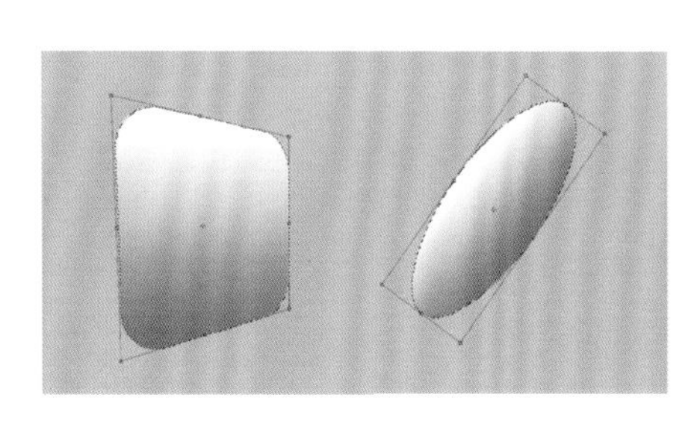

对选区进行变形可以生成透视正确的椭圆形态。旋转—缩放—扭曲。

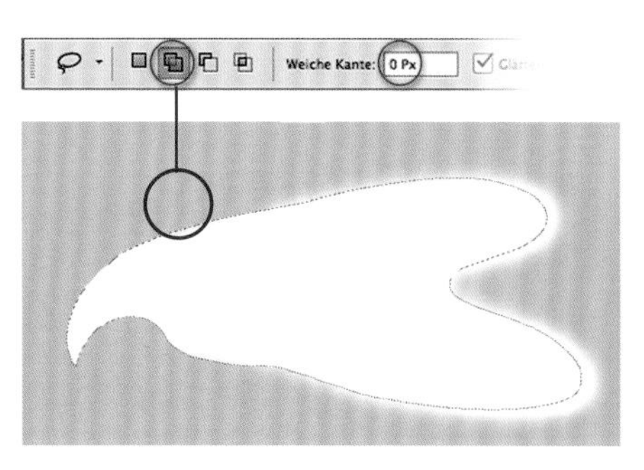

锐利与羽化边缘的混合使用。首先选择羽化选区（通过选项栏或鼠标右键），然后通过已选的附加功能选择锐利选区。

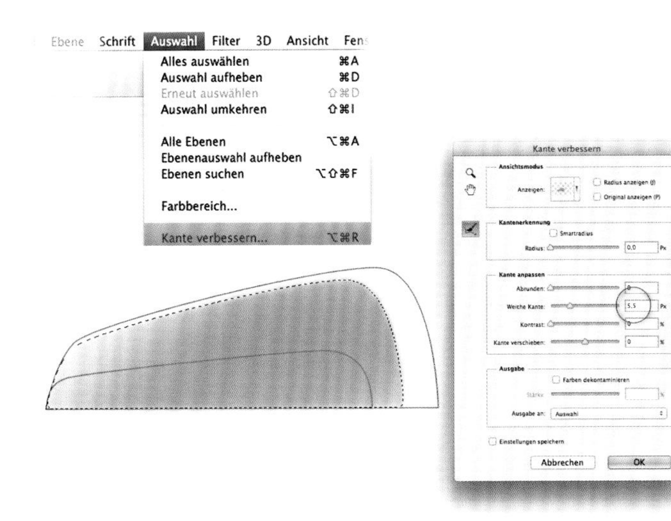

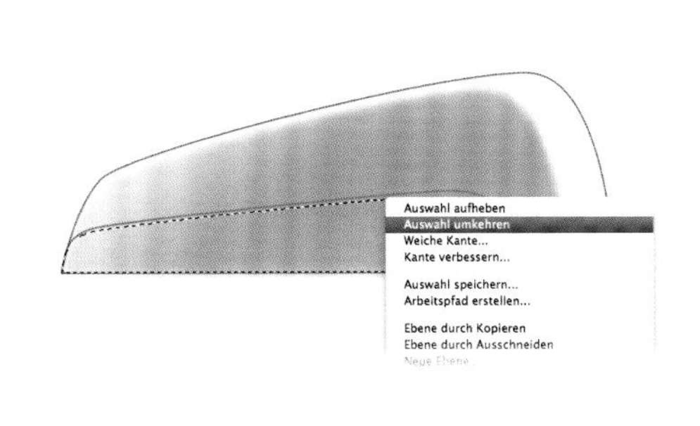

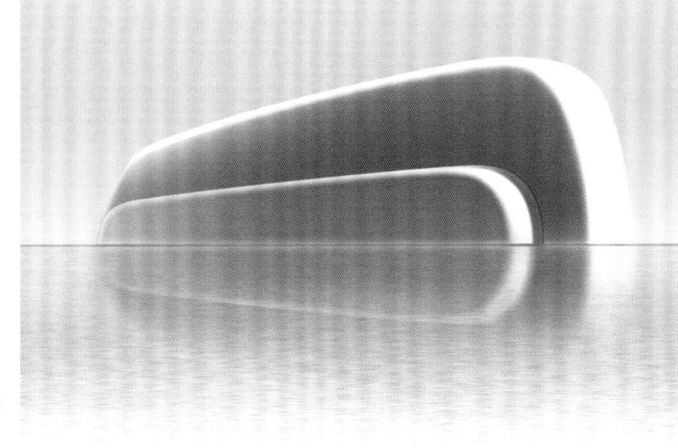

“反向选择”功能和边缘选项被广泛运用于数字化手绘技法之中。

选区菜单“优化边缘”（右击鼠标或通过选项栏）：设置更合适的选区。

“反向选择”工具为编辑形态或背景提供了可能性。

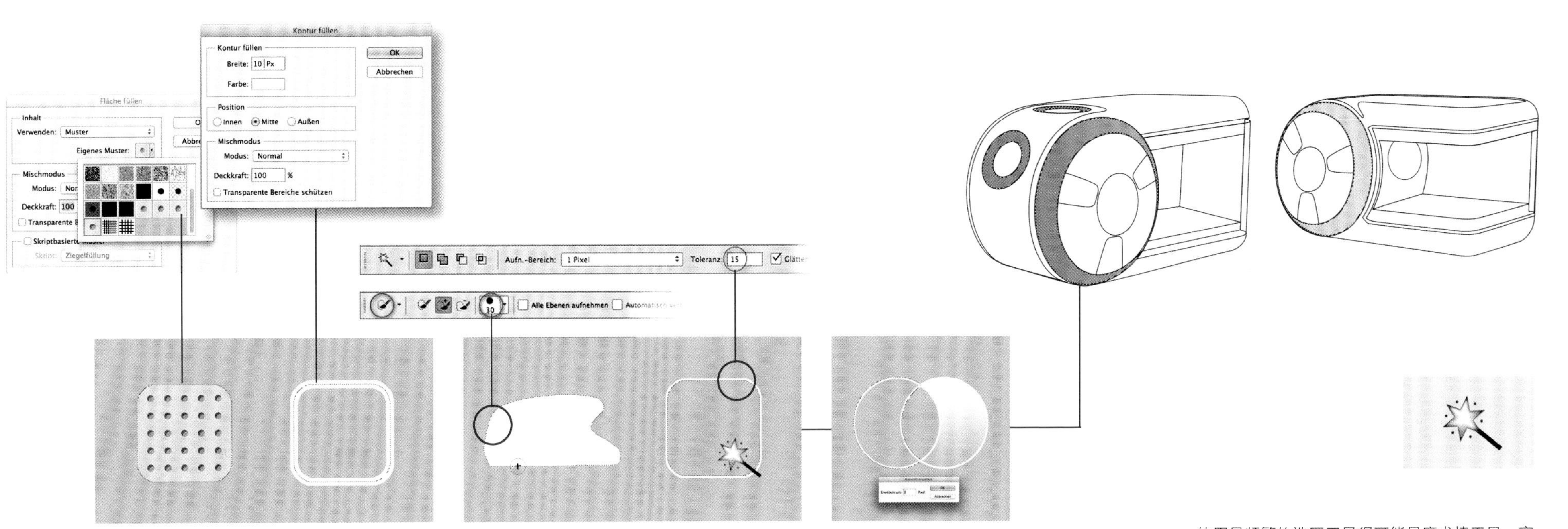

选区可以被填充，类似于路径作为面（此处范例为样式填充）或作为轮廓填充。通过右键点击鼠标弹出的菜单（Photoshop）。

快速选择工具和魔术棒工具可以识别对比度。它们都可以对容差进行设置。

线条图形的选择（例如通过魔术棒）：选区可以被扩展，以便覆盖所有线条。

使用最频繁的选区工具很可能是魔术棒工具。它可以通过容差对其反应的精确程度进行设置。配合魔术棒在线条图形中快速产生填充平面是常用手法。

图层

它把图像的所有部分统一整理。除了背景图层以外，图层被创建为透明的。这些层可以管理不同的属性和图像内容。编辑图像时，“图层”工具面板是一个核心工具。绘图程序往往会提供不同级别的功能。图层和样式、使用媒介和图层蒙版、填充功能和复杂的组合工具都令人印象深刻。

Photoshop中用于数字化手绘表达的图层集合（左图所示）。

图层结构取决于绘画创作方式和对工具的使用，比如调整设置图层和图层蒙版。图层的顺序可以随时进行调整。仅在一个图层上进行绘制也是可以的。对于占有很大空间的多图层文件，对图层进行分组管理是有意义的，不同的图层分组可以用不同颜色进行标记。蒙版和矢量元素可以像普通图层一样取消编辑或删除。同样这些图层也可以对不透明度进行设置。

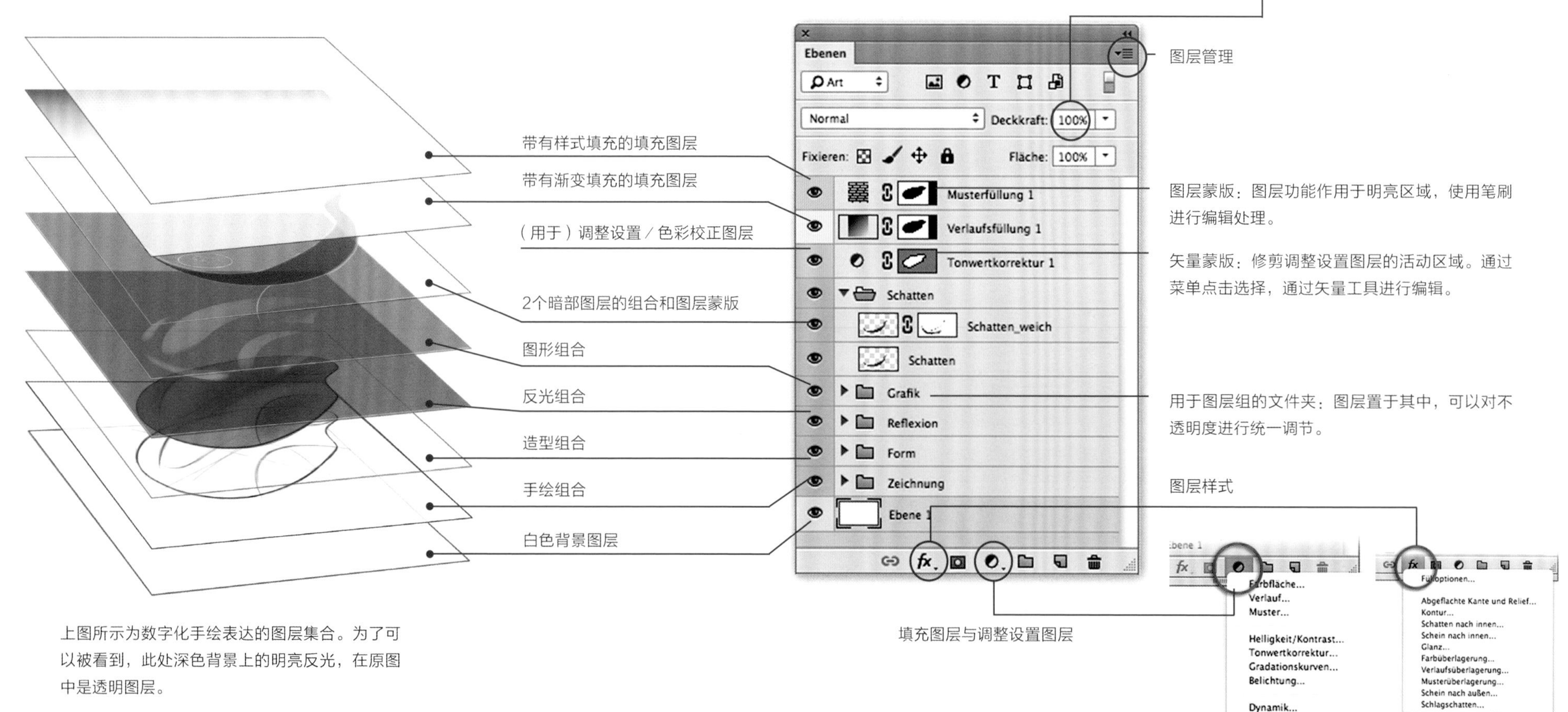

上图所示为数字化手绘表达的图层集合。为了可以被看到，此处深色背景上的明亮反光，在原图中是透明图层。

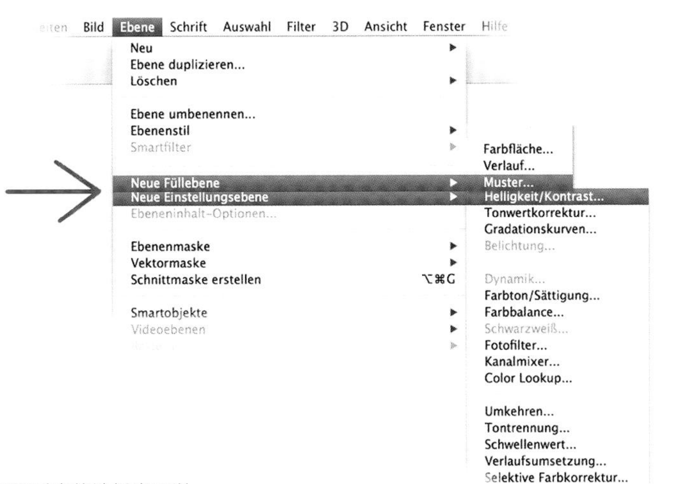

Photoshop功能选择：图层和对它的选择也可以在Photoshop通用菜单中的图层菜单里找到。

SketchBook Pro 功能选择: SketchBook Pro里的菜单栏中实际上还包括一些用于图像编辑的设置。

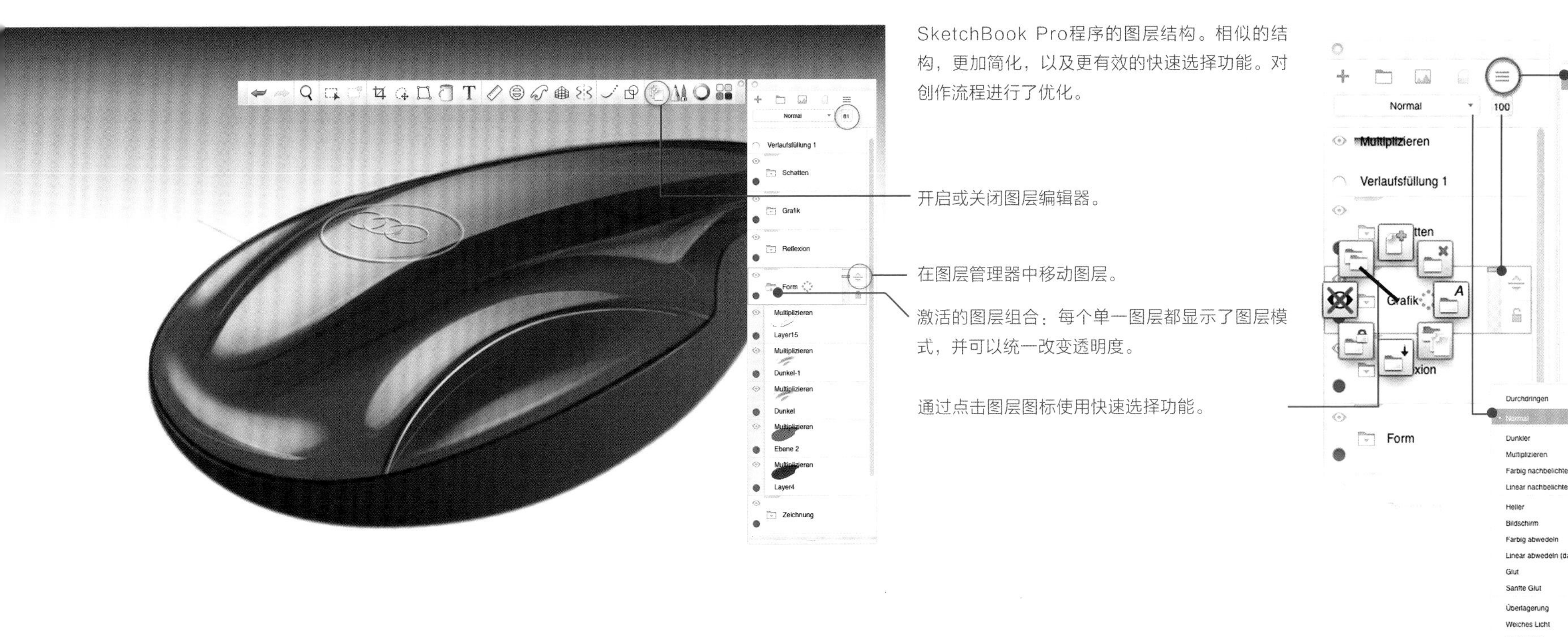

SketchBook Pro程序的图层结构。相似的结构，更加简化，以及更有效的快速选择功能。对创作流程进行了优化。

开启或关闭图层编辑器。

在图层管理器中移动图层。

激活的图层组合：每个单一图层都显示了图层模式，并可以统一改变透明度。

通过点击图层图标使用快速选择功能。

SketchBook Pro 中的图像数据：图层（模版）和分组将被显示出来。在Photoshop与SketchBook之间能够实现无缝切换。

填充图层与设置图层

Photoshop提供了丰富的图层功能，它包含了对所选区域的预设工具（用于进行进一步编辑处理）。上面一行是填充选项，应用于正方形区域。下面一行显示了数字化手绘中对重要设置图层的选择。一旦一个区域作为矢量（路径、图形元素）或选区被定义，这一选区就可以在图层中使用矢量元素或图层蒙版功能，编辑效果也只会作用在这一区域中。如果没有区域被定义，整个图层将作为渐变或填充图层被使用。矢量元素和图层蒙版可以随时进行更改。

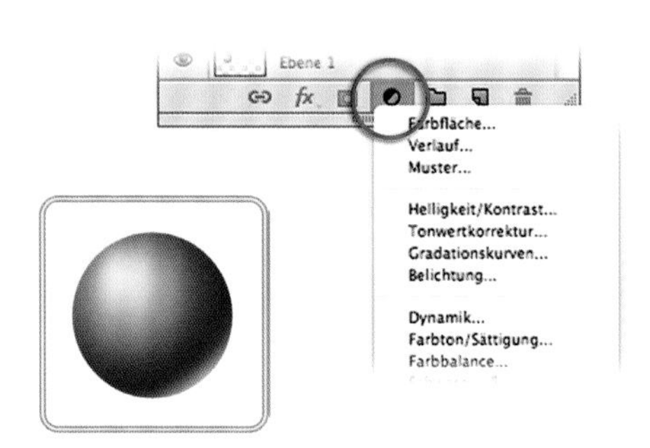

正方形和圆形作为示例

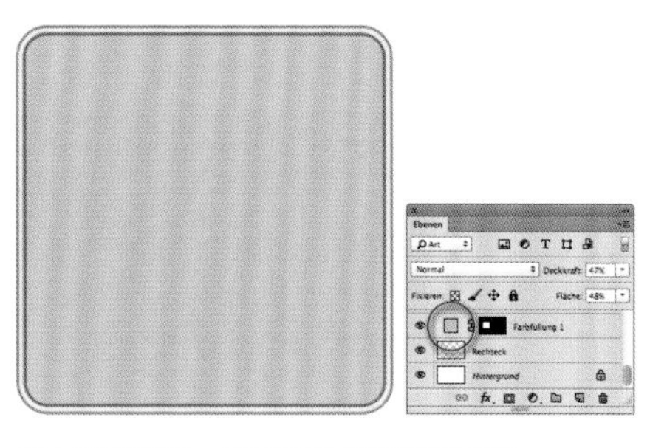

填充图层平面：颜色可以任意设置并随意更改。

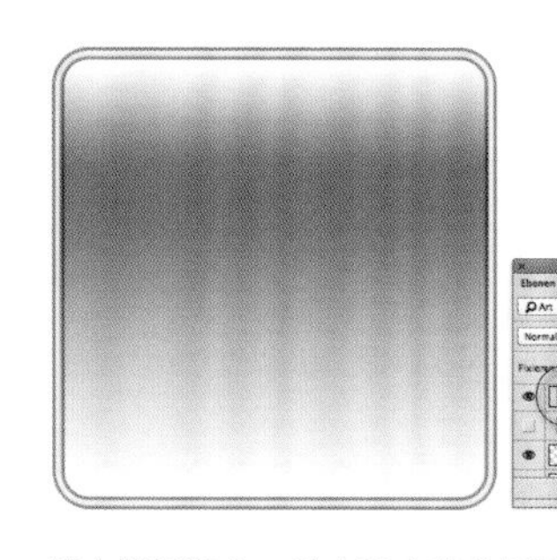

填充图层渐变：单击渐变菜单图标。

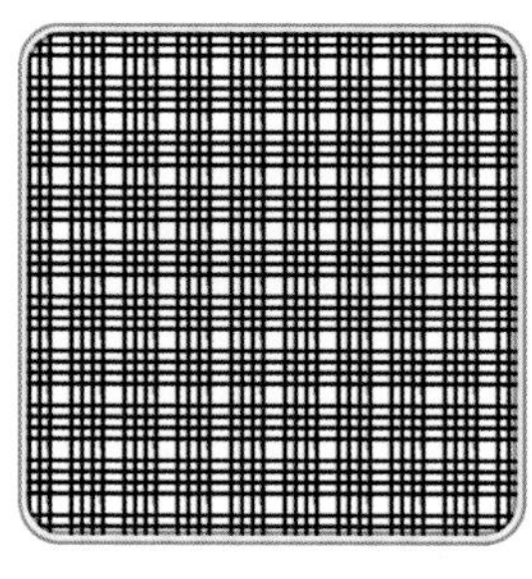

填充图层样式：通过从样式库中选择，可以对平面进行相对性阵列排列。

设置图层颜色／饱和度：改变对象的色调、饱和度和明度（“色彩”选框）。

色彩校正：通过控制手柄改变图形动态，调整效果作用于之后的全部图层，或只作用于之后的图层（箭头所指）。

设置图层的色彩曲线（伽马曲线）：曲线的改变作用于色彩色调。右上角明亮色调，左下角昏暗色调。

设置图层的色彩校正，通过图层蒙版限定边界。同时与图层效果中的阴影混合作用。

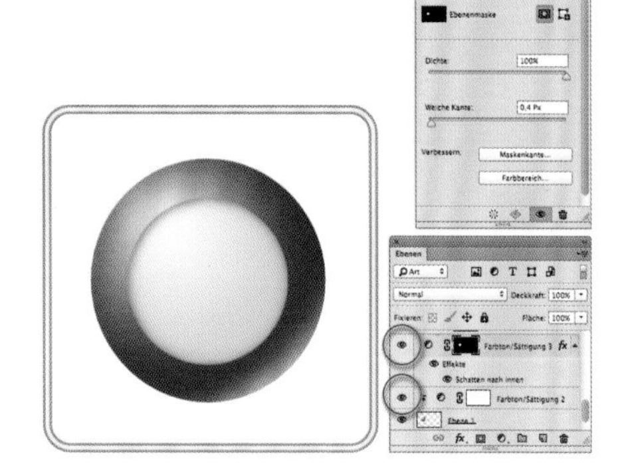

设置图层也可以通过开关图层（可见性）混合作用，上图即为应用范例。

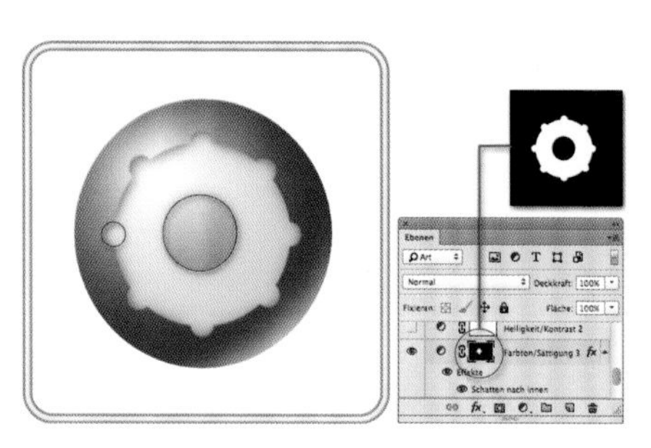

图层蒙版是可编辑的。点击符号并使用白色或黑色笔刷进行编辑（可以无限重复操作）。

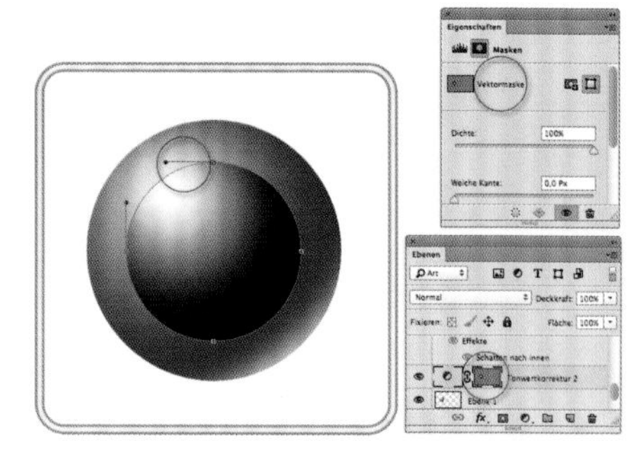

通过使用活动路径生成图层可以产生矢量蒙版。它可以使用路径工具进行编辑更改。

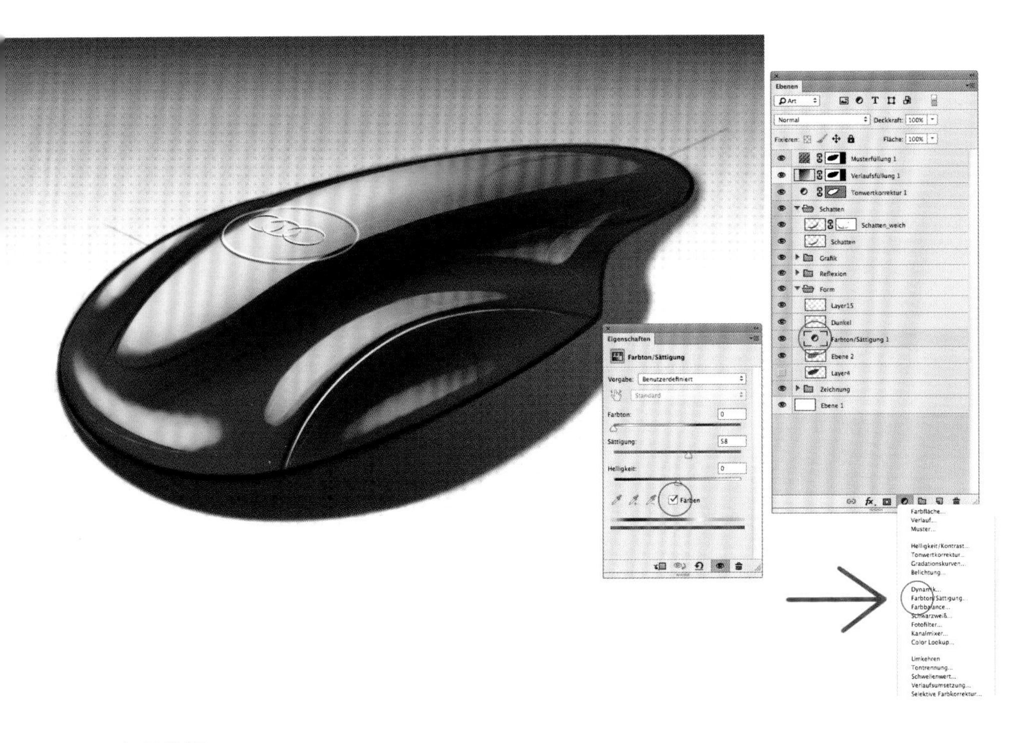

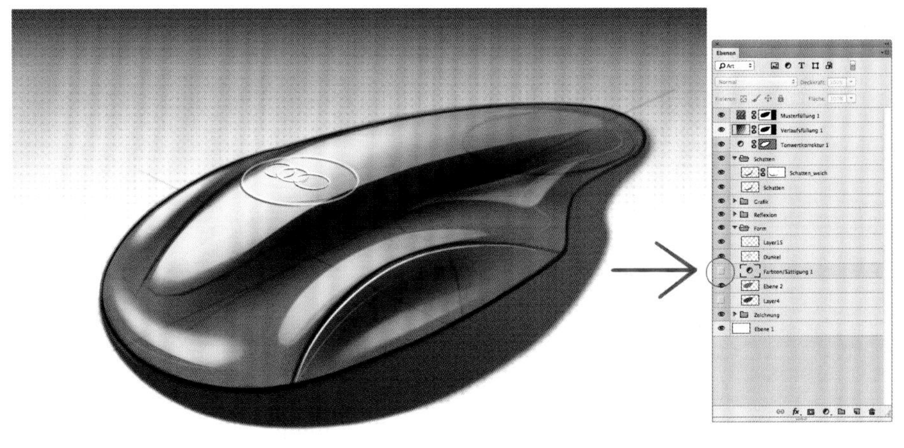

通过“着色”对设置图层的色调/饱和度进行色彩改变：在设置菜单中点击“色彩”（双击图层符号可以打开设置菜单），之后可以在色彩中选择色调、饱和度和明度。通过关闭图标“色彩”或关闭图层或通过在100%和0%之间精确调节图层的透明度控制器来减弱或消除效果。

矢量蒙版

它们是基于矢量数据的，因此不受分辨率影响。它们限制某一编辑图层的区域（比如色彩校正）并且可以通过路径工具或自由变换功能进行任意编辑处理。矢量蒙版具有锐利边缘。虚化的通道或透明效果可以在栅格化（转换）之后作为像素蒙版进行设置。

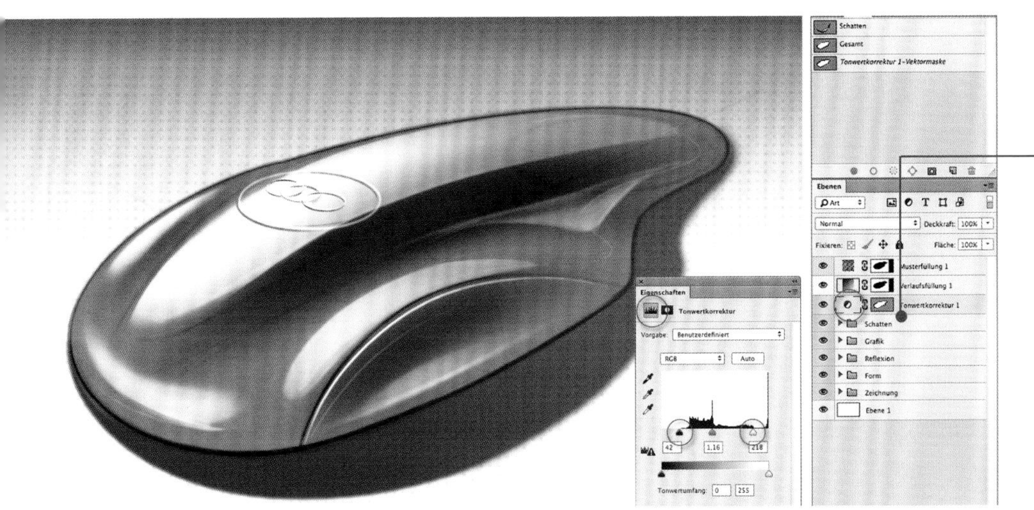

最终的色彩校正是对每一幅手绘作品进行的最后的精确调整。这可以生成一个副本，并对色彩校正进行统一设置。或是作为设置图层嵌入上一图层中。每一个副本都包含色彩校正值。

路径（轮廓）被激活后，可选择用于设置图层的色彩校正功能。Photoshop配备了矢量蒙版。点击矢量蒙版，使用路径工具进行编辑。矢量蒙版也可以随时栅格化为像素蒙版。

图层蒙版

它们可以对特定区域进行着色或去色，以便仅使这一区域可见，而不会损失图层的其他像素。蒙版是基于位图数据的，可以在经过着色的或未经着色的区域之间使用锐利或羽化通道进行编辑处理。图像内容可以相互混合。色调和色彩设置可以在特定区域融合。效果可以作用于下一图层或所有之后的图层。图层蒙版隶属于每一个原始图层并与其共同被影响。在造型和不透明度中可以对蒙版进行编辑：点击图标，黑色为遮盖，白色为打开。

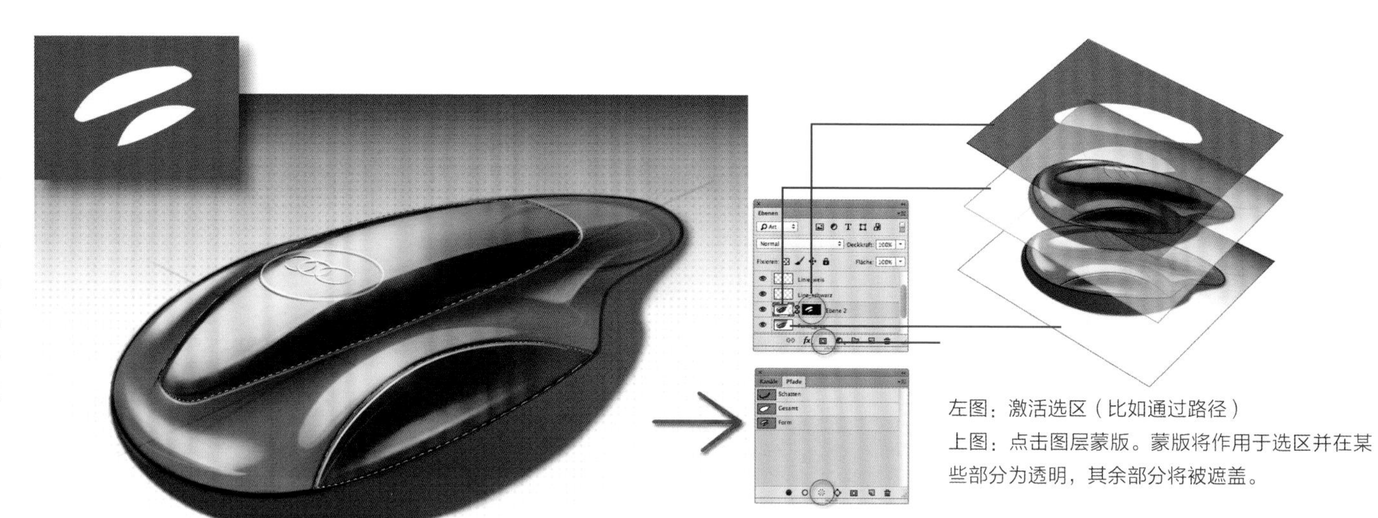

左图：激活选区（比如通过路径）
上图：点击图层蒙版。蒙版将作用于选区并在某些部分为透明，其余部分将被遮盖。

编辑图层蒙版：点击蒙版图标，在图层中使用黑色或白色笔刷工具绘制。羽化部分使用喷枪。

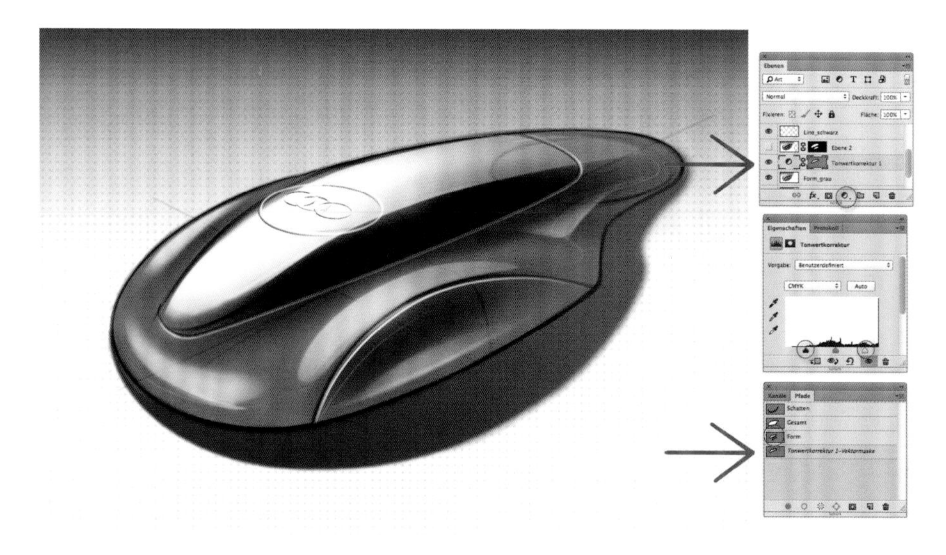

在图形对象的一部分上使用色彩校正。此区域的路径可以用于这一部分的造型创作。作为选区，它可以生成一个图层蒙版（基于位图的）或矢量蒙版。

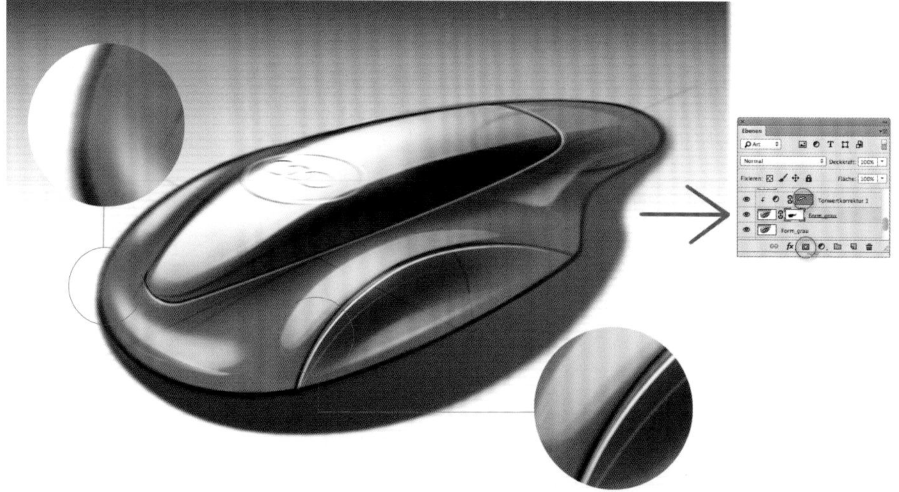

一个可以使图像更加充满动态的造型方式是对比度：此处对部分图像使用蒙版过渡锐利部分（前面的部分）和不锐利的图形变化。对于蒙版采用的是柔软笔刷。

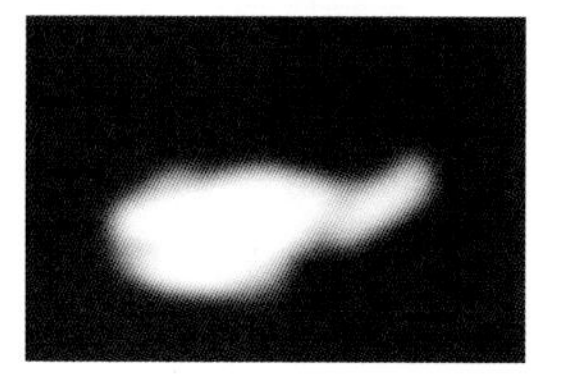

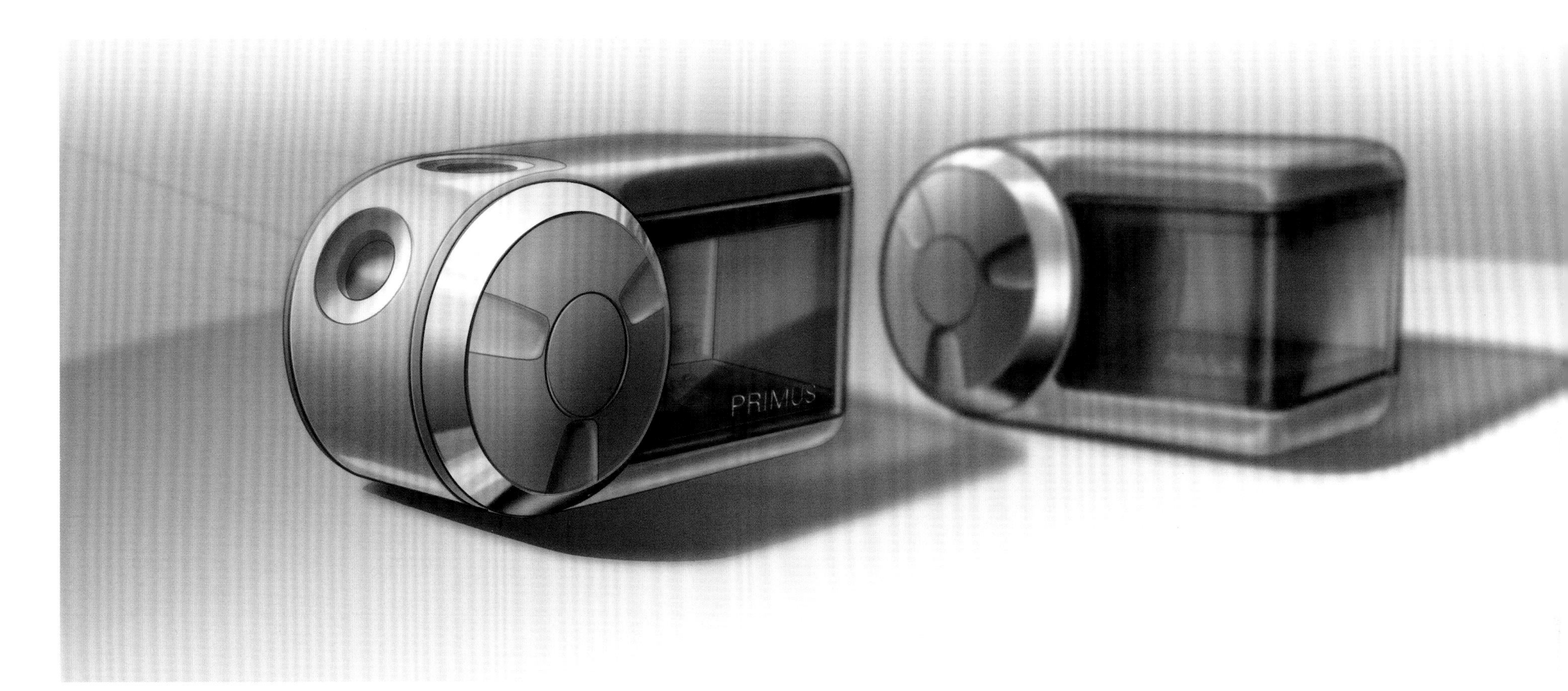

调整图像锐利与模糊的淡入淡出的遮罩（高斯柔和镜头过滤器），会产生经典的锐度深度效果。将焦点放置于图像前方，从而起到二者对比的效果。利用遮罩来强化此效果，将位于图像后方的构图的色彩饱和度调低。再通过空气透视来强化表达效果。这一类图片也可以通过采用其他方法来生成，比如将位于图像构图前侧的较为模糊的部分轻轻擦除。利用图层遮罩优化图像，使之变得更为清晰。

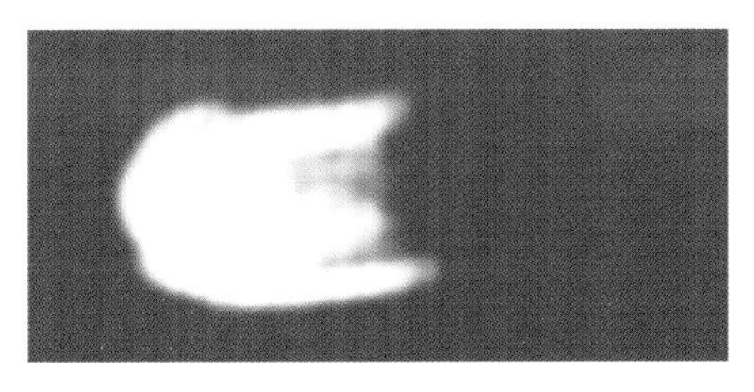

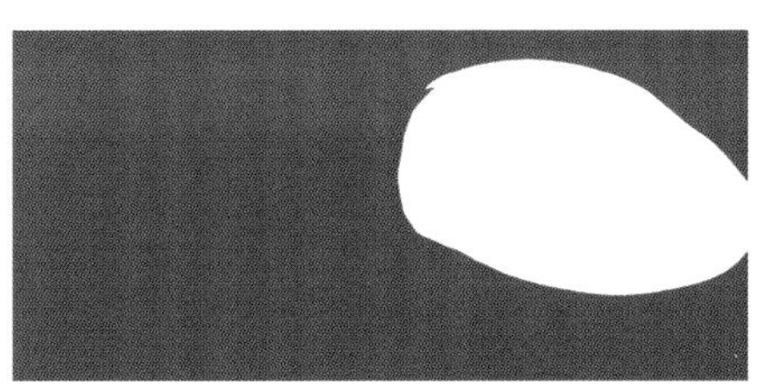

对两个图形对象相对应的图层蒙版：前一图层部分为了产生锐利渐变而使用了模糊处理，效果可以用笔刷工具（白色／黑色）进行控制。后一图层是针对整个对象进行色彩减弱的锐利选区。

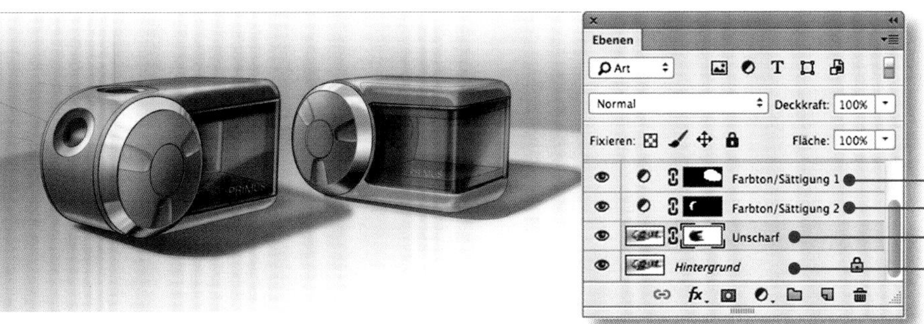

输出的图像

蒙版，用于右侧减少色彩。
蒙版，用于针对黄色部件的色彩改变。
蒙版，针对左侧模糊对象。
锐利度与颜色相同的原始图像。

手绘表现形式

在创造性的工作领域中，有各式各样的表达方式可以用来生成图形。最传统的方式是草图（或初稿），具有生动性和自发性。通常它是某种想法或概念的表达，而用绘画的形式表现了出来。它代表着一种记录方式，用于进行之后的展示。大多时候对它的进一步编辑或进行新一轮的草图表达是不可或缺的。至于选择哪种表现形式，取决于手绘表达的目的（或用途）。一个经过简单编辑的草图，一个精准的渲染效果图，或是这两种方式的对比效果都可以展现高品质的艺术性。这里将会展示一些例子，旨在说明这些手绘表达方式的代表范围。

- 方法
- 初稿／草图编辑
- 概念草图设计
- 从草图到展示性表达
- 渲染
- 技术性展示
- 概念横幅

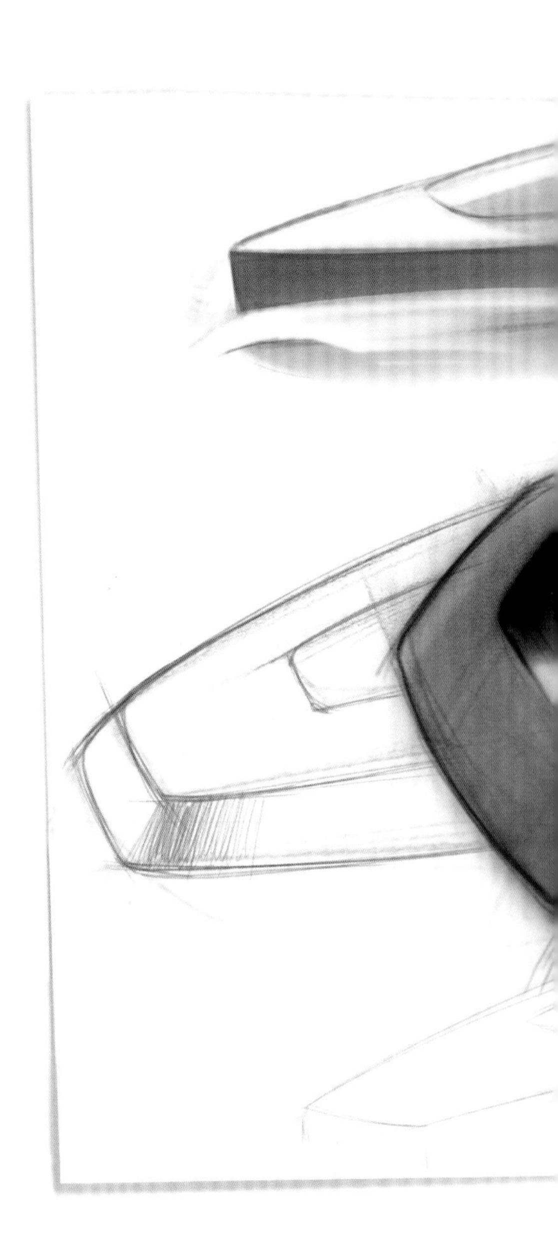

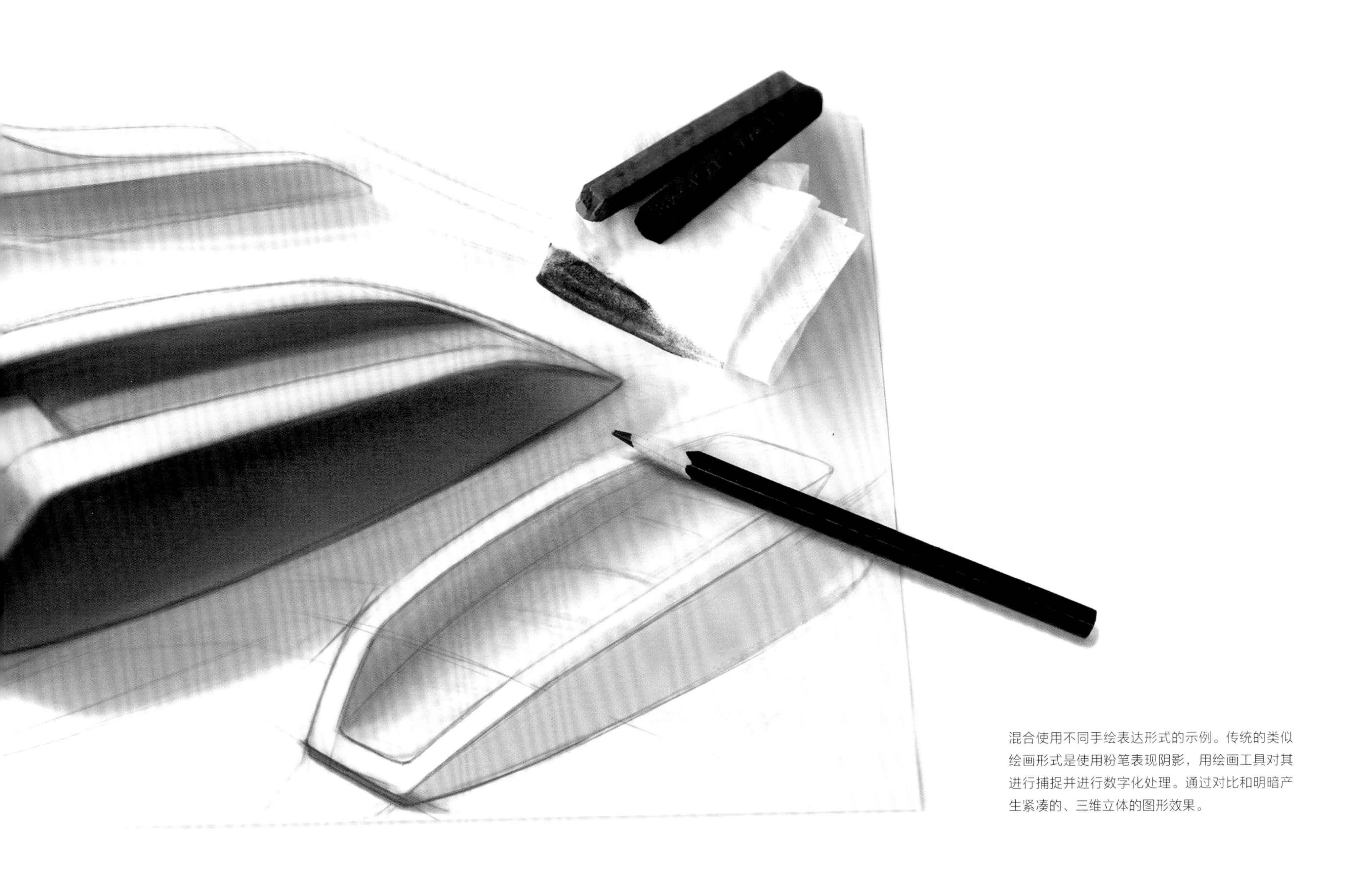

混合使用不同手绘表达形式的示例。传统的类似绘画形式是使用粉笔表现阴影，用绘画工具对其进行捕捉并进行数字化处理。通过对比和明暗产生紧凑的、三维立体的图形效果。

方法

对于使用数字化表达生成图像，此处阐释了四种典型的途径作为范例。所有的组合都是可能的，例如通过CAD程序生成的图像也可以用手绘进行进一步编辑处理。

数字化手绘的传统方法：模拟或数字化草稿，配合不同的程序和工具进行编辑处理。

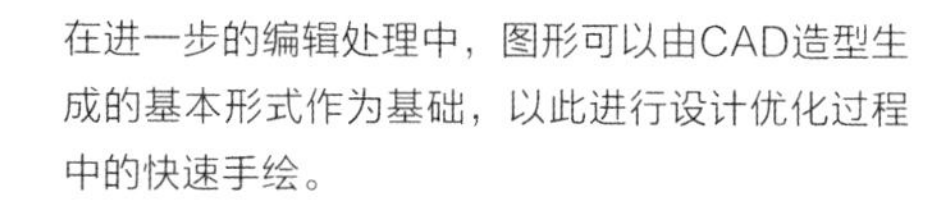

在进一步的编辑处理中，图形可以由CAD造型生成的基本形式作为基础，以此进行设计优化过程中的快速手绘。

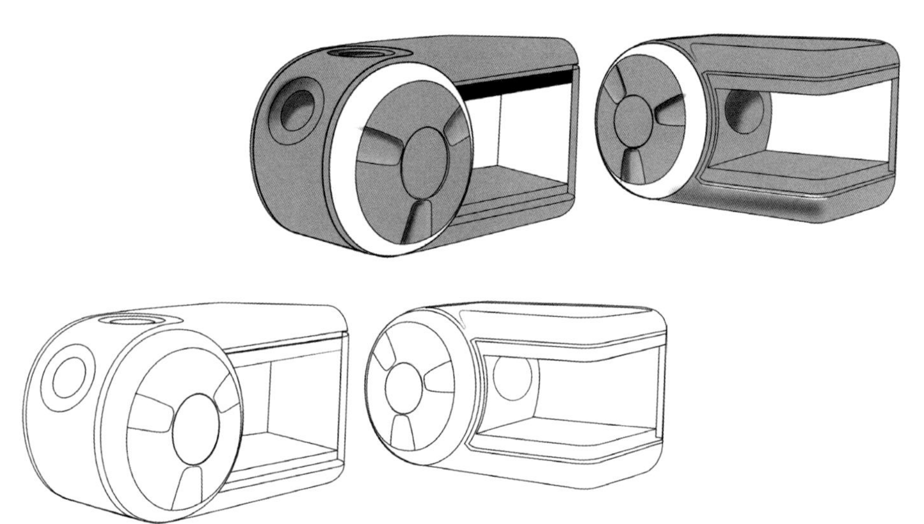

以矢量图形为基础的线条图形是经过塑造和着色的，产生的面可以通过魔术棒进行选择。

草图经过区块填充后，较朴实的表现出（对象），再经过明暗对比和反光（的处理），进而变得生动逼真。

一个经过渲染的CAD文件（大致的3D草图）被数字化处理。配合复杂的几何形体，正确的透视可以被很容易地找到。

生成不同的型面和对比之后，可以对更偏爱的型面对比在CAD软件中重新造型生成。

照片为数字化编辑处理的后期节点，此处为一个简单纸模的造型。手绘图形的基础也可以通过对其他材料制作的造型进行摄影来取得。

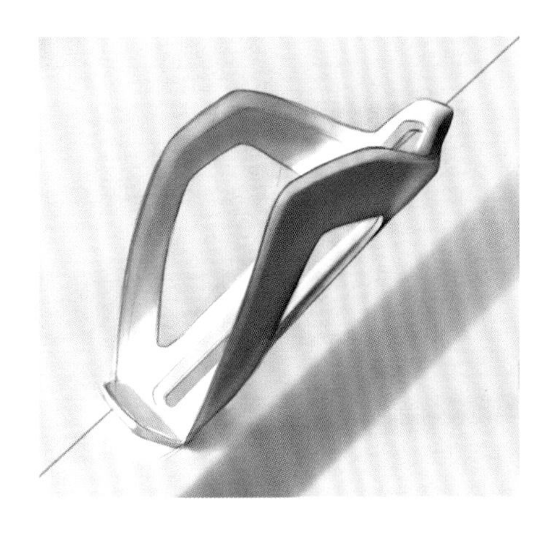

此处也有真实几何形态所带来的好处，（手绘作品可以）配合它们（真实的几何型面）进行编辑处理。手绘作品为之后的CAD建模提供对作品进行评估的可能性。

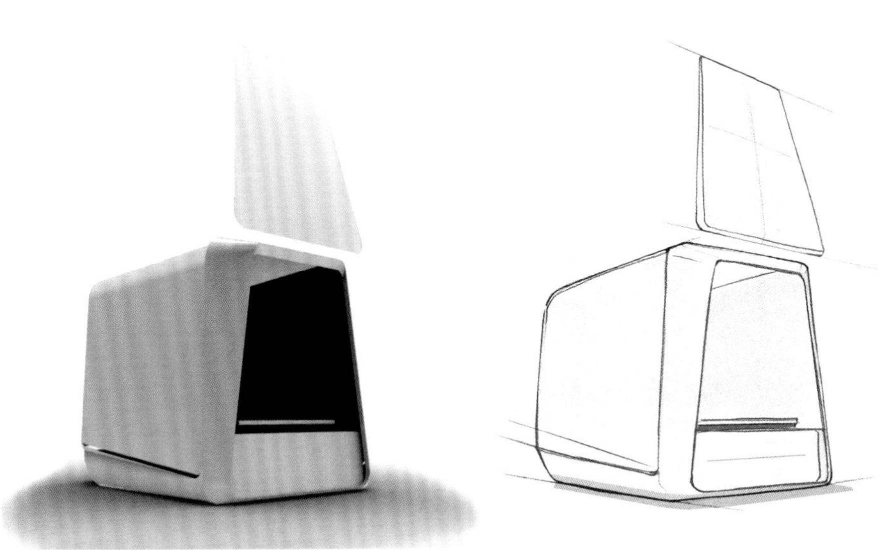

一个经过了渲染的CAD文件是对细节、造型过渡等方面进行进一步数字化编辑的基础。

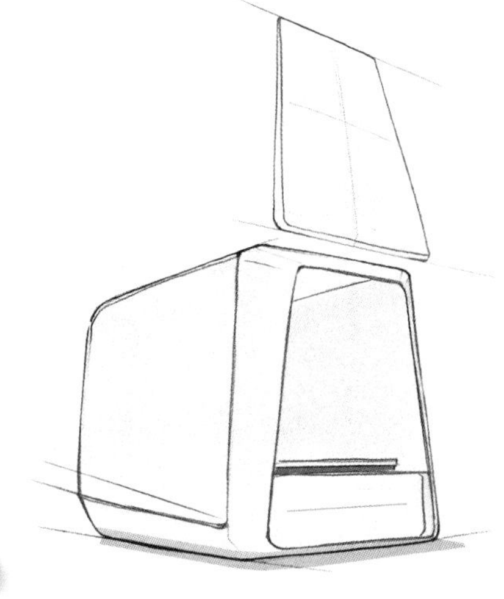

CAD草图表达之后，随之而来的是更模拟化的工作步骤。轮廓画被用来作为透视真实的设计形态概念手绘表达的基础。在有纹理的纸张上使用软性非水溶彩铅进行的画作为扫描提供了更具风格的精细的独特感，因为彩铅和纸张所产生的纹理仍然轻微可见。

初稿 / 草图编辑

草图是造型或技术原则在一开始的创意。作为设计过程中的工具，它通常展示的是某一产品并不太确切的造型属性。立体的造型用线条进行归纳，表现为暗部区域使用密集线条，而明亮区域使用简略线条。这使得草图获得了图形上的空间感，展示物体的功能和美感。这常也可以用来决定哪些草图需要重新创作或是进一步编辑处理，比如用于在委托人面前进行演示。它可以在不同阶段实现，比如使用路径工具作为新的结构花大量精力重建，或是在某张工作簿上对草图进行快速编辑。因此，数字化手绘便是最好的工具。

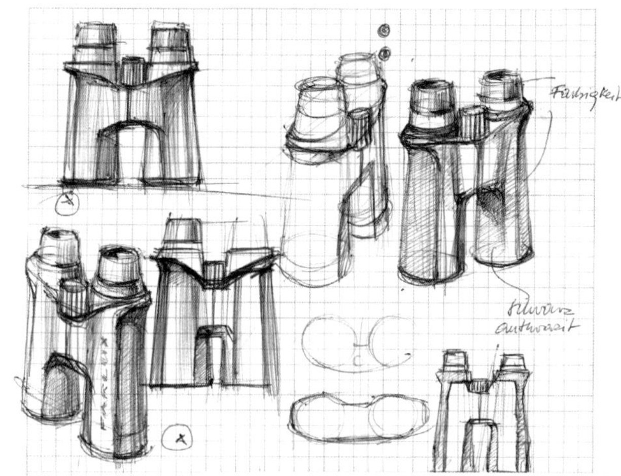

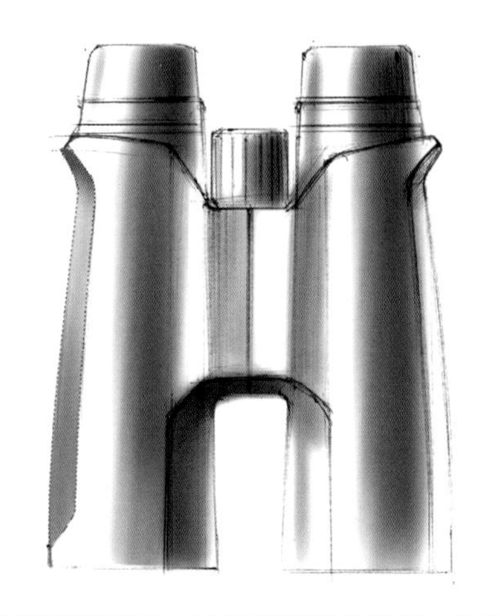

使用路径进行草图：对主要造型进行描摹，手柄区域重复加重，右侧区域镜面反光。

两个图层上的色调

草图时显示的典型视图：

前视图非常准确地展示比例和组成部分。材料清晰展示，效果沉稳，可以快速生成。

侧视图描述物体的空间感和整体感，清晰表现造型属性，通常比较详细。

草图编辑，直接在工作簿上：扫描，第一图层暗部色调（图层模式“混合”），第二图层亮部色调，简单快速造型。

在亮面暗面的编辑之后，在不同图层上使用暗色平面放置一个地面。在背景赋予一个亮色平面，造型将被遮盖掉。图像的（每一）部分如同卡片，很容易通过图层效果在工作簿上放置投影。

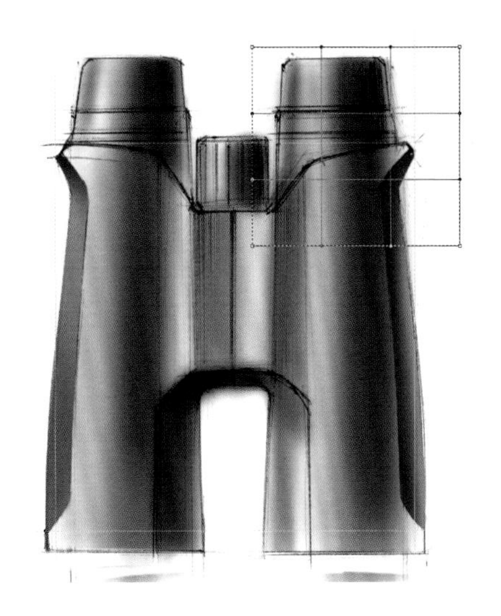

装配手柄部分。右侧使用“编辑”-“自由变换”-“变形”使之相适应。调整色调。

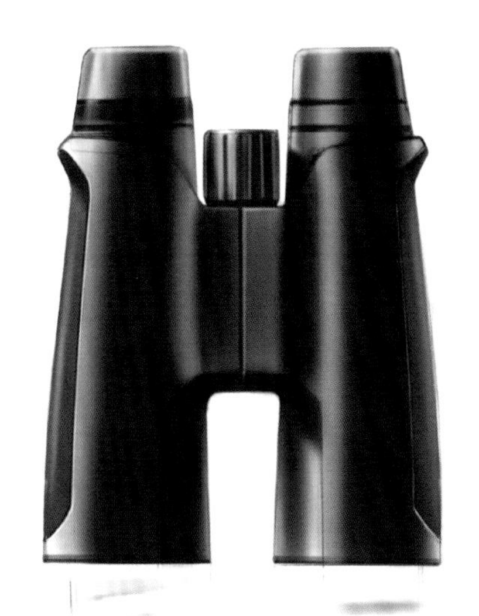

一旦有了足够的色调，色彩校正可以使造型更加突出。

草图可以配合不同的强度和精细度进行编辑处理。这会生成一个手绘表达，包含一个经过了一定处理的可用的中期阶段图。它可以通过在新的图层上覆盖任务来进一步处理，直到产生正式的渲染。在有关主体对象已经确定的情况下，可以添加反射和背景渐变，以增加氛围效果。

上面的部分有一小段距离产生了反射，使用图层蒙版或橡皮擦创建透明渐变。

用灰色渐变填充背景，从图像中心的明亮区域开始作为渐变起点。使用模糊滤镜创建一个轻微的模糊区域。把镜面图层调整得更加透明，获得一个明亮、有轻微哑光效果的平面。

概念草图设计

草图可以使用许多方法进行数字化编辑处理。此处示例了一个较为粗略的过程。这一手绘展示了一个交通工具驾驶座舱在型面设计过程中的造型特征。细节和具体的造型仍未确定，但表现得更多是整体印象、感觉以及联想（思维联系，这里指的是造型感）。在设计过程中，将出现很多这样的推敲过程。驾驶座舱坐落于中心点。细致钻研和轻松勾勒的图像区域产生的对比生动有活力，并且展示了作品在中心点的整体印象。

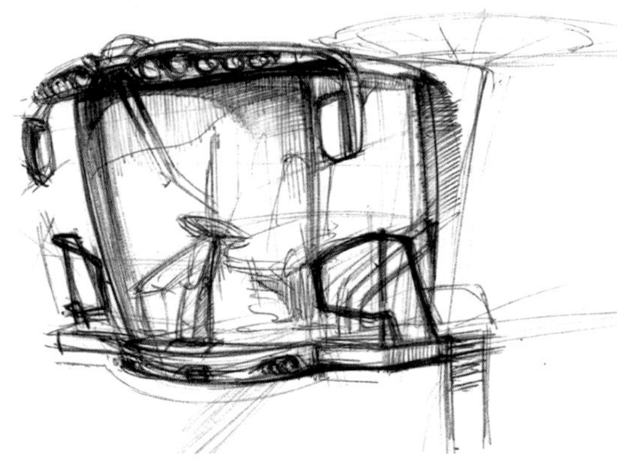

作品起点上一个放松随性的绘图。重点完善重要的造型效果（比如驾驶舱上的支架以及车灯和后视镜），从而产生形态上的整体表现。

使用SketchBook Pro进行编辑。纹理从笔刷工具面板获得，纹理角度和强度可以进行设置调整。

背景纹理进行刻画，配合一个经过设置的较大的纹理笔刷，经过多次旋转得到。可以进行多次尝试，直到纹理结构均匀。这里使用了（项目）公司的主打色。

对背景上稍后表现为灰色型面的区域进行设置。它生成对象的后置图层，可以在上面刻画组成部分、对亮部色调进行造型，或是编辑调整前景。

把深色图层设置为35%的透明度然后擦除区域（比如轮胎纹理）。不一定要擦除得多么完美，因为带有细节的设置图层将在此（图层）之上放置。

为座舱内饰、座舱造型以及带有车灯和反光镜的支架而生成的带有背景色调的新图层。黑色图形部分给予了组成部分深度和边界。

配合色彩对面进行造型。生成一个清晰可见的空间感，灰色平面作为背景。

从左上方打光。添加反射平面，通常需要多次尝试（从而得到较好效果）。主要反光在最前，配合柔软过渡，右侧反光更小更暗，拥有锐利边缘。轮毂作为色彩重点。

手绘表达的最终部分是对明亮区域的设置。两到三个不同颜色对于造型的较大型面是足够的。配合降低了不透明度的笔刷可以对色彩区域的过渡进行编辑处理。对比度丰富、细节饱满的部分在最前面，离观察者最近。背景和机械部分放置在后。一些校正（比如左侧轮胎纹理）在此时进行最佳。

从草图到展示性表达

在实际的设计过程中，总有大量的草图为设计项目做准备，以便展示不同方向。这些草图也常常引出新的想法或指引着之后的草图。为了记录这一工作过程以及追踪创意根源，有些草图需要用来作为展示性表达。从经过高度编辑处理以及富含写实的设计特点和细节这方面来说，展示性表达也被称为渲染。

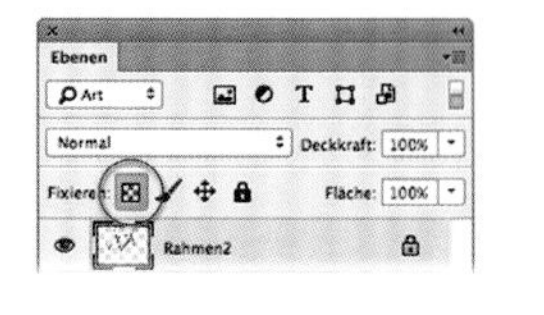

改变颜色：点击“保护透明像素”，然后用色彩覆盖。

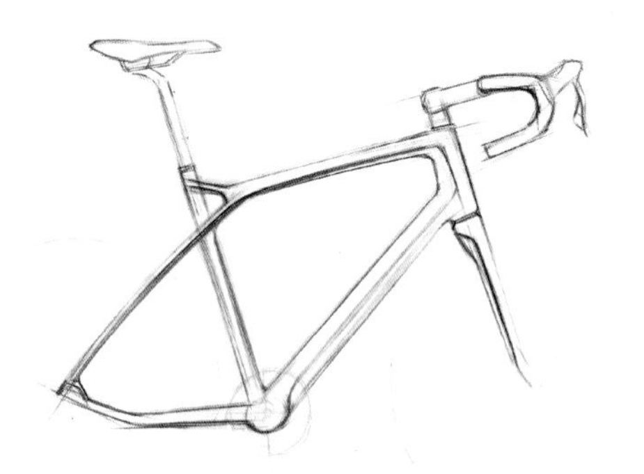

在Photoshop中渲染。出发点是一个准确表达材料、比例以及造型关键线的初稿（使用Prisma-color彩铅绘制，经过扫描处理）。

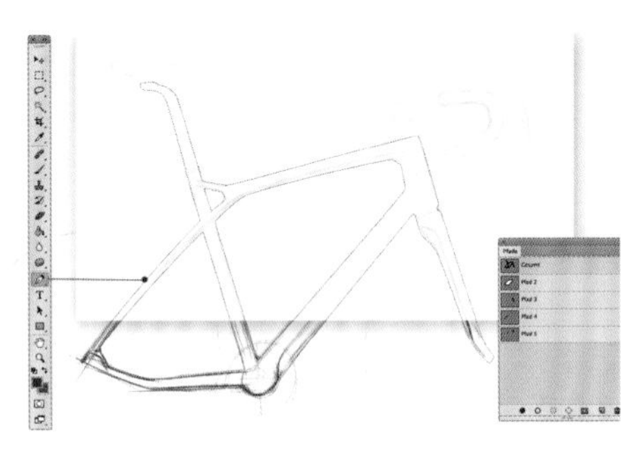

用于之后选择、变换以及填充的路径。为了精确到手绘表达而进行了优化。白色图层提高了路径编辑的可见性（ 不透明度：80%）。

通过路径选择或路径菜单-路径平面填充得到填充的（自行车）框架。图层模式“混合模式”可以展示位于背景的画作。

改变色彩也可以通过在色彩图层的拷贝图层上调整色调/饱和度。

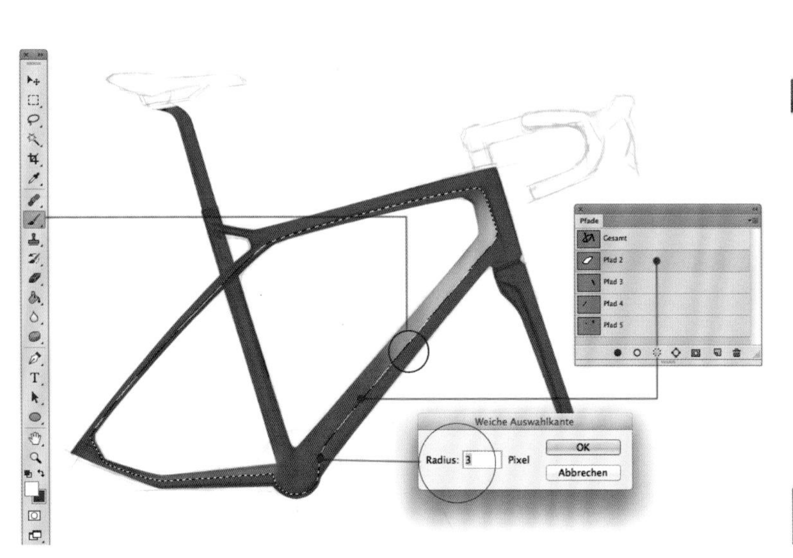

通过在新一图层上进行路径选择对亮部区域进行上色。此处从左上方打光，使用羽化边缘选择，以便生成作用半径。

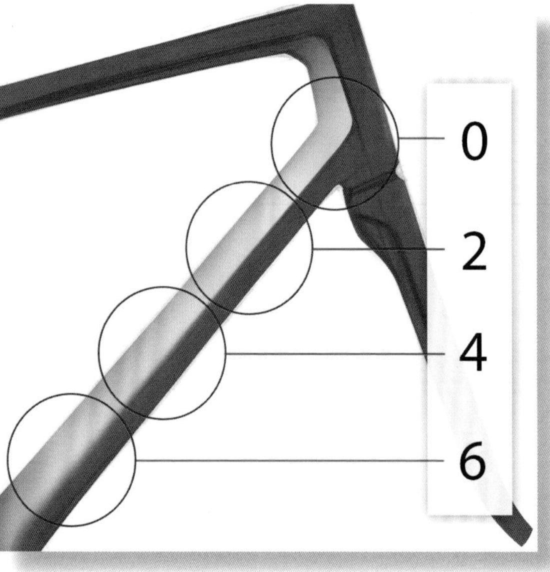

弧度造型通过选择菜单的“选择”-“改变”-“羽化边缘”得到。此处示例为羽化边缘数值（0=锐利边缘）。

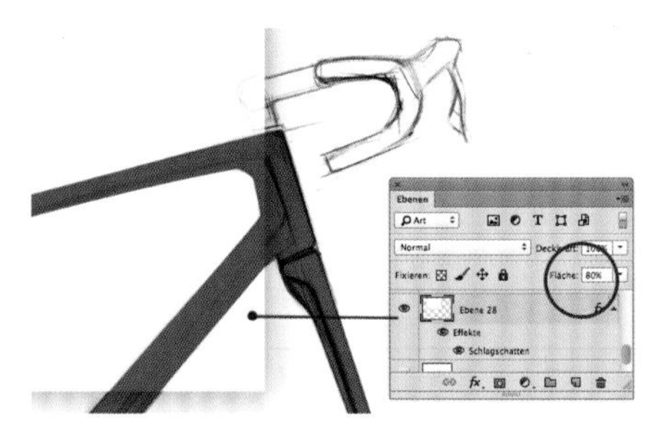

配合更白的图层对画作的可见性进行调整，此处的不透明度为80%。

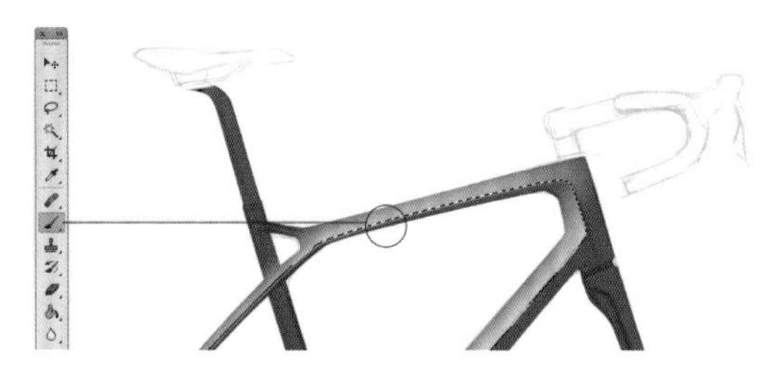

创建新图层，对框架进行继续造型，使用相同技法（比如翻转选区）。

配合面上主要布光进行基本造型。投影可以增强形体效果。

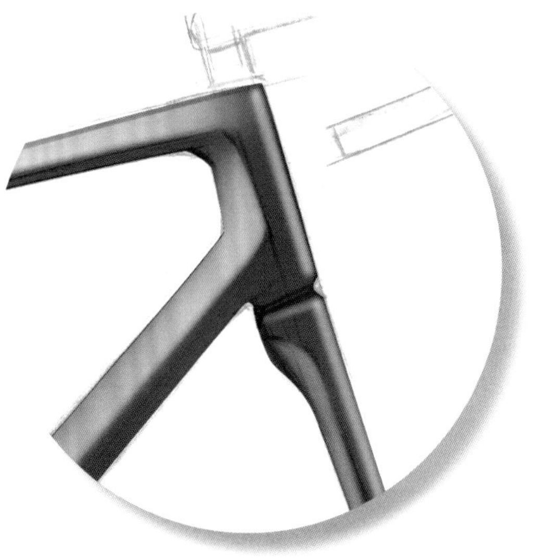

配合第二光源进行进一步造型。首先进行柔化着色（小笔刷，硬度：0，不透明度：25%）。

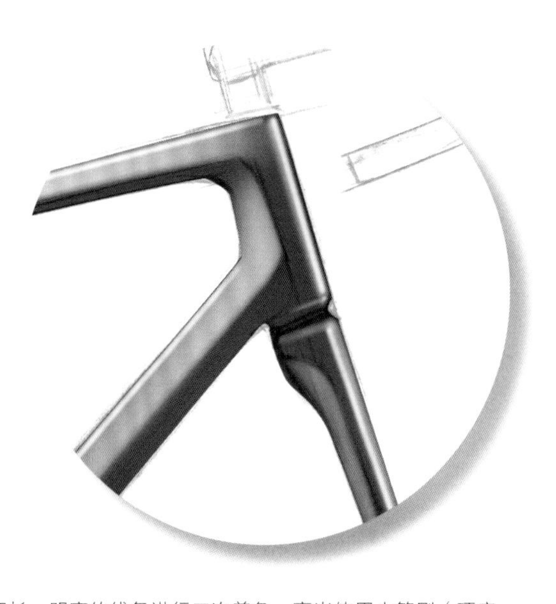

以细长、明亮的线条进行二次着色。高光使用小笔刷（硬度：0，不透明度：大约30%）。

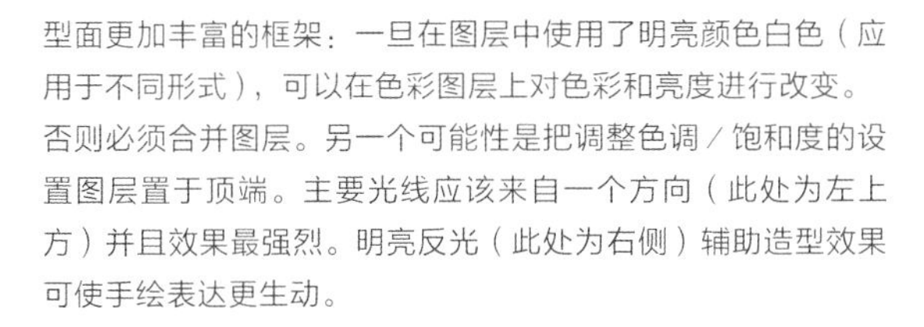

型面更加丰富的框架：一旦在图层中使用了明亮颜色白色（应用于不同形式），可以在色彩图层上对色彩和亮度进行改变。否则必须合并图层。另一个可能性是把调整色调／饱和度的设置图层置于顶端。主要光线应该来自一个方向（此处为左上方）并且效果最强烈。明亮反光（此处为右侧）辅助造型效果可使手绘表达更生动。

车轮使用椭圆选区或椭圆工具作为开始。制作车轮需要大概5~8个图层。

轮圈用两个环形配合亮度渐变建立。通过“路径”-“路径轮廓”在轮子上填充明亮条纹。

这些条纹在尾端用橡皮擦除，一个明亮的过渡在轮子上就产生了（上部的光线）。

使用非常小的橡皮擦（硬度：100%）在明亮条纹上擦出纹理，也可以使用黑色笔刷进行。

1

后轮辐条，单个辐条“复制”-“粘贴”，之后旋转180度。

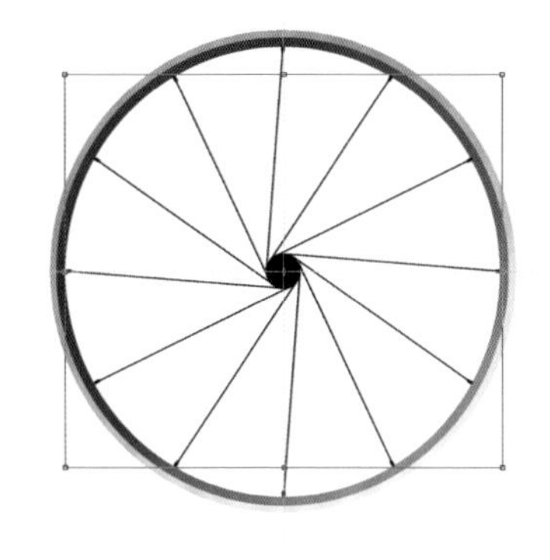

2

双辐条“复制”-“粘贴”，30度旋转，放置12个辐条，这样可以减少一个图层。

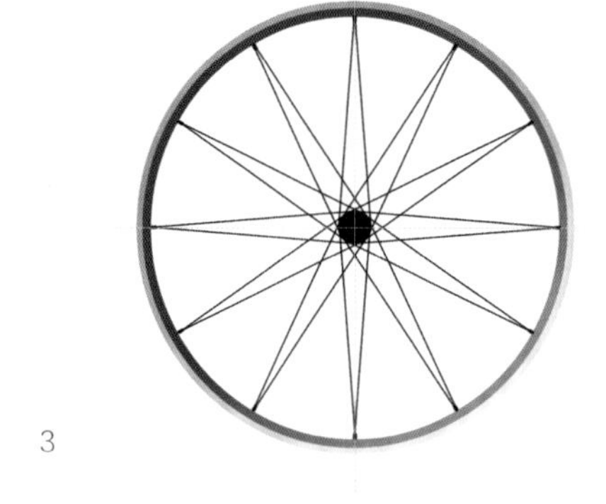

3

把12个辐条的图层“复制”-“粘贴”-“水平镜像”。两组12个辐条现在位于两个图层上。

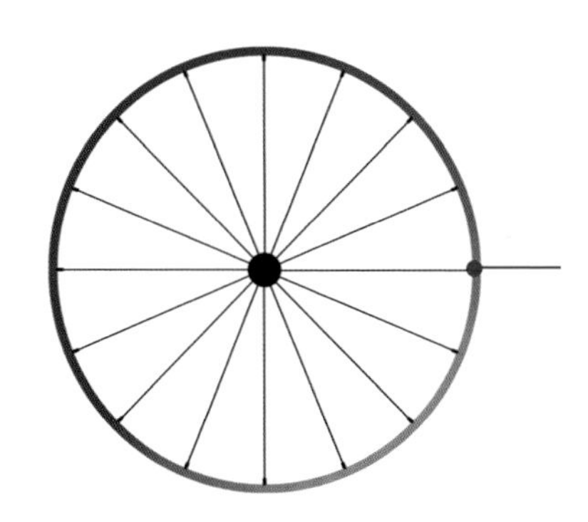

前轮辐条使用与后轮相同的方法放置中央辐条，符合真实的辐条设置。

4

把一个12个辐条的图层进行15度旋转，生成一个典型的后轮辐条。

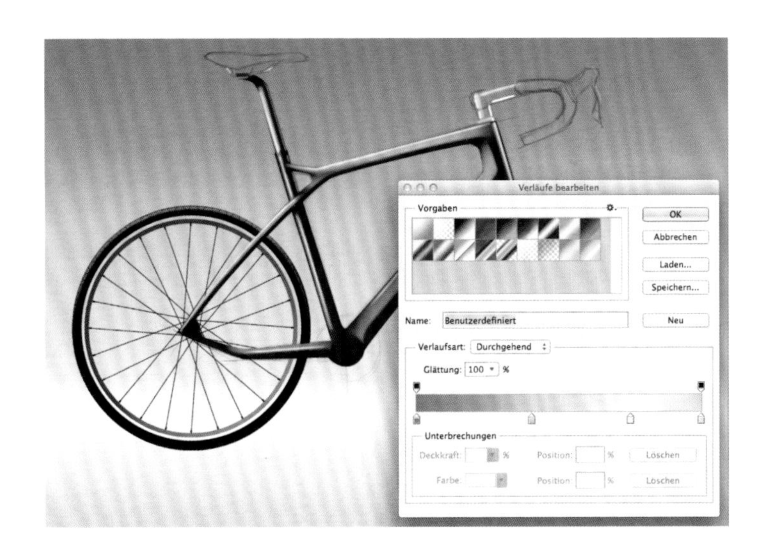

背景使用渐变过渡，在渐变菜单中调整设置。可以使用色彩配合使用，色彩与渐变之间的距离可以进行调整。

在新一图层上使用大号喷枪笔刷进行线型过渡的后期处理。注意确定光线分布，在多个图层上建立背景效果。

使用笔刷在车轮下面放置投影面，之后使用“编辑”-“自由变换”找到合适的比例。

基本渲染配合精心布置的背景，它可以给前面建立的图形图像提供空间深度和氛围效果。

对其余部件的造型工作。比如鞍座和带有刹车手柄的把手，此处配合框架的烟熏色。这一范例中的背景配合框架的明暗分布使之协调一致。地面及其照明产生了空间深度。

对于刹车线的排布可以用路径工具自由灵活地设置。在路径菜单中选择“路径”-“路径轮廓填充”，配合提前设置过的小型笔刷。配合同样的路径以及更小的白色笔刷（不透明度：大约30%）在新图层上对路径轮廓再一次填充。轻微移动明亮线条，使刹车线获得光泽。

在一些图层上，可以通过添加图形元素或产品标记对造型效果产生更多可能的效果。

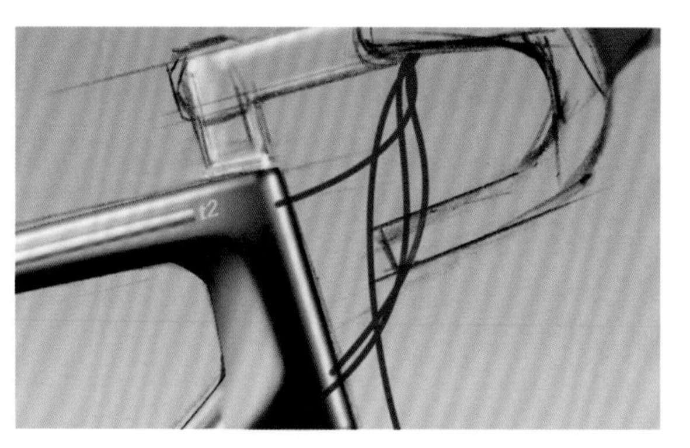

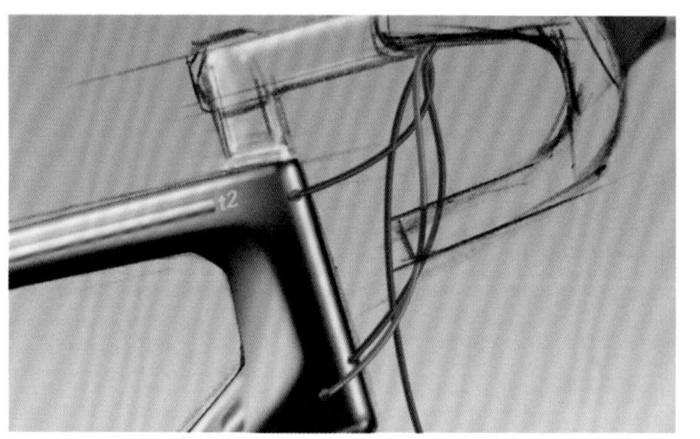

用组件完善对耐力车轮的渲染，注意颜色的调整要配合整体效果。调整含有这些组件的图层的透明度，这样绘图的可见性可通过上面的白色平面进行调整，直至完全被覆盖。

渲染

渲染存在于各种视觉表现领域中，例如将建模的表面数据用照片一样真实的数据表现出来。其在产品开发领域中则表现为把草图实体化，把产品的造型与细节展示出来，从而可以让人评价与比较。作为决策工具人们一般会使用复杂的建模渲染。其实渲染也可以通过“人工手绘”的方式表达出来。

渲染很大部分是在程序sketchBook Pro中完成的。车体形状的选择是用折线工具加鼠标右击完成的。

选择的部分用填充工具将平面填满，点击图层的“复制”，让草图保持可见状态。

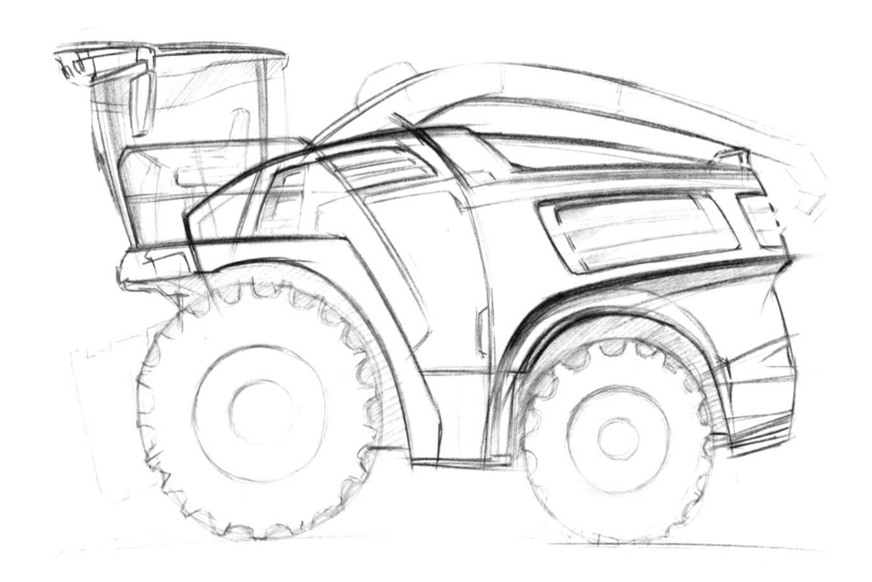

一个包括产品结构、透视、部件分布和细节的草图是电子手绘的第一步。草图可以按照自己的意愿用笔或电脑绘制。

测试图特别适合评价比例、边缘和线条。造型元素、图形、颜色和结构的分配都可以很好地表现出来，特别体现在大而复杂的物体上。

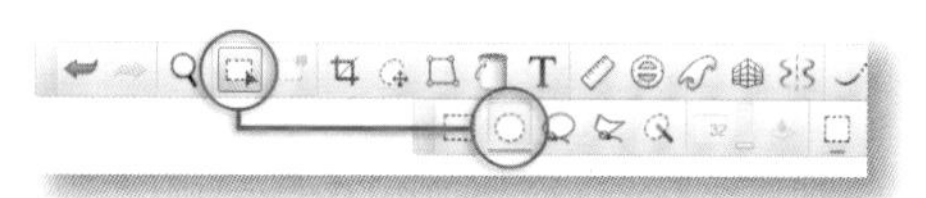

用同样的工具（折线）将车轮罩选中，对于轮子边缘的选择则用椭圆工具。

将深的、暗的区域，扶手、楼梯和把手等置入多个图层以方便接下来的操作。

例如绘制上升面的高光（新图层）时用喷枪工具，线条用细细的笔刷勾勒出来。

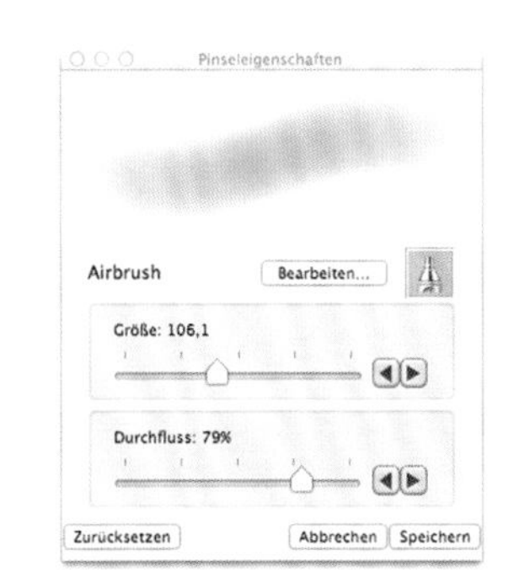

双击工具菜单栏中的笔刷工具可以选择调色板与笔刷属性。

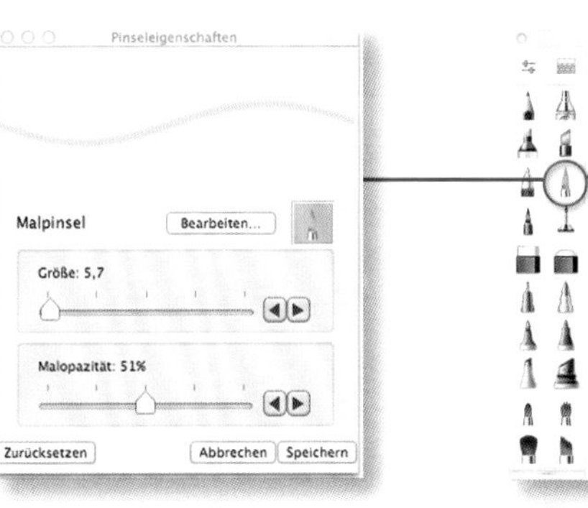

在笔刷属性的菜单中可以调节笔刷的大小，对于不同的工具可以调节他们不同的属性。

螺栓头用小的笔刷和更亮的颜色绘制出来后，创建一个新的图层并置于下方。用同样的笔刷画出阴影部分。

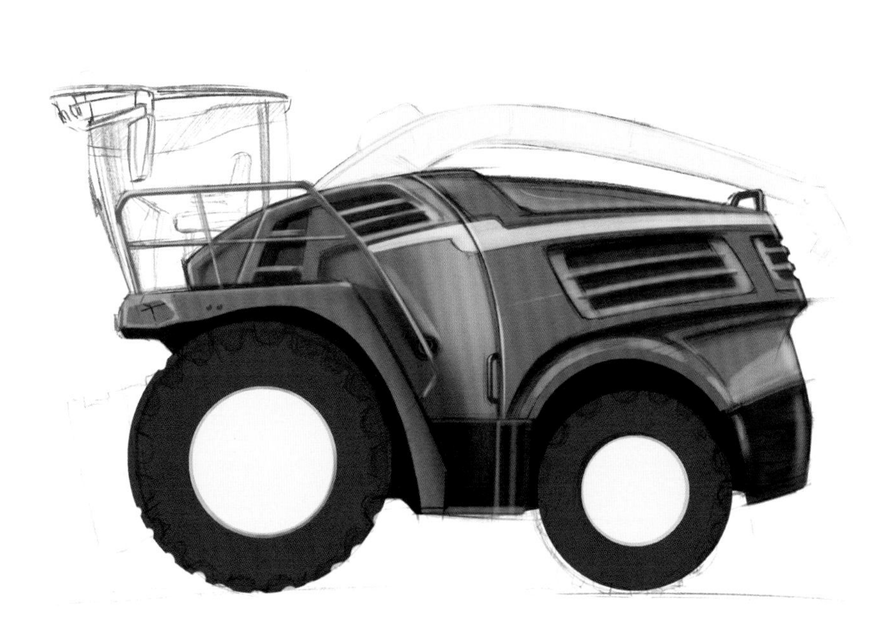

将机械臂（运输臂），轮缘和图形部分用颜色填充。机械臂与图形部分使用折线图形，轮缘部分使用椭圆选取绘制。

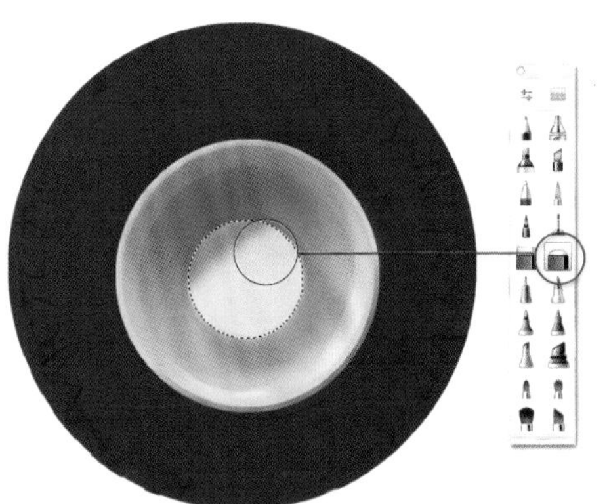

用圆形的选择工具绘制一个圆形，并创造出其内凹的立体感，用一个很大，很软的笔刷。将轮子中后变速盘部分用明亮的黄色在中心随意擦出来。注意打光的方向。

后变速盘的阴影部分与明亮的外边框增强了自身的立体感。轮胎的部分加重边缘线。轮缘部分的建立使用多个图层，从而可以调节遮盖力。

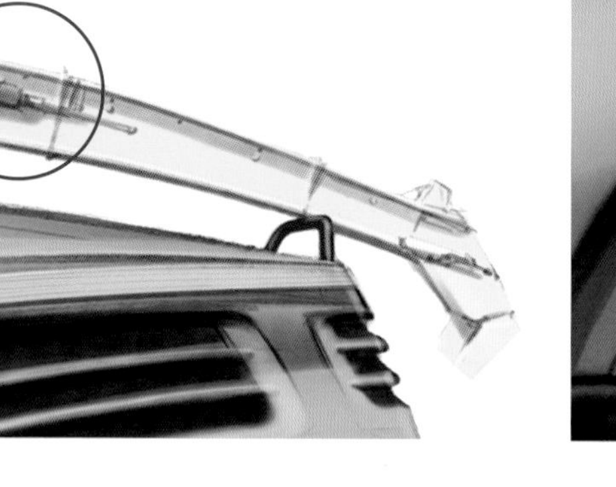

用小号刷子绘制机械臂的阴影边缘、螺钉、手柄等。高光部分（亮黄色到白色）移入新的图层。将经过透明度调节的物体和机械部分的图层后移。机械臂部分总归不是绘图的重点，只需处理一下光线和阴影边缘部分即可。

光的反射部分作为表面质量的表达可以用非常不同的方式绘制。光滑的表面会产生具体的镜面图像，粗糙的表面产生柔和的反射图像。观察真实的物体并尝试绘制不同的反射图像是十分有益的。

细化驾驶室，绘制一个顶棚。室内的部分用黑色剪影简单绘制。

在一个新的图层绘制玻璃边缘的阴影部分。使用图层的透明度调整亮度级别。

在新的图层中用宽的喷枪工具喷出一块玻璃面的基本颜色，这个区域被保存下来，给人一块玻璃的印象。

在一个新的图层中用一个非常大的喷枪绘制玻璃的亮面，然后用大半径的橡皮擦工具擦出明亮的反光面。这个步骤通常需要大量的尝试。

将带有渐变效果的最终图像作为背景。这时将文件从SketchBook Pro移入Photoshop（图像保存在Photoshop中格式为psd）。用一把大号笔刷（硬度：0）在驾驶室部分画出一道明亮的光束。最后用色调校正完善整个画面。

渲染背景时，明亮的地面用非常大的刷子，光束的方向为从左上打光。车的倒影部分移到第二个图层。

技术性展示

对于复杂的系统展示我们没有任何固定的展示方案，只要能达到预期的展示目的即可。图中有一个关于在不同季节，不同时间，不同气候情况可再生能源转化过程的系统图。我们要求图中的细节能展现出很好的布局，不同能源种类的彩色线条能给出不同的视觉效果，构图能给我们一种视觉很突出的感觉。风景、图中的物体还有图像能得到更好的俯视效果并且个体性很明显。

整体风景和结构的布局，局部着色。

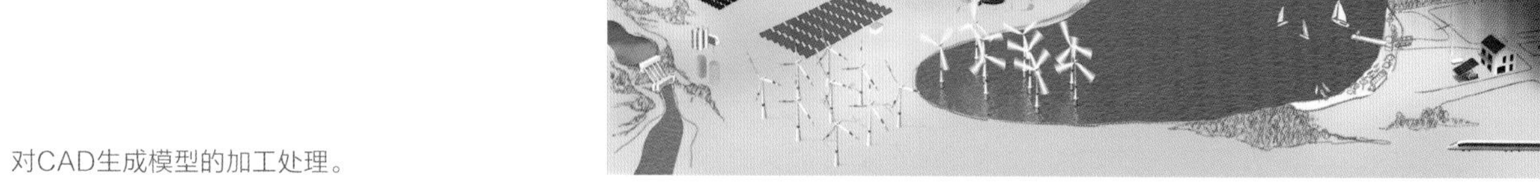

对CAD生成模型的加工处理。

处理步骤

首先用色彩笔完成整个构图，在Photoshop中完成后续的图像加工。

用Photoshop生成原尺寸的22000*5000（4.0*0.8m）像素点的数据文件。

生成图中风景、不同结构、物体的数字图像。

使用投影功能和过度功能建立在CAD中生成的物体对象，随着景深的增加，对云彩的呈现效果将缺乏简洁性。

细节部分的草稿：风景、气候、水面的加入和加工。

在展示器中展现Logo，在展示器中数据交接，图像元素（线条和箭头）的起草并将带有平面效果的阴影部分完成视觉衬托。

把以上所做的内容在Adobe InDesign中合成，加入图例和插图说明，生成可打印的文件，可以试印一部分以确保万一。

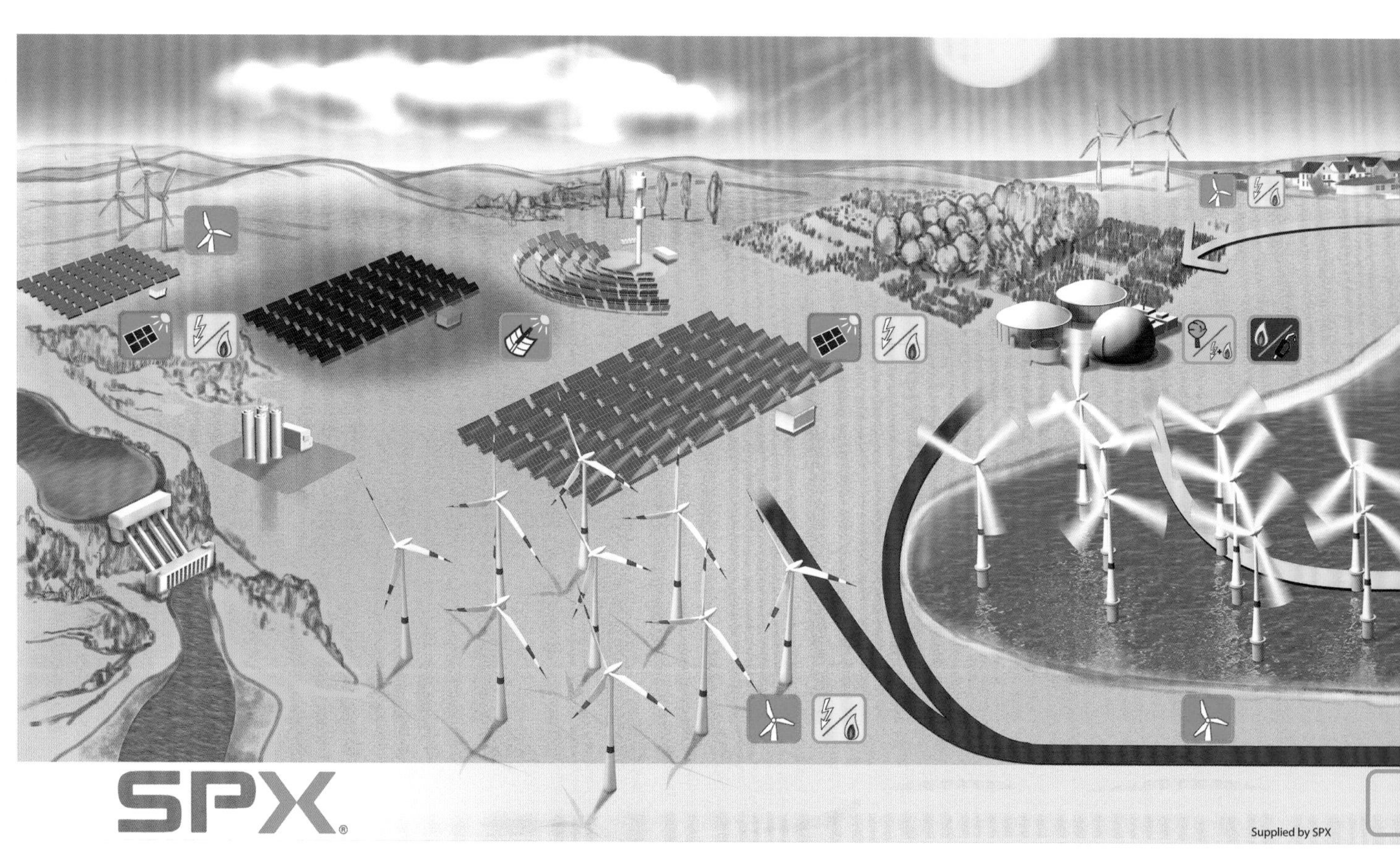

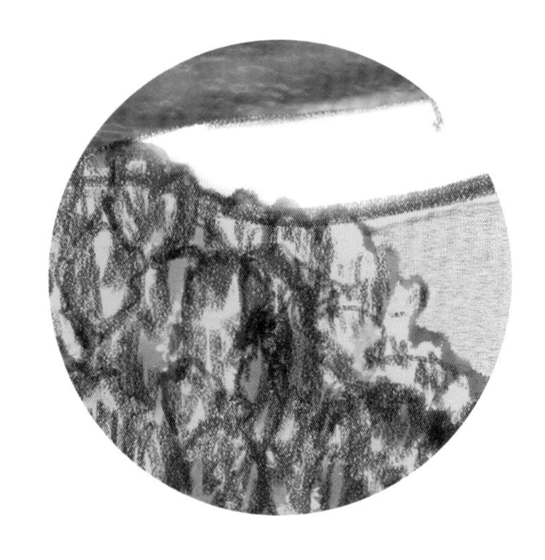

部分结构截取，用小的结构刷标识，图像风景表面部分添加过滤器粒度，之后添加风景清晰度。图像深处添加一些小的细节、结构并且模糊化。

抽象了的CAD模型工厂

矢量图图标，不失真，可延展。

概念横幅

这是一种很特别的展示设计概念的方式（指“概念横幅”）。它结合了技术的概念展示和结构构造的展示。这个例子展示了5个概念横幅中的一个关于3D打印机的例子，它以本科毕业设计的方式展现。该毕业设计是由乌铂塔尔市贝尔吉施格拉大学的2012级工业设计专业学生斯特凡·赖夏特完成的。

概念横幅的加工步骤

把概念画成草图，以便于找出理论上的解决方向。

把比较好的概念转化为简单粗略的CAD模型，并从不同视角截图。

对产品的后续发展作环境分析，寻找图片并对图片进行加工。

CAD截图，在纹理纸上打印出来之后，可以作为黑色Polychromos（一种德国的绘图笔品牌系列）作图用的基底图（逼真的笔触纹路）。

扫描，在Photoshop文件中导入不同的平面横幅的大小：30*90cm*200dpi。

拖动平面，更具展示的重点目标和展示意图来构图。优化整体画面（位置分布、大小以及简洁度）。

给画面加阴影明暗、背景以及标识（圆圈、箭头、线）、文本内容（不是很重要）。

核心图片

最后：结构，加入高光。

各式带有平面马赛克和成组图片块的平面结构。

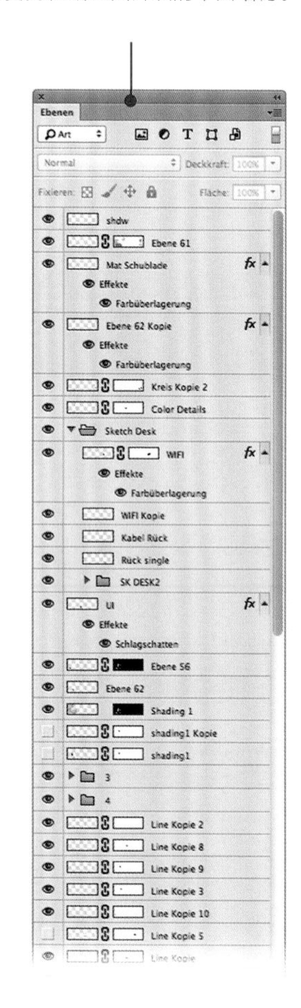

图纸导入Photoshop中，设计完美的构图。

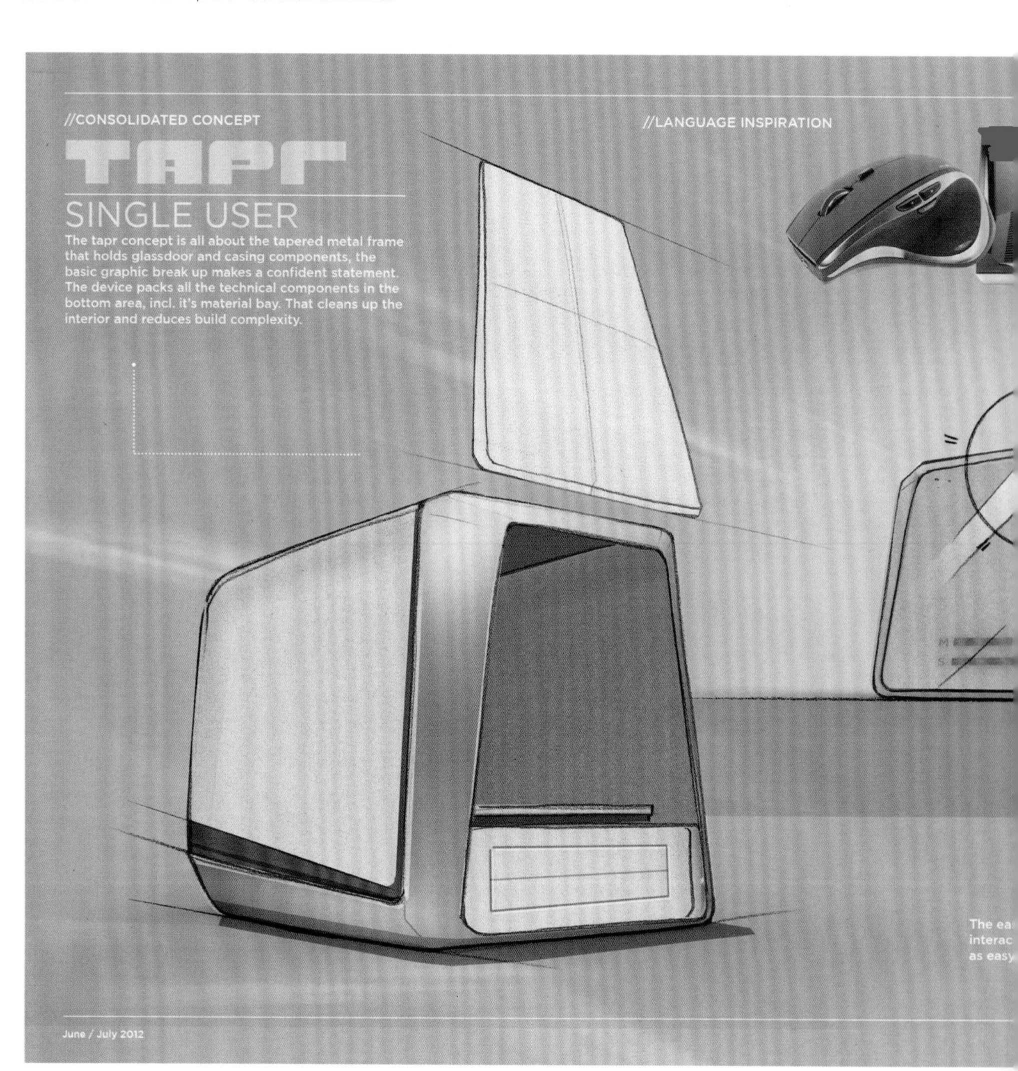

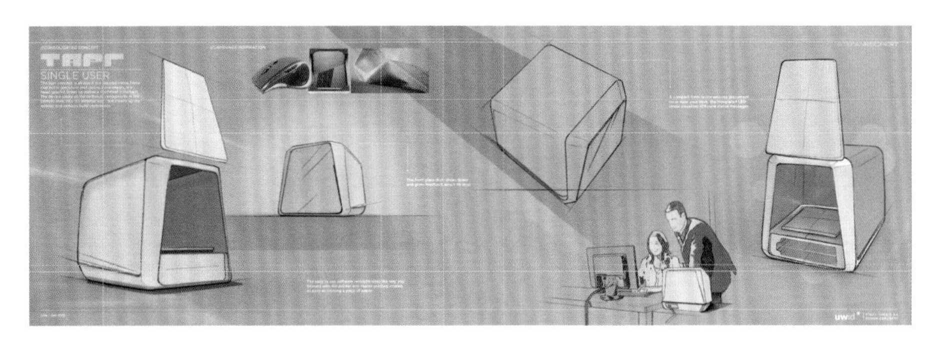

添加背景、文本以及其他构图元素，加入阴影明暗。

加入场景、人物进行边缘检测，Pinsel进行解释性的加工。

CAD草图/截图作为图片展示的基础支撑。

专业领域的事例

这里将介绍不同项目内容以及目标产品工作流程的处理方法。使用数码成像来可视化我们的产品以及其工作过程。不同图的比例是不同的，这取决于设计产品所包含内容的多少（产品结构复杂，表达内容就多；结构简单，内容则少）。尤其是对设计产品工作过程的展示，必须按照其工作方式一步一步进行。很多工作步骤都可以在本书中找到。各工作步骤的生成在技术层面是与软件里的工具紧密相连的。个人的设计风格和图示表达恰好可以通过这些软件工具得到很好的表达。

工业设计：

电钻：西蒙·施特罗施奈德（Simon Schneider），瓦莱里安·克内布尔（Valerian Knaub）（这两人是该设计的作者）。

交通工具设计：

该摩托车型号为Husqvama 401 VitPilen；工业设计作者为萨姆·基利安（Samuel Kenny）。

室内设计：汽车内饰

作者：斯文·舒尔特·蒂尔曼（Sven Schulte Tillmann）

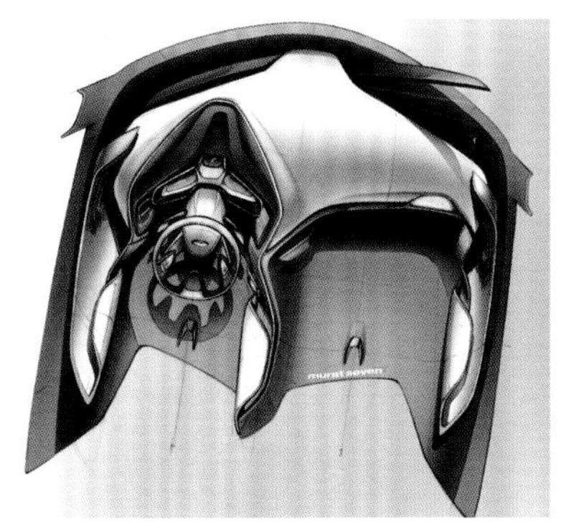

室内设计：汽车内饰

作者：穆拉·谢文（Murat Seven）

建筑室内/建筑设计：

作者：塞巴斯蒂安·马丁（Sebastian Martin）

工业设计

三维草图设计

该例子很好地阐释了，在实践中草图描绘以及后续渲染这二者并不是可以割裂开的。在采用Photoshop进行处理的过程中，也伴随着设计方面的考虑，诸如模型分型、结构、细节、各种自然颜色及材料等。结构的改变（比如通过结构的变形）能够在一定程度上优化层次结构。

Busse Design+Engineering 有限公司的设计以及工作步骤：

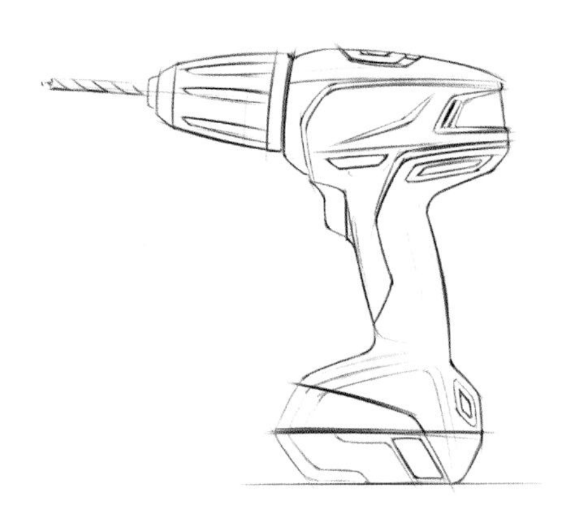

首先基于技术结构生成一个草图。每次在加工后或者设计在Photoshop中被强烈变化后，草图依旧可见或者可再更改。对模拟的草稿扫描，更改颜色色值以及颜色明暗深浅。

第一次粗糙着色可增强平面模块。是否加入Pfaden或者Freihand来展现，这取决于个人风格以及现在所处的设计阶段。若要在Photoshop中展现出高的精确性或者区别度，那么使用Pfaden是非常有意义的。

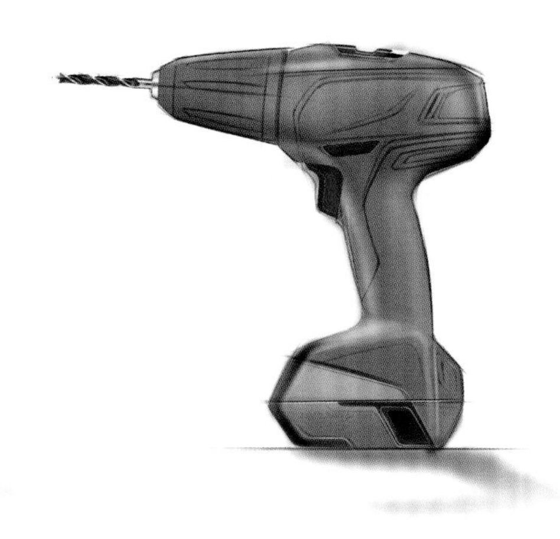

第一次用明暗值（光线、阴影）的粗糙建模。粗略的线条可以用工具Abwedler和Nachbelichter或者带Weich Pinsel的黑白处理。第一次加入按钮，首先是中度的详细度。

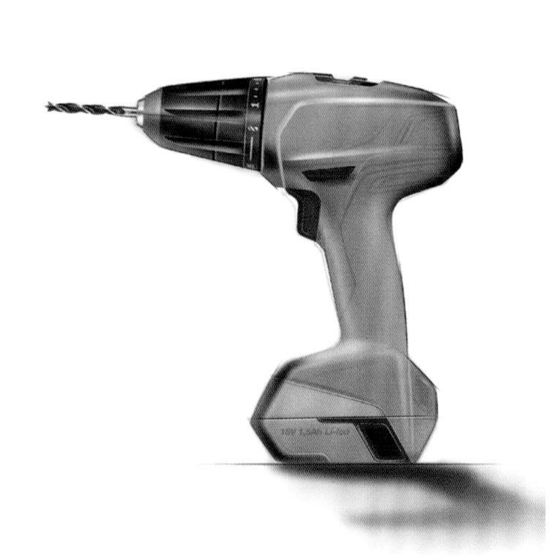

其余的外形细节设为灰色。在灰色区域草图逐渐过渡消失（覆盖度）。精确的建模：对线条的精细刻画，例如对轮廓边缘以及圆角区域的精确刻画等。

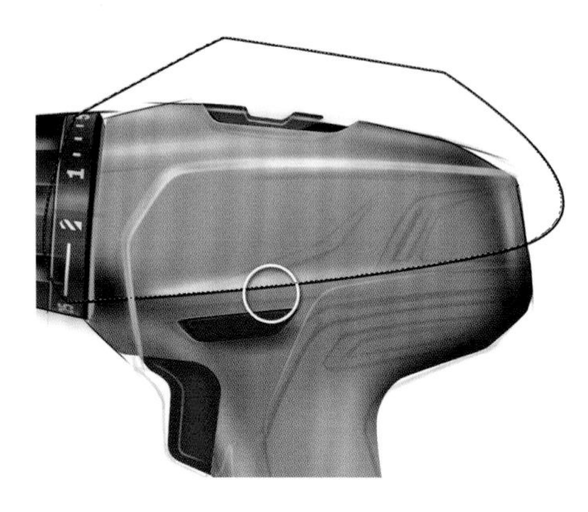

对于线条、轮廓，优先使用干脆明显的手绘线条（不是完全的黑白，而是深灰/亮灰色）。对平面的覆盖力调整，不用Pinsel。平面建模部分使用路径选择，例如只选择一个边缘进行精确刻画，别的路径区域放大。之后用Weich Pinsel对轮廓边缘进行建模。

模仿手绘草图时画布可以被随意旋转以寻找最佳手绘点。

在Photoshop中会多次用到“设计开发”这个功能。这里举例轮廓分离：重影（1个亮灰色，1个煤黑色）将会与Ebenenmaske共同刻画出轮廓外形。

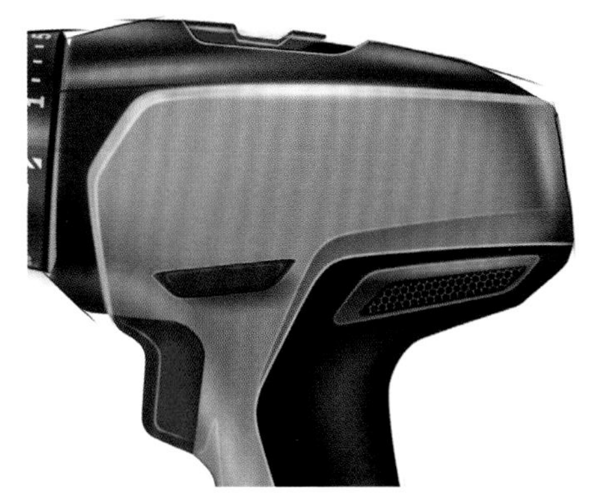

在确定了外形及线条之后，继续补充棱角、高光以及其他细节部分（手绘笔画，如细线、软橡皮擦）。

在细致的观点中催生出了“设计对象”这一概念，很多不同的情况都可以被刻画出来（形状分配、分割线、气隙等）。前提是在文件夹中有一个很好的平面构架、颜色分配和命名。这样的话Photo-Datei就可以使用几乎一样的参数化（参数可更改）的CAD数据文件，比如为了开发一个设计，适应不同的结构等。

设计更改基于这样的基础，设计同一产品的不同型号或者不同品牌、不同厂家完全不同的产品均可行。所以在此不再需要新的基础草图。

交通工具设计

使用Photoshop三维建模
Husqvarna 401 VitPilen
Kisaka GmbH
设计者：比约恩 · 舒斯特尔（Bjorn Shuster），美国
由萨姆 · 基利安解释，美国创意设计学院（CCS，底特律）学生

概念摩托设计，灵感由杰作银箭列车（Silverpilen）激发

带有机械结构的照片作为制图基础文件。

第一步是手绘不同的设计概念，使用传统画图铅笔（Prismacholor，Sandford），取决于车身构架，扫面图纸。

路径（白平面50%，以便更好凸显路径线条）。重叠的路径线条将以轮廓形状删除（建立选择-选择反向-删除）。

使用路径和轮廓填充区域，建立材料以及颜色区分。至此创立的部件还仅仅只是面填充。

通过定义光源以及光源方向对部件进行建模。在该步骤还不需要对细节进行加工，重心在建模上。

在这一步中将刻画可以体现设计感的细节部分，分隔线以及形状边界。

现在加入最后的完善，加入精细细节处理，为的是使形状不同的部件和产品结构能够更好地体现。

该设计已经完成，但加入一些插图和色彩的反射效果，可以达到强调立体感，增强设计质感的作用，可使整个设计更加具有吸引力。

室内设计

计算机三维图/Photoshop
室内设计工作室

设计者：斯文 · 舒尔特 · 蒂尔曼
奥迪公司室内设计

一个基于外形建立的，刻画汽车室内元素的设计草图，通过所有汽车室内元素构成的一个总体外形产生一个和谐的总体视觉感受，不同的部件通过各自不同的材料以及外形细节来凸显。

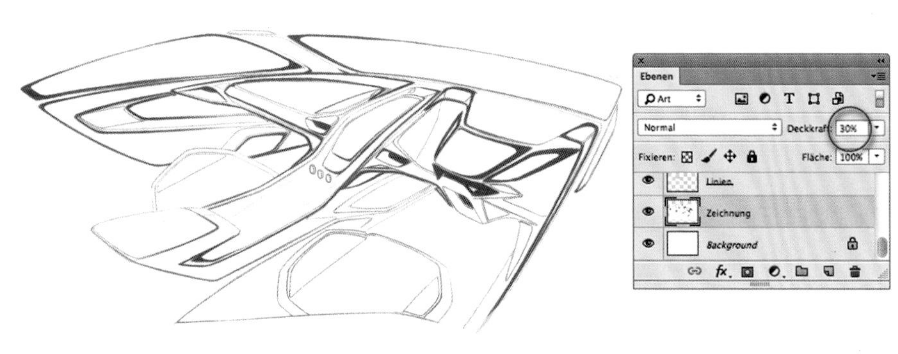

图纸要展现室内的结构。这个草图是电脑三维制图的基础。作为第一步先建立一个新平面并把草图导入Photoshop-Datei中。

把覆盖力调到比较低的值。使得路径更容易辨认。使用路径可以在草图完成之后就可以使设计大体完成并且还可以对三维模型进行精确调整和加工。

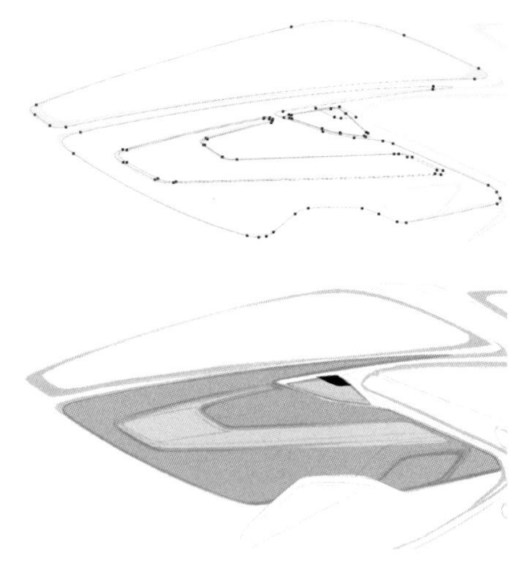

在路径设置结束之后点击右键填充颜色。

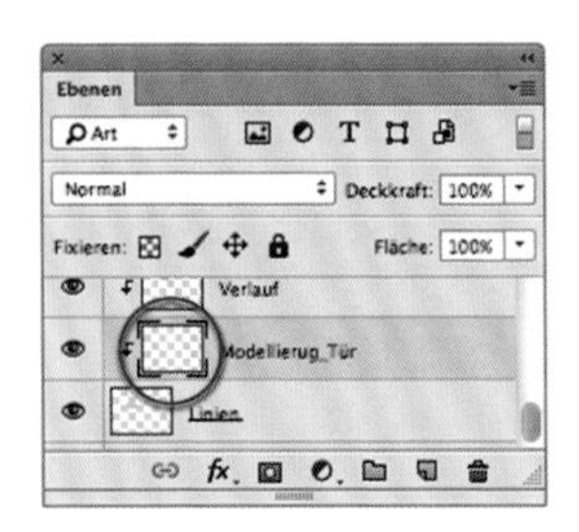

对中间平面的加工处理。此时门板的平面还是灰色。我们可以在事先选取的门板平面上直接建立一个新的空白平面。此时在两个平面之间（汽车门板平面和新建的空白平面）按下Alt键并点击鼠标左键，然后就会生成一个中间平面。产生中间平面时会生成一个小箭头作为标识。此时大部分面积都是阴影，因为刷子仅可以在其表面下方有色彩的区域进行编辑。用大的刷子可以对整个平面一笔就完成阴影效果并产生3D立体效果。

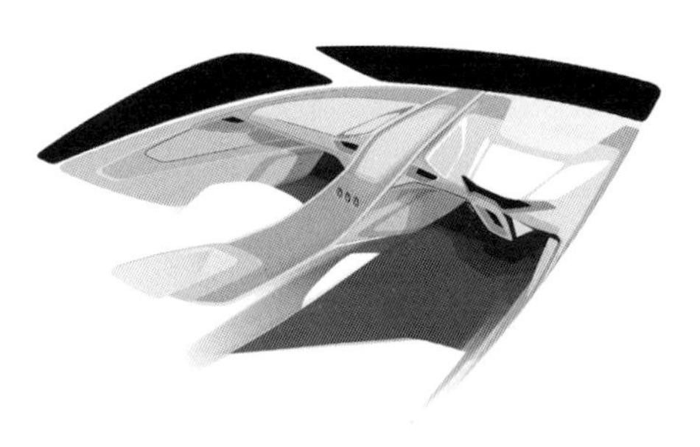

不对平面进行阴影处理，通过填充选择的路径和平面亦可产生一个三维立体空间。

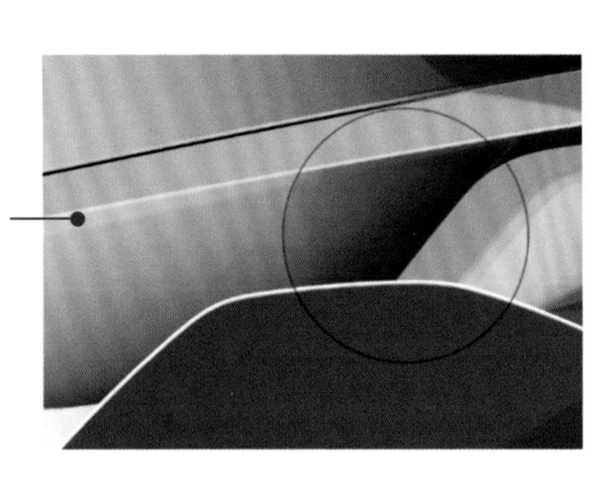

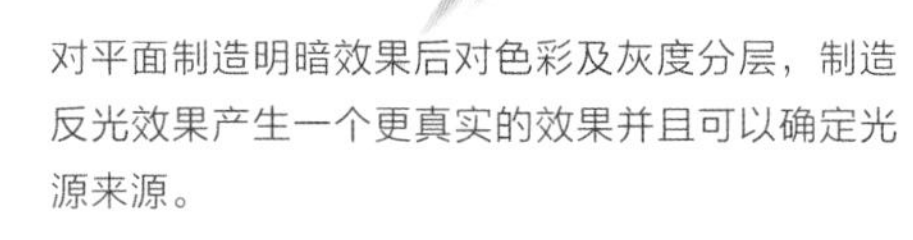

对平面制造明暗效果后对色彩及灰度分层，制造反光效果产生一个更真实的效果并且可以确定光源来源。

阴影效果可以在平面、轮廓以及断面（多平面）上添加。

反光外形在此处使用刷子手动呈现。模糊线条和轮廓鲜明的表面形成的对比赋予了图纸更为真实的表现力。

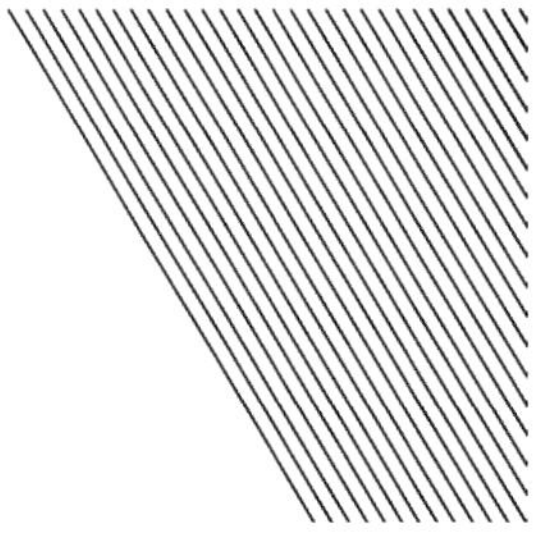

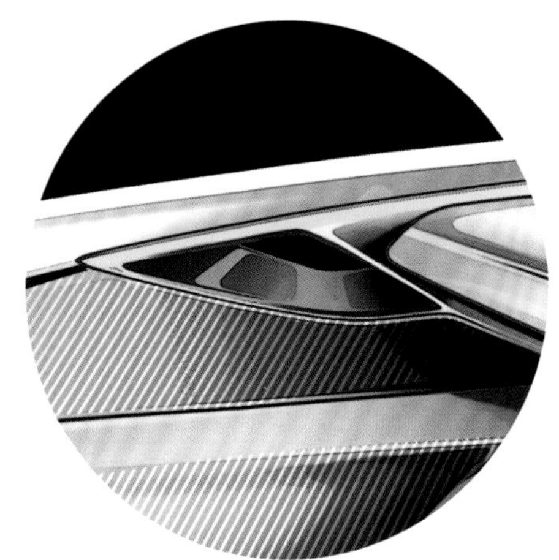

对于自动生成的结构也可以展示其材料质感。使用平面方法互相复制可以使得材料质感和部件模型更好地结合。不同色彩的强调区分可以使结构与材料得到很好的表现和区分。

表面的反光可以使画面效果更真实并且使画面表达更有趣生动。调节平面覆盖力的前提是我们要有一个有阴影的基面。我们也可以在体现表面效果时加入滤镜，这个“寻找轮廓”的滤镜可以产生平面的区域感（平面周围产生明显边界），该滤镜一般在草图最后一步使用，使得图纸总体视觉更精细，趋于实体。

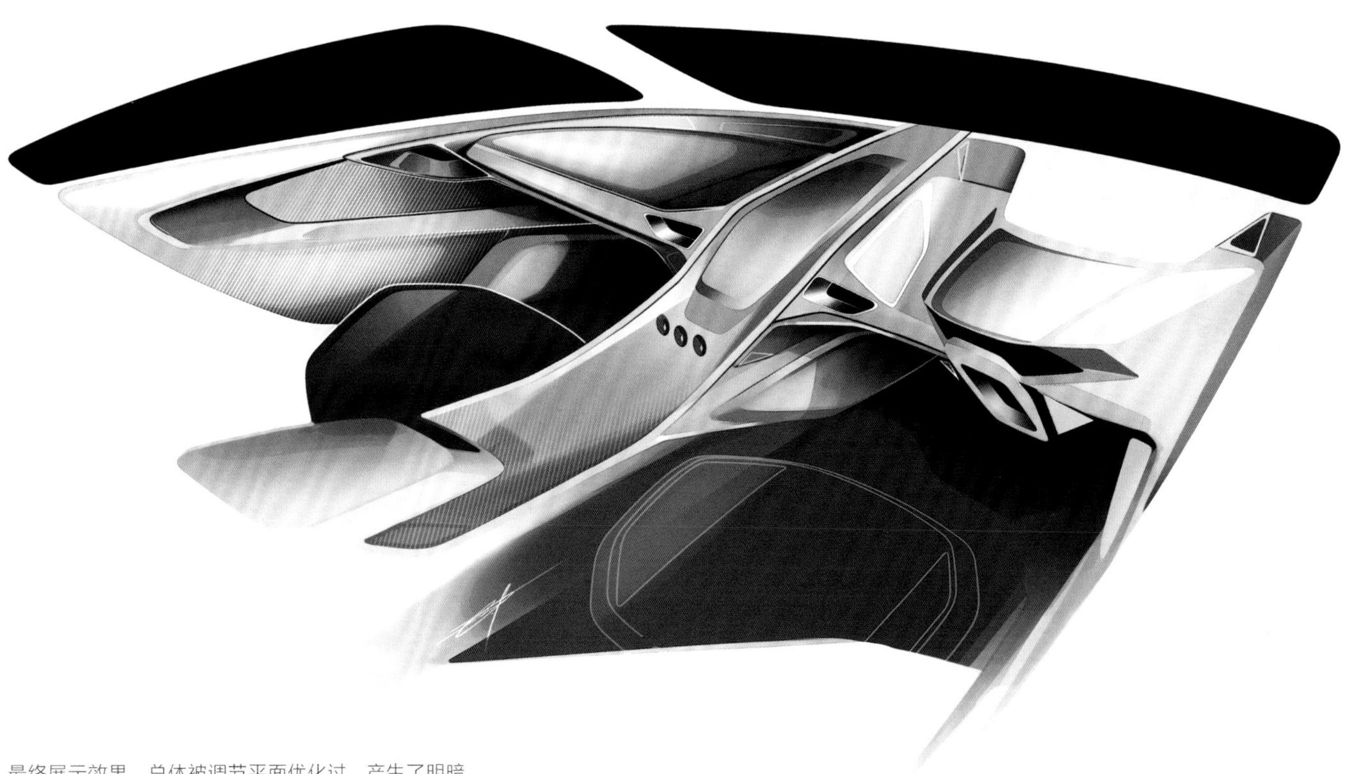

最终展示效果，总体被调节平面优化过，产生了明暗对比。

驾驶室设计

三维立体设计/Photoshop
福特Evos室内设计

福特欧洲设计部设计师：穆拉·谢文，高级室内设计师

图案的设计遵循Ford设计语言，即动力学设计理念，通过动态的线条、具有张力的平面以及技术细节的整合，呈现出富有行驶动态的质感。汽车内饰件营造出围绕着驾驶者的功能感。

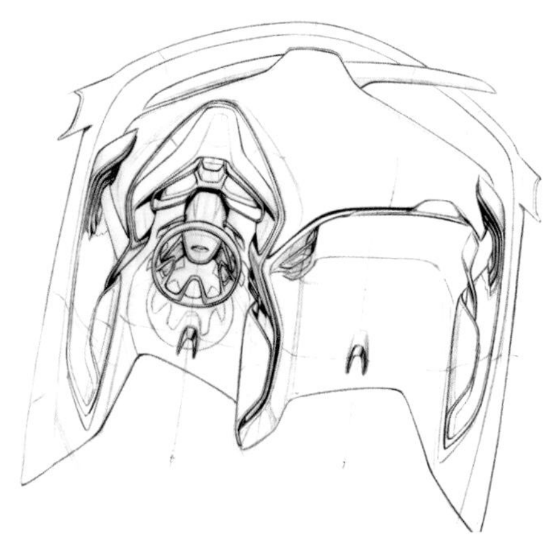

福特Evos概念展示。在德标的A3纸上画出圆珠笔手绘草稿。逐渐细化细节，从开始的粗糙概念草图到具体的实体图。扫描并且在Photoshop中调低对比度。

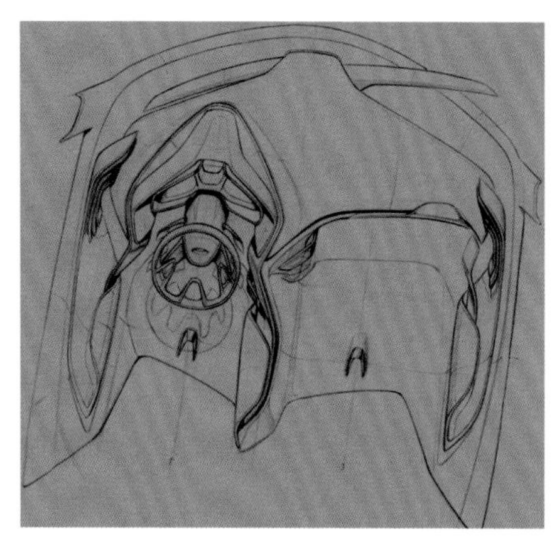

用灰色填充新平面。调节平面覆盖力的亮度，为平面加入背景。

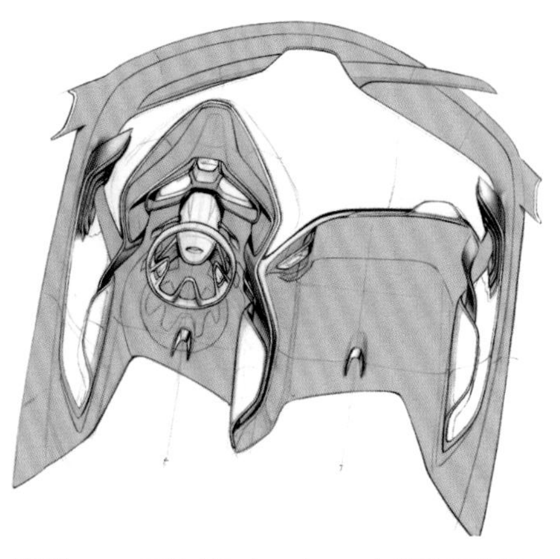

使用Lasso工具（Polygolasso）离散各单元，分离要继续加工处理的平面。

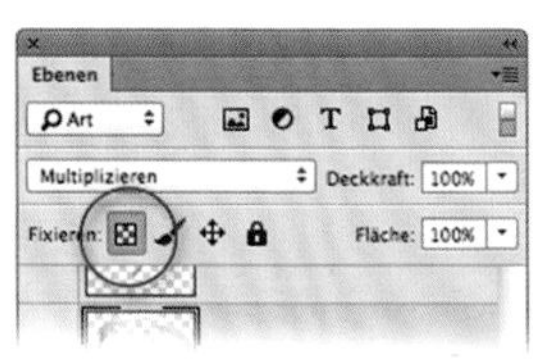

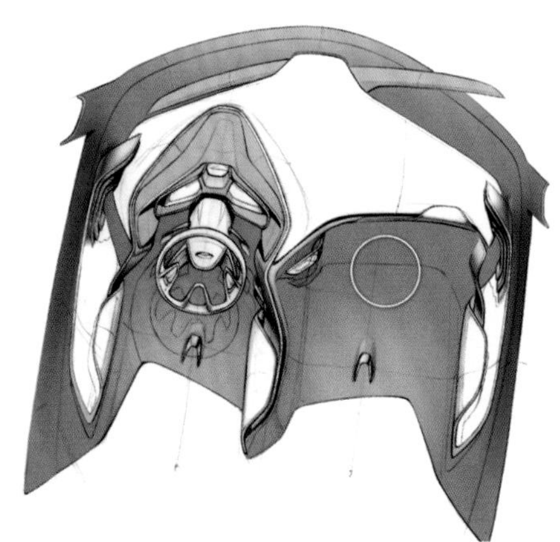

透明点保护。用空气刷在较淡的阴影部分，加工同时对边缘进行增亮，控制平面覆盖力的亮度。

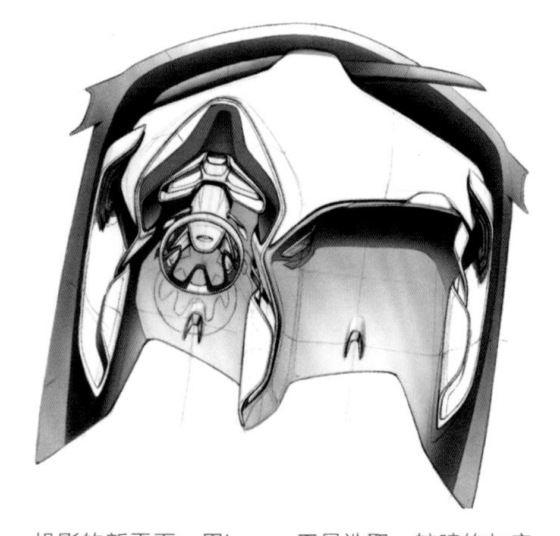

投影的新平面，用Lasso工具选取。较暗的灰度使用空气刷（平面结合）。平面的覆盖力的亮度可调。

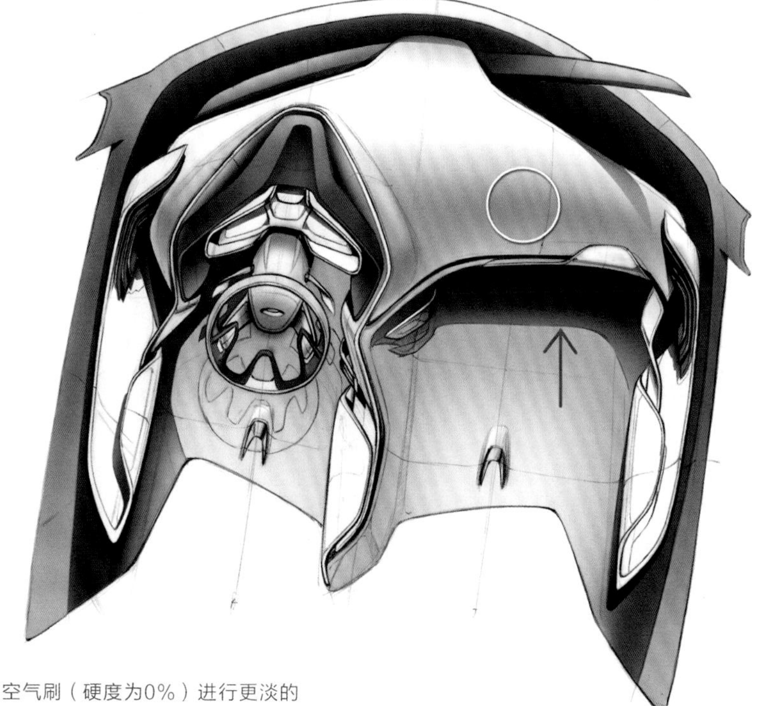

对仪表盘使用空气刷（硬度为0%）进行更淡的亮度走向至边缘处增亮处理，可增强形象立体感。同样，边界处的阴影也要增亮。

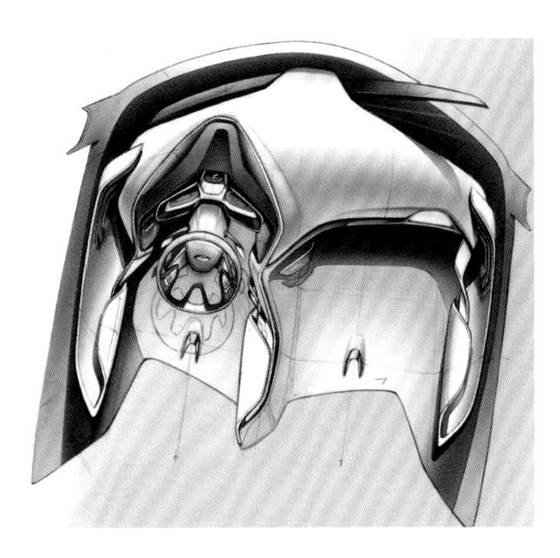

影像以及LED照明在一个新的平面上设置。使用路径或Lasso工具进行选取，用空气刷进行填充。平面覆盖力亮度调整。
灯光效果：新建层，软头空气刷。平面效果的外射灯光。

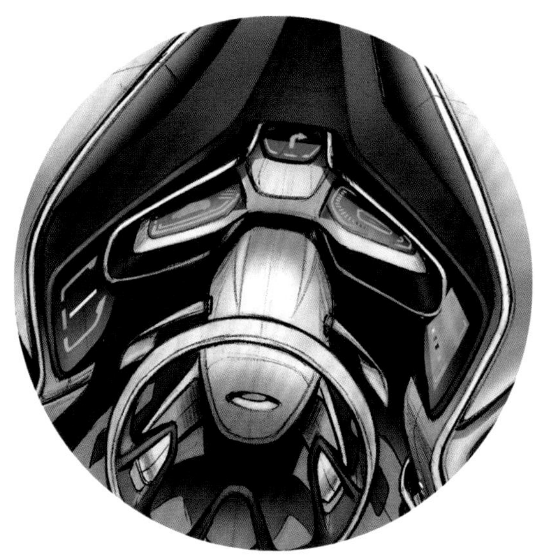

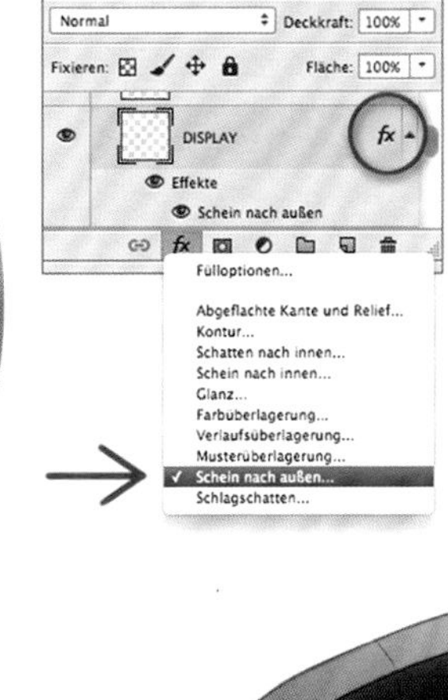

最终展示方向盘的影像及阴影效果，调整平面覆盖力的色调。

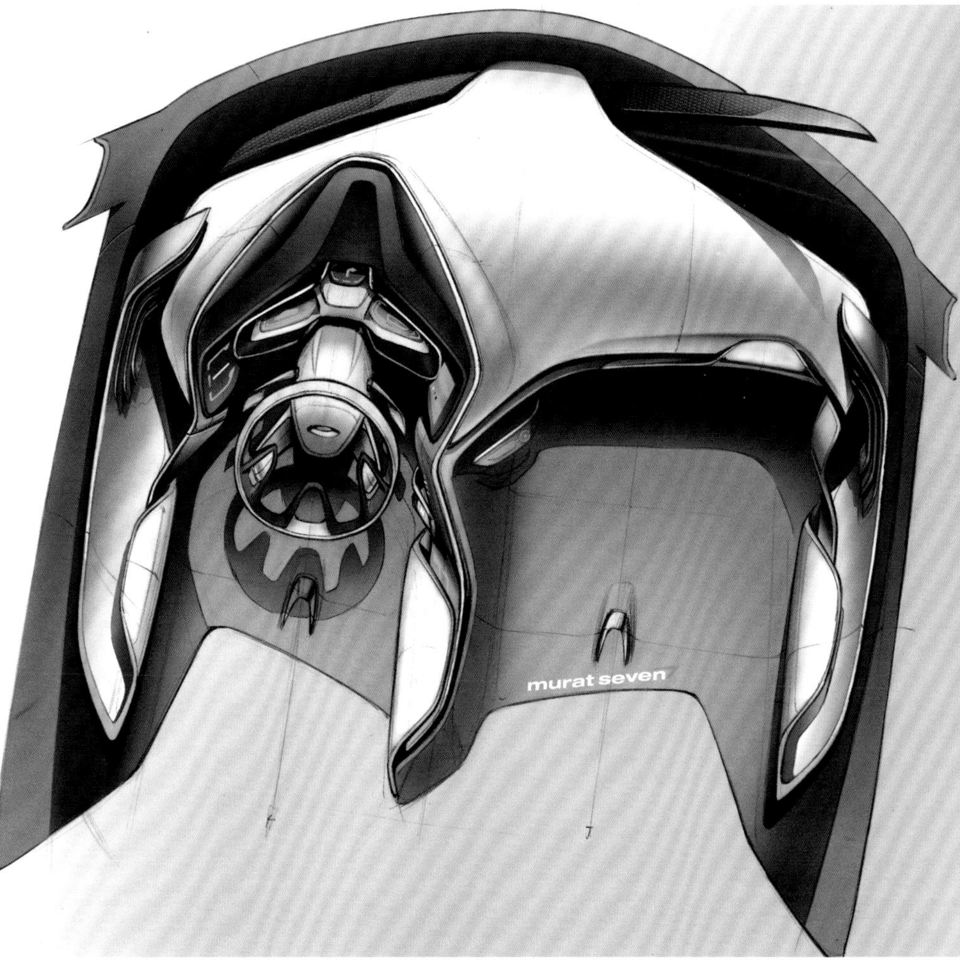

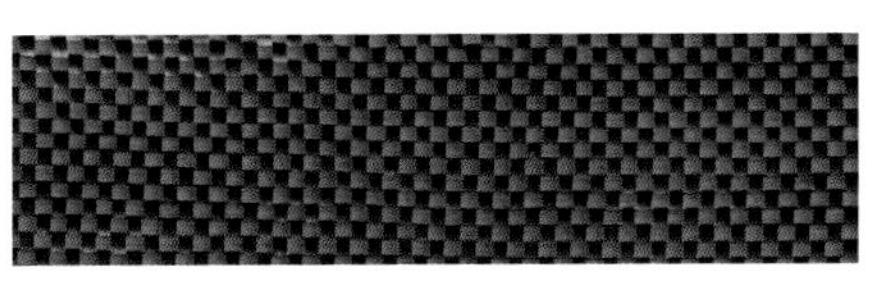

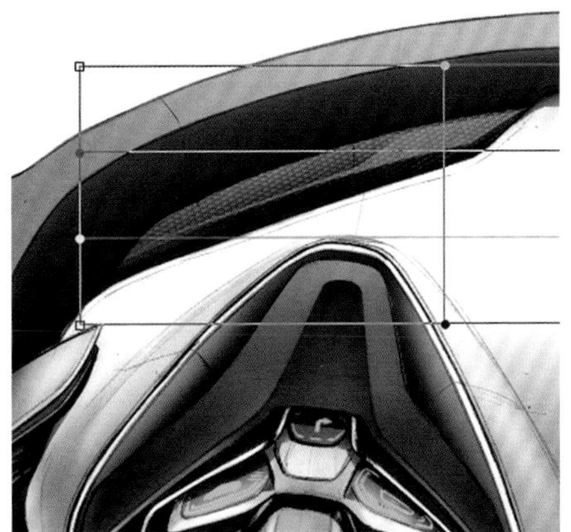

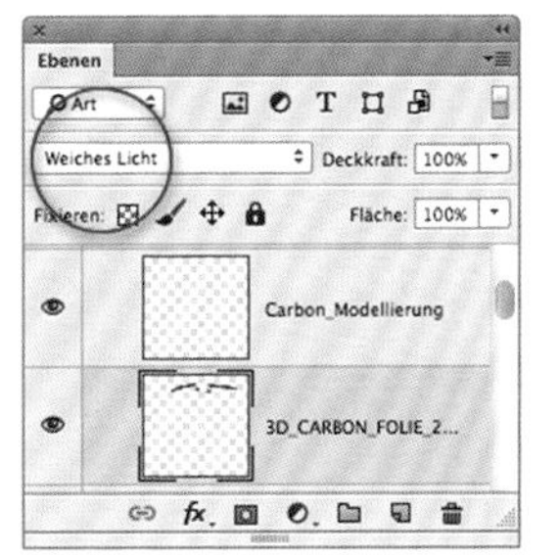

碳纤的质地来自网页图片，排列并且按照操作“加工”-“转化”-“变形”处理。用Lasso工具选取轮廓并且离散化，然后用微弱的光线调整平面效果。

内部建筑结构 / 建筑

在相当长的一段历史时期里，建筑的表现手法主要是依赖于经典的手工绘制。近年来，3D图形仿真的表现方式也应用到建筑表现方面。在此方面，如何处理图片至关重要。设计的语言风格千差万别，这也就赋予了各种解读空间，用其他方式替代平面纸张3D渲染。Photoshop工具精确而便捷地集成了设置材质、结构、颜色以及各种图形对象。

来自基巴斯蒂安·马丁的案例，
建筑及城市公共建筑学硕士

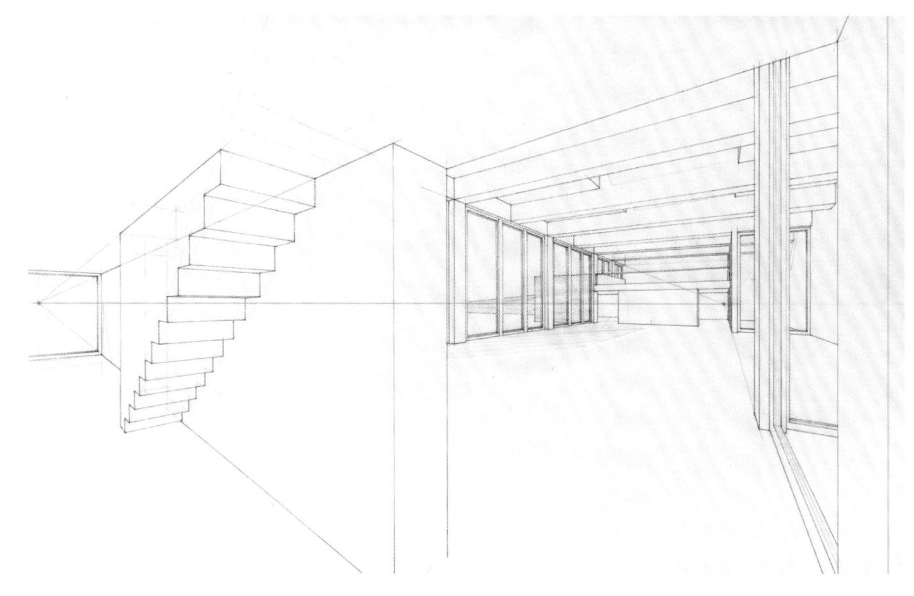

扫描手稿以备Photoshop处理。纸张画面结构在图片处理过程中保持不变。

用阴影填充平面，以区分玻璃结构。

玻璃表面、房屋立面以及阶梯效果逐渐显现。

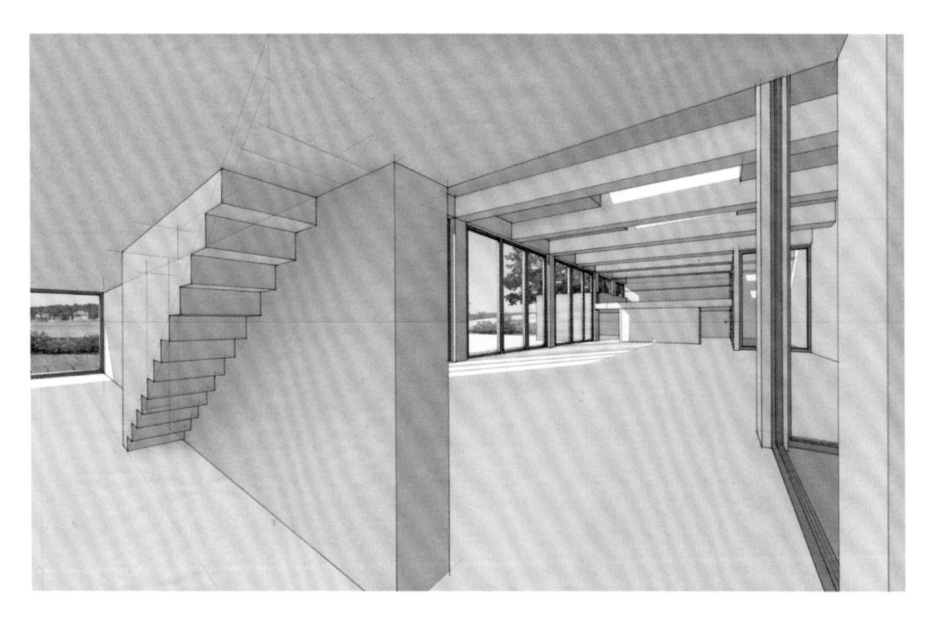

在玻璃面中加入风景，对透光效果进行调节。

最后：将一切物体都赋予光线效果，在建筑中添加发光物（如灯）。

房屋的CAD模型作为线性绘图（或者作为Adobe展示文件）导入Photoshop，以待处理。

利用梯度工具填充平面。图层遮罩和透明度的设置可以使平面暗下来。

对墙面以及窗子的上色和加工处理，使各面的颜色、饱和度以及亮度互相协调。

布置外部景观图片，取自诸多图片元素，综合布置而成。

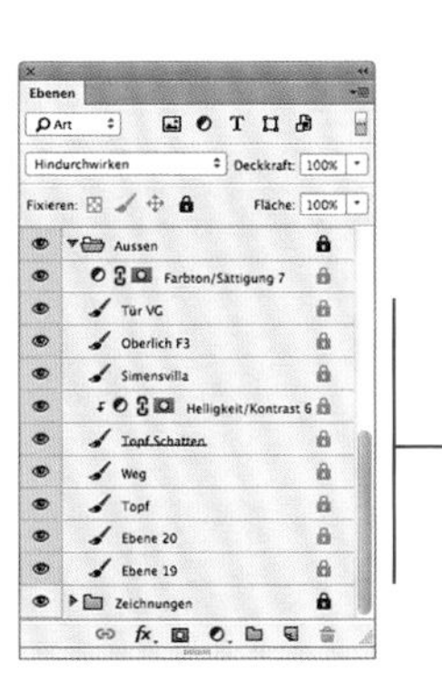

加入窗帘以及地板，图中物体可以通过调节亮度对比和色彩饱和度来调整。

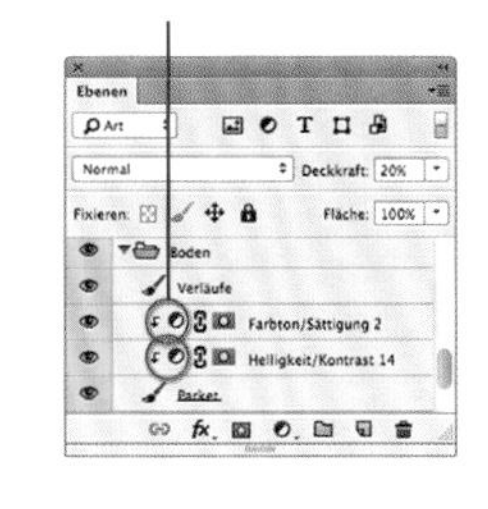

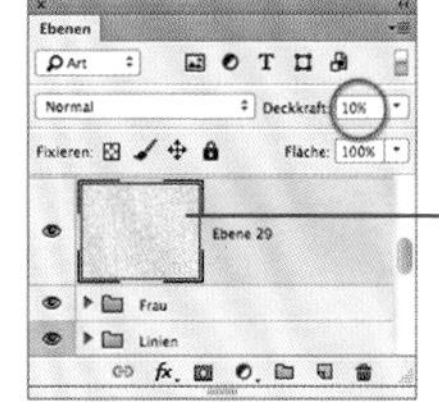

最终的物象、阴影以及淡化了的结构（10%)的整图展示。

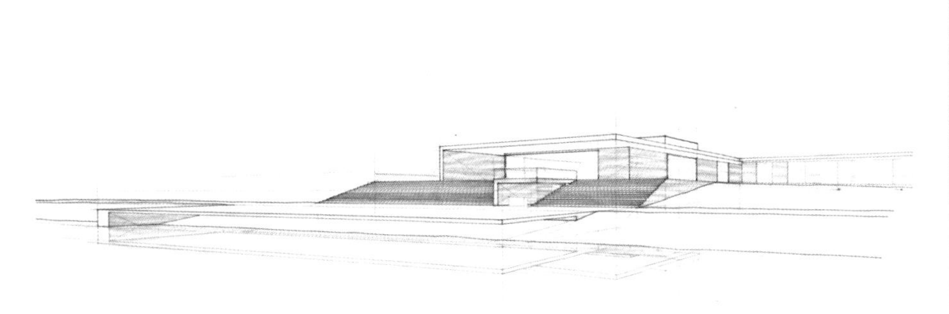

透视图，彩色铅笔画于透明纸。精细的结构在经过图像处理后也能凸显出来。

填充平面的色值。大面的明暗关系处理以及部分细节（窗子结构）处理。

图中物体阴影面的表现，加入景深效果。

着色，水面以及自由面覆盖力的调整。

最终呈现出树的结构，树、倒影以及人物赋予了画面生动的气息。图像可以通过调节不同层的明暗对比来控制。

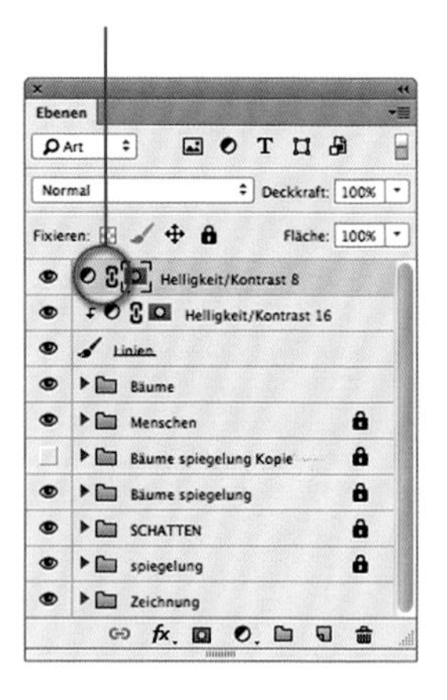

先用铅笔在透明纸上构图。精细的手绘线条将在后期图像软件处理中予以保留。

加入阴影，体现画面的景深效果。

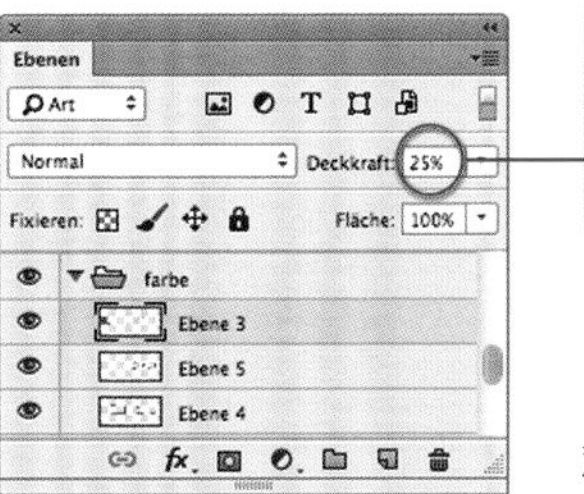

对房屋进行上色，调节不透明度，使色彩协调，并加强对比度。

不同物体结构之间的透视，精调背景、前景的色值。

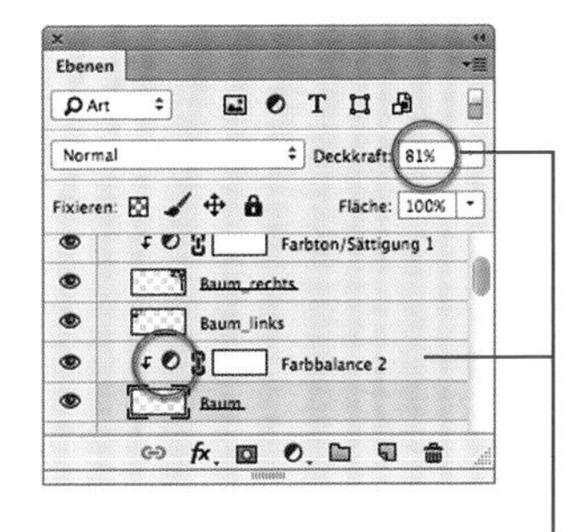

最终展示：树的结构的颜色和景深互相协调。草坪表现相对弱化使总体颜色分布优化。现有的透视角度使得画面更有趣，一些细节描写的线条使图中结构得到精细表达。

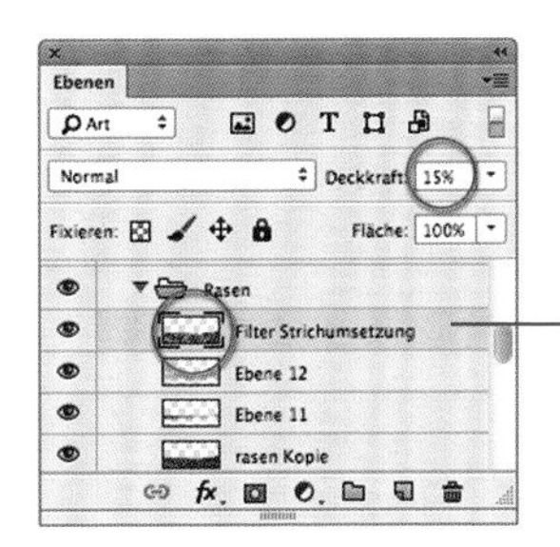

如何实现？

- 一个视角的问题
- 我借助什么来作图？
- 如何开始呢
- 为什么这个像这样倾斜？
- 可塑造模型
- 技术

一个视角的问题

视角决定了观看的位置以及物体的空间比例。它和观察者的位置有关。对于当下以数字图像为主考虑视角问题原理貌似是一个很陈旧的做法。但是视角设置存在于所有的图片当中。对于视角问题的一些原理是很值得去学习和使用的。这里仅仅介绍一些重要的视角原理基础。章节里展现的照片是在Adobe展示器和Photoshop中生成的或是以这一类软件为基础再加工得到的。

- 基础及术语
- 透视及应用
- 阴影构造
- 镜像
- 练习

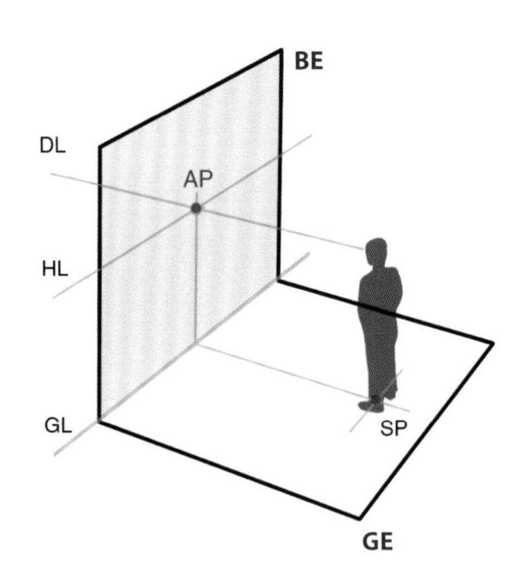

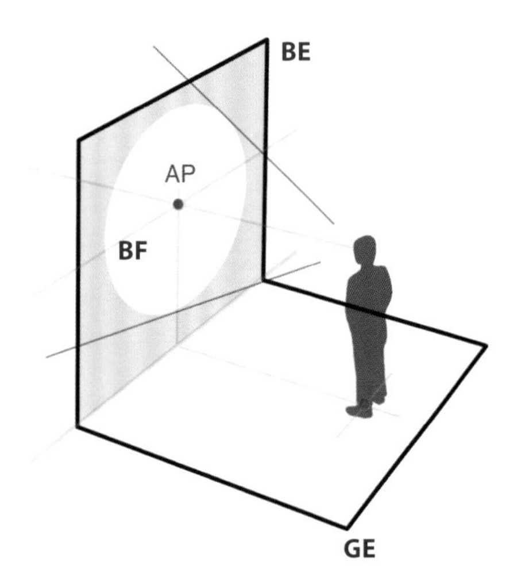

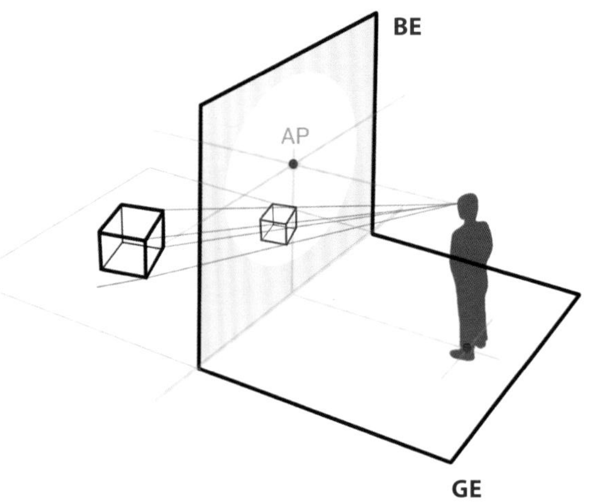

基础及术语

AP视点

距离线和水平线的交点，也是同图像平面中任意直线呈90° 的垂线的投影点。

BE图像平面

假想平面，同透视投影物体成90° 的平面。

BF视觉区域/视觉角度

人眼的视角大约为60° 。在此锥形视角内也有透视区域。此外，物体影像也主要是在此区域内被扭曲。

DFP对角消失点

DL距离线

位于视点和水平线交点上的，一条无线延长的假想线。

EFP高处投影点

FPS投影点投影

GE基准平面

物体对象位于其上方，也可以由多个平面组成（例如物体对象位于桌子上面）。在水中时，则是水面。

GL基准直线

图像平面和基准平面相交的底边直线。

HL水平线

位于眼睛高度的水平直线。

S视线

ST站立点

位于基准平面，观察者所处的站立处（即平面图中视线的发出点）。

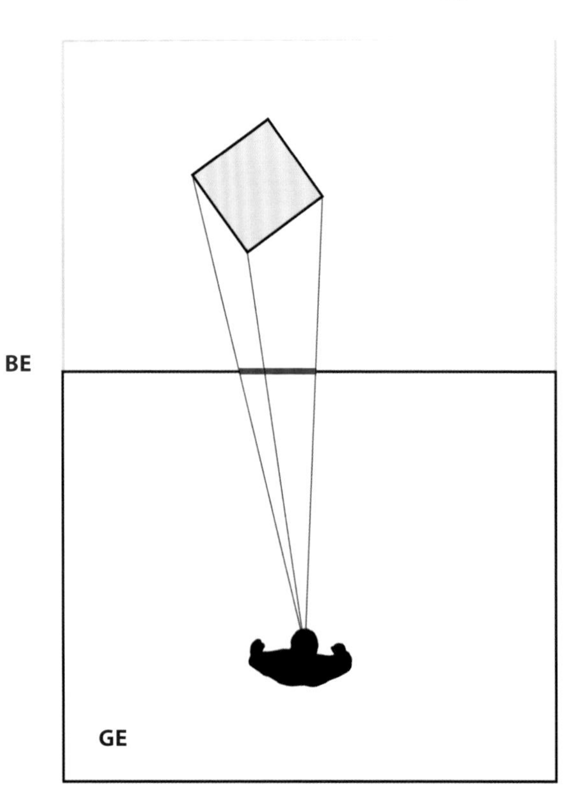

平面图经由起点处的透视而形成，位于站立点和物体的前方。

缩短 / 汇聚

透视图的基本规则是：随着距离的增加，物体变得越来越小。最终所有的线条汇聚至一点。随着距离越来越远，间距越来越小。绘图越突出强调景深，则相应地，这种缩小就越明显。这种图像深度对于数码照片和摄影照片亦同样适用。该原则也被应用于图像设计领域。图片极度缩小不仅会产生景深，也会带来高度的动感。

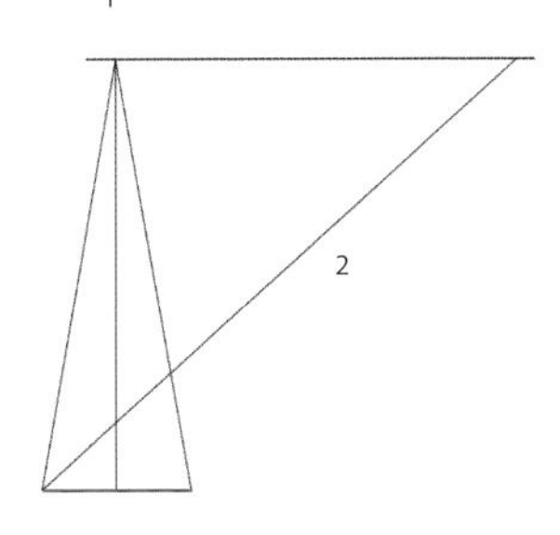

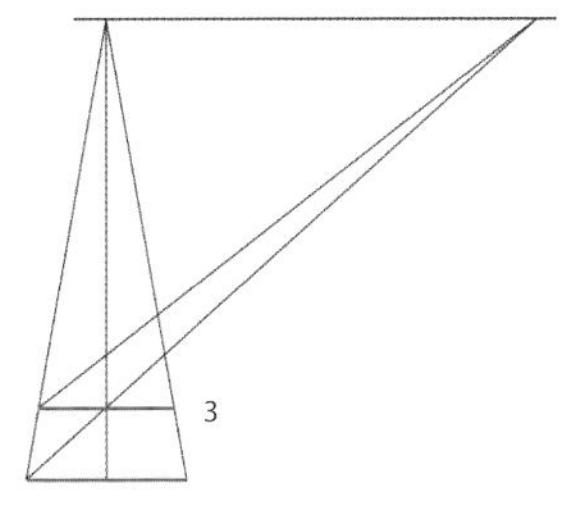

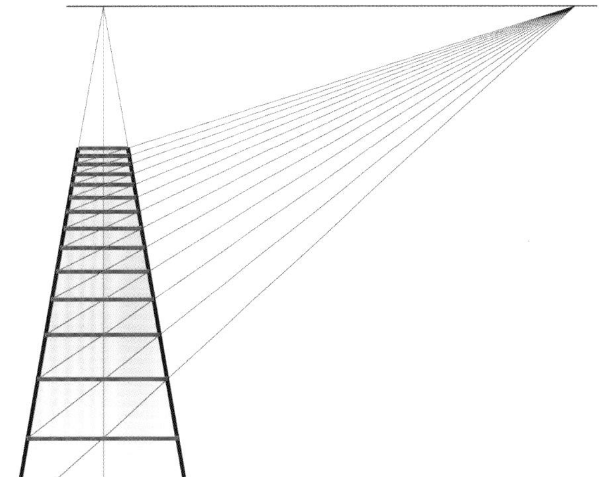

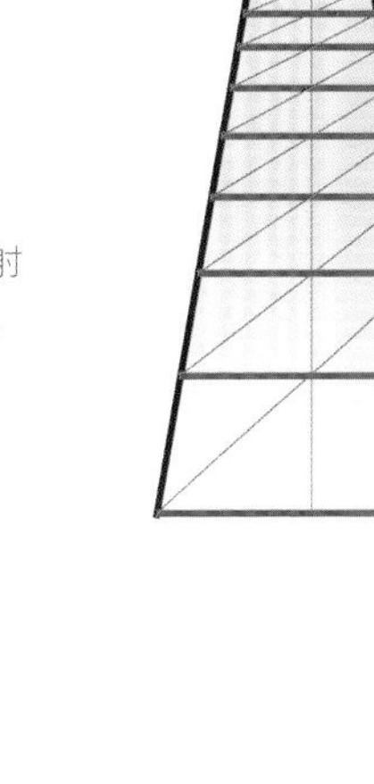

两种透视缩小的思路方法

方法1：自相交消失点引出3条射线。自消失点向左侧引出射线。其与中间线（即图中正中，垂向下方的等分线）相交点，即为下一个网格线起点。

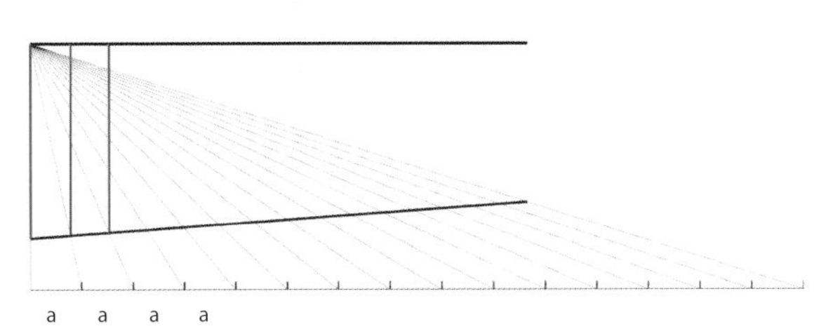

方法2：自相交消失点起，在对象一侧的垂直方向作等距分割的格栅线。其与格栅线的交点即为90°，透视缩小的注脚点。

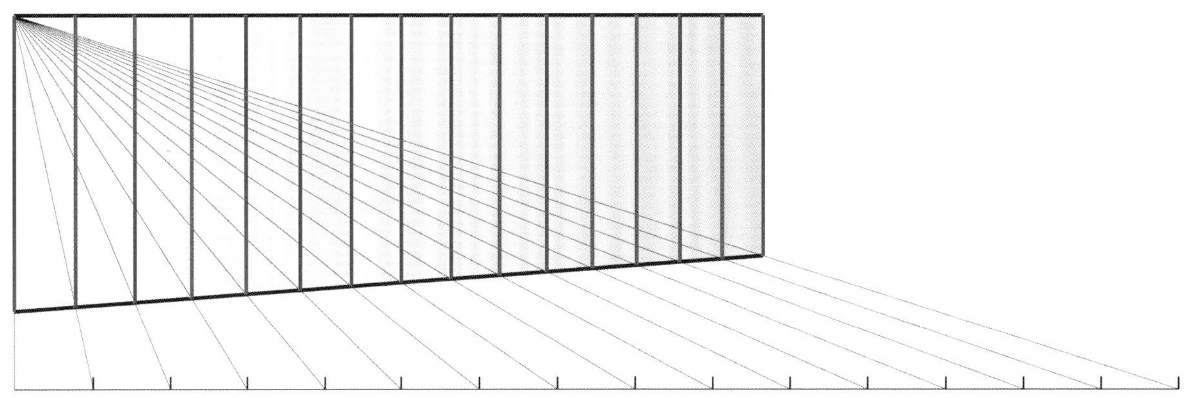

水平线 HL

在透视领域中，水平线是至关重要的要素。水面上，它表现天空和海洋的分界。陆地上，它则被陆地上的景观和建筑物所遮挡。水平线永远与眼睛所处的高度平齐。视点则取决于物体大小和所站立的位置。这样，图像就被划分成为了上部分和下部分。由此，图像的视觉效果也得以确定下来。

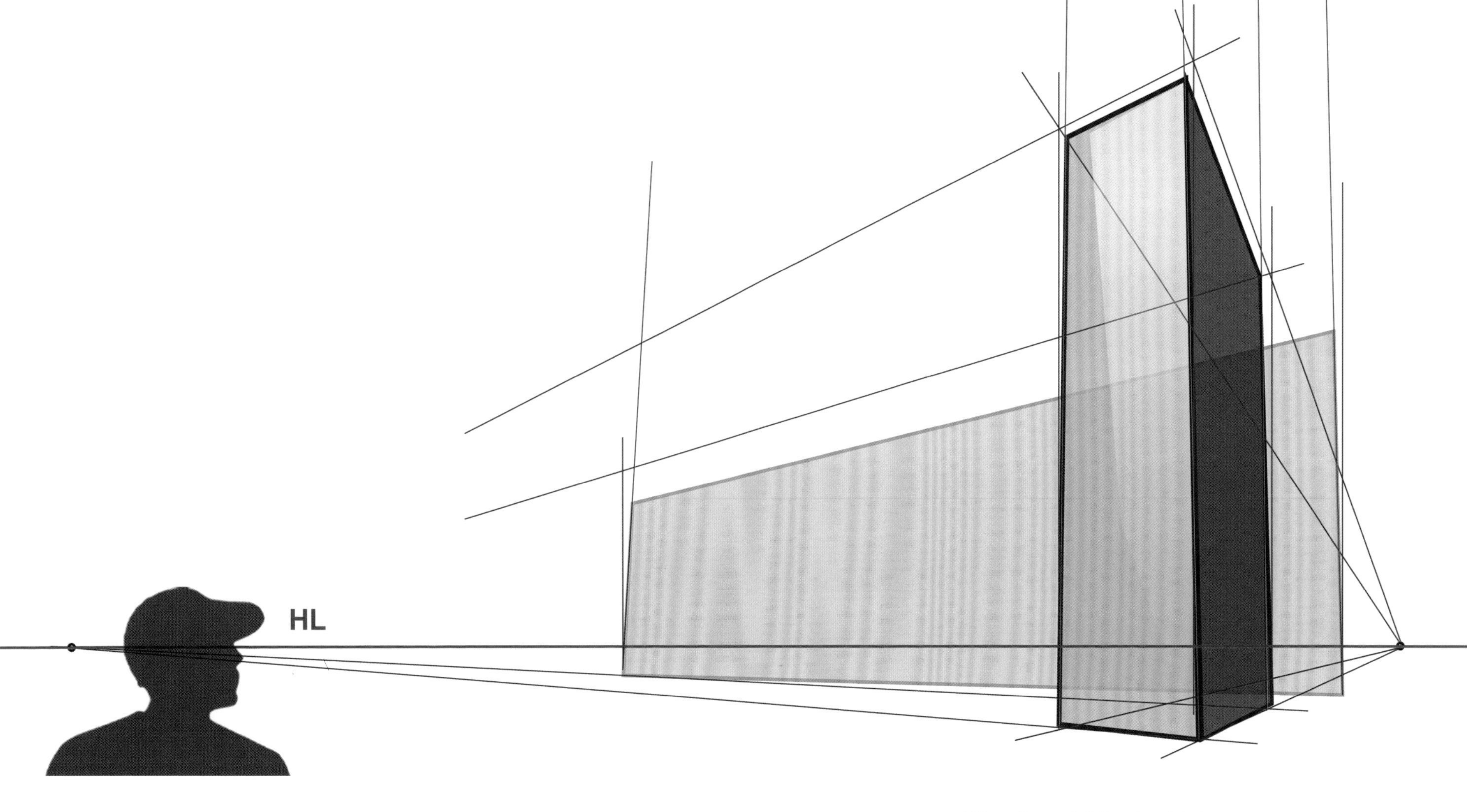

该图展示的是两点结构，由三点结构演化而成。向上方伸出的红色线条最终会交汇于一点。

水平线所处的位置决定了基础平面上的，以及物体在其他图像区域的视角。观察点的高低（即所谓视点）对画面的构成和所呈现出来的效果有非常着明显的影响。例如，使得物体看上去显得高大宏伟（低视点），或者采用位于高处的视点（物体图像显得渺小）。

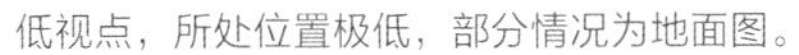
低视点，所处位置极低，部分情况为地面图。

较高视点，位于物体中部。

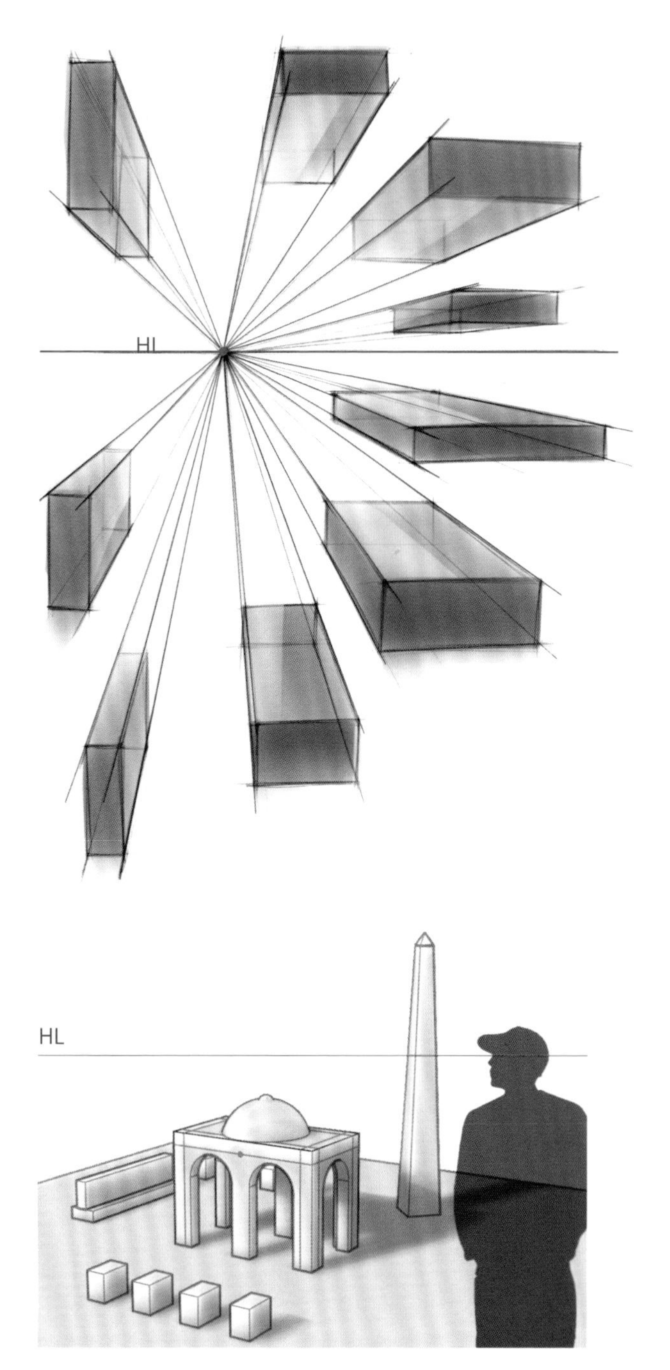

极高视点，更多地是俯瞰物体。

空气透视 / 色彩透视 / 线条透视

随着距离增加变远，大气中的长波色彩会被吸收。短波色彩（冷色调）则变得可见。空气中的小颗粒、污染物以及杂质和远处的空气看起来灰蒙蒙，缺乏对比度。这种现象可以加强图片的景深层次。自文艺复兴时期开始，这类对空间的梯度渐变的应用就已经广为流传。即使景深非常有限，也可以运用这种空间效果。

图像的景深效果可以通过空间色彩来强化。暖色调和纯色位于构图的前方，冷色调（蓝色调）位于构图空间的后方。

线条和明暗对比能够使图像产生景深层次感。即在构图的前方布置粗线条和强烈的明暗对比，在构图的后方布置较弱的明暗对比和少量的加强线条，从而产生出景深层次感。

透视及应用

平行透视采用的是平行线条结构，其适用于工程制图。中央透视使用的则是相交汇于后方一点处的线条。其能实现真实的图像呈现效果。中央透视形成的结构图像随交汇消失点的不同而不同。交汇消失点的数量越多，则图像越逼真。仅对该类透视作简要介绍如下。

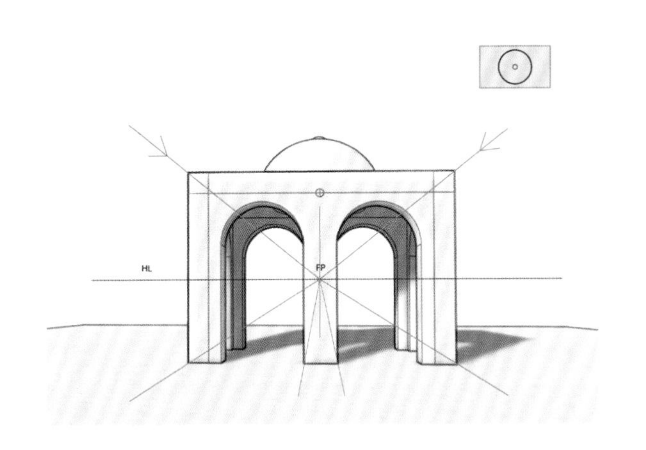

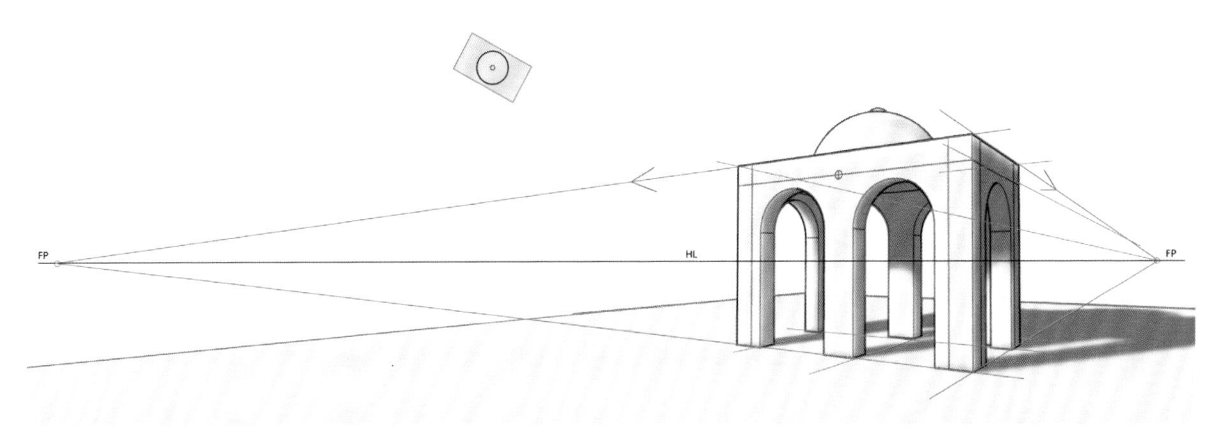

单点透视/中央透视

它是透视效果展示中最简单的一种形式。所有垂直于图像平面的直线相交会于位于正中央的点。藉由此来保证形状不失真。

两点透视/成角透视

物体结构会在三维上产生透视图。将物体在图像平面上进行旋转，赋予物体两个相交消失点。若图中有多个物体，则将其旋转不同的角度，保证每个物体有两个位于水平线上方的相交消失点。

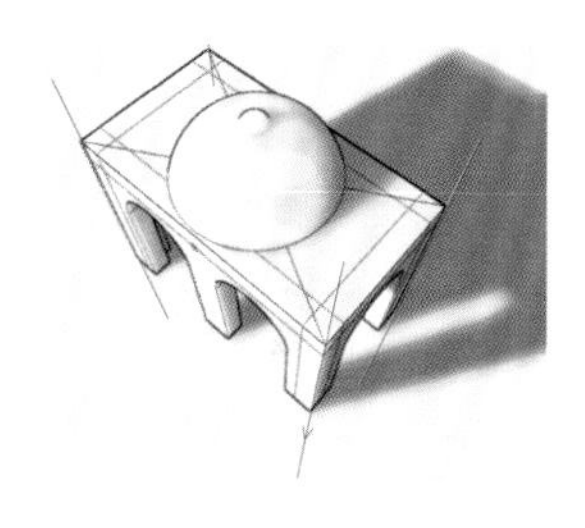

鸟瞰图

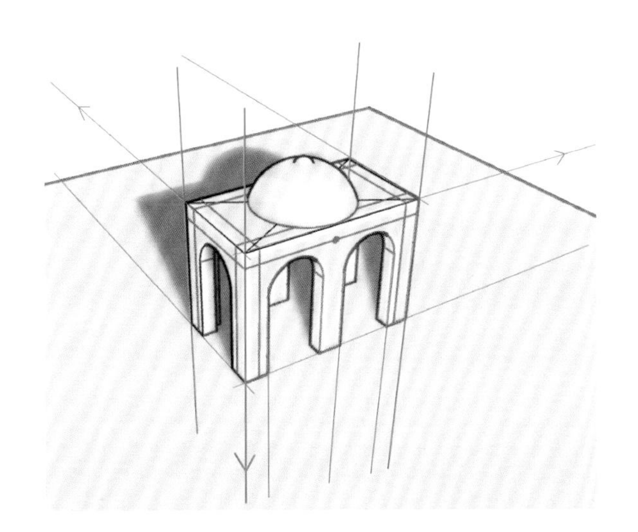

三点透视

在两点透视的基础之上，加入自上方或者是自下方的第三个相交消失点，进而可以形成动态的透视效果。在极端视图情况下，例如仰视图或鸟瞰图中，会带来广角视角的效果。

仰视图

单点透视

中央相交消失点（又称视点）位于观察者的对侧，所有同图像平面垂直的直线都最终相交汇于该点。单点透视适用于城市景观、地面景观以及室内景观的表现。越靠近边缘区域，其变型扭曲越明显。

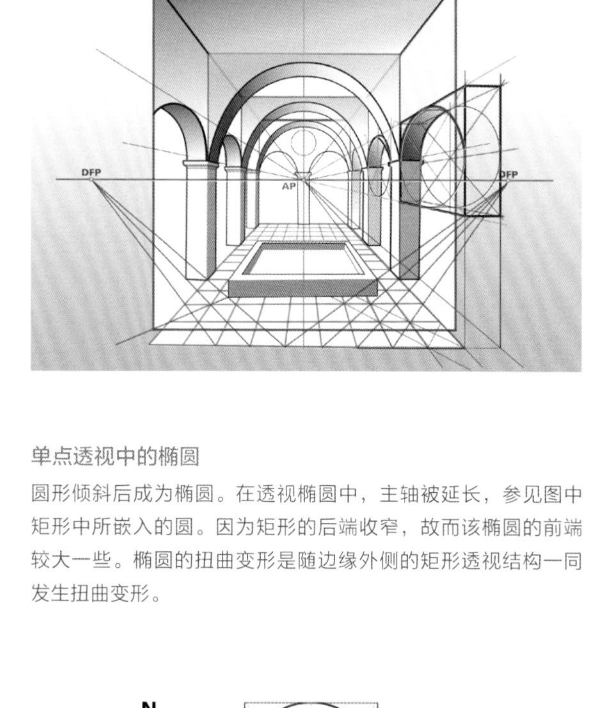

单点透视中的椭圆

圆形倾斜后成为椭圆。在透视椭圆中，主轴被延长，参见图中矩形中所嵌入的圆。因为矩形的后端收窄，故而该椭圆的前端较大一些。椭圆的扭曲变形是随边缘外侧的矩形透视结构一同发生扭曲变形。

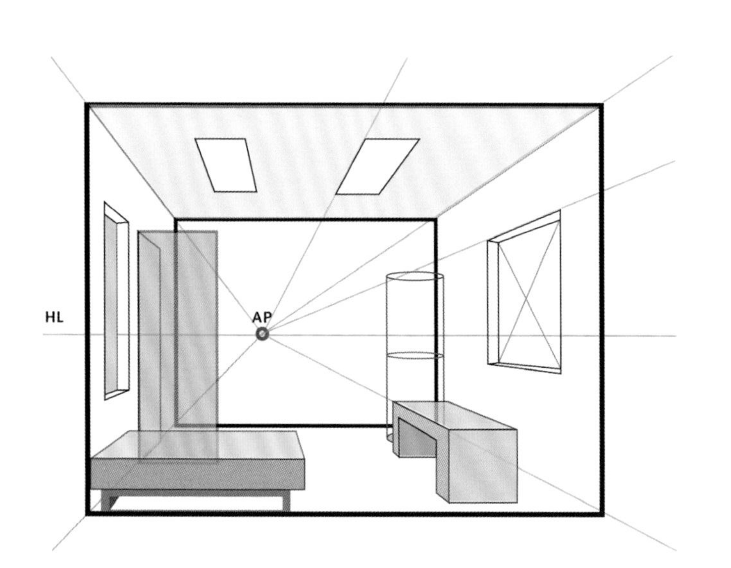

H 主轴
N 副轴
1 几何椭圆
2 透视椭圆

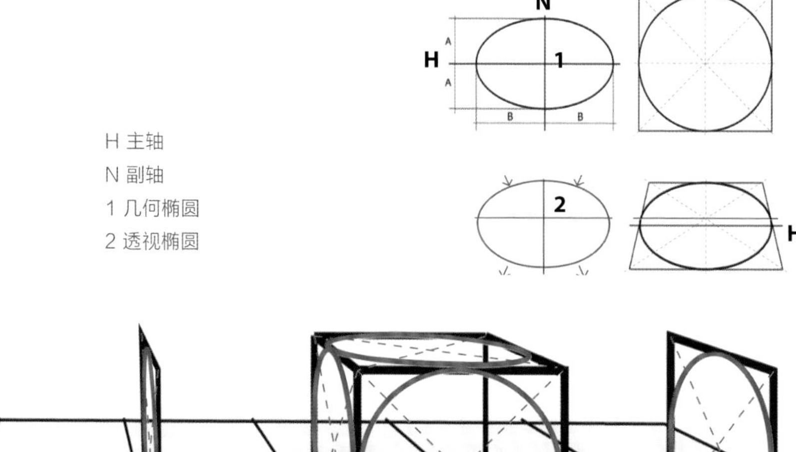

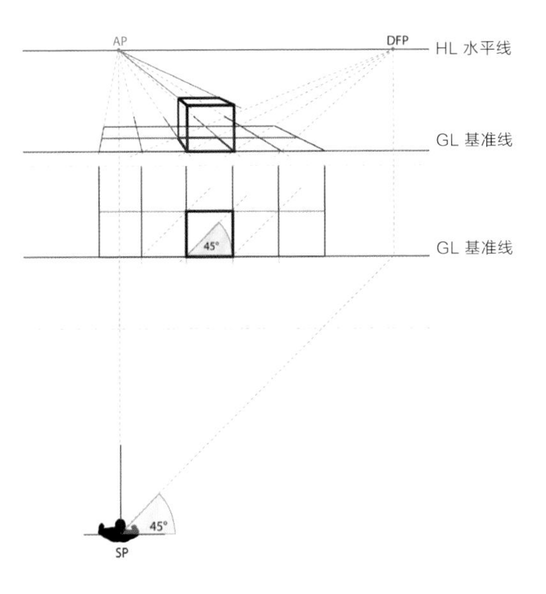

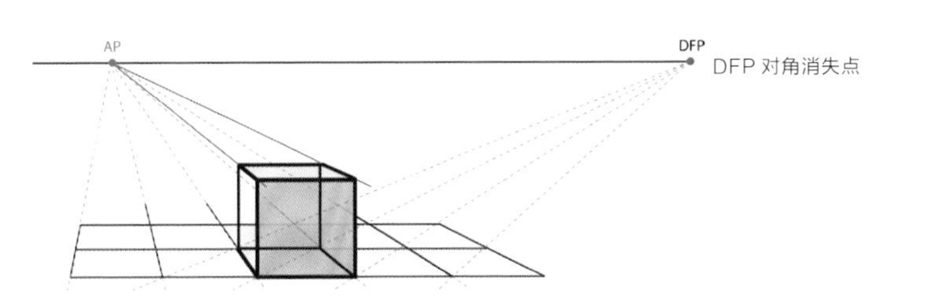

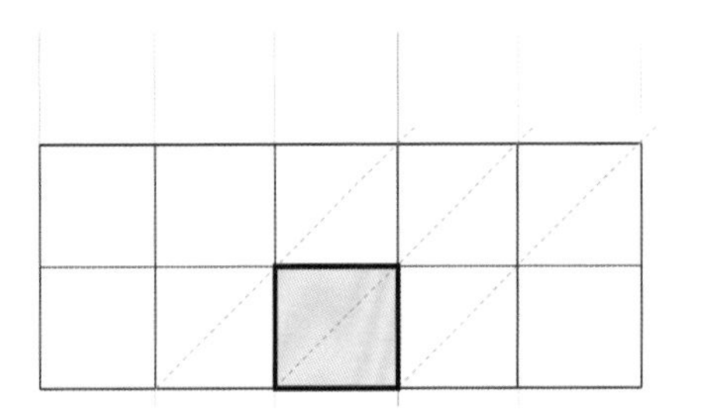

空间网格的构建及应用

以等间距或者等角度作出矩形，作HL线，进而确定AP线（在中央处显得较为密集集中），基准线上估测确定出DFP线（这样即可确定产生地面上的网格线）。然后自DFP线向网格底边的质点引出直线，从而完成角落及空间的网格。

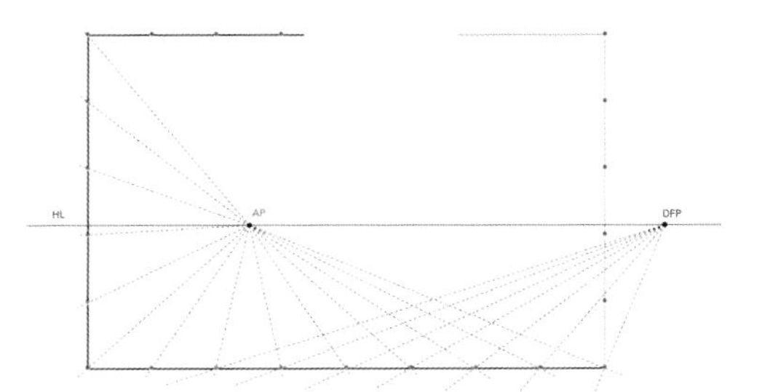

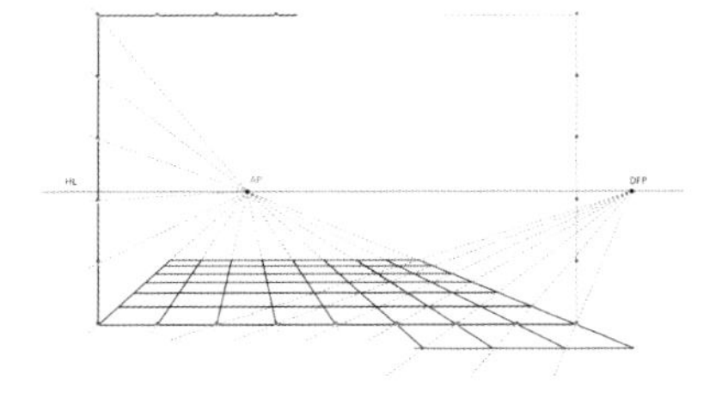

网格线中的立方体结构

在平面图中，向网格45°对角方向引出直线，相交于GL基准线，垂直方向上延长同水平线相交（上图取决于水平线的高度），网格线高度=立方体边长。自DFP引出的直线为方形网格的对角线。

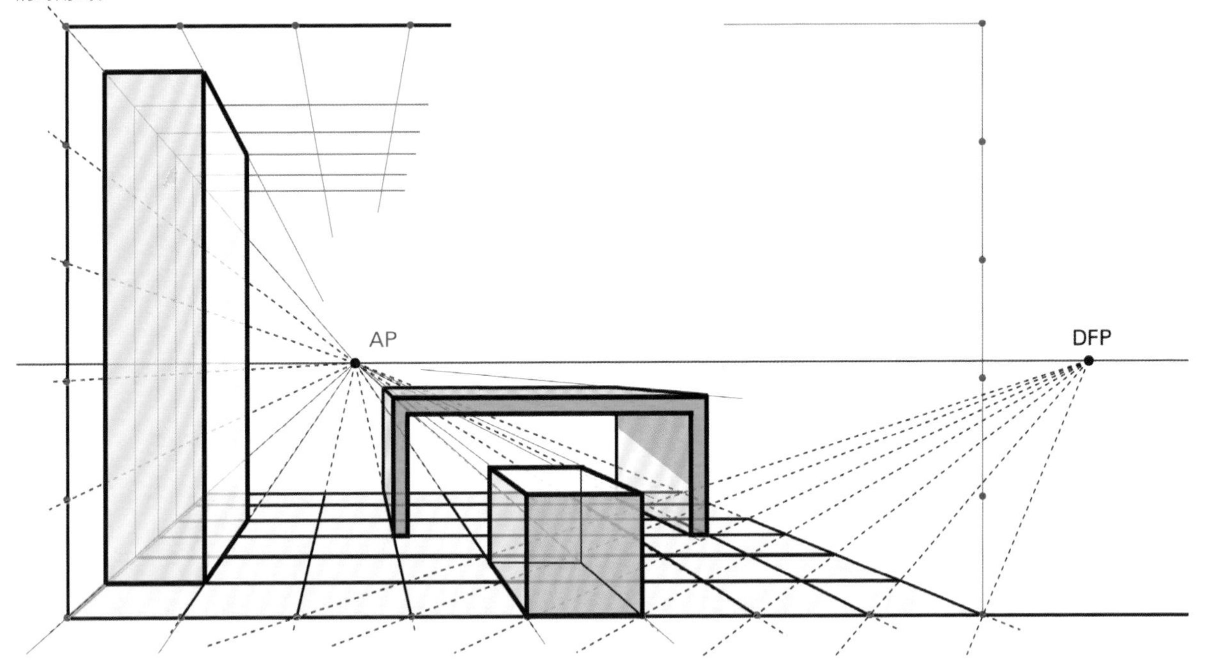

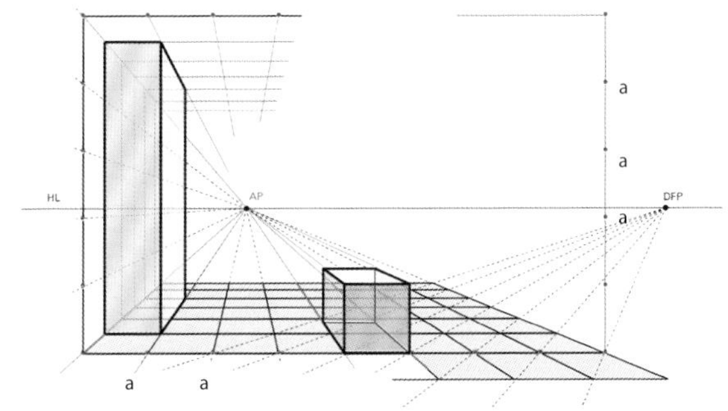

两点透视

两点透视的应用可以实现图像的逼真表达，物体可以以多角度的方式得以呈现，物体的两个相交消失点位于水平线上，相交消失点可以任意选定，这样可以随心所欲地呈现出理想的视角或者是组合。建筑可以通过Adobe Illustrator构造生成，平面可以填涂上渐变色彩。

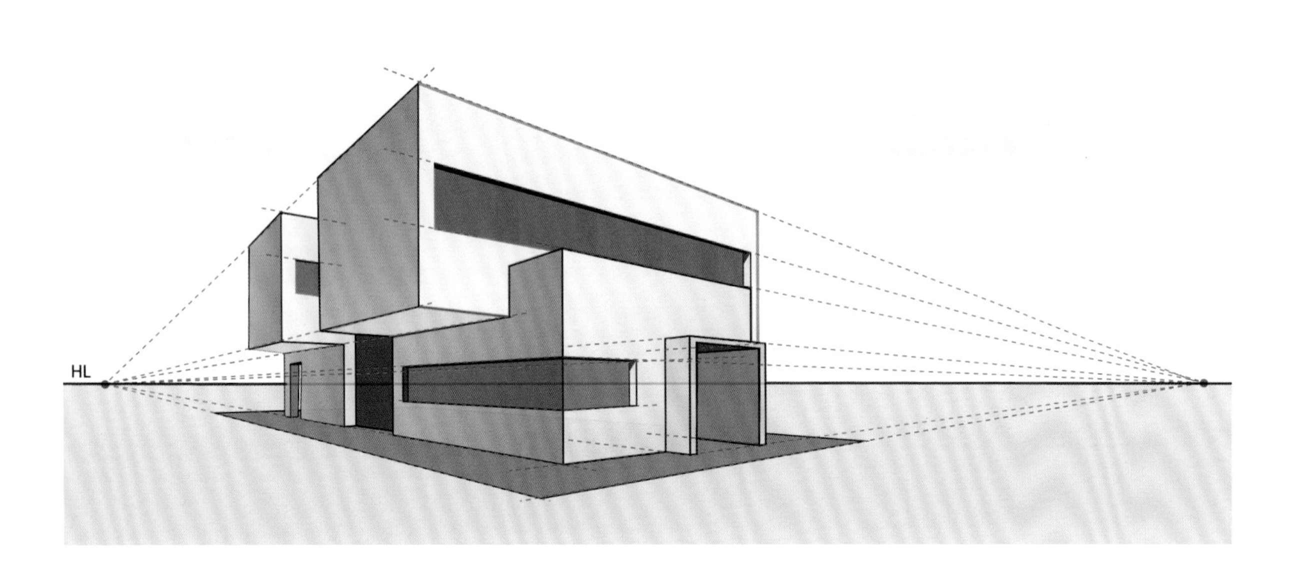

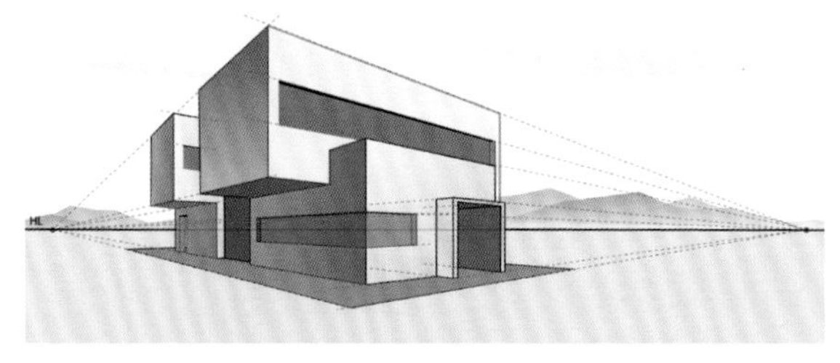

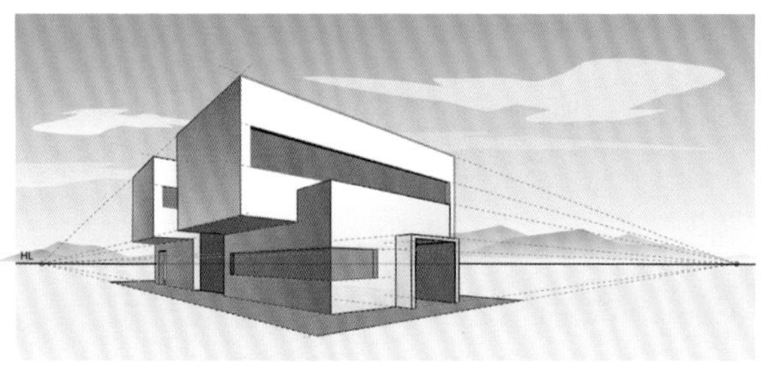

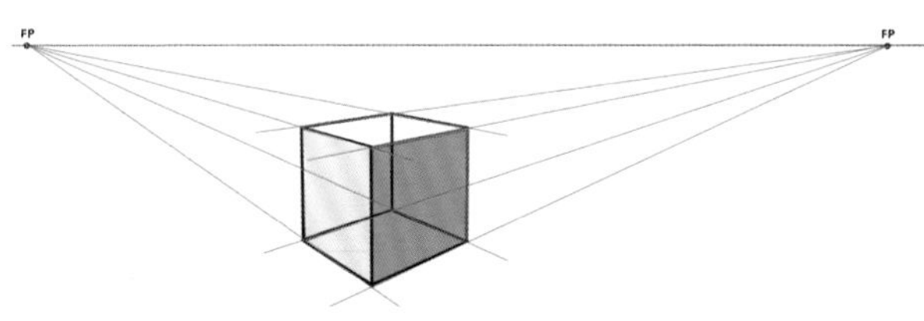

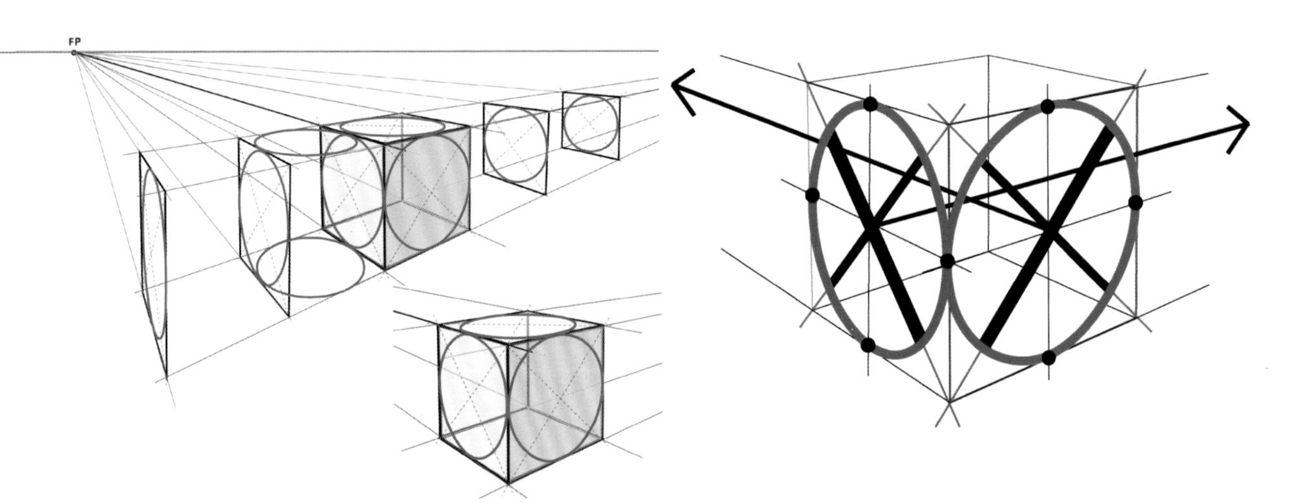

该透视可以通过对角透视来呈现，物体可以通过被旋转而得以展现。

两点透视中的椭圆

椭圆的主轴和副轴被旋转，通过对角消失点，其轴线位于想象出的透视矩形的对角线上。椭圆会影响矩形的光学视觉中心。

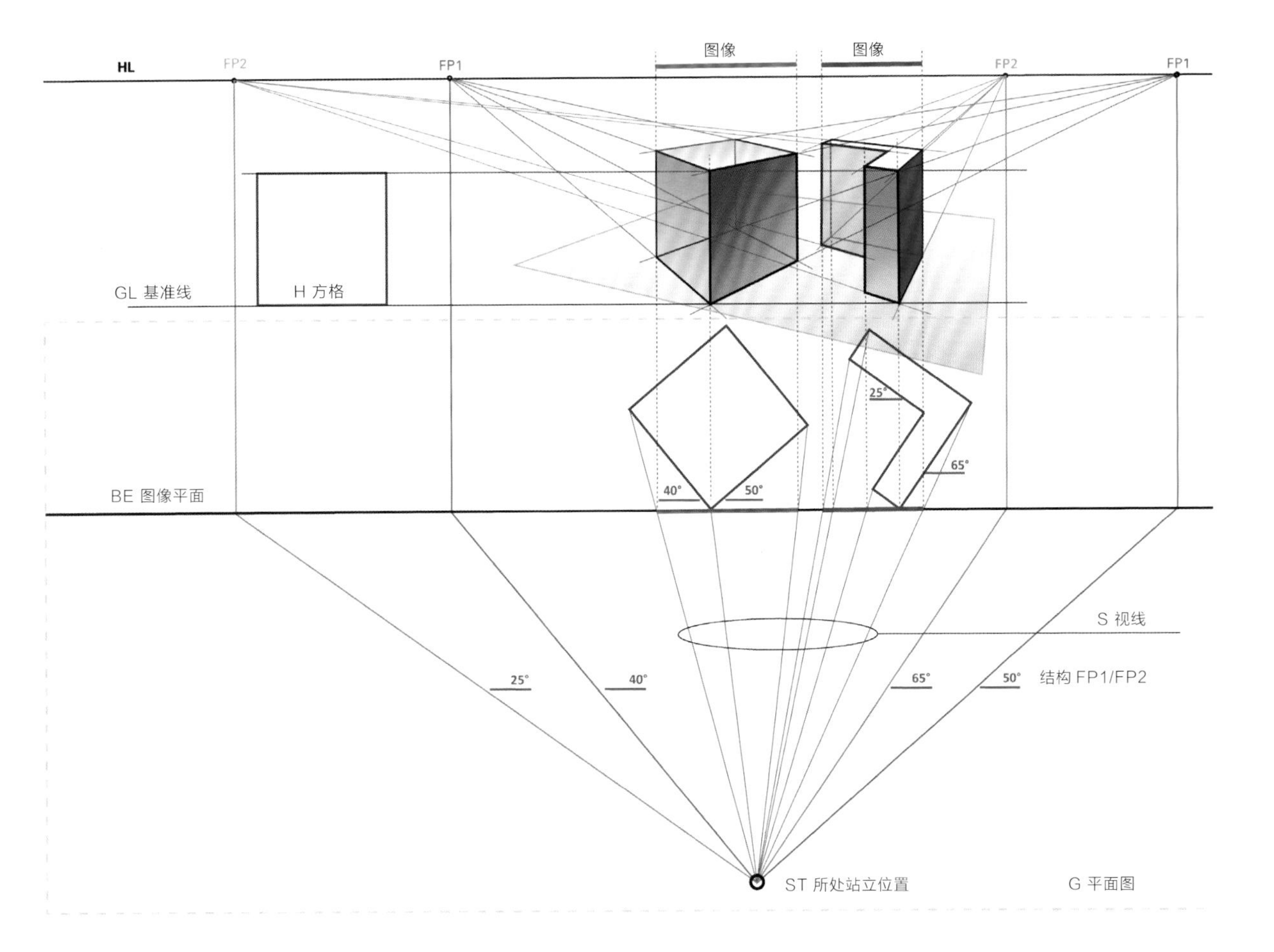

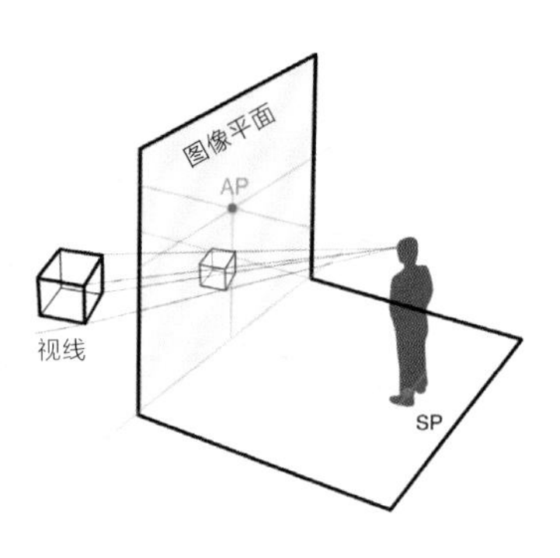

视线透视

结构位于观察者所处位置的前方。首先自平面中相交消失点（参见左下图）向水平线引出直线。视线确定物体的外边缘，并在图像平面生成质点。因其位于物体边缘棱角的前方，因而平面图上显示其实际高度。通过推拉图像平面，可以使图像变大或者变小。

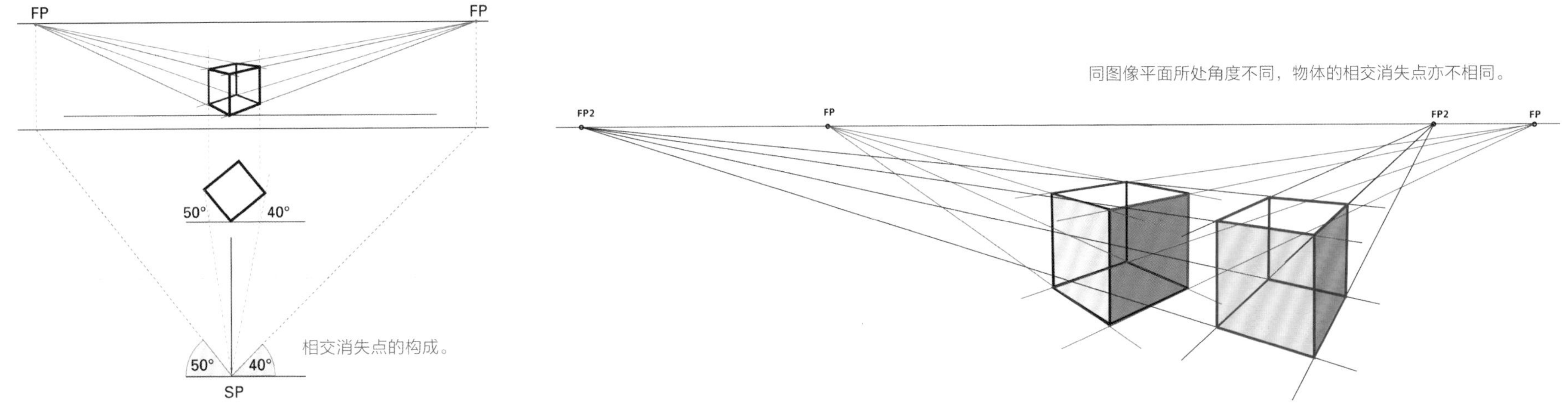

相交消失点的构成。

同图像平面所处角度不同，物体的相交消失点亦不相同。

三点透视

该透视通过三个相交消失点视线非常逼真地展示出来，高度方向及深度方向的垂线延伸至第三个相交消失点。强烈的接近交汇现象使图片极度变型——一种广角艺术，也被有意识地应用到图像展示中。若使用得当，会产生强烈而明显的空间效果感。

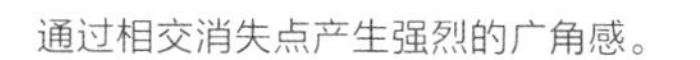

通过相交消失点产生强烈的广角感。

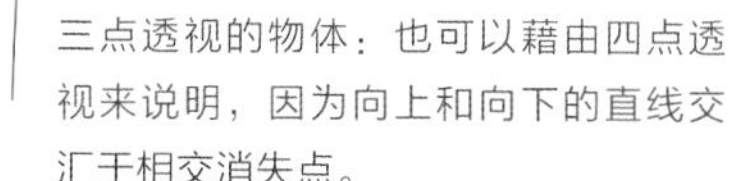

三点透视的物体：也可以藉由四点透视来说明，因为向上和向下的直线交汇于相交消失点。

此处应用Adobe Illustrator软件处理三点透视，可以通过其他程序呈现，实现平面及可调整线条的创建。

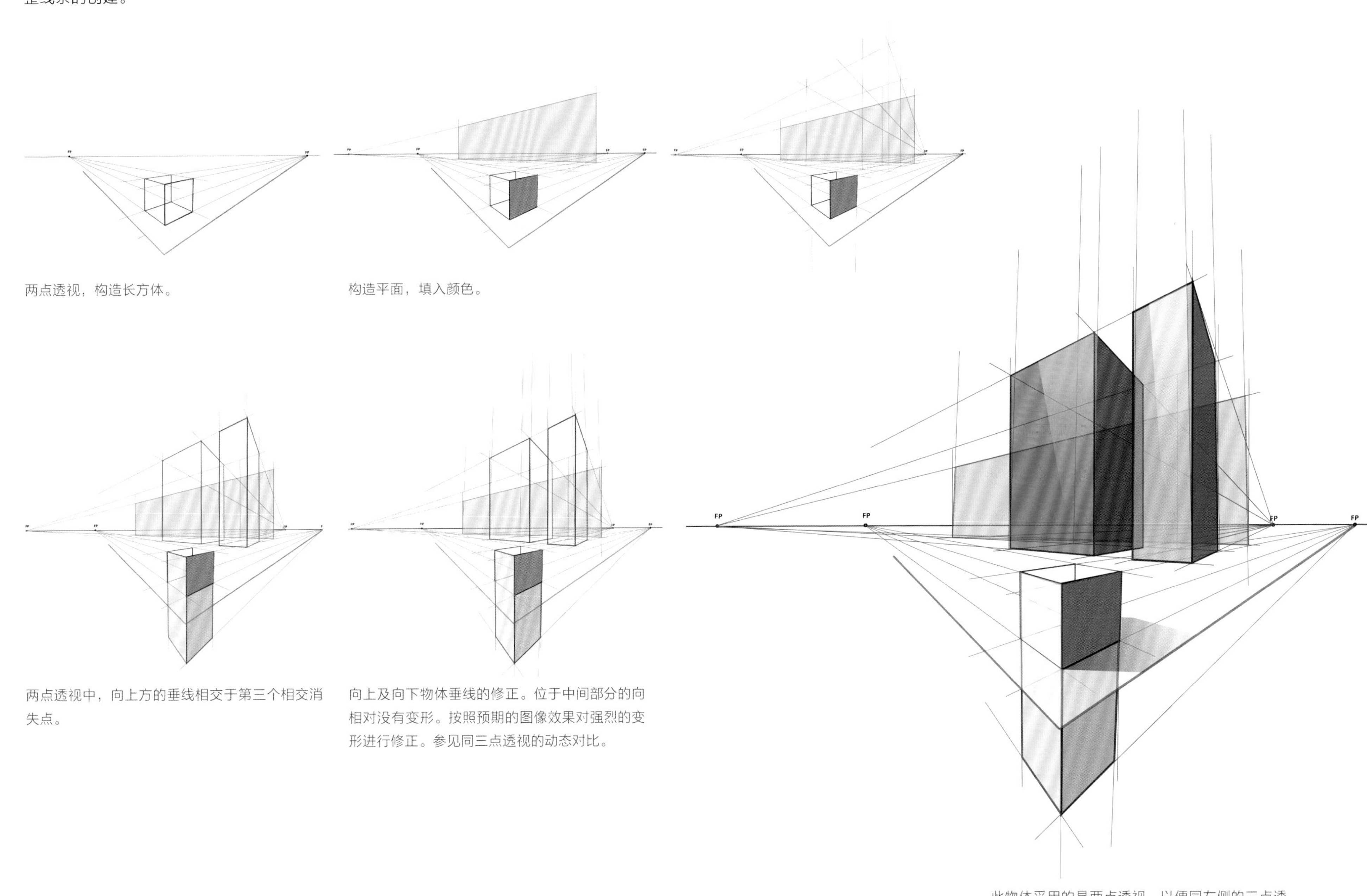

两点透视，构造长方体。

构造平面，填入颜色。

两点透视中，向上方的垂线相交于第三个相交消失点。

向上及向下物体垂线的修正。位于中间部分的向相对没有变形。按照预期的图像效果对强烈的变形进行修正。参见同三点透视的动态对比。

此物体采用的是两点透视，以便同左侧的三点透视进行对比。

极度透视

对于展现室内空间或是动态旋转的物体，会使用到一种焦距非常短的透视。这会带来强烈的广角效果并使得展示的视角更大——伴随着极度弯曲的曲线和极接近的相交消失点，透视图产生出强烈扭曲变形。

室内空间的透视有着强烈的变形，用以呈现丰富的空间情景（上图）。真实的空间表达参见小图（左上图）。

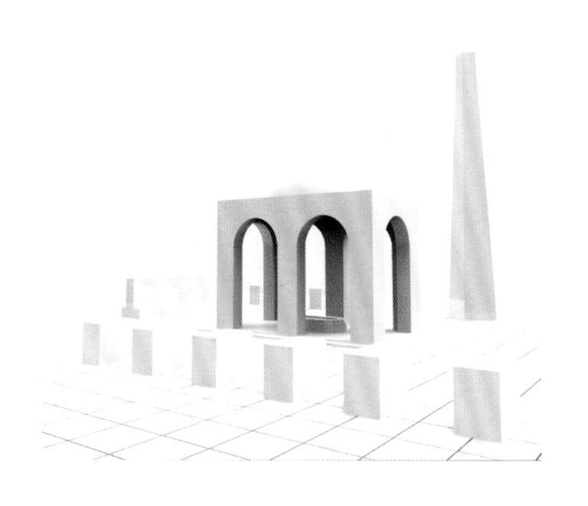

50mm焦距的常规透视，相应图片角度约为46°。

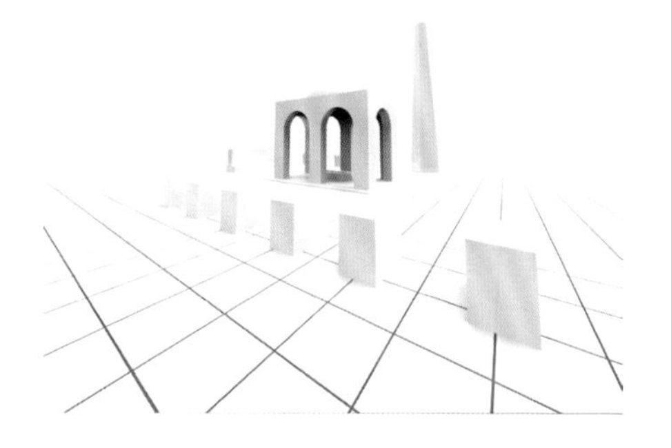

20mm焦距的广角透视，相应图片角度约为100°。

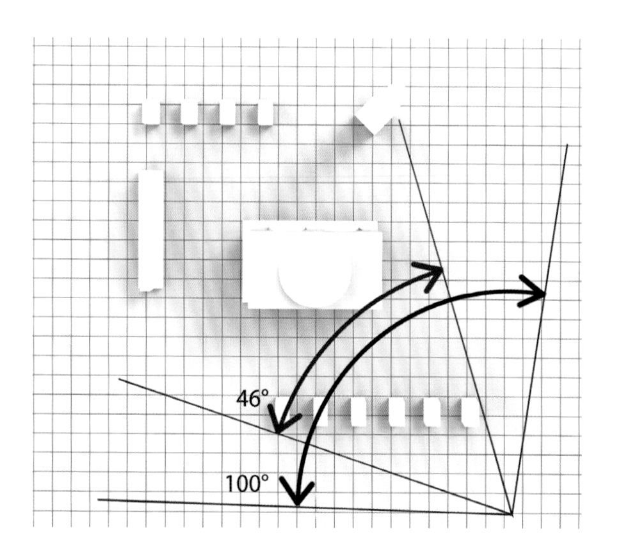

通过广角效果所产生的变形的透视能够很大程度上扩展空间，网格线展示出透视的变形扭曲。广角的透视使得更多空间（更大视角）能够得以呈现，但也改变了空间及物体的比例。

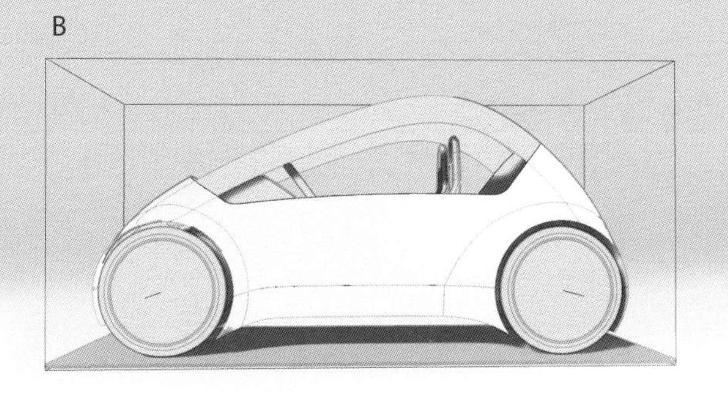

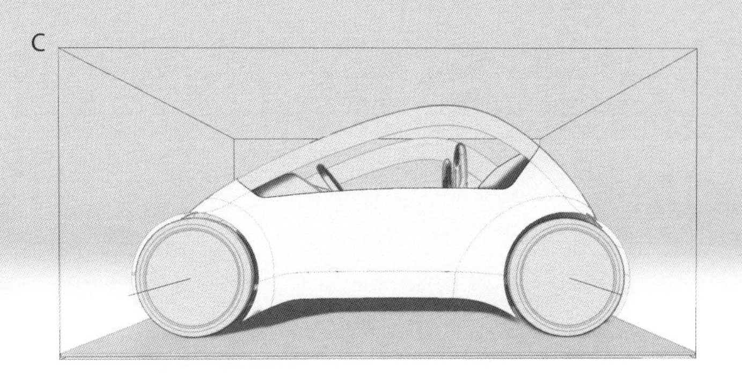

150° 窄焦距视角（A），18° 图像角，物体扁平化，距离拉长。

50° mm正常焦距视角（B），46° 图像角，图像空间距离适中。

20° mm焦距广角（C），100° 图像角，物体在空间上被伸缩，距离缩得很短。

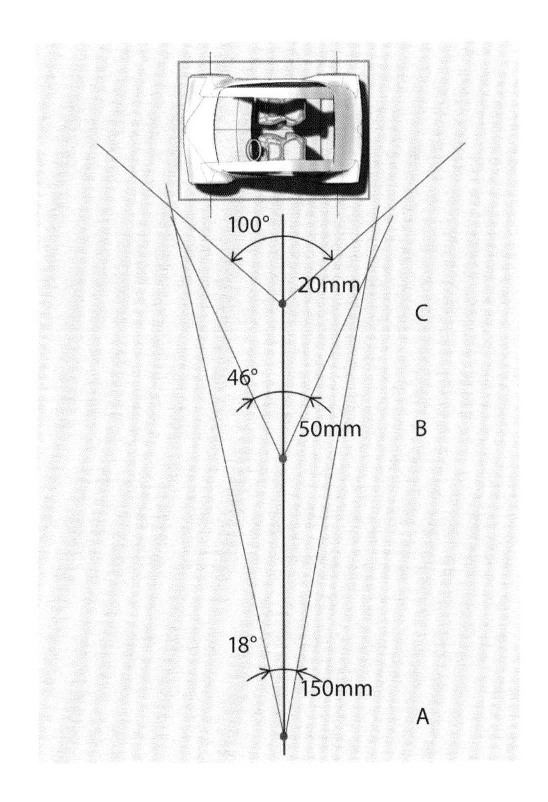

上图中，A、B、C焦距下的图片视角（对应全自动相机）。

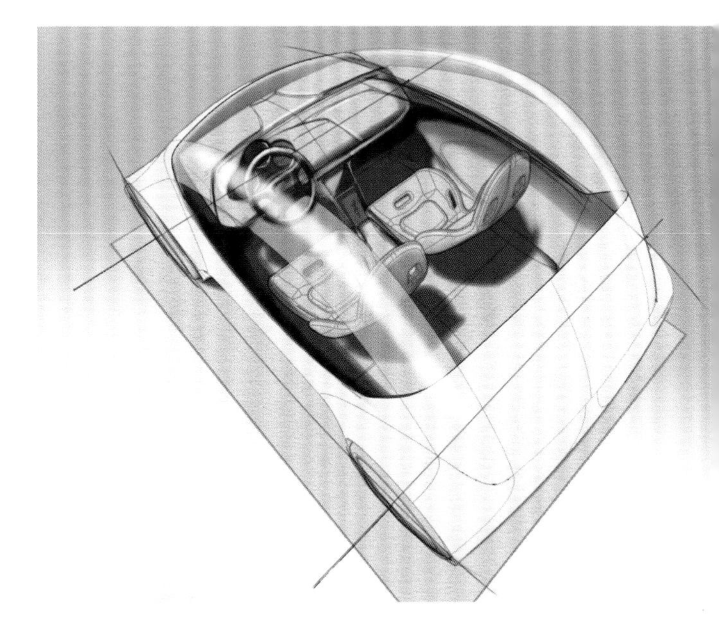

广角视角作为透视，应用在非常狭窄的室内空间中。凸起呈现出动态感。图像在光学系统（摄像头、望远镜）中呈现凸起，CAD程序则使得这些扭曲变得失真。

阴影构造

阴影产生于光源所在区域内，物体的后方，它可位于基准面、其他物体或者是平面上。清晰锐利的阴影投影凸显出图像对象，或者是较低明度的、模糊的阴影投影。物体上发生光影迁移所在的平面也可以位于阴影之中。它被当做一个构图元素，用于草图创作及素描中。物体的形状（产生阴影的物体）、光源种类和光源方向，决定了投影阴影的形状。下面展示的是投影阴影构成的诸多基础知识，以及其作为构图元素的各种应用。

太阳光是一种自然光。直射的太阳光线以及当天空多云时柔和的光线都可以产生投影阴影。阴影随着太阳在天空中的位置的不同而变化。太阳所处位置在不同的季节及白天时刻均不同。例如，夏季太阳所处位置较高，其在天空中的（光线）轨迹也更高。

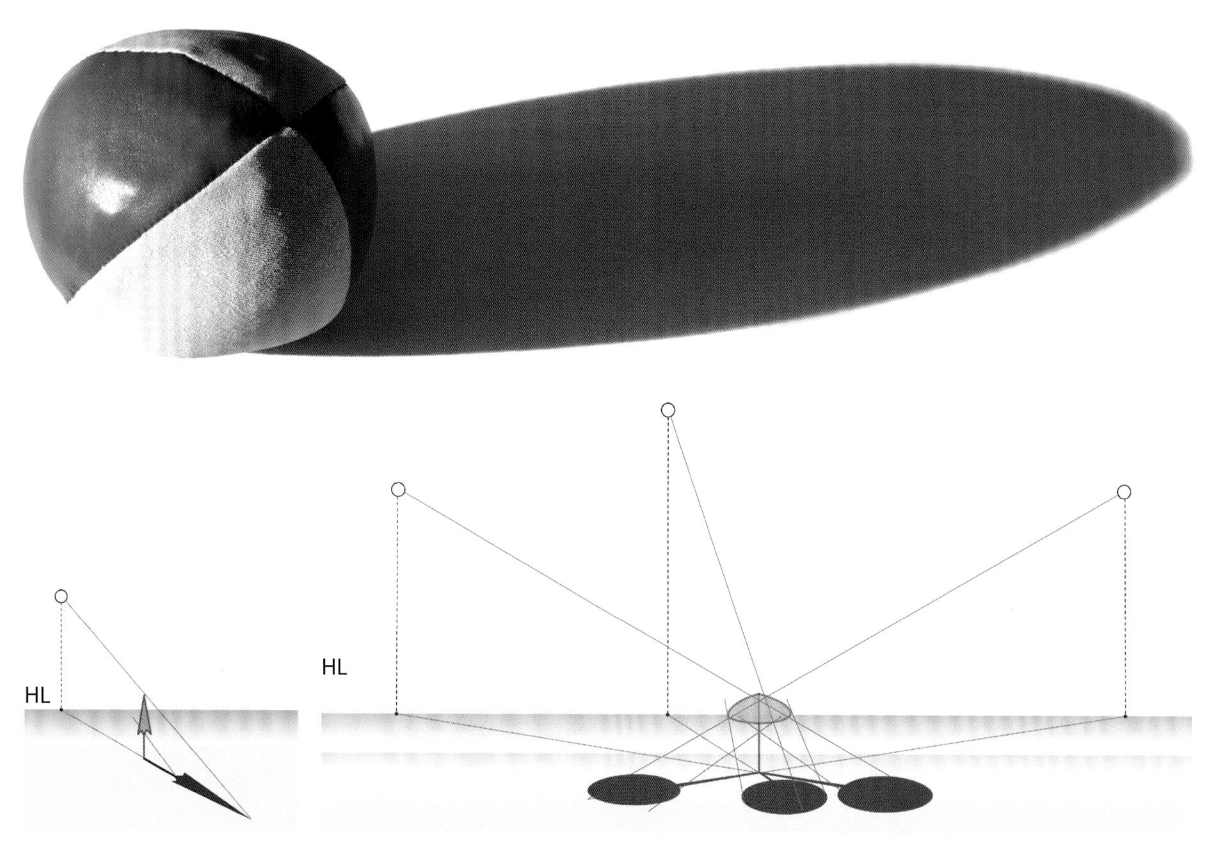

白天不同的时段产生不同的阴影形状。

当太阳位于后方时，则阴影位于前面。相交消失点位于同水平线成直角的直线上，太阳角则是由自相交消失点的投影影长、物体的边棱构成。

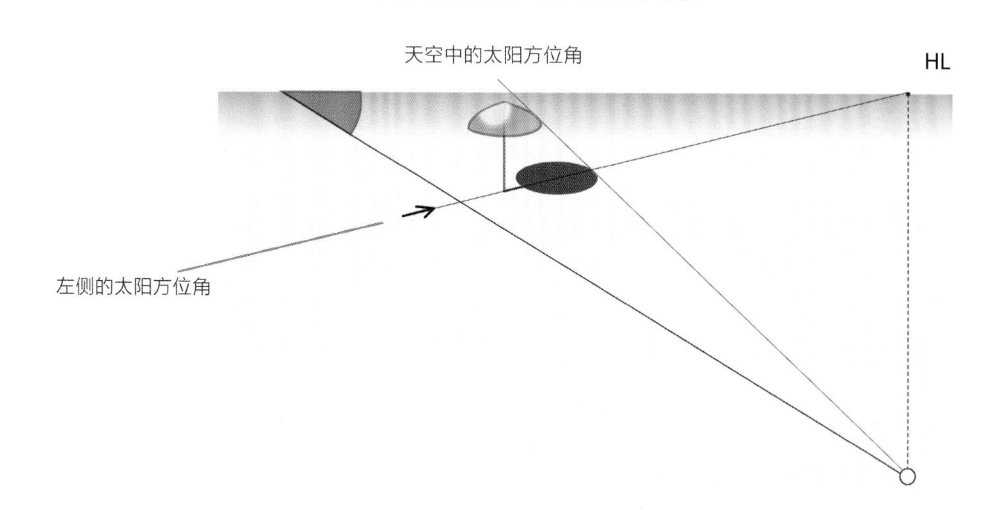

自然光线（太阳）

太阳的自然光线从极远处以平行光的形式照射到地球上。因此，所有阴影的均位于同一方向，有相同的光线角度（太阳角）。阴影消失于光线在水平线上的交点处。满月时节的夜晚，月光亦是如此。

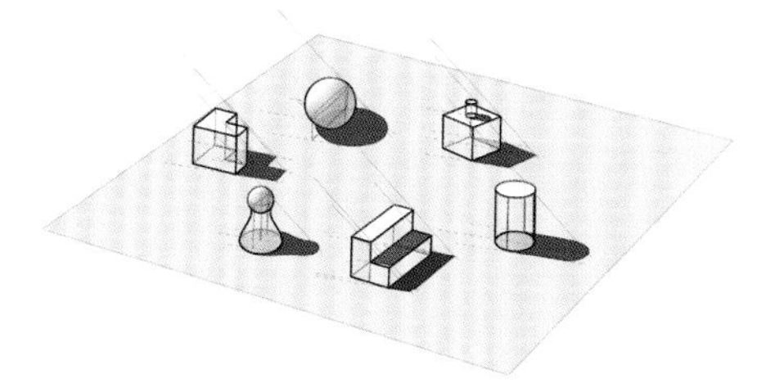

人造光线

与之相应地，人造光源距离物体较近。阴影消失于光线在物体所处的，基准平面的交点处。若一个物体在另一个物体上面，则其基准平面也相应更高（例如立方体上有一圆柱体），其更高的阴影相交消失点决定了阴影的形状结构。投影阴影各自朝向不同的方向。

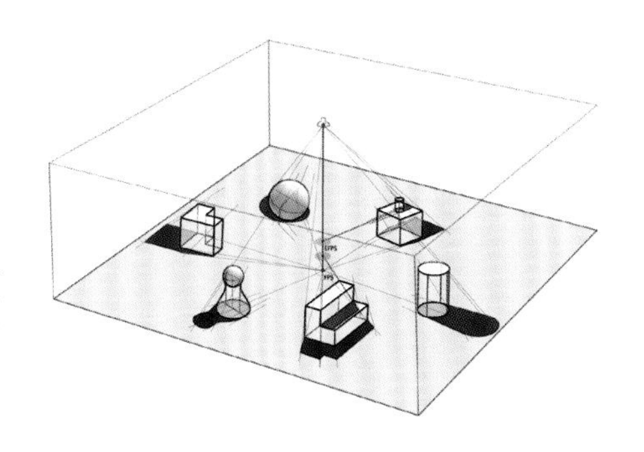

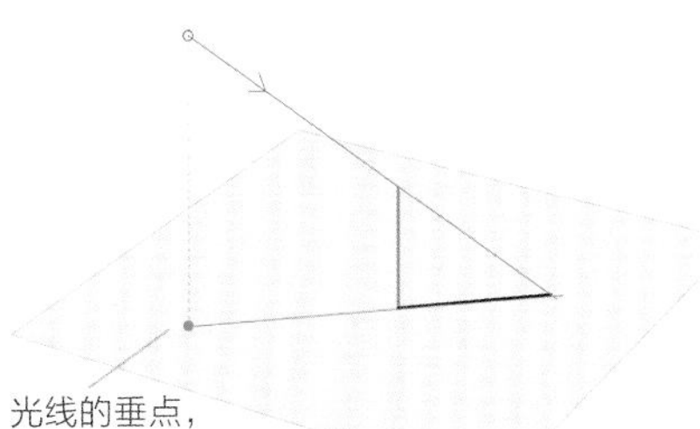

光线的垂点，
亦是阴影的相交消失点

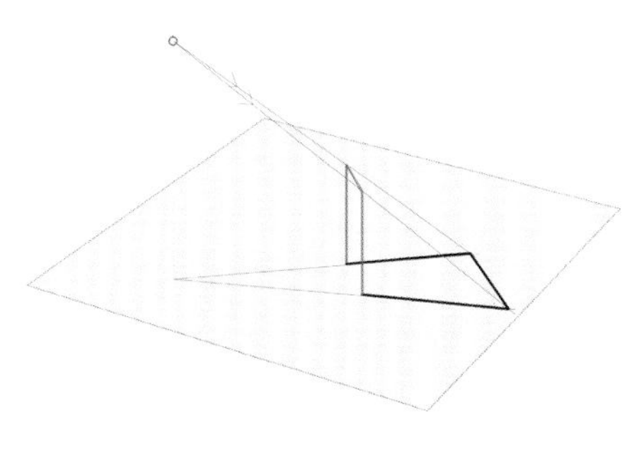

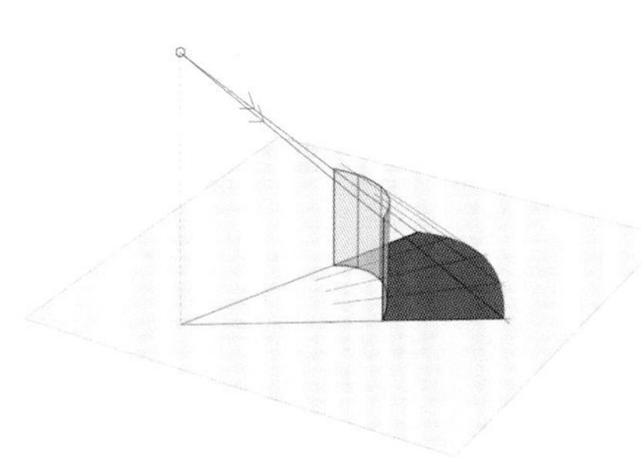

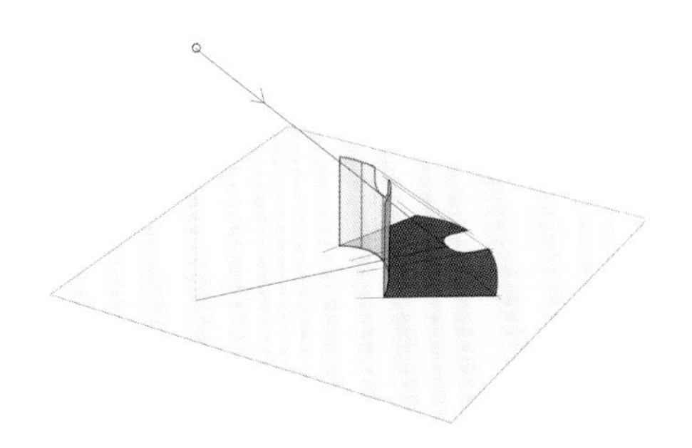

阴影的构成原则

光源处的光线越过杆的尖端处直至地面。光线的垂点处引出直线，通过杆的另一个端点。阴影区域自物体的一端开始延伸。可以自由选取光源下方的点，或基准平面。

上面的物体由若干部分构成。本原则以另一种方式得以体现。该例中光源距离物体较近。投影形状并不与物体相应平行（发散）。

上面的物体呈三维立体。通过由在地面投影而形成的，若干标志性点的连接，表示出该形状。

阴影的起止点随平面及曲面几何形转的不同而不同。

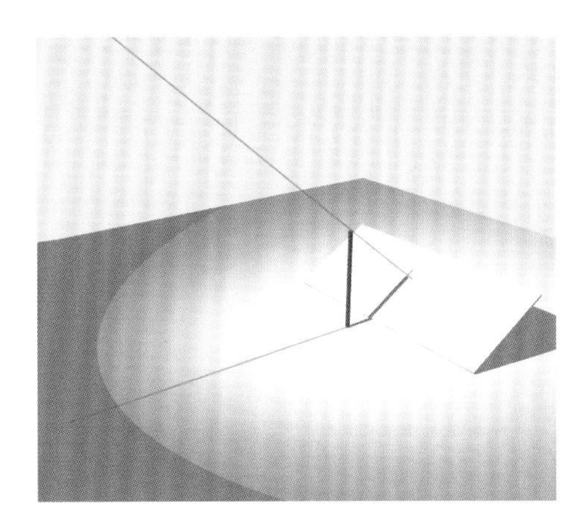

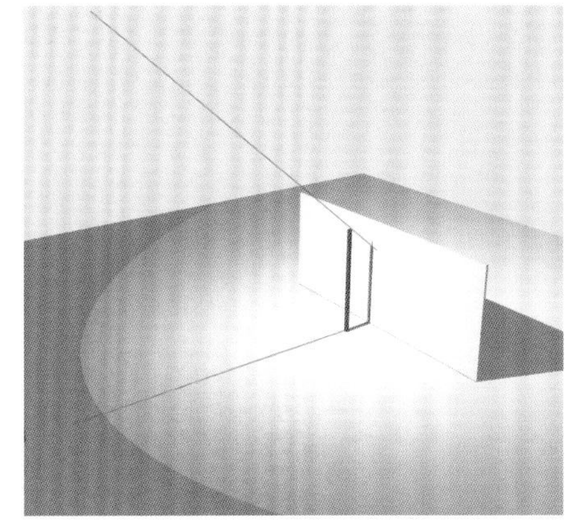

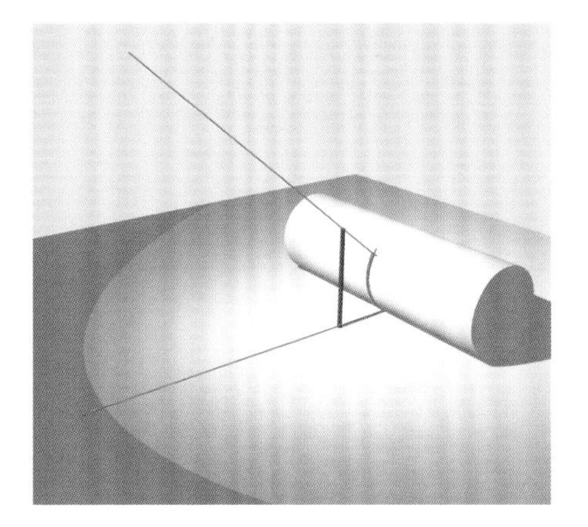

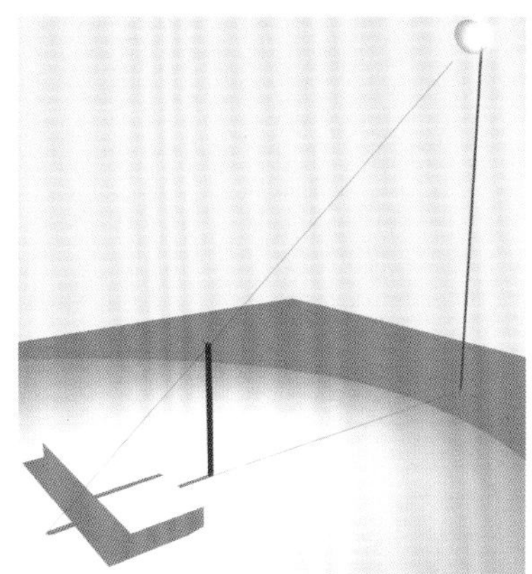

几何物体的投影草图

对于旋转体（圆柱体、圆锥体或者回转曲线），其阴影投影可以通过构造直线来确定。对于孔穴，其阴影投影可以通过内部的线条来确定。对于立方体（长方体、方块、组合体），其阴影投影可以通过物体棱边及由此引出的辅助线来确定。

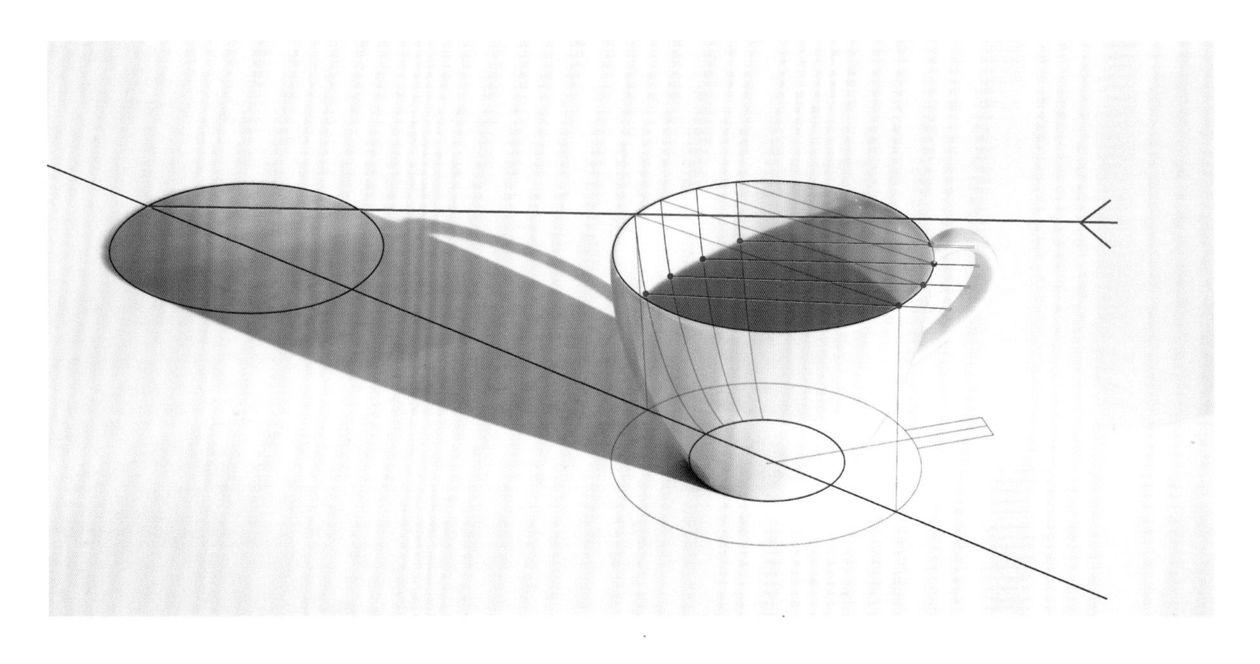

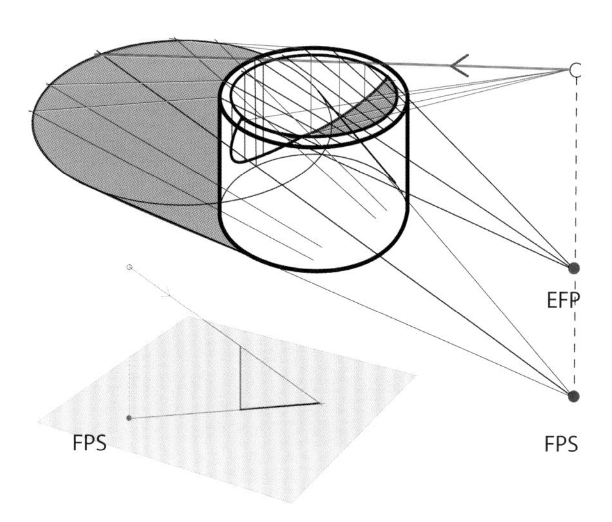

FPS投影消失点阴影，EFP高处投影消失点

当物体的投影位于一个高处的平面上时，该高度（X）上将采用第二个，即更高的投影消失点（EFP）。然后在此较高的平面上完成阴影构造。

圆柱体

在圆柱体上确定若干个间距点，向地面引出垂线。分别从光源点和投影消失点（FPS），引出直线通过这些间距点。将交点连接起来，即为阴影的轮廓形状。

立方体

分别从光源和FPS引出直线，通过物体的棱边及垂点。交点（连接起来）即为阴影的轮廓形状。

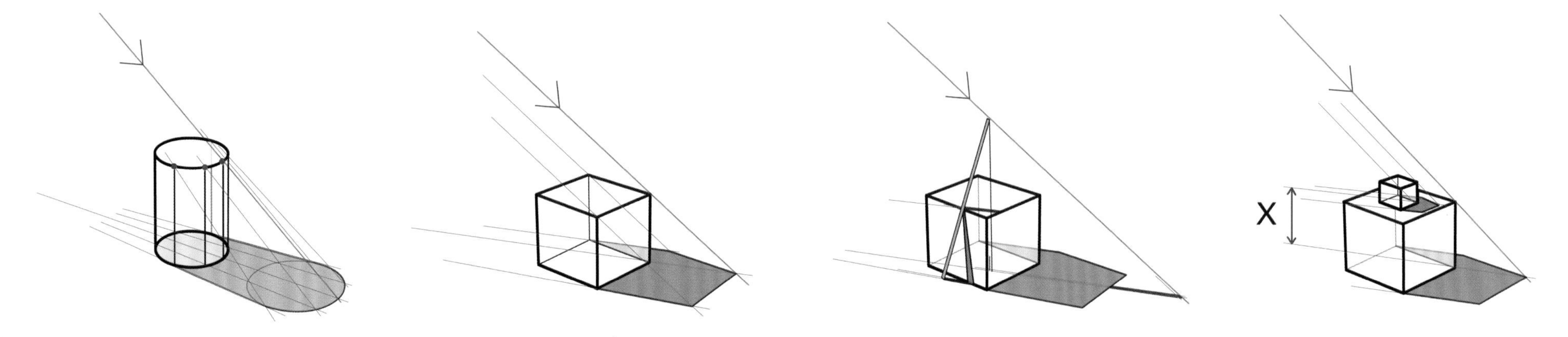

同基础几何体一样，建筑物的投影结构也遵循相同的构成原理，即通过物体表面进而在基准平面上产生阴影。以若干投影阴影为例，其始终与投影面保持一致，阴影的形状取决于所投影平面的几何外形，所有平面的亮度梯度相同，采用平行光线（引自太阳光）生成阴影结构。光线的垂点通过所需阴影来确定。

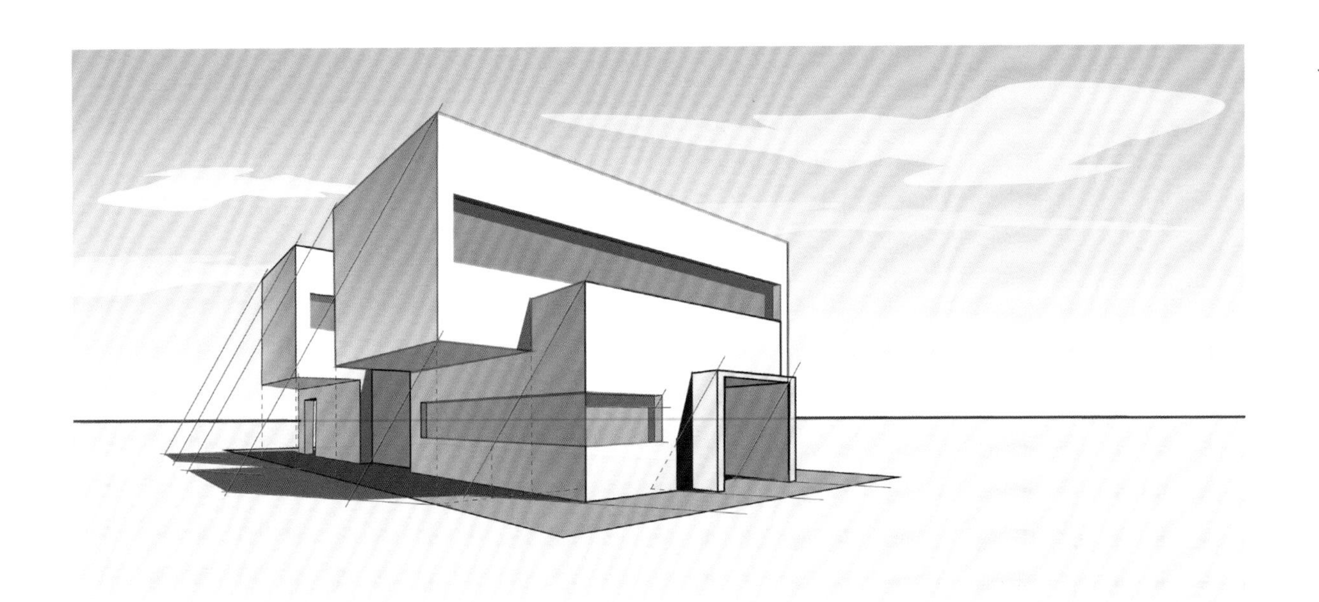

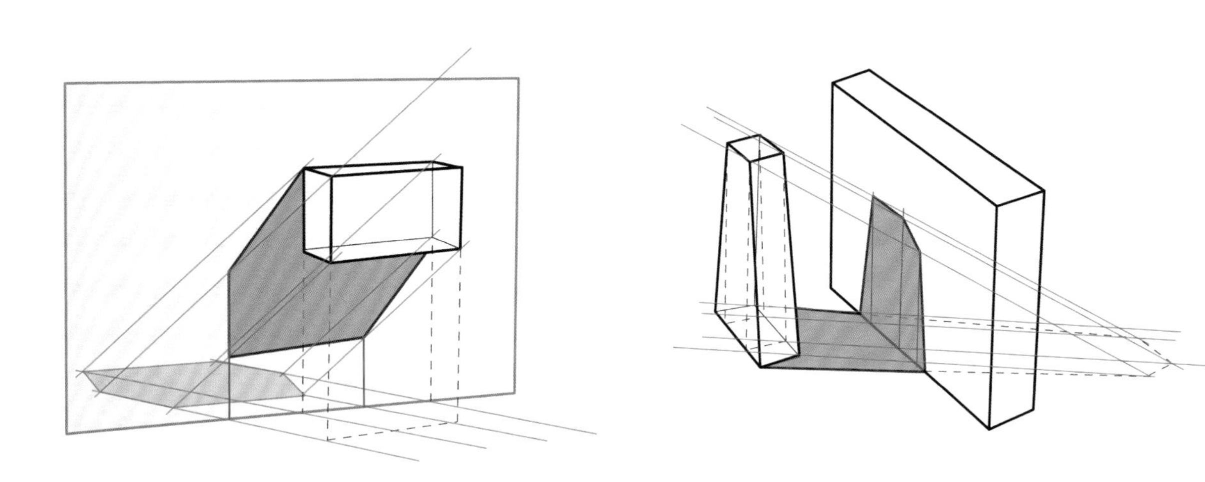

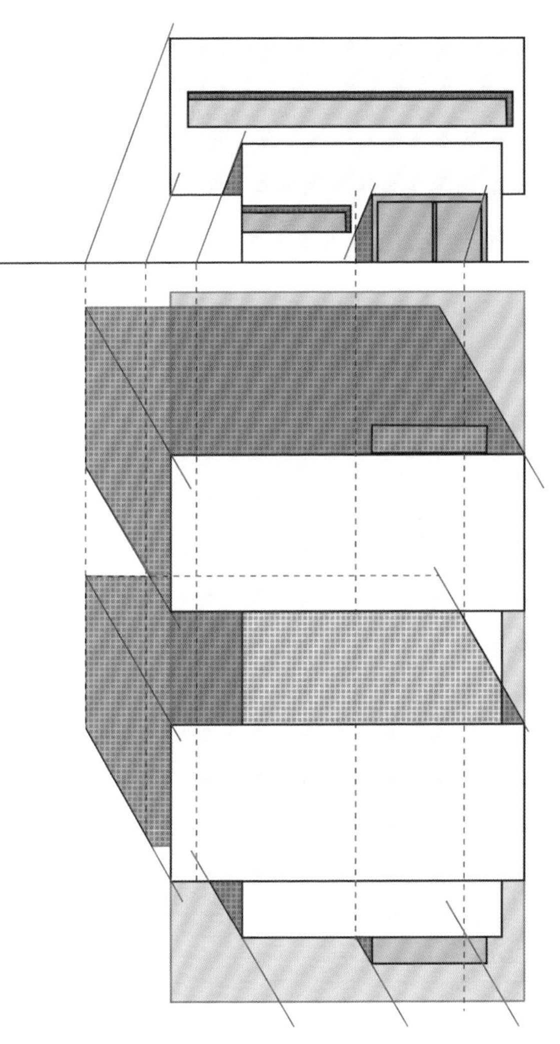

建筑草图和设计图中可以实现三个维度的投影。设计图中，平行太阳光线通过物体，照射到基准平面上。光线同基准平面的交点即为投影阴影的特征点。

镜像

镜像产生于光滑的表面。如自然界中的水面、产品的光滑表面或者是镜子般的表面、反射性的底面等。镜像可以布置在图像中央，十分引人注目。对于大多数示例图片而言，通常要减弱反射效果。

大规模的镜像图像

基准线是建筑物的码头堤岸，在其下方形成镜像，引申至建筑物中央的刻度线，在其下方的镜像中亦保持一样。

球体

在球体表面的镜像依据球体形状呈360° 形状，中间区域图形呈现出球形的，扭曲变形的全景图像。

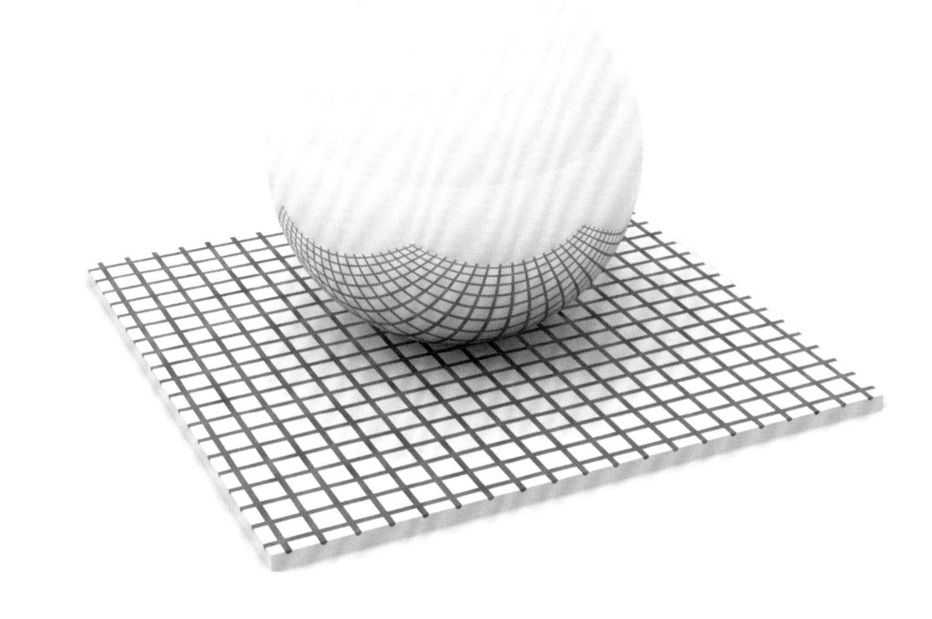

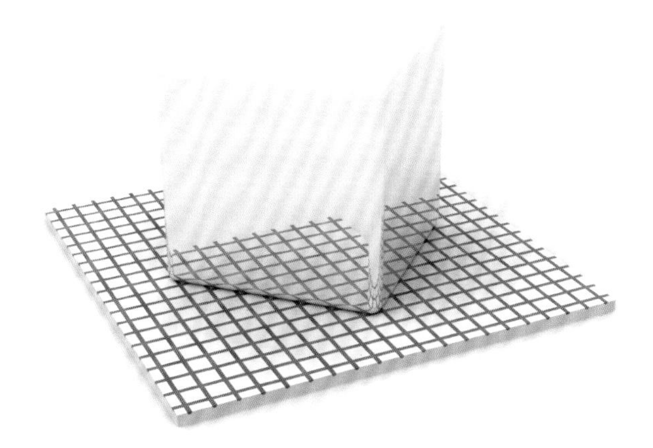

长方体

立方体上的网格线的方向及角度呈45°（入射角/反射角2x45° =90°）。棱边转角处区域同圆柱体相类似。

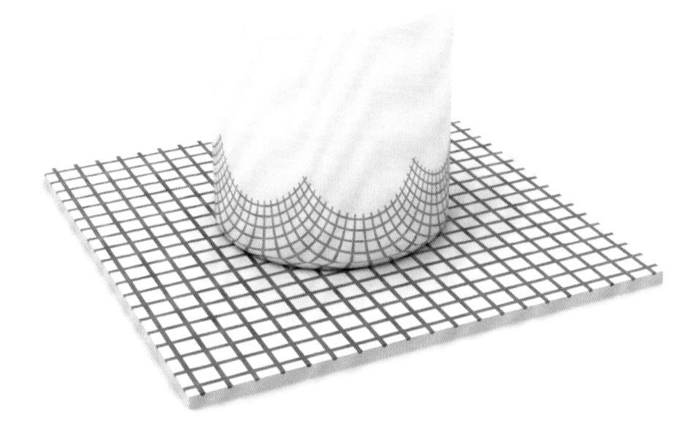

圆柱体

外表面的景象呈全景图像。因棱边角的距离较中间区域的更大，故其在圆柱体上的图像更高。

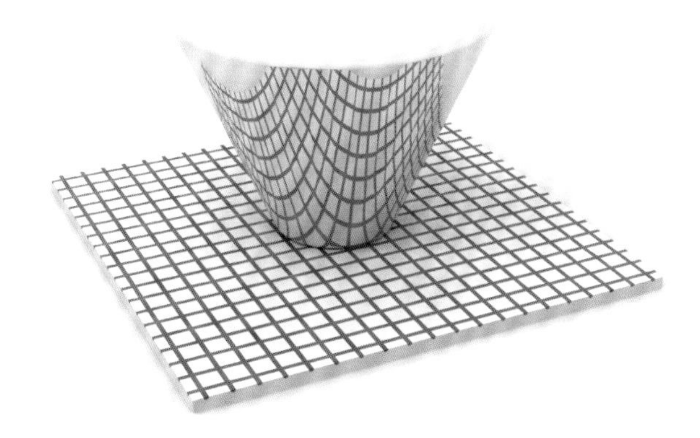

圆锥体

同圆柱体的镜像相类似（二者横截面形状都是圆形）。经由锥形表面的扭曲变形，其外表面上有更多的网格面积。

表面的平整度、光洁度以及光亮程度决定了镜像和反射的强度。反射面可以通过多次反射，形成复杂的反射图像。反射面上，入射角等于反射角。同时，距离较远的物体其反射后的形状也较小。距离变短则会使得相应的投影变得缩短。

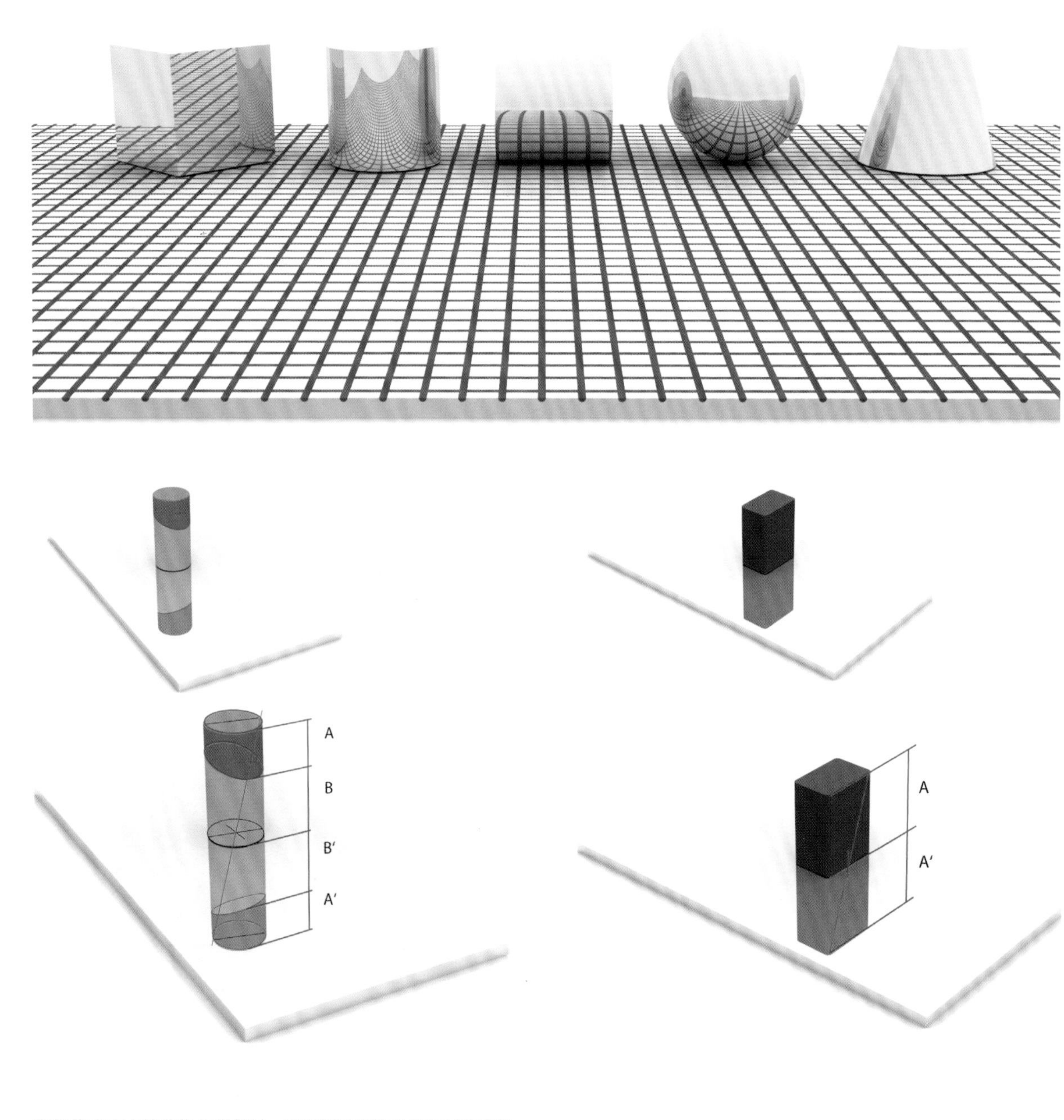

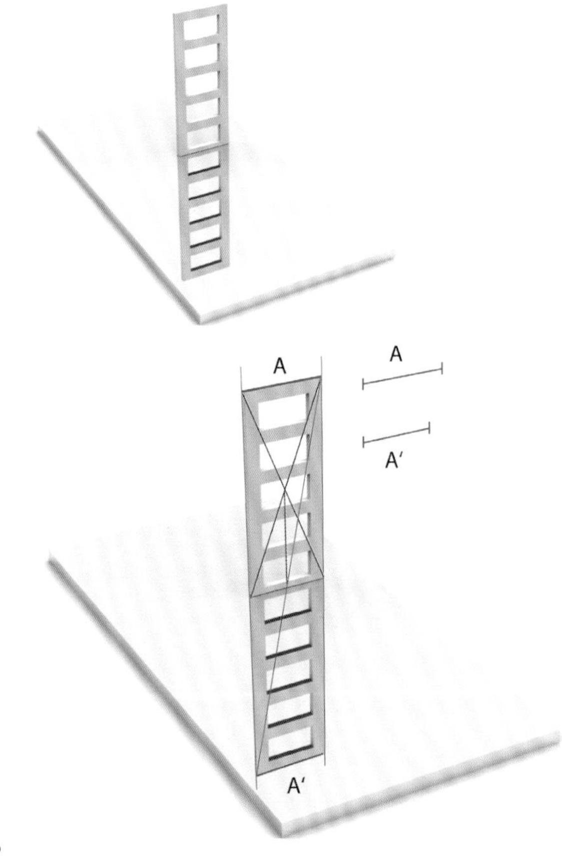

在镜像平面中描绘物体线条时，可以通过借助对角延长的方法来表现深度，缩短可以增强景深效果。

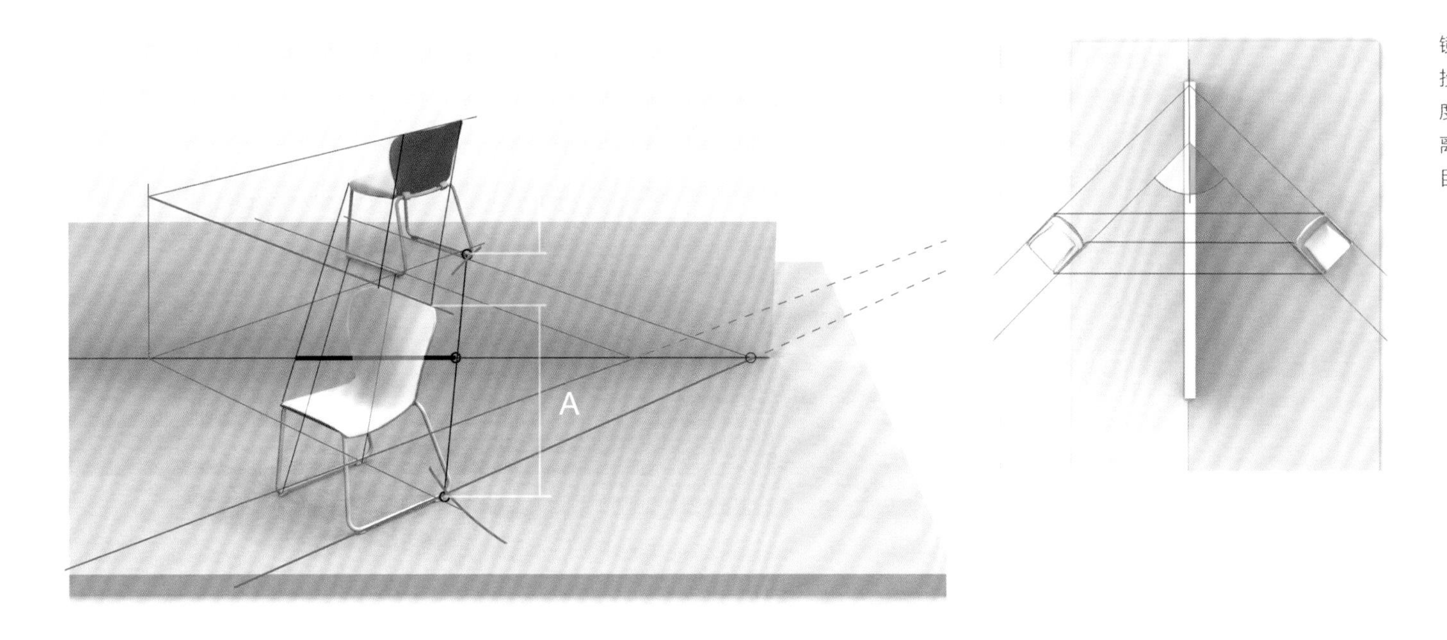

镜像面同图像平面平行，物体位于其前方，延长投影线至镜像面。对于镜像的图像，引出相等角度直线。镜像图像也经由透视变得相对缩小。距离越远，图像越小。对于绝大多数的展示而言，目力可及。

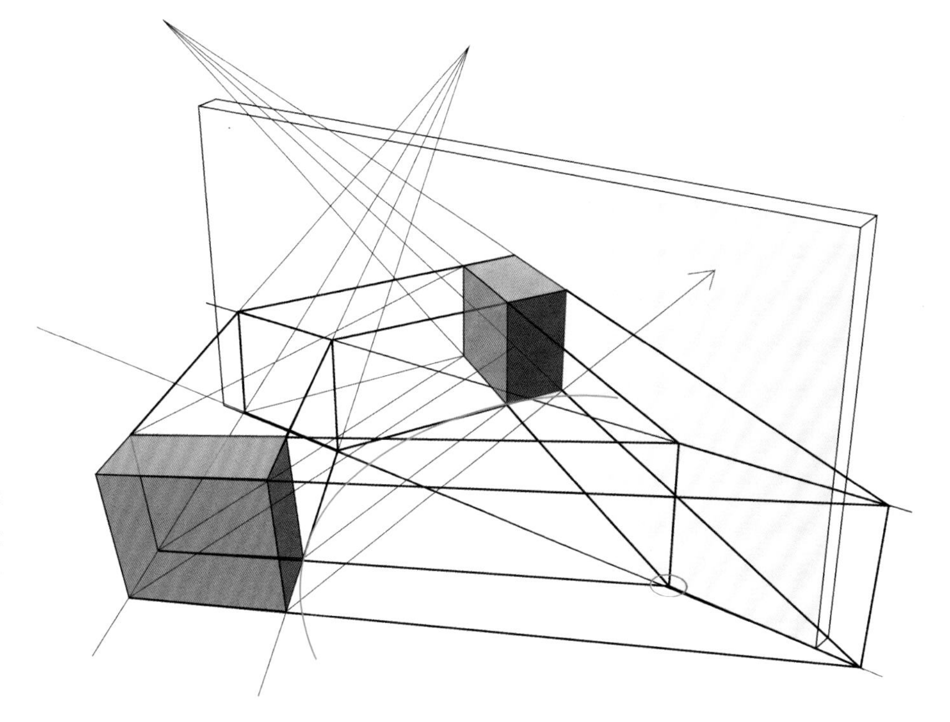

对于带有相交消失点的物体透视，其缩小可以藉由若干不同角度的分割线和透视线的交点来表达——此处的三点透视线束的汇聚更明显（广角效果感）。

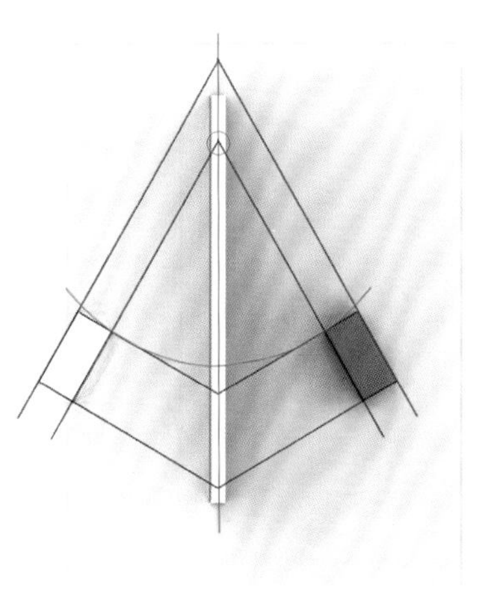

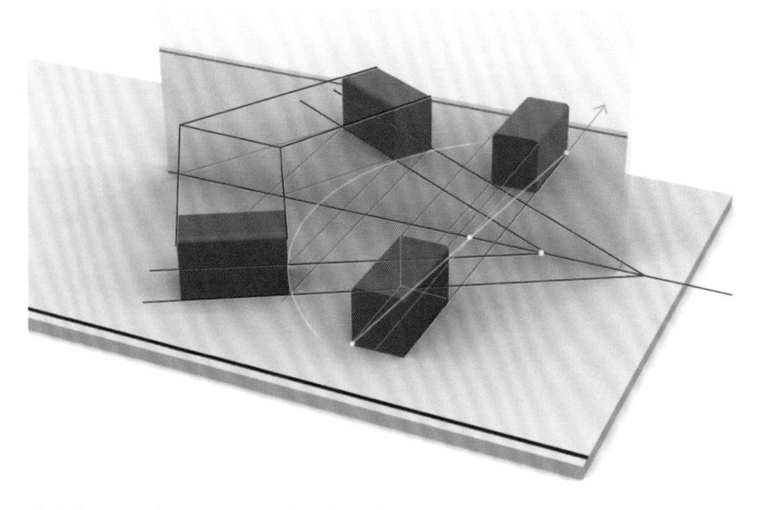

若镜像面呈垂直关系，则延长物体投影线至镜像面，再将其夹角进行镜像。景深可以借由穿过中轴线的对角线来确定，还可以实现弧形的透视。对于大多数的设计展示而言，需要估计好距离。

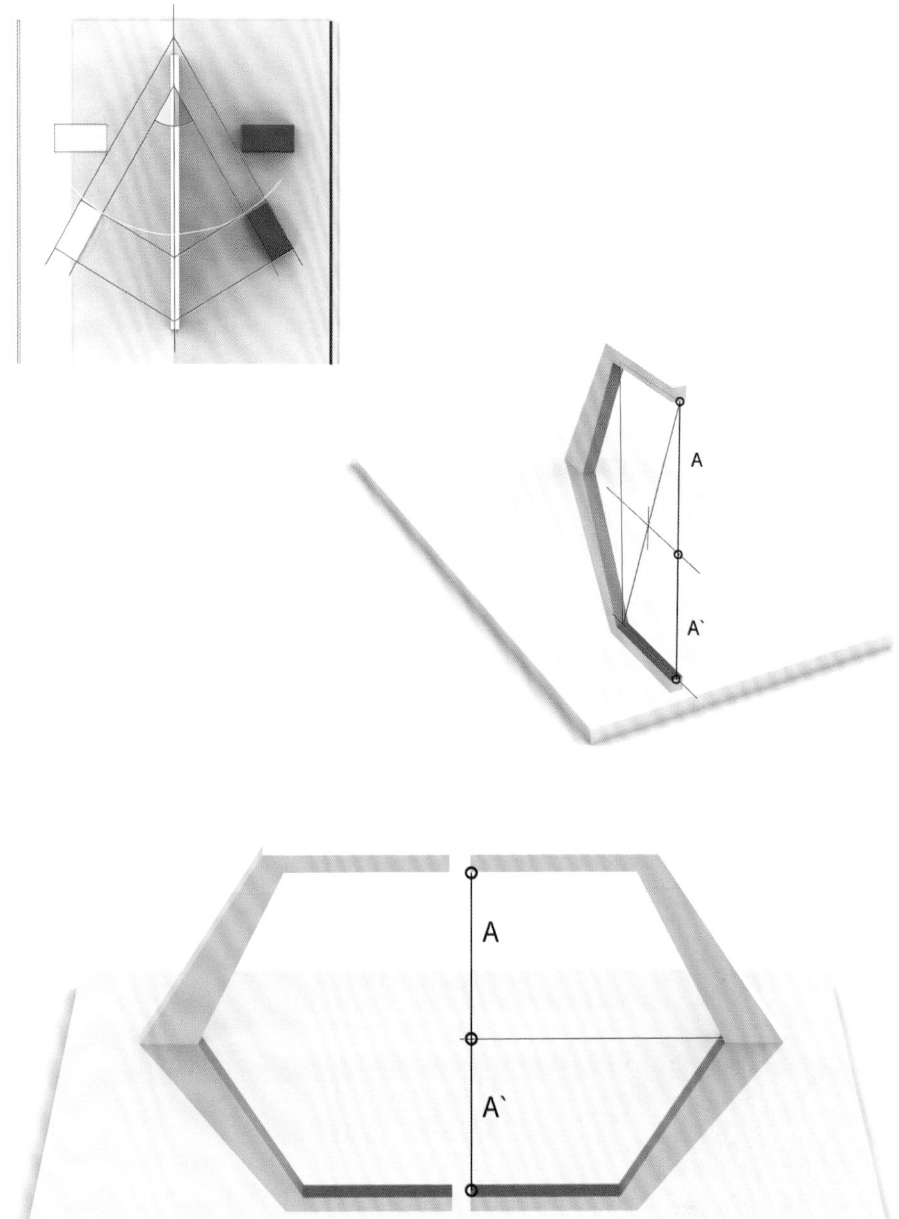

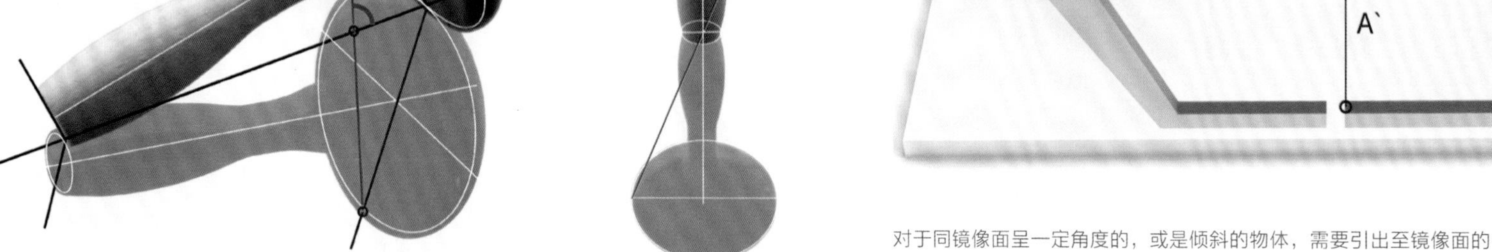

对于同镜像面呈一定角度的，或是倾斜的物体，需要引出至镜像面的中轴对角线线。若成直角，则物体及其刻度线则会自上而下穿过。景深也同样可以借由对角线来确定。

练习

初步联系：立方体的透视投影，估计判断物体的正确位置及投影线，投影阴影训练。

绘出不同形状的立方体，它们位于基准平面上，角度各有不同。为了便于理解，所有立方体的大小相仿。

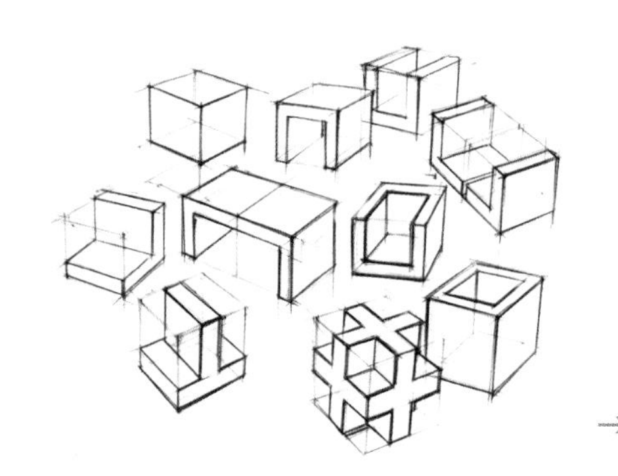

→

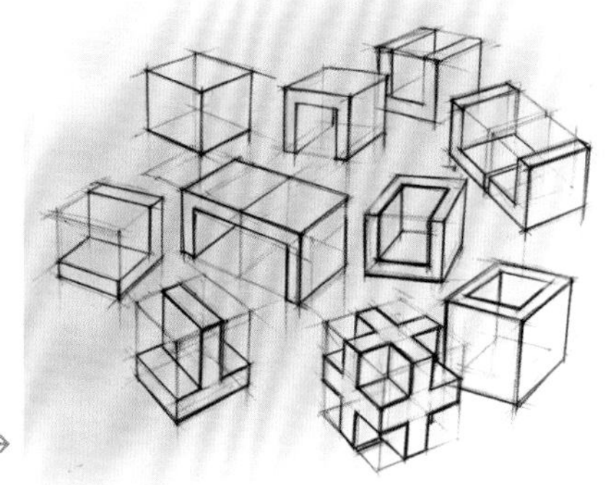

在一个新的平面上进行上色。选择Photoshop中“乘法”平面造型选型，让图像可见。

→

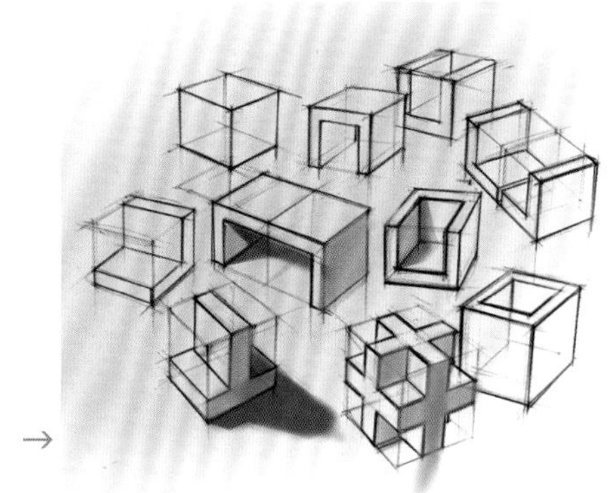

在新平面上就深色调的物体表面及投影进行练习。将位于基准平面上的物体置于新平面上。

↓

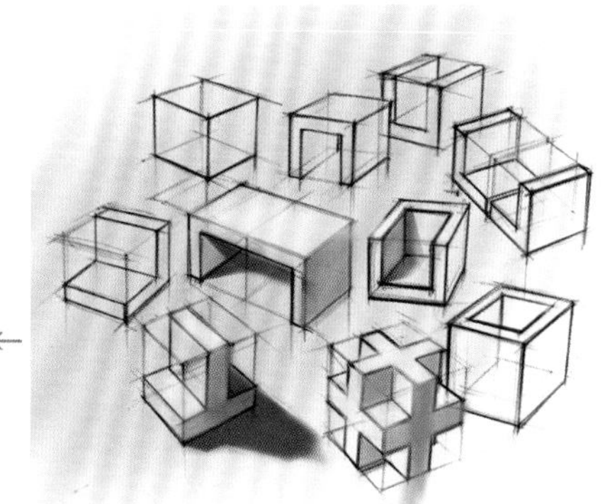

←

继续就物体表面及投影进行练习。物体表面应用亮色调新平面。为了使该项练习中的透视更加清晰可辨，可引入投影线进行辅助。

第二项练习：球形及圆柱形透视投影。椭圆始终是一项挑战，同时它也是形体的基本要素，包含有圆形结构，是绘图的基础对象。

图像中包含多个含有椭圆的物体，同时亦包括简化的轴及平面（通过辅助结构实现）。

→

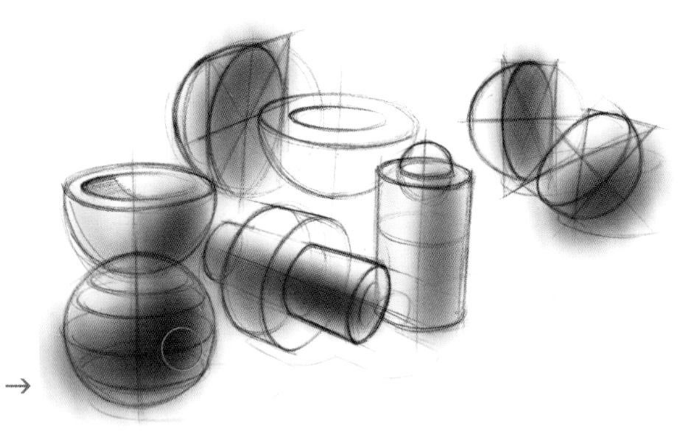

在新平面上添加物体的灰暗面，此处采用喷枪（大小参见红色圆圈，不透明度：约40%，硬度：0%）。

→

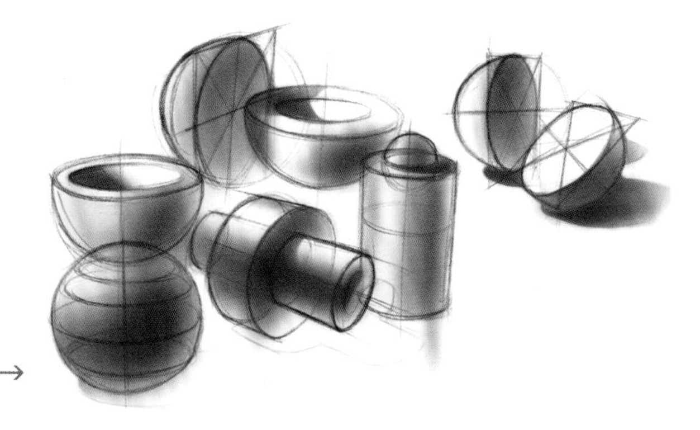

继续进行练习，添加阴影投影面。

在新平面上添加物体的高亮面，然后设置背景及颜色。

→

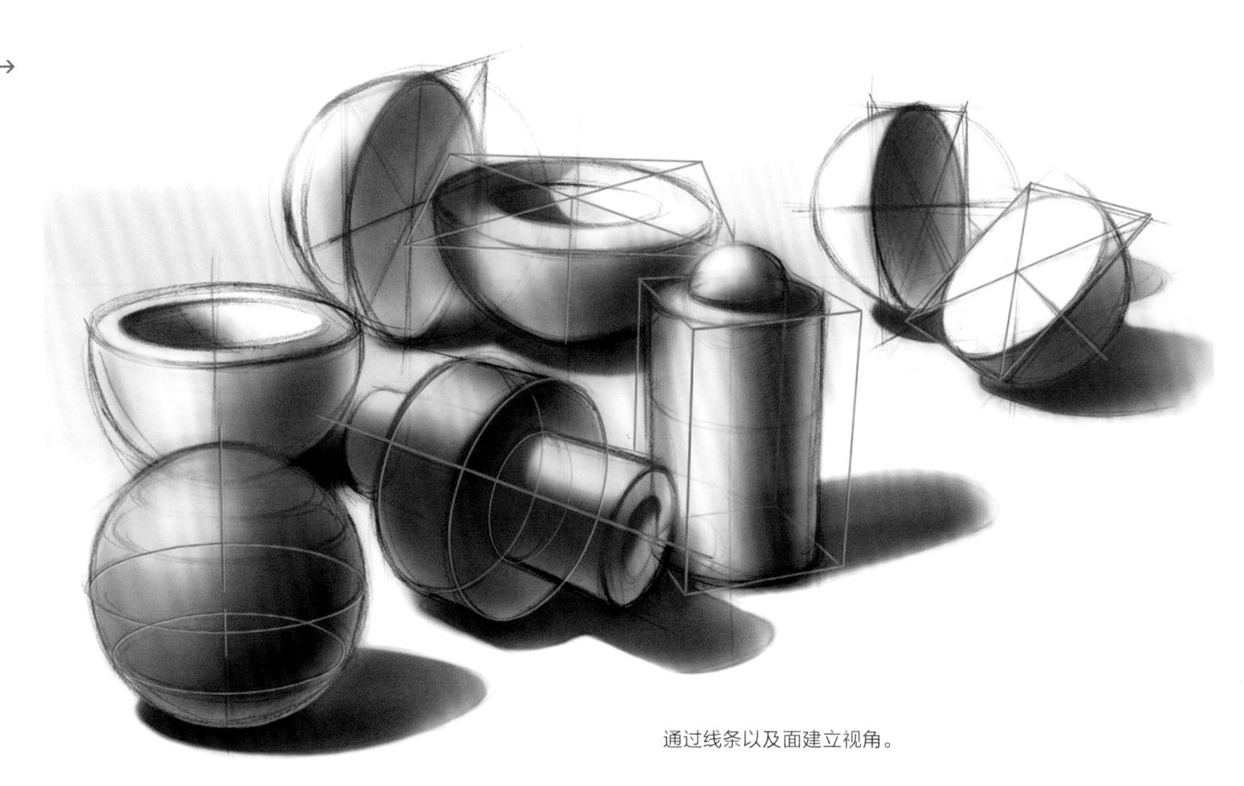

通过线条以及面建立视角。

第三项练习：对于工业产品而言，最常见形式的是立方体和圆柱体的组合。

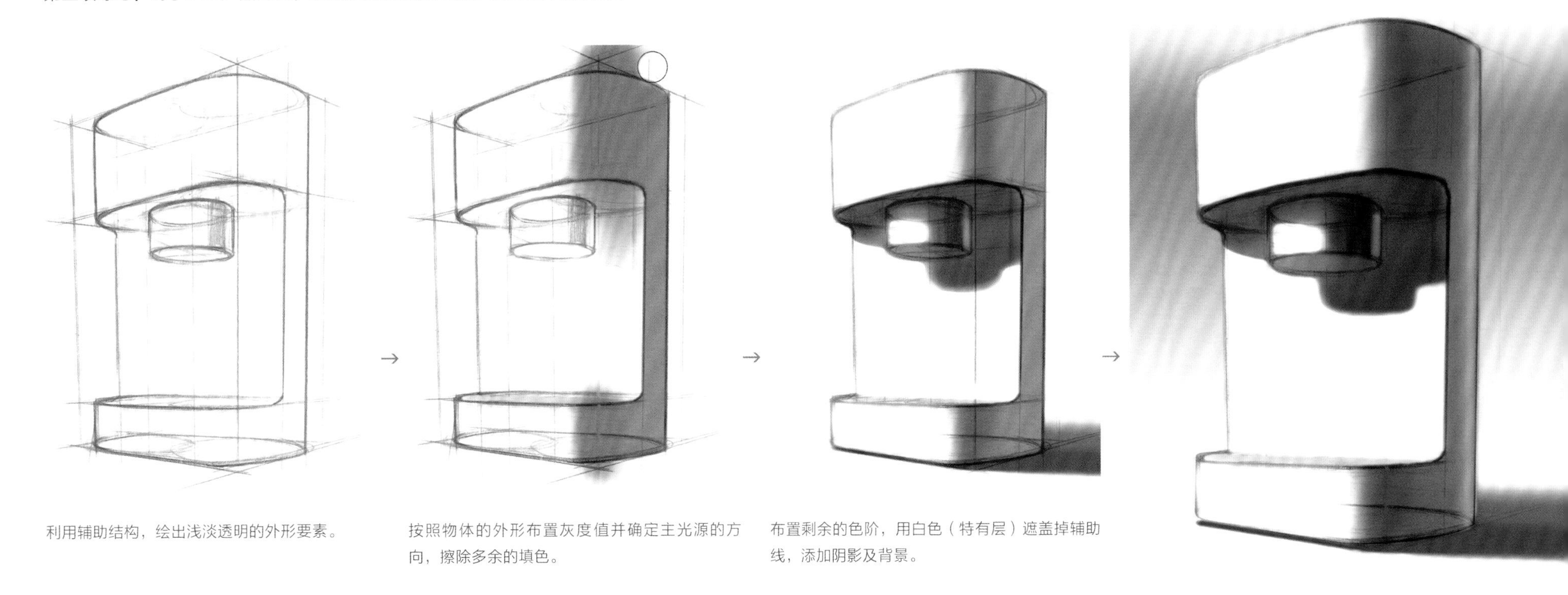

利用辅助结构，绘出浅淡透明的外形要素。

按照物体的外形布置灰度值并确定主光源的方向，擦除多余的填色。

布置剩余的色阶，用白色（特有层）遮盖掉辅助线，添加阴影及背景。

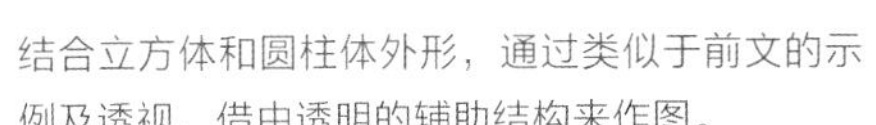

结合立方体和圆柱体外形，通过类似于前文的示例及透视，借由透明的辅助结构来作图。

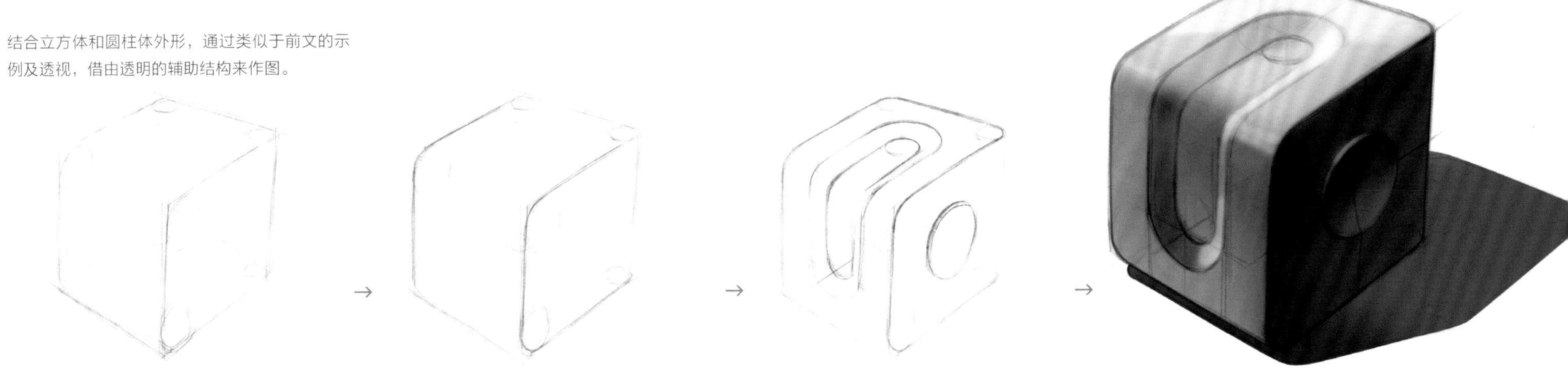

我借助什么来作图?

可供用于作图工具和材料很多。作图目的，展示方法，个人偏好和风格决定了选用何种作图材料。对于数字化作图而言，广告画的初稿可以是矢量图像，或由CAD数据构成的渲染图像。在传统经典草绘中，创意阶段采用的则是速写图。故而，其作图材料也应便于后续数字化处理。

- 画图笔
- 尺，纸张及装备

画图笔

彩色铅笔 / 铅笔

传统绘图铅笔有不同的质量等级。铅笔的硬度等级也各有不同。彩色铅笔的差异更多地体现在种类型号上，而不是硬度方面（例如，设计师在描摹草图时更青睐使用Prismacolor，Sandford或是Polychromos类型的笔）。

优点：它们能带来柔和、均一的颜色笔触。其不仅可以描摹精确的线条，亦能柔和地表现不同平面及颜色的梯度渐变。在进行素描创作时，便于把控作图的感觉。适合于初学者及专家。

缺点：通常情况下在削铅笔时需要精心适中，如图所示那样。究竟应该削成多尖细，这严重依赖于构图的风格，图的版面大小以及构图的细节。

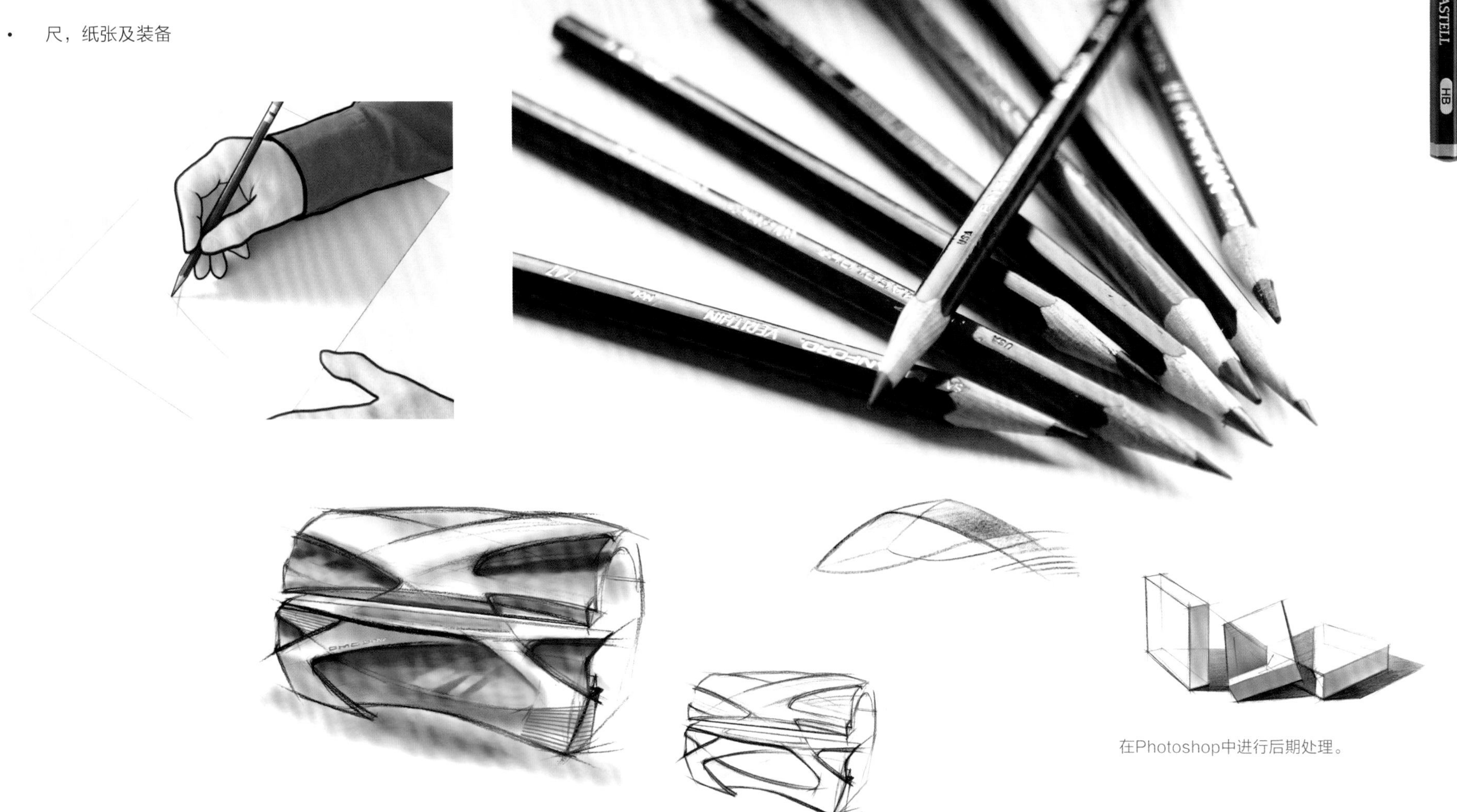

在Photoshop中进行后期处理。

墨水针管笔 / 细墨水针管笔

墨水注入式针管笔有各种不同类别规格及呈现形式。常见的是0.25-1.0毫米规格。其带来等宽的笔迹线条，适用于技术描摹展示（例如Rapidograf）。

优点：它能带来饱满、等宽的线条，非常适合于概念的呈现以及写真。若草图在后续还需要进行数字化处理时，该前期草图在封闭的作图区域中，可以便捷的被选中，进而进行数字化处理（例如，使用魔术棒工具）。

缺点：它的宽度规格给造型带来了困难，故其在作图时必须更加精确、控制得宜。此外，其构图更偏向于图像化。适合于有丰富经验的作图者来使用。

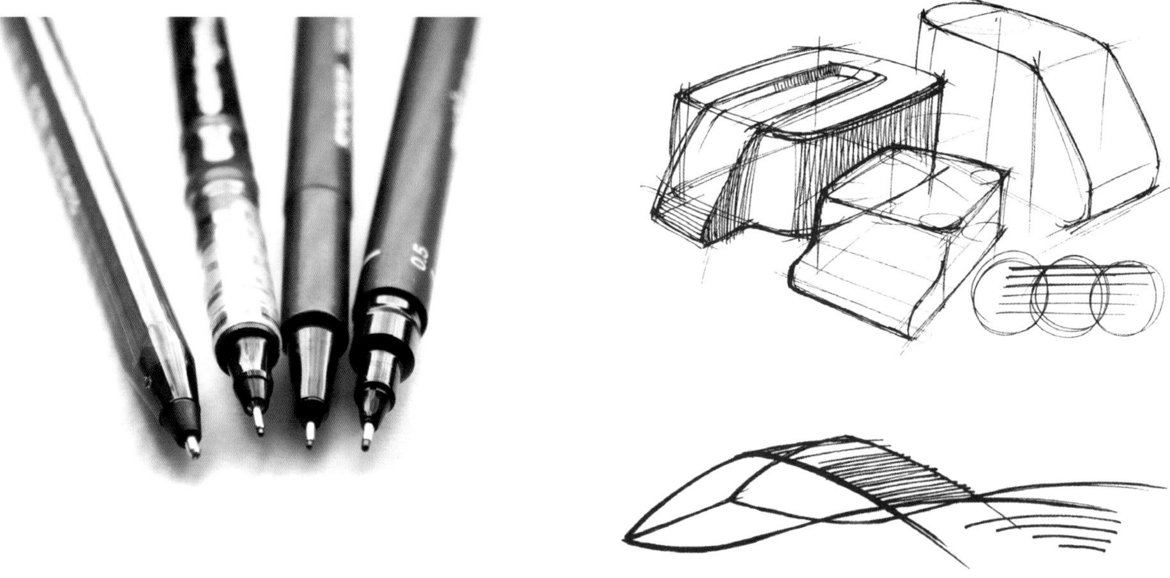

自动铅笔

纤细的按压式自动铅笔有着不同的硬度等级，十分适合于前期草图的精确描摹。

优点：其优点是尖细。这使得其线条能够十分的精确，同时也能随时进行修正。握持在手中十分的方便舒适。由矿物质构成的笔芯具有不同的硬度等级。

缺点：因其线条纤细，故而相应地，难以塑造形象。较少用在图案设计及广告画初稿等方面。因其硬度有限，在应付高光等造型方面显得十分费力，达不到很好的效果。

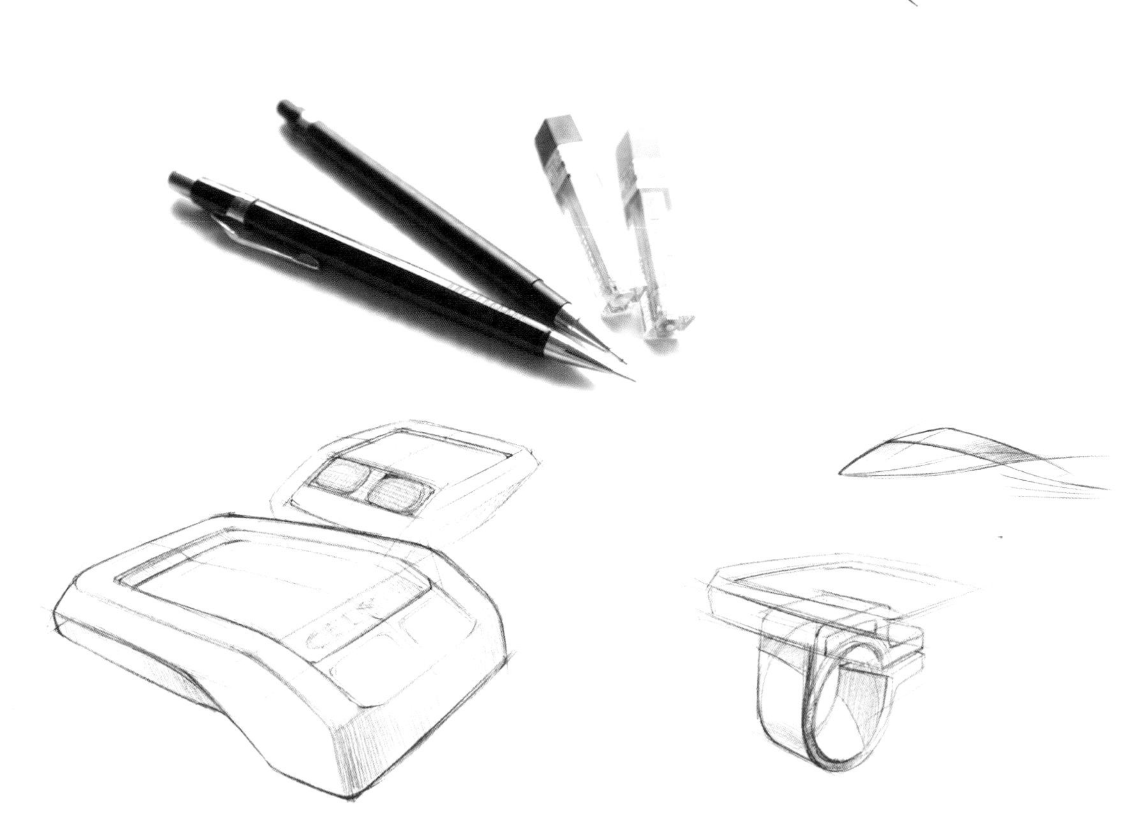

圆珠笔

作为书写工具来考虑，圆珠笔是位多面手。其颜色可以后续经数字化编辑修改。BIC牌圆珠笔（黄色，透明）是设计师最钟爱的作图用笔。

优点：可以实现线条由极纤细到粗（反复多次描摹）的对比。因其能够实现十分柔和的表现形式，故而是创作广告画初稿的适宜作图工具。

缺点：常常造成油墨污渍，并且仅适合与马克笔联合使用（笔画末端）。线条不可更改。

毛毡笔

毛毡笔有各种不同的粗细和颜色，适用于前期草图、广告画初稿以及概念创意稿图的创作。

优点：线条可以很细。同圆珠笔一样，都易于操作掌控，后续也可以便捷的使用马克笔或者是进行数字化处理。

缺点：相对而言，较难实现平面的造型。笔触线条的走向需要进行练习。除此之外，线条不能修改。适用于有经验的画作者。

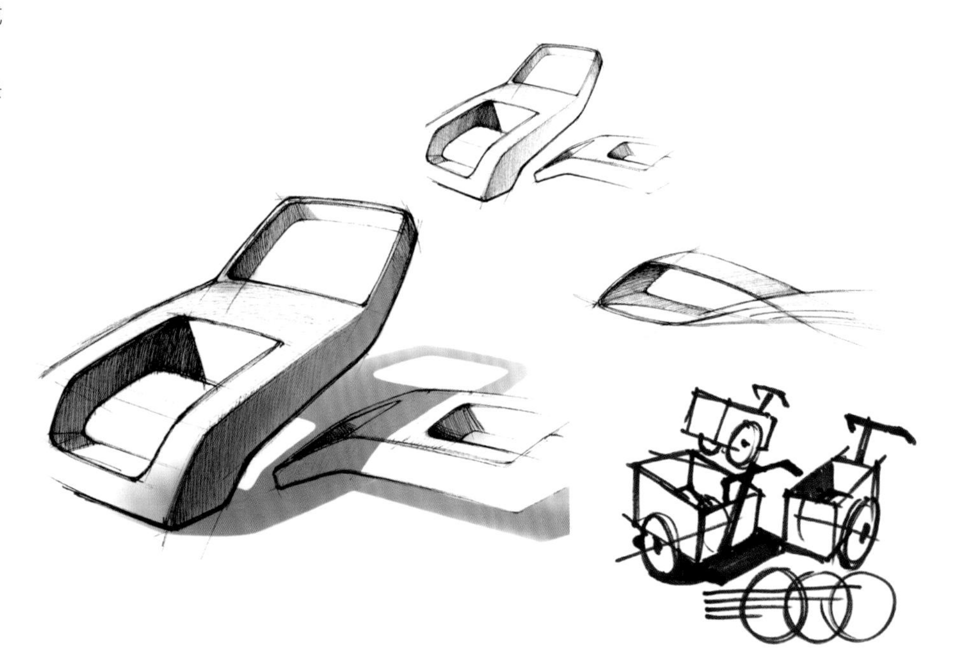

Copic 马克笔

Copic自传统马克-笔发展演变而来。故而今天人们称其为马克笔。其非常适合在灰色下运用不同亮度等级，快速地完成图案的造型。理想情况是完整的全灰度等级，例如N0级至N9级。可以应用相邻两级的灰度或者是跨级使用。

优点：可以非常方便的画出灰色模型及阴影区域——是创作广告画草图和细节表现图的理想作图工具。可以实现不同色调间的过渡。该笔采用各种灰度-及颜色调色、和不同形状的笔头。

缺点：作图首先要完成前期草图，其通常采用较明亮的色调。彩色笔需要和谐地呈现出来（例如，用彩色粉笔或数字化后期处理）。推荐后续处理时采用纤细线条，纤细笔画或者是数字化的处理方式。对于这种笔的运用需要一定的练习。

数码输入笔

一般而言，其需要硬件和软件来实现。其领域涵盖自幼儿在黑板上涂鸦，到各类专业的画图工具（如Painter）。他们的共同之处在于，采用数字笔，类似于自然画画的方式，在一块平板或是屏幕上作画。这需要适应和熟悉。

优点：所有的一切“在平板上” - 铅笔，画笔，喷漆笔，以及粉笔等等，都有各类现成的硬度等级和遮罩。通过软件，可以非常便捷的实现修改。藉由扫描和修正记号可以避免过程的中断。

缺点：构图在相对光滑平整的面上呈现出来，部分情况下，标识区域和屏幕所示不一致。绘图工具总是需要频繁更换和调整。其笔画和线条较之同等图片显得更为顺滑。

尺，纸张及装备

为了实现构图的精确，以及后续进行数字化处理，推荐使用尺作为基本工具装备。作图方面，曲线板适用于曲线以及面的作图。标准的尺长度为30cm，透明且带有握持抓手。
椭圆形画尺通常以每5° 作为分割线。可以在图中表现出椭圆透视。对于专业领域内的各类彩色铅笔，适配电动卷笔刀。这样，在频繁削铅笔时，可以保证图案笔触之间的一致性。

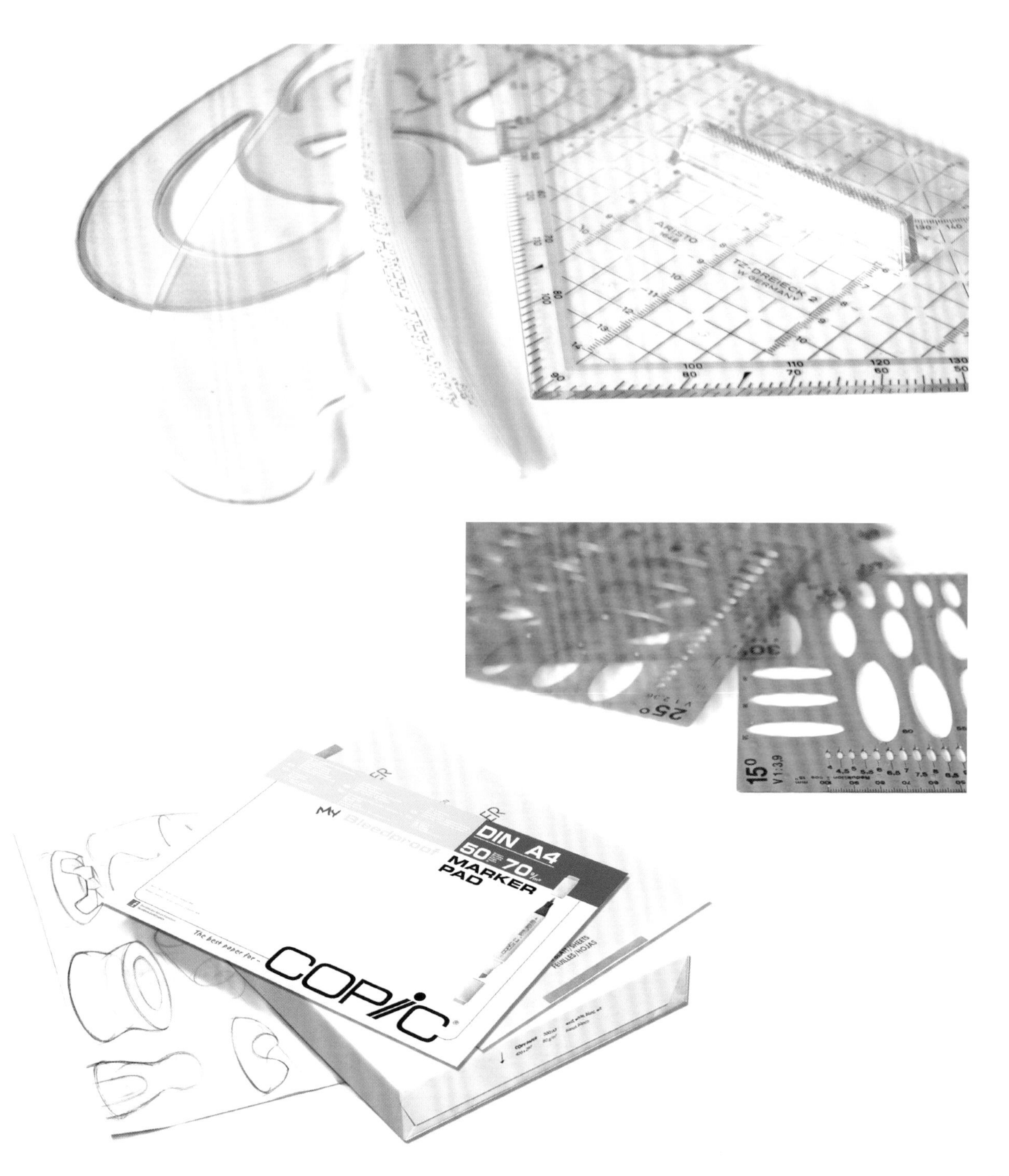

使用何种类别的纸张，这取决于所采用的画图工具，构图的后续处理以及图像的使用目的。以广告画初稿及其后续数字化处理为例，使用复印用纸（至少90克以上）其质量更好。当使用马克笔或者毛毡笔作图，采用马克笔专用纸和布局图专用纸则更为合适。因其具有防止颜料完全浸透纸张的保护层，且不会产生皱褶。

如何开始呢?

通过画图（数字化绘图之类的）获得欢乐、提升技术是一件简单的事情。对此我们需要一个整洁有序的工作场所，行动空间行动范围足够自由，还要有充分的照明。如果较长一段时间没有画画了，可以先以一些练习着手，再一次找到绘画的良好状态，这是非常有用的一种办法。比如画一些复杂的图形如椭圆、组合体、有张力的面（曲面?），还有线和光影明暗对比等都可以是不错的主题。在这样的“热身练习”后我们就可以自信满满地开始啦！您可以在“透视画法”这一章节的最后了解到更多的相关练习。

- 准备工作与环境
- 握笔方法
- 绘画技法
- 临摹和写生

准备工作与环境

在桌面上在准备一块足够大的区域，然后在桌前坐得笔直。注意使手和手臂可以在桌上自由移动和舒展，并且不要让光源处于绘图区域的上面。

错误的体态

不正确的画图示例。总的来说就是身体弯曲不笔直，致使纸张的转动几乎是不可能的。双手的活动自由度决定了活动位置和范围的准确度，在这种情况下就被限制住了。并且工作了较长一段时间以后，也更容易使人疲惫并且产生疼痛感。

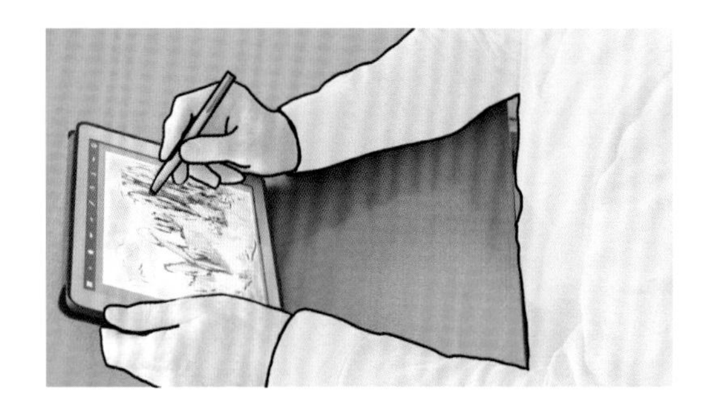

平板电脑的尺寸大小和轻便程度也是可以和素描本相提并论的。

规范的画图方式

笔直坐立的同时尽可能不要给脊柱过多施压。

应当选用轻巧的，不费力的笔来画图，同时，另一只手用来控制纸张。画图的时候可以适当休息一下，做一些伸展运动放松。

使用平板电脑时的画图姿势

为了使画图的界面抬高，可以的话有必要加一个增高的支架。这样的话在转动平板或屏幕的时候比转动纸张有更多的活动空间。大多数的软硬件都具备页面旋转的功能，与纸张的旋转是相似的。

握笔方法

您肯定知道，在很长一段时间没有动笔后，我们往往很难在画图的时候找到一种很有把握的感觉。笔和手的协调性经常不能达到预期的效果。因此进行一些热身性的训练是很有帮助的。选择一些不同的形状，如圆或者椭圆，直线或者曲线，同样的，这样的练习也可以通过在电脑上绘图的方式完成。当您觉得没问题了并对画图方式测试完之后，您就可以开始了。

上图中您可以看到，画直线或者曲线时手臂是如何运动的:当曲线的半径较小时可以通过手腕的转动画线，当曲线的半径较大时也可以通过手臂的转动来画一条曲线。必要时旋转纸张，可以使画线条或交叉的线找到更合适的位置。

画直线的时候需要整个小手臂进行平行运动。画更长的直线需要通过手腕的转动来补偿肘部的半径运动。在画直线时，笔可以握得更笔直一点。

绘画技法

如同其他任何工艺一样，绘画也是建立在技术技法之上。这涉及到前期准备工作、绘画本身以及后期处理。其中包含高度的独立性以及鲜明的个人风格，及手绘风格。

挥动小臂画出两条直线，把交叉处的端点做好过渡连接。

尝试着轻轻地将线稿图超出物体一点点。

像这样转动纸张，就可以一直重复同样的动作画出相互平行的线条。

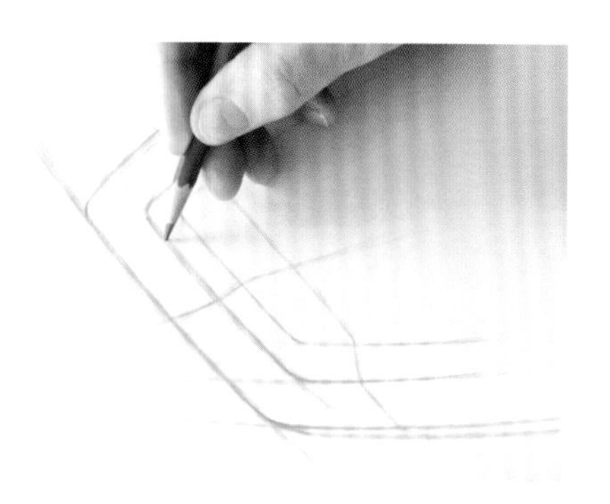

按照物体的形状在其表面画上较细的结构线，通过这种方式可以表现物体的几何形态结构，并给出方向和定位。

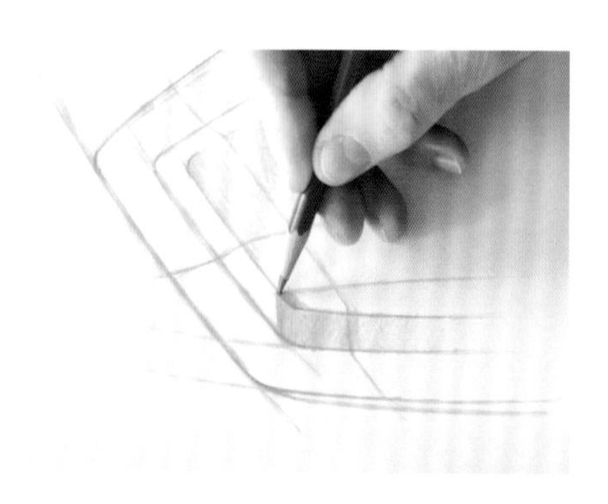

确定光源方向之后，就可以给平面上调子，或深或浅地给物体上光影。

上阴影的时候试着添加明暗渐变，这样能使效果更加真实。

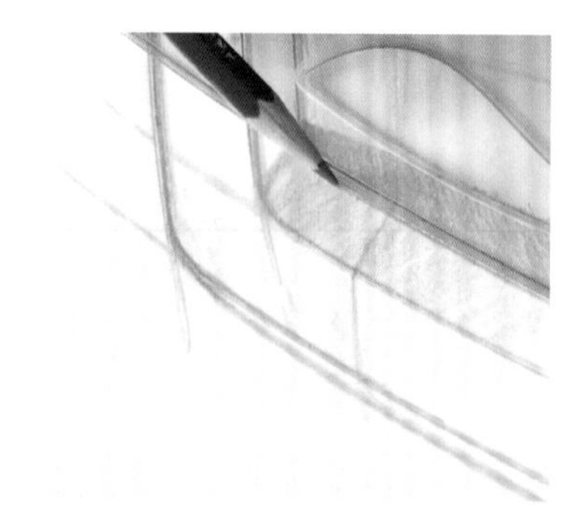

在后期加工的时候，将最重要的线条用尺子比着再描一遍，铅笔的笔头需要不停地被削尖。

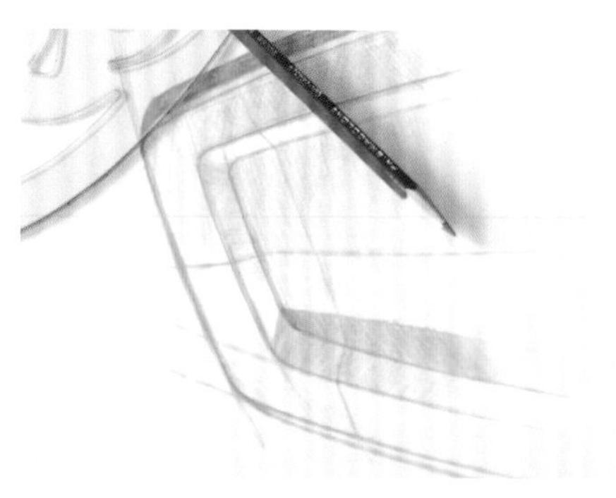

可以将画完的稿子复印或者扫描在电脑上进行数字化后期加工处理。这样可以通过不同的方法加工完成一张作品。

画一个圆柱体时，可以非常轻地从一个椭圆起草，这样便于确定位置和找到合适的角度。

为了把轮廓画得更加精确，我们可以把椭圆分为三个部分画。然后再连接出一段完整的线条。

转动纸张画接下来的部分，这样更加顺手。再用有力的、连续的线条进行收尾。

竖直地画出圆柱体侧面的线条。轻轻地画上辅助线可以加强透视。

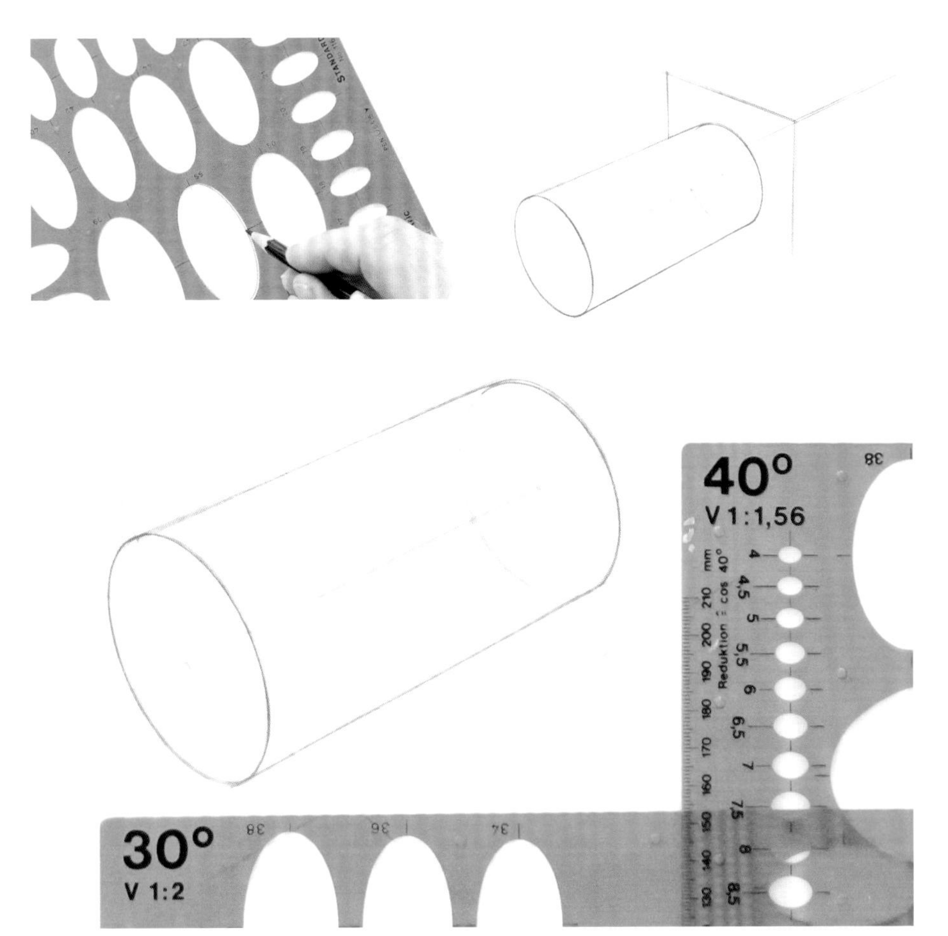

为了在之后的最终效果图绘制时有更精准的草图（手绘或电绘），您可以使用椭圆形模板。确定长轴和短轴的正确的位置，并将这些轴线画出作为辅助线，把模板的轴线对准画好的轴线。前一个椭圆角度为30度，后一个椭圆角度为40度。

临摹和写生

为了画出更加真实和自然的物体，找准视角和透视，明确要画的图像或场景部分是我们第一步要做的工作。最简单的方法就是通过手指来确定图像片段。通过前后移动来调节图像或场景的大小。

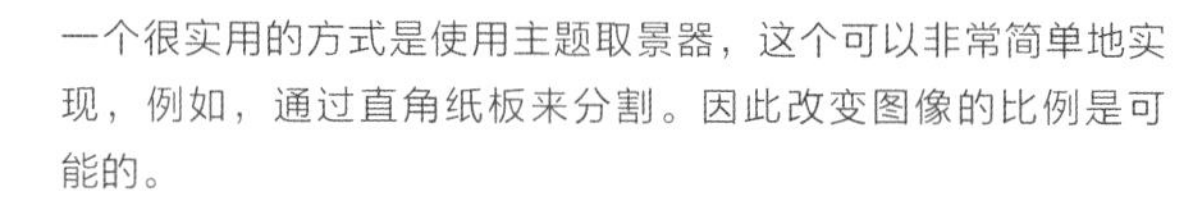

一个很实用的方式是使用主题取景器，这个可以非常简单地实现，例如，通过直角纸板来分割。因此改变图像的比例是可能的。

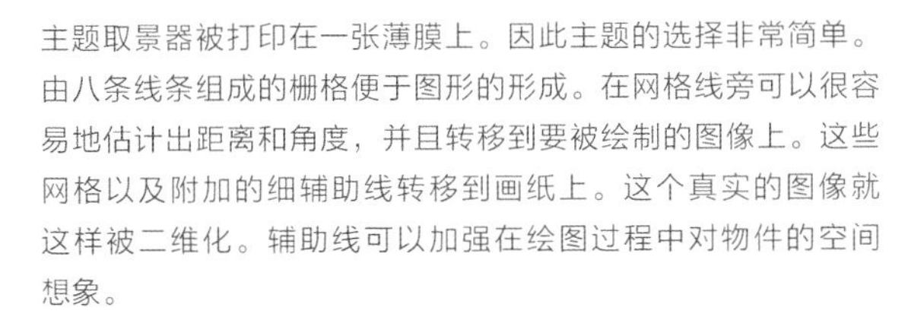

主题取景器被打印在一张薄膜上。因此主题的选择非常简单。由八条线条组成的栅格便于图形的形成。在网格线旁可以很容易地估计出距离和角度，并且转移到要被绘制的图像上。这些网格以及附加的细辅助线转移到画纸上。这个真实的图像就这样被二维化。辅助线可以加强在绘图过程中对物件的空间想象。

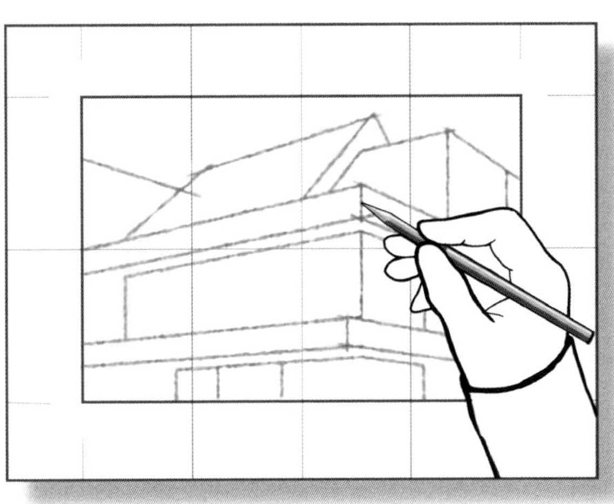

拿着关于主题的取景器，注意引人入胜的成分。您可以将取景器中的图像转移到纸张上。图像元素需要被转移到您图像中同一个地方。轮流地透过取景器观察并将其画下来。您可以在线条的旁边估测主题的角度。截面、交叉以及对角线的使用可以提高张力和立体感。图像应该具有前景中景和后景。您可以使用大或小，明亮或暗淡，线条化的或平面化的方式来表现。

如同这幅画像，对物件的绘制需要对自然对象仔细地观察和对比例的估计。结构性绘画练习对提高手绘能力很有帮助。

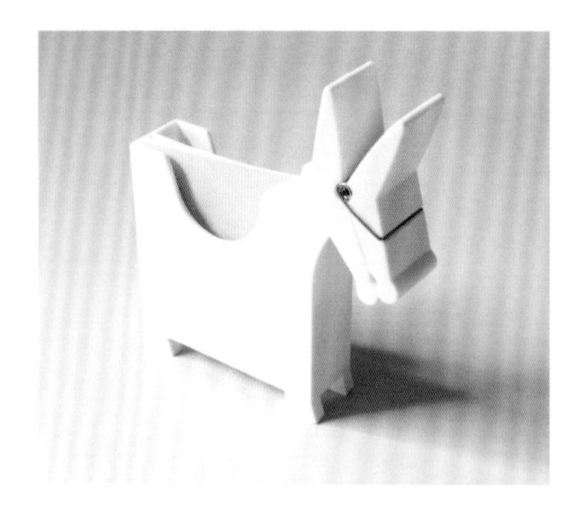

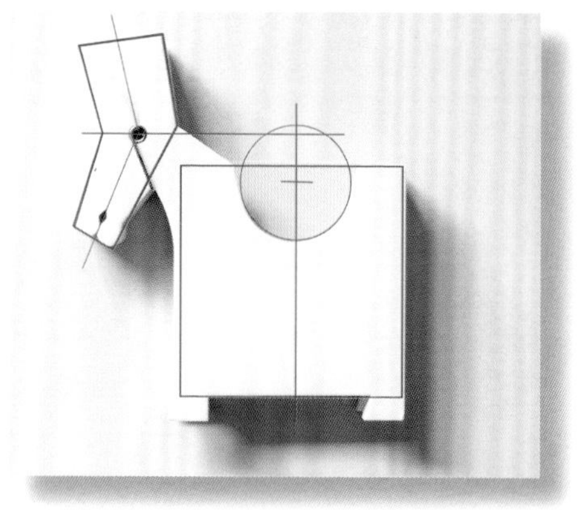

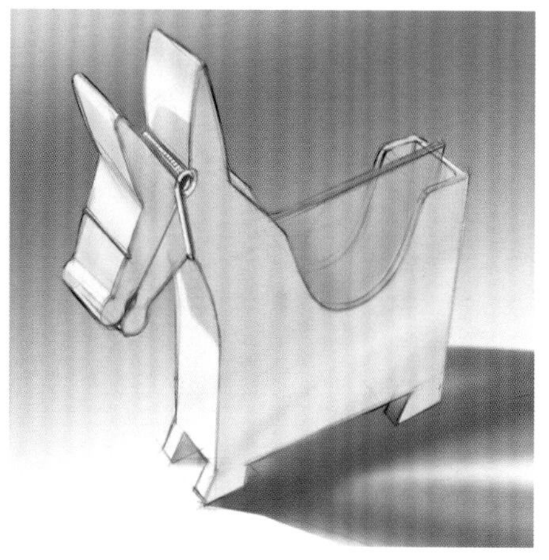

一个明亮的物件会在昏暗的背景下更加明亮。最大的反差（同样在数量上）表现得很重要。

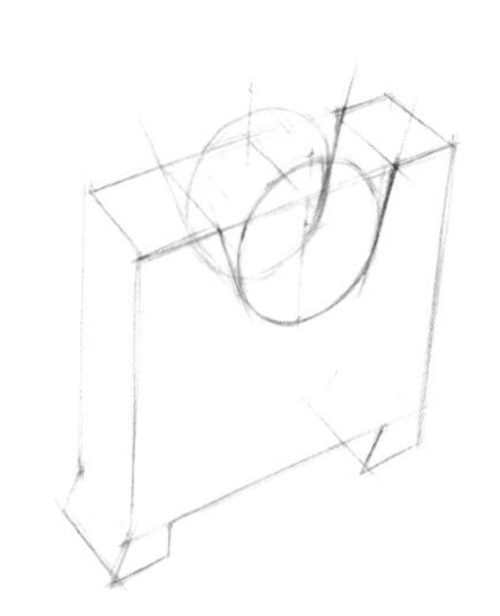

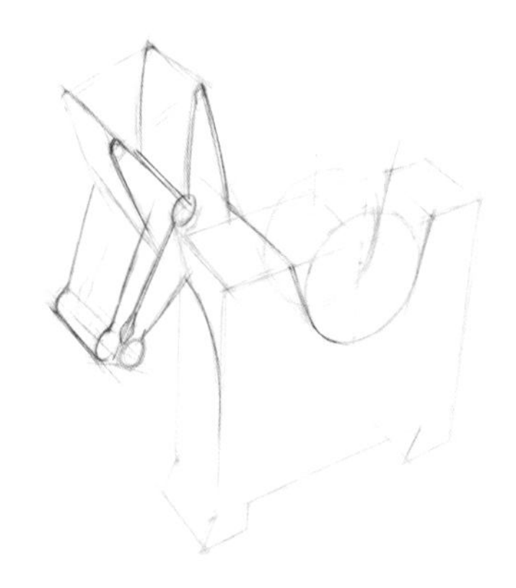

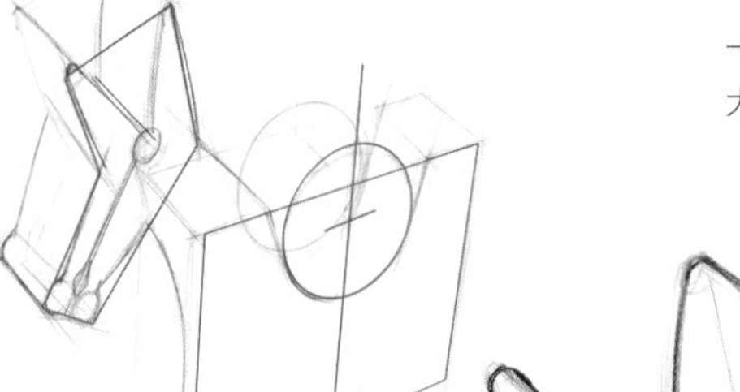

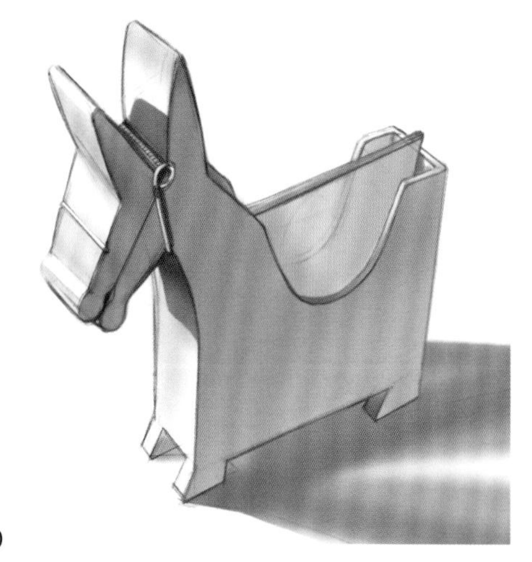

一个鲜明的表面表现得很自然，因为它融合了周围环境的光线和结构，数字化亮度曲线，模拟化绘画结构。

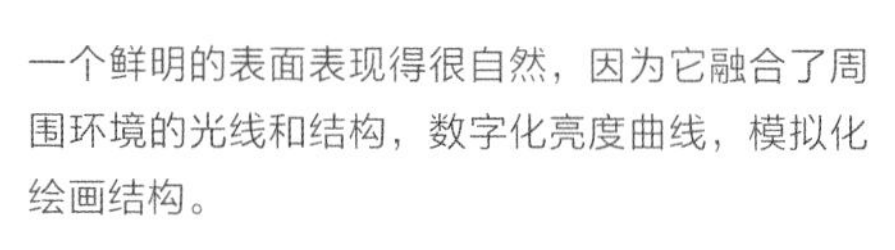

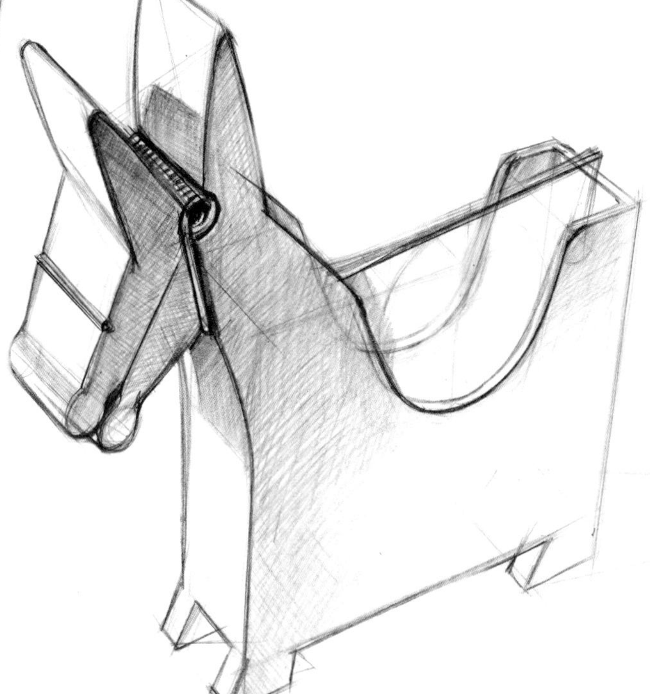

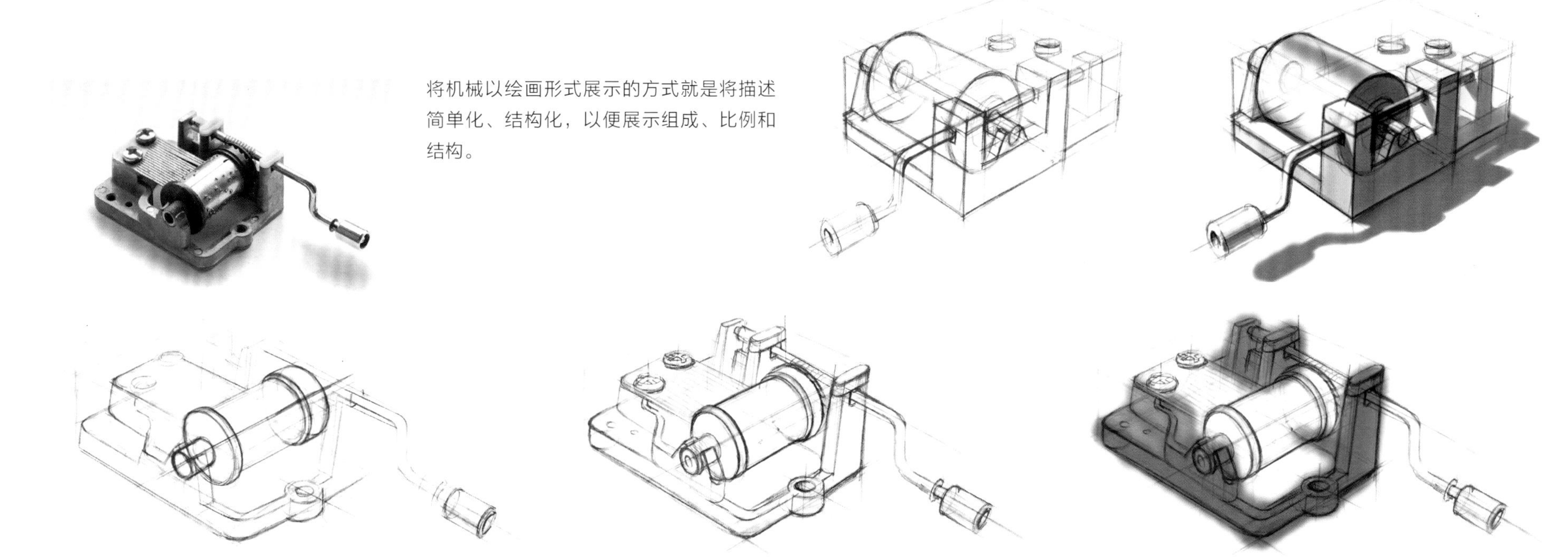

将机械以绘画形式展示的方式就是将描述简单化、结构化，以便展示组成、比例和结构。

产品构造被简单地先进行小幅的画出、修正，随之就是进一步的处理和对画面的细节调整。

运用基本颜色，这里将级别设置为“增强”，为了使草图保持可见。

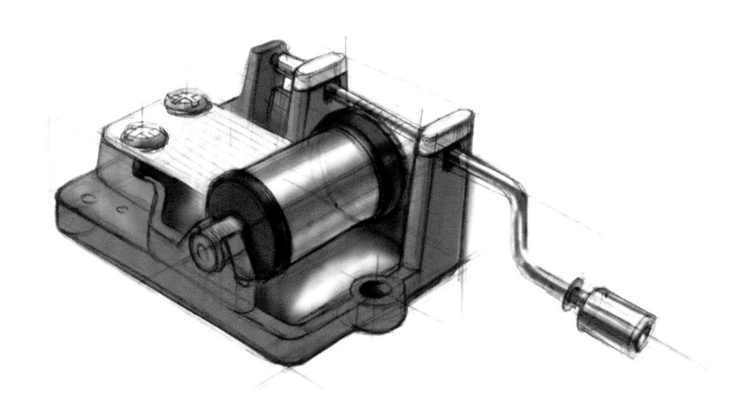

将单独的组件润色，注意它们的亮度和质感，阴影、背景以及一些细节可以增加它们的自然效果。

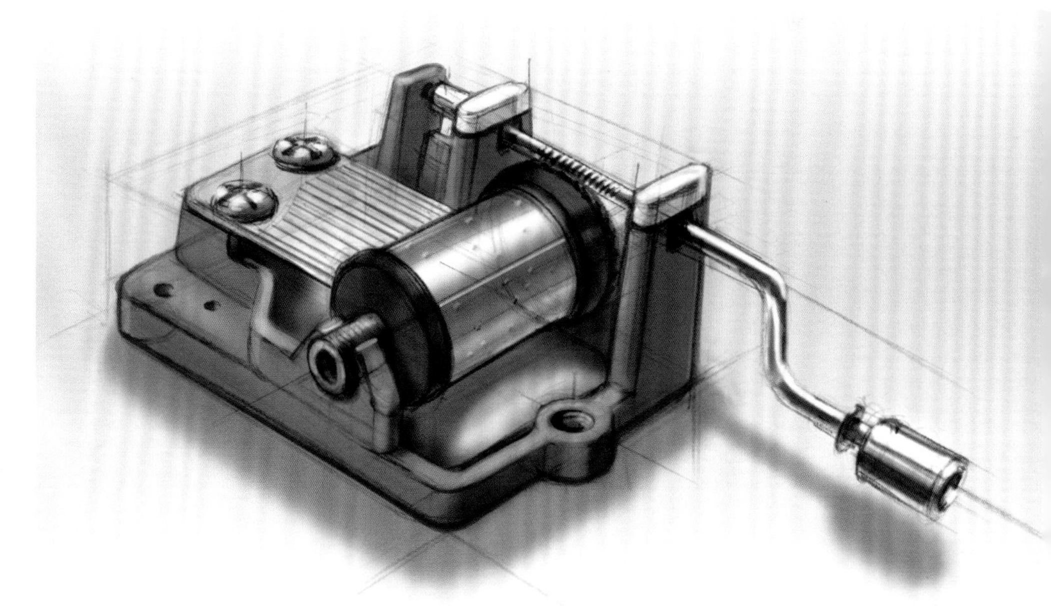

为什么这个像这样倾斜？

在临摹或者数字制图中常见的问题是透视图的错误。通常人们比较晚才会注意到这一错误。数字化制图可以进行自行修正，而临摹仅仅只能覆盖掉或者重新绘制。为了数字化地进一步处理使绘图保有立体感，因为该方案的斜视图与技术梯度之间的对比非常显眼。

- 典型错误
- 辅助结构
- 绘画构建及应用

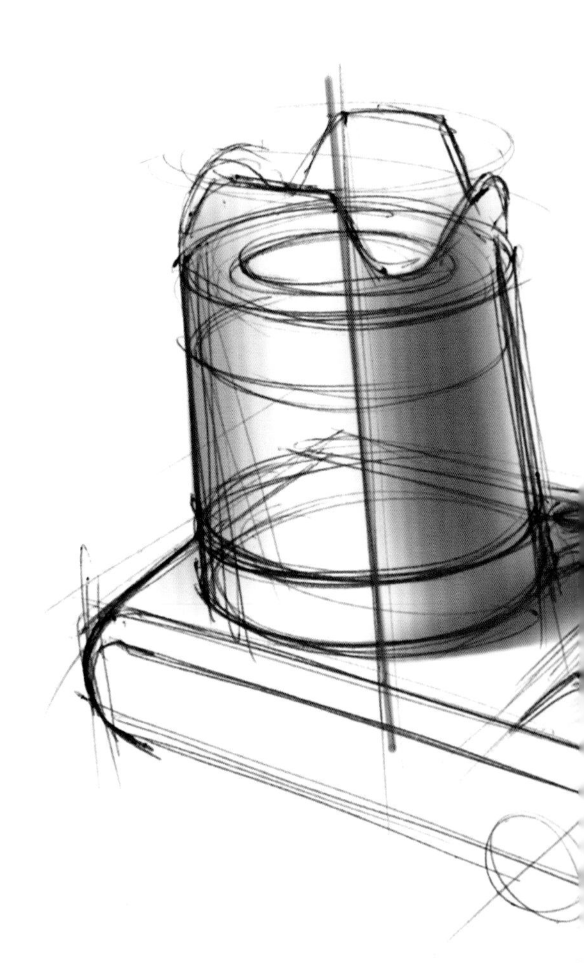

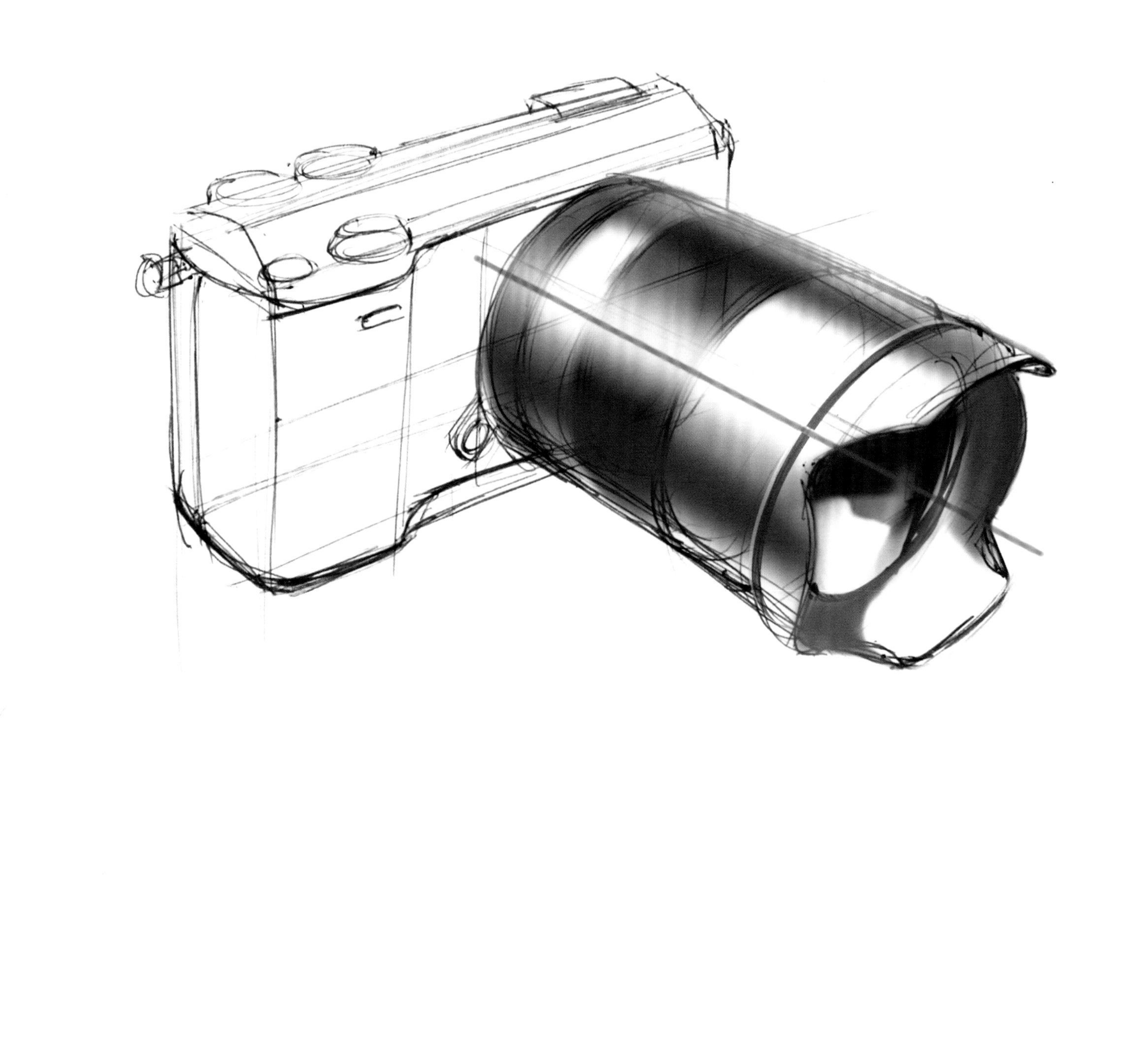

典型错误

红色的对比图展示出了每个正确的描述。

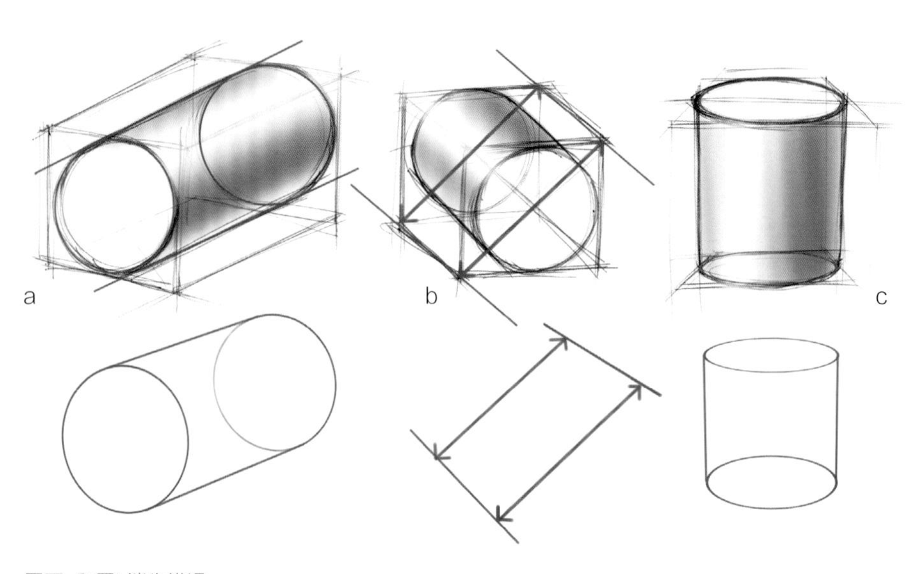

图画a和图b消失错误

图画c椭圆处于一个错误的角度。下面的椭圆应有一个更大的倾角；因为它处于更深的位置，所以它会被更多地看到。

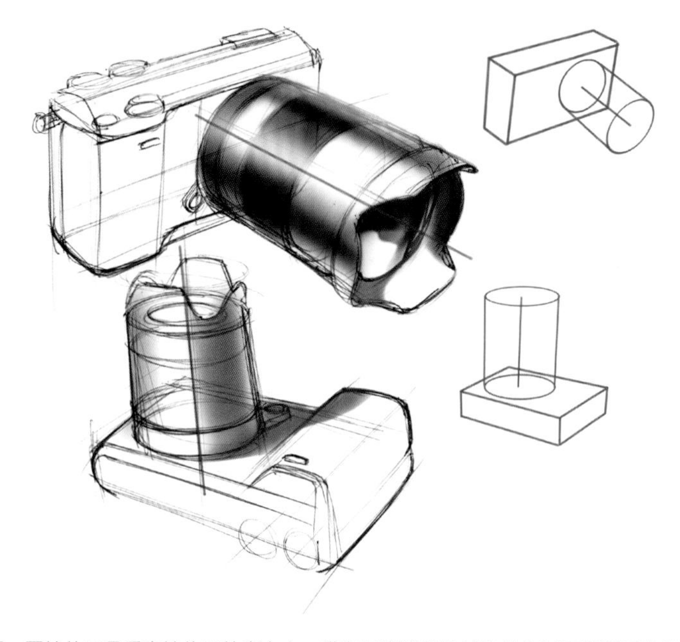

轴错误：圆柱体不是垂直地位于外壳之上。带有足够线条的辅助结构对于判断正确位置是有用的。

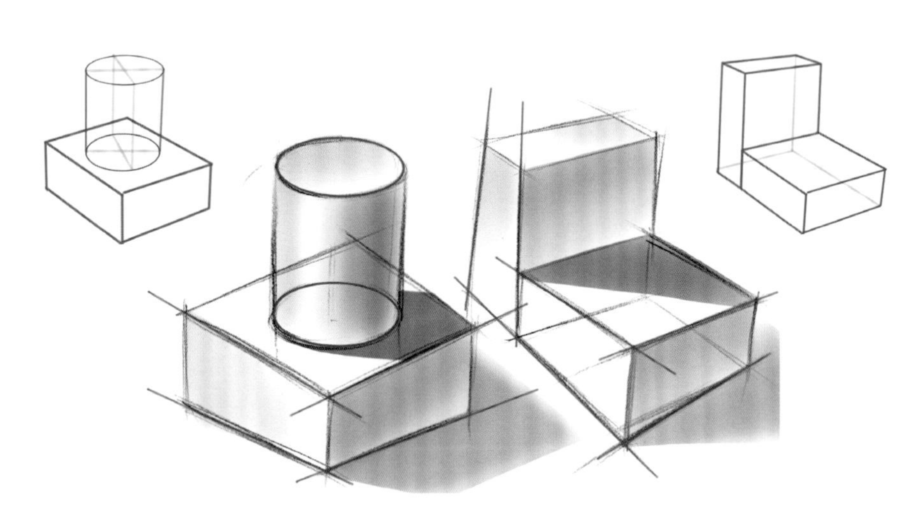

消失点错误：该结构不具有相同的消失点或者拥有覆盖后的透视图，也就是排列在错误的方向。上面的椭圆被设置成更加平坦。

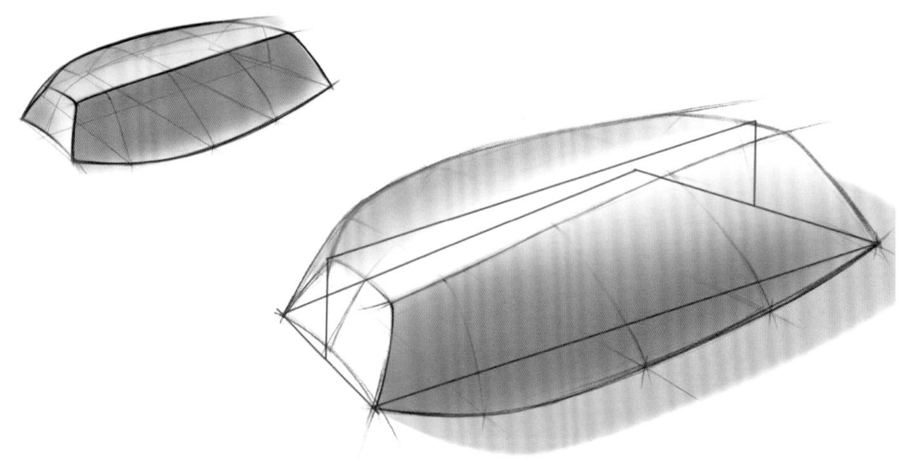

被对称建造物件的典型的对称错误。它展示了扭曲的平面以及两面的大小差异。带有等距离间隔线横截面的透明图纸结构可以给出更好的控制。

辅助结构

可以通过使用辅助结构来正确地构建图纸。它们应该具有长的线条（边缘或者轴）用于判断。许多对象可以被想象成为透明的包装盒或箱子。箱子和其他辅助结构可以改善绘图时对物件的空间想象。

被轻微画出的长方体可以很好地给出许多对物件在图画中的方向和位置。

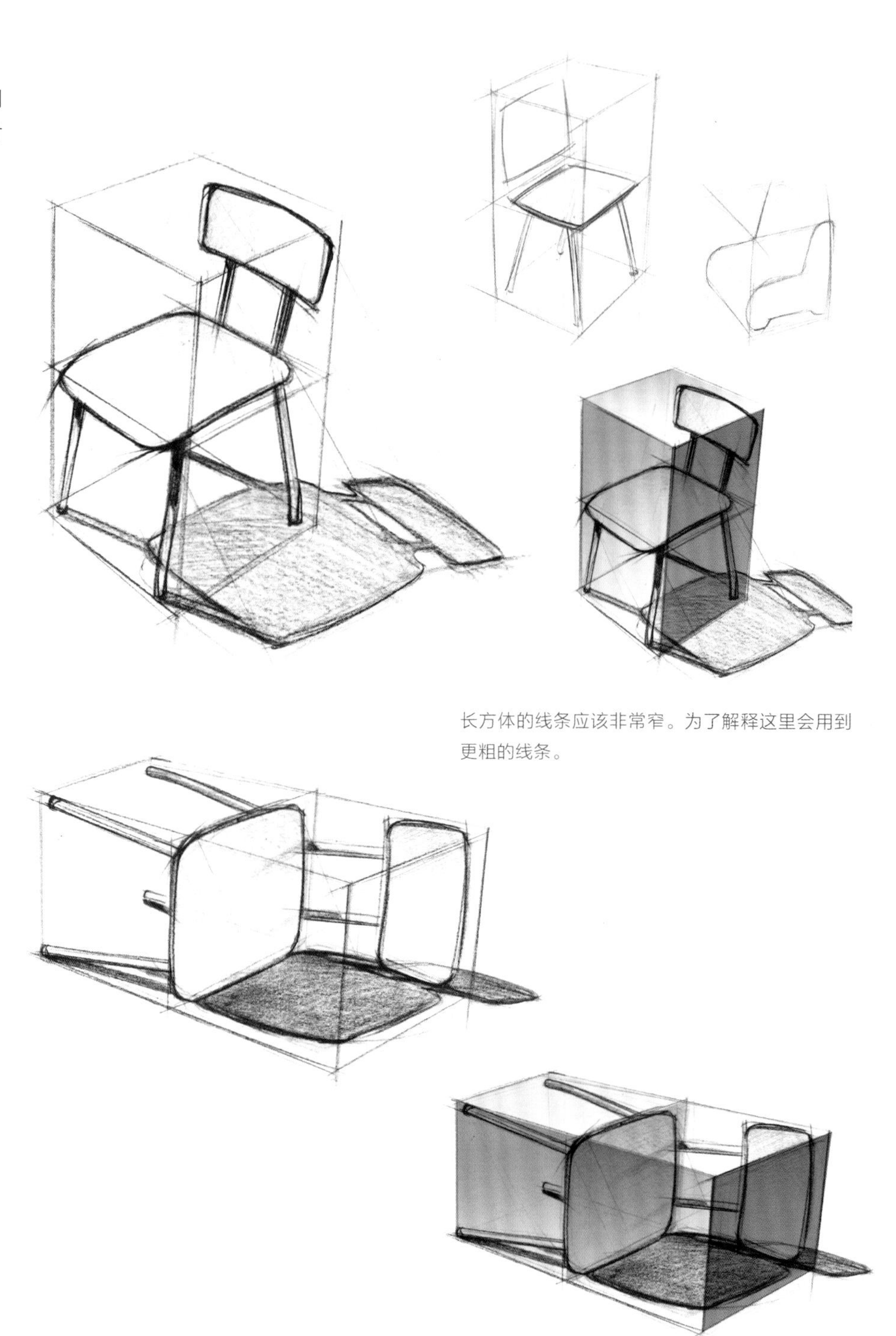

长方体的线条应该非常窄。为了解释这里会用到更粗的线条。

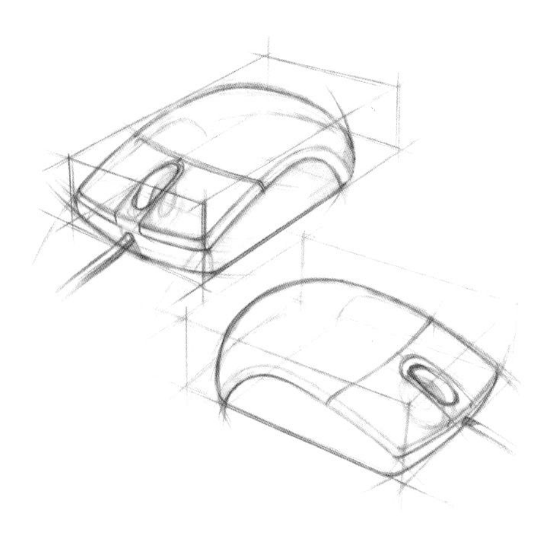

框架对于含有自由曲面的物件的构造和成型具有很好的辅助结构。

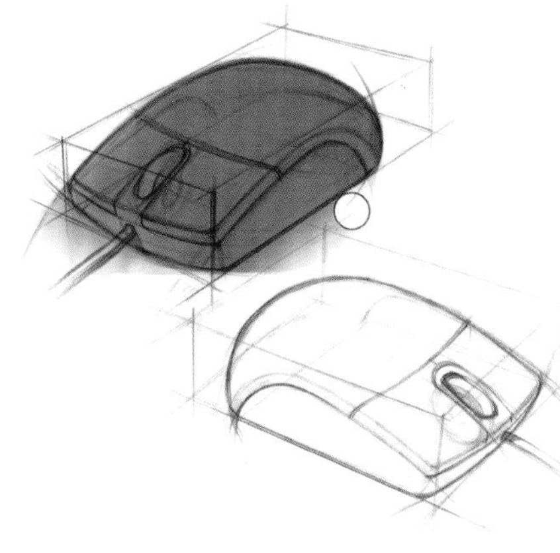

辅助结构的线条可以随后通过覆盖性的涂色或者背景的使用而消除掉。

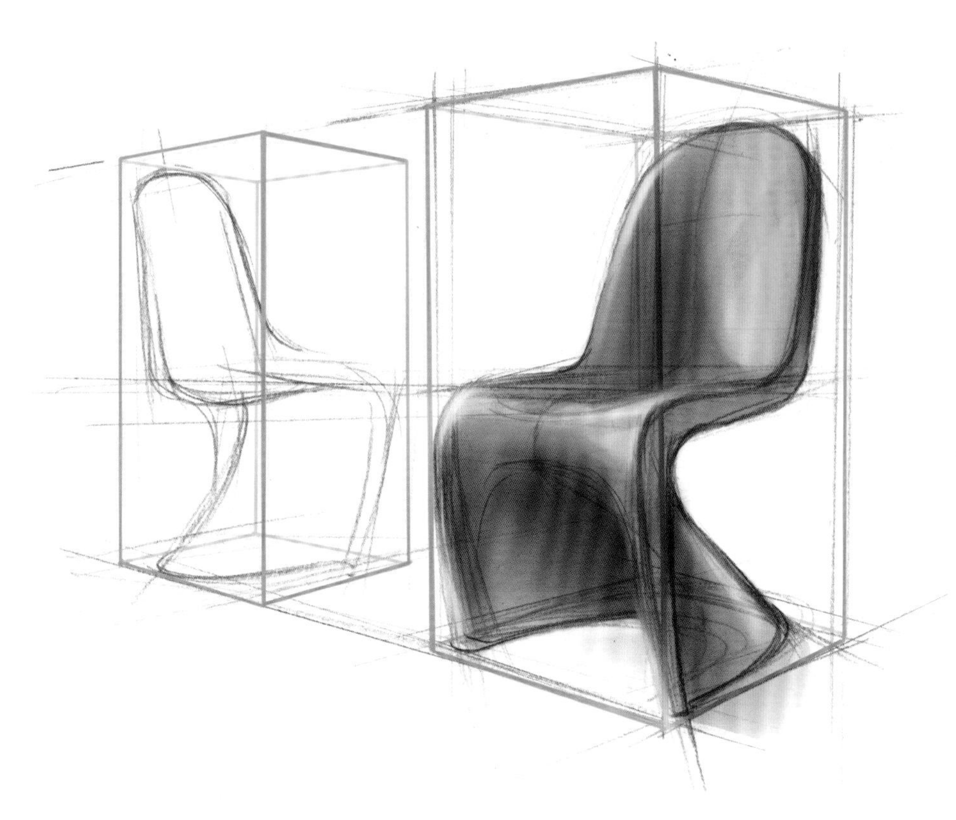

通过盒子的辅助结构还可以画入附加线条，来充当例如曲线或者轮廓。透明立方体提供了一个好的方向，并且允许尺寸线的轻微擦除。为了更好地清晰度，辅助线条被突出。

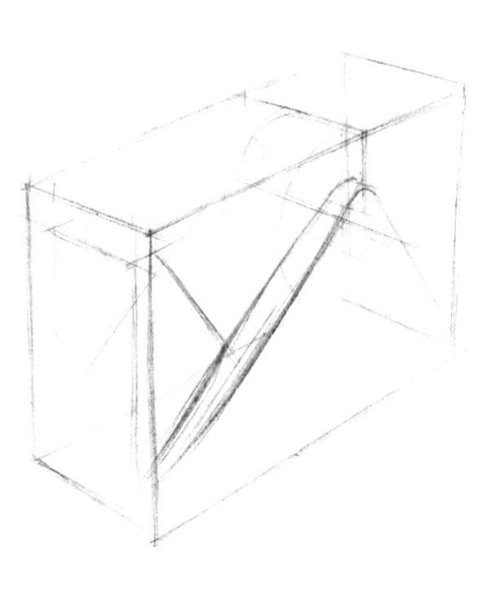

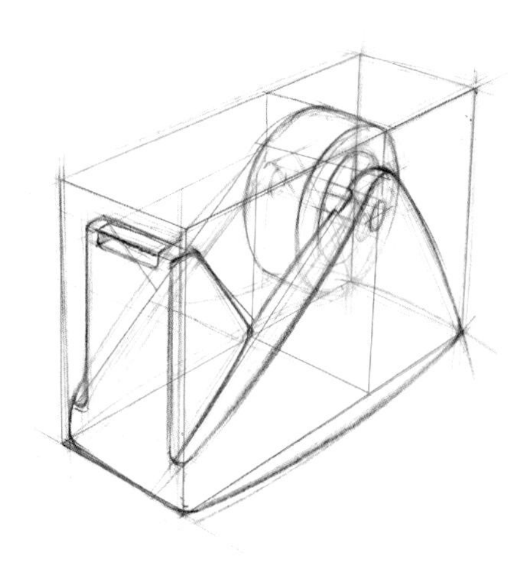

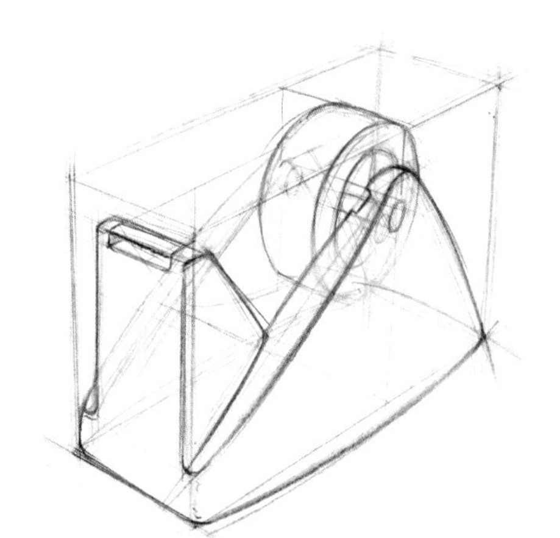

可以用白色（小刷子）直接在绘图层或者所选择的区域（突出线条）对线条上色。

物品对象可以通过盒子的辅助由各个单一部件构成。

比例、角度和尺寸可以和基准线一起来放置。

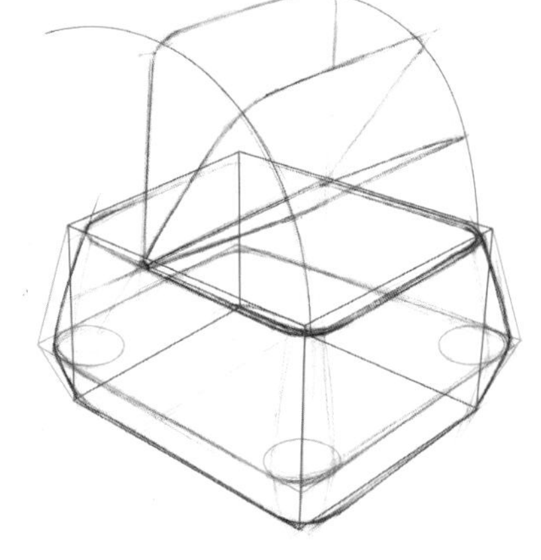

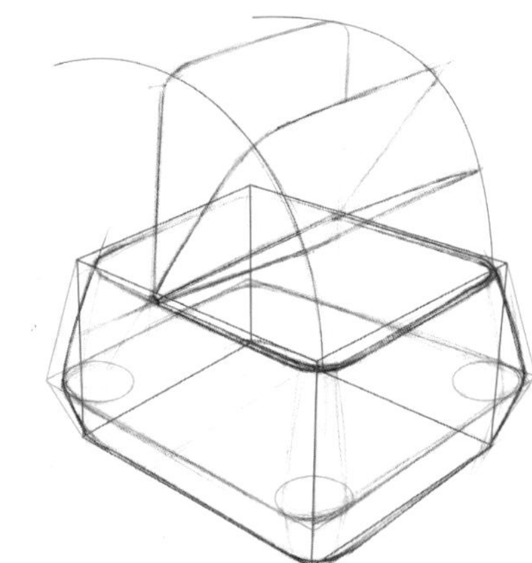

在一个盒子辅助下所构建的对象，其部分也可以被画在盒子外面。其角度应该被安置在盒子内。

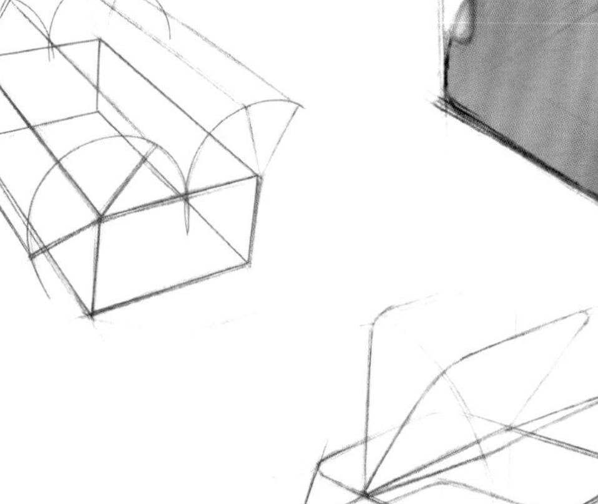

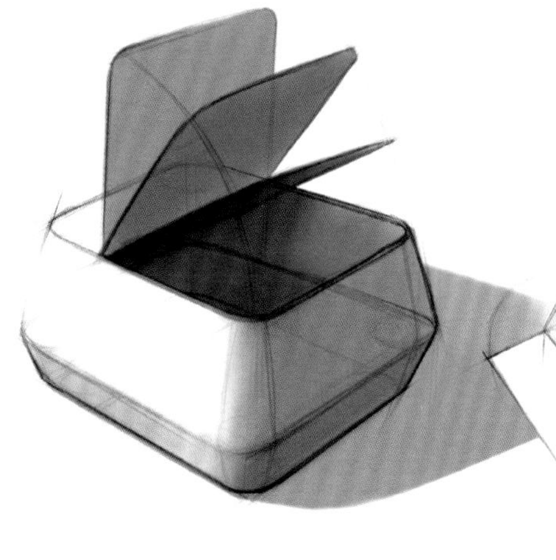

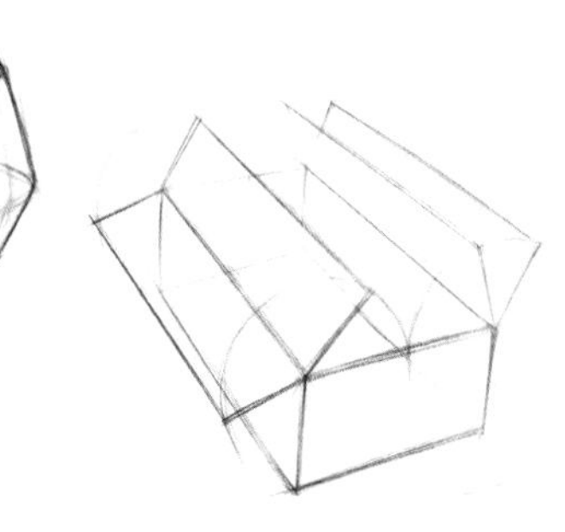

绘画构建和应用

辅助结构的使用尤其在图像的数字化处理过程当中具有重大意义。数字图像展现出了对象具有的真实物质感观和精准的亮度分布。一个不太精确的透视图因此比一个纯粹的绘画草图更加明显，绘画草图反而不准确。

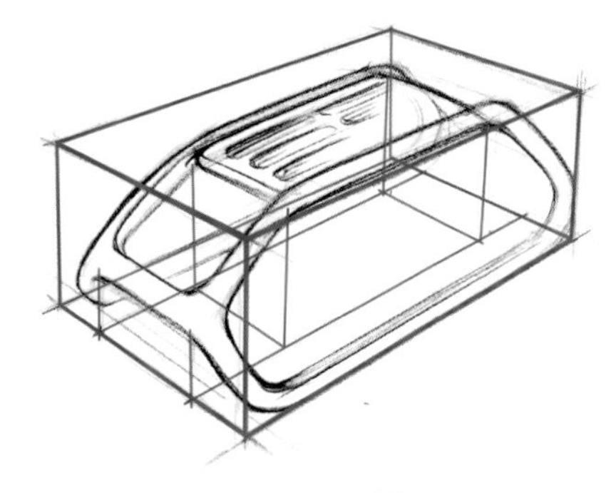

在辅助长方体中会很好地应用到附加尺寸和比例。

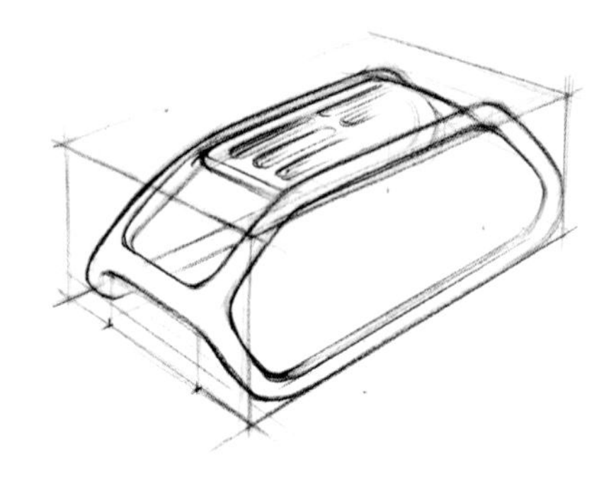

物件所有的部分可以通过辅助结构被有序地插入。

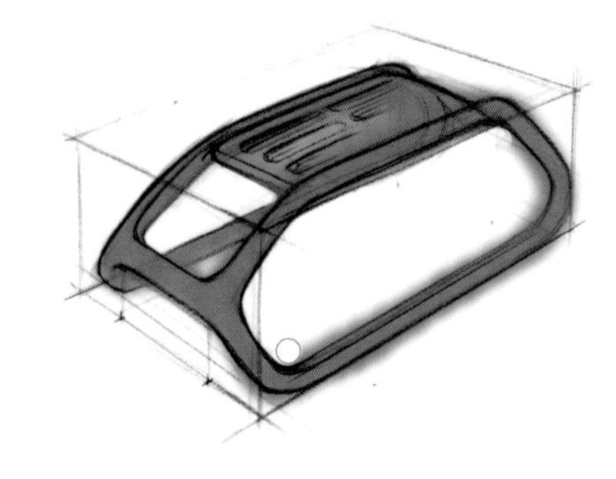

擦除掉在新平面上覆盖的物件填充色和突出部分。

用小刷子制造明亮的光泽度区域，并加强前面和上面的亮度。

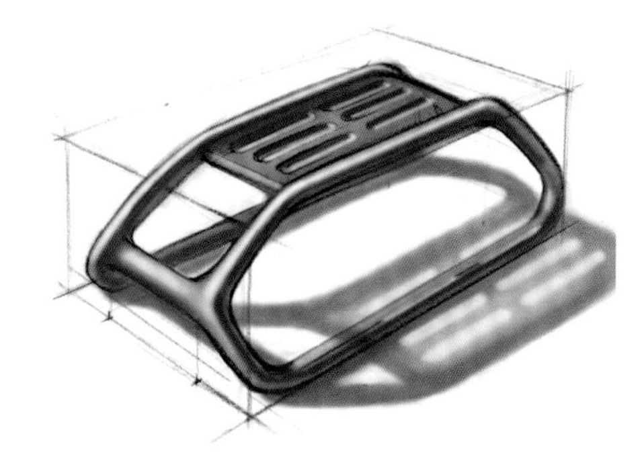

用白色的小刷子在新的图层上用暗影形态制造出一个发光效果。

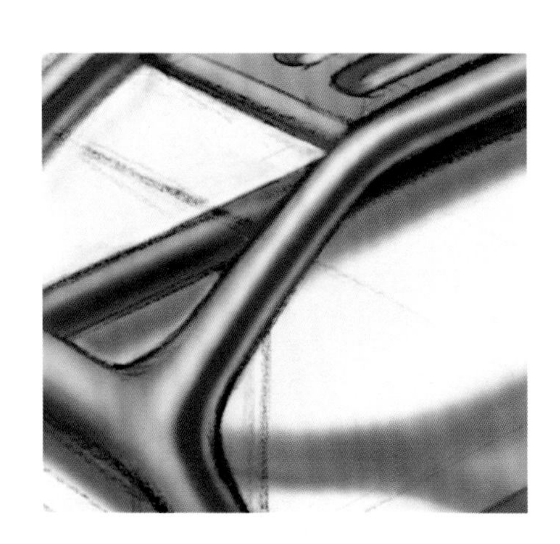

对比明显的明暗变化代表了物体的金属表面。支撑面的选择、新的颜色、在阴影和光面处孔的修改。

对称法

对称的线条和形状通过透视来表达。通过图像的空间感使得一个较好的透视画法的控制和校正成为可能。截面曲线和透视线条有益于正确地透视图形结构。与此相对应的曲线和形状可以直接做比较。

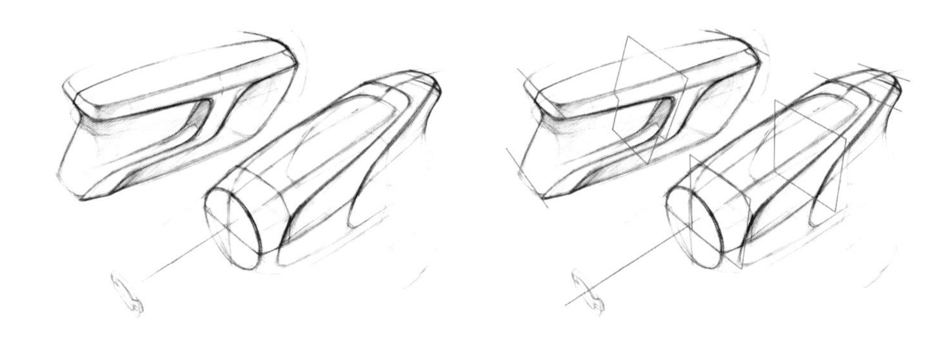

基础法

可以在一张新的纸上通过临摹来改善草稿，图上的标记也与之相适应，因为下面的图画可见度比较好，自然也是得益于灯光以及窗口平面。利用带白色平面的显示器来作为样板也是可行的。

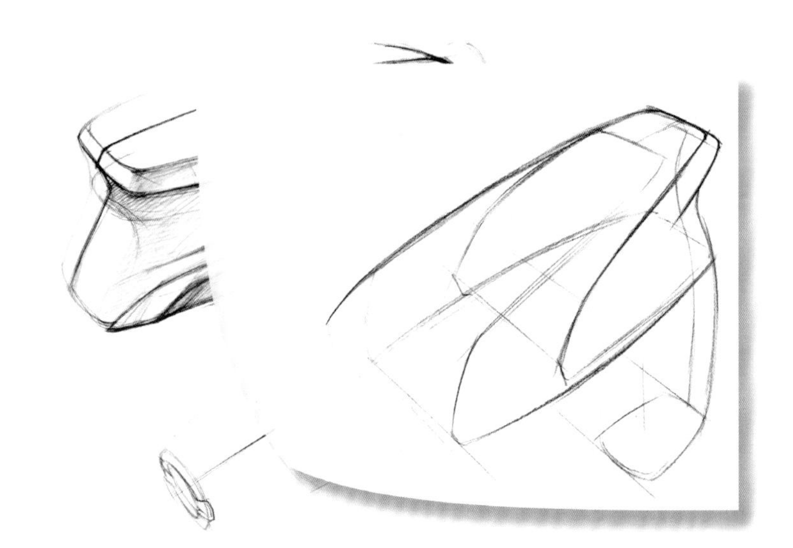

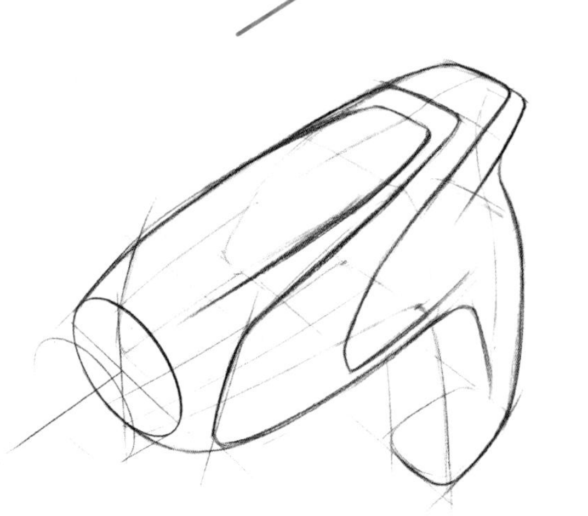

完成的草图在透视性上得到改善，线性变化和结构元素得到了改善，并且通过透视画法使得其能够被更好地评定。

平面线条

对于复杂物体的透视性画法的可能性，是通过半透明结构和平面线条来实现的。（与CAD中的线性框架方法相似）红色线条说明了这一原则，要注意侧面的对称性。

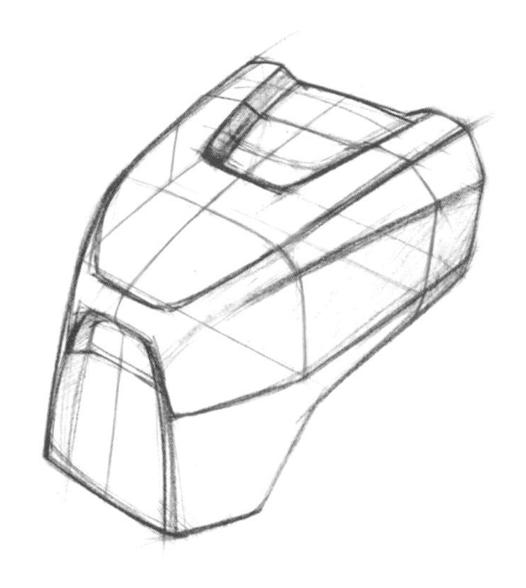

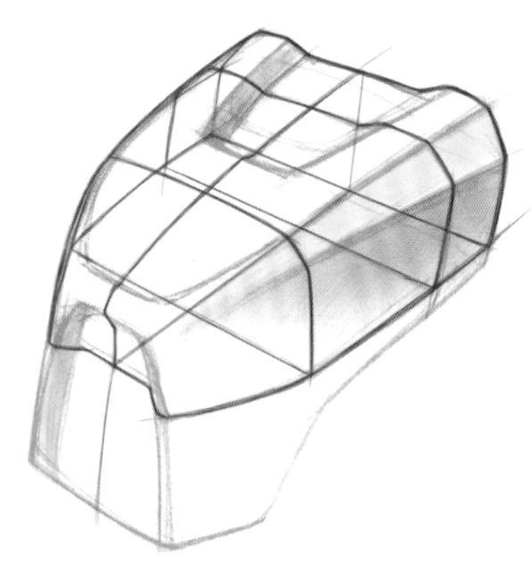

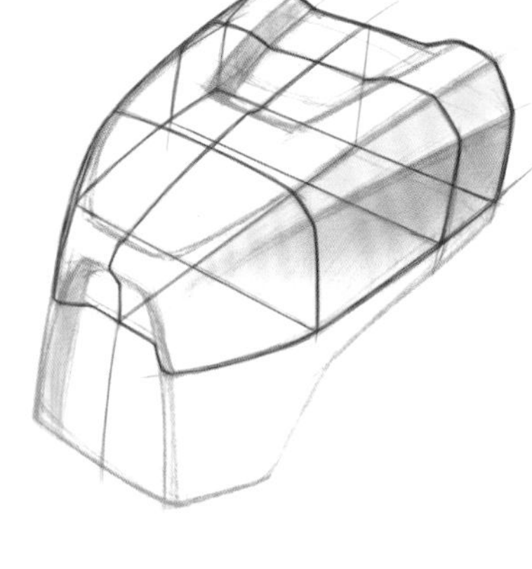

在两个平面上分别用一个较浅的和较深的色调来建模，自由刻画或者通过路径过滤（画笔：喷笔；流动：50%；不透明度：40%）。

浅色调半透明在多个平面上铺设（平面模型正常），边缘擦除（橡皮擦：不透明度70%左右，中等硬度）

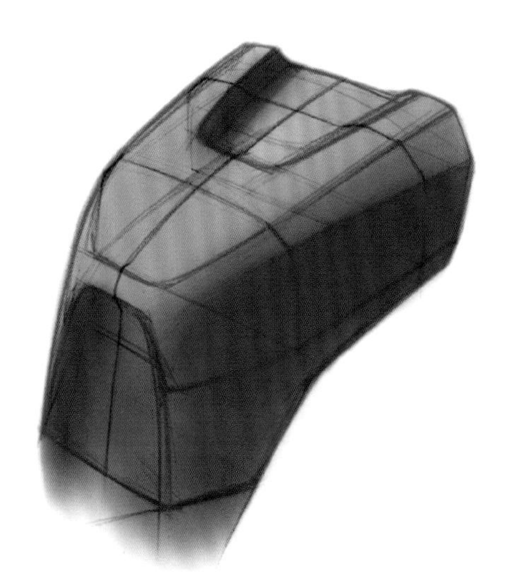

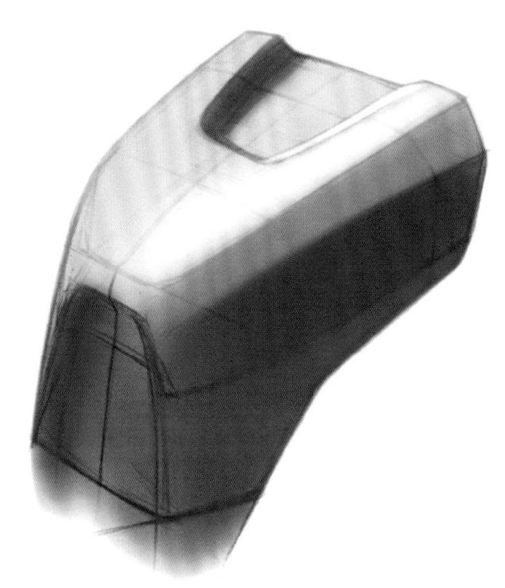

释放对象（路径工具，外轮廓），背景设计例如用渐变工具，后期处理和浅色弧线作为背景。

形态提取

由曲线构成的并且含有少量或者没有直线的对象是难以画出样式的。此类对象会被放置在一个透明的盒子中。对象也将由基本形状来描绘。底框将在之后被数字淡化或者去除掉。

和路径工具一起免除对象的外形，使草稿的保护层得以实现，例如：用一个颜色变化的平面作为背景。

可塑造模型

塑造模在绘图和呈现的含义中意味着，色调值的亮度分布是根据光线比例和物体形状来构成的。有很多种方式来填补面积，实现建模效果。基本上，平面填充能够实现均匀的和同样的色调或者一个变化。有自然效果的物体和表面有一个亮度曲线，依赖于表面和材料，反射光和镜像对于其呈现也有影响。

- 建模方法
- 光线照射方向
- 亮度分布
- 基本体
- 形状连接
- 表面建模

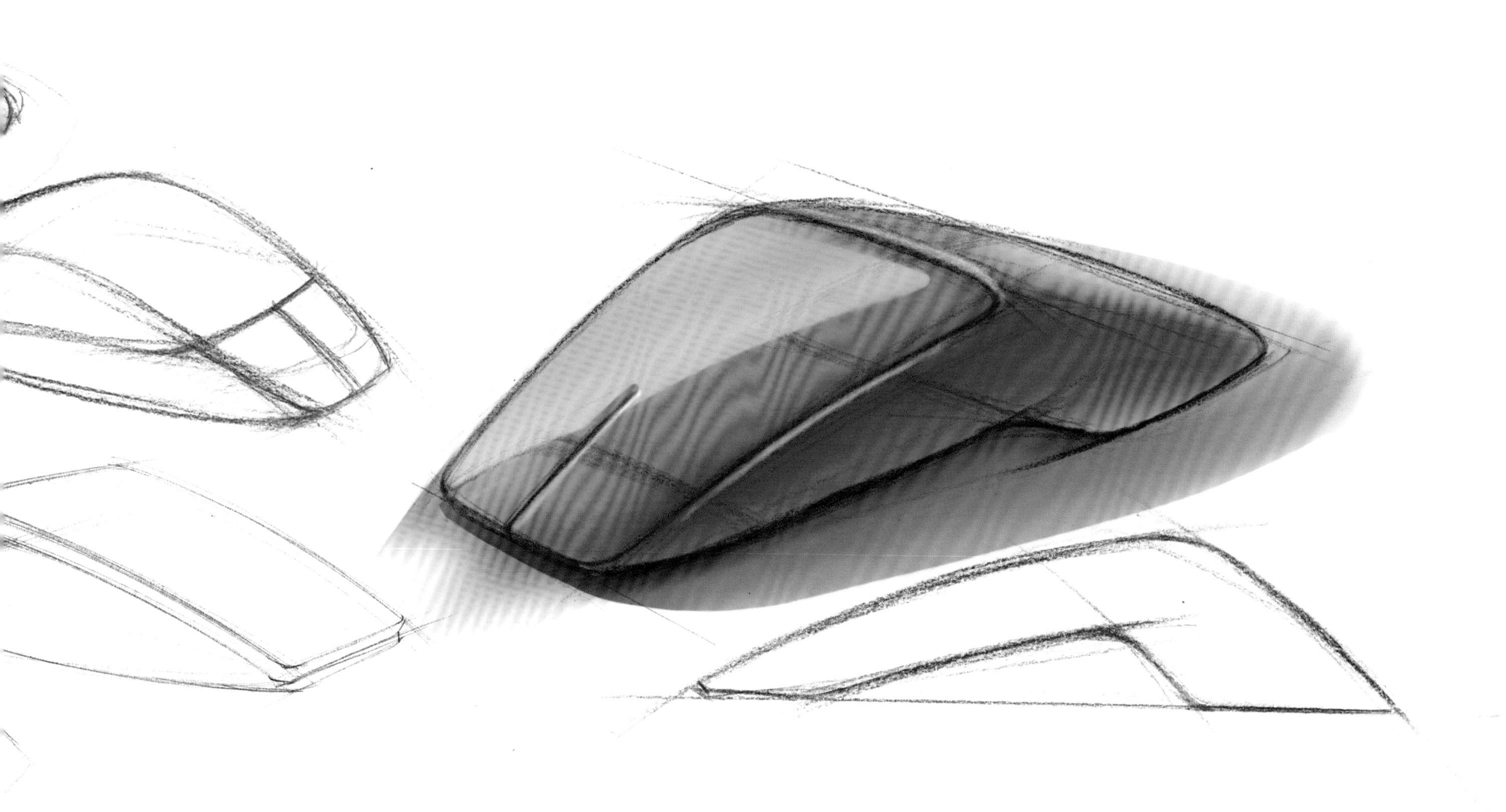

建模方法

为了对物体进行建模要通过对物体表面进行变化填充，真实的物体在各个方向上的颜色和亮度的分布都是不同的，这取决于物体的形状和灯光的方向。

通过填充工具来填充，例如，Photoshop中的油漆桶，或者通过毛刷工具覆盖。

通过渐变工具来填充，例如，Photoshop中色域的变化，或者通过毛刷工具。

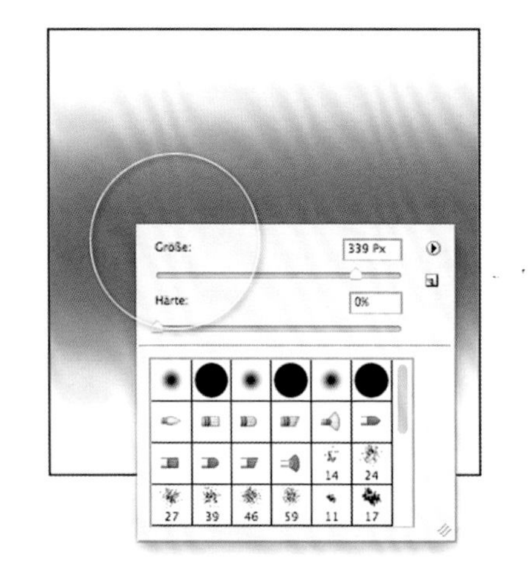

毛笔选项，如Photoshop中，构成如下：

1. 不透明度（着色密度）
2. 流量（通过笔的色彩量）
3. 硬度（刷子边缘柔和度）

有了这个特征使得一种色彩的所有色调值分布得以展现。

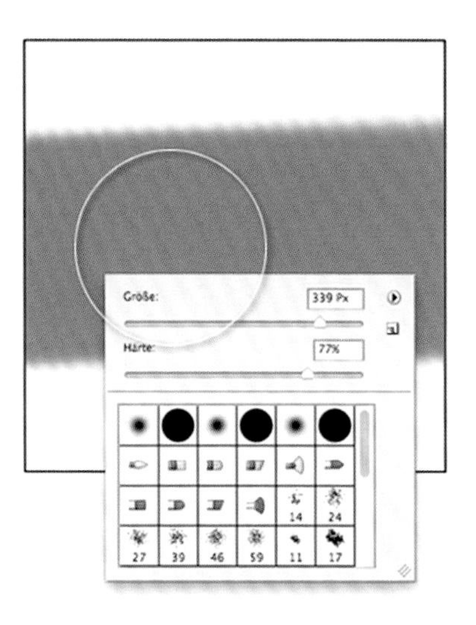

较低的硬度产生了柔软的边缘变化，较硬则产生轮廓比较分明的填充表面边界。

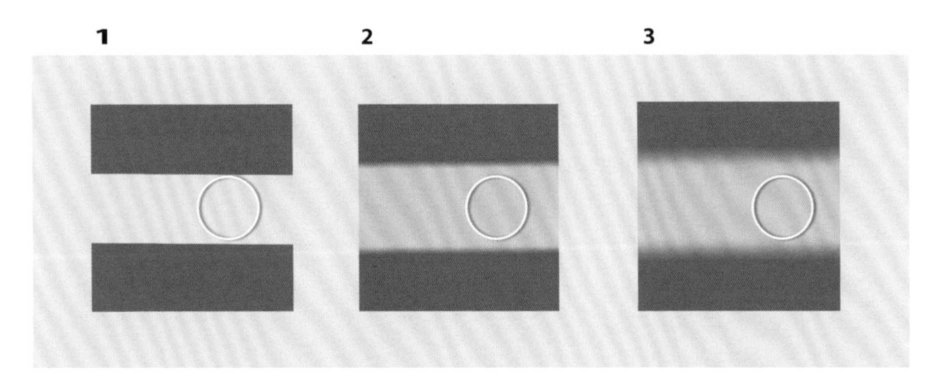

橡皮功能

带有设置功能的橡皮擦也可以给物体上光影上色。
为此，特别设置了功能尺寸、不透明度、硬度和流量。
1：不透明度：100%，硬度：100%，流量：50%
2：不透明度 80%，硬度：50%，流量：50%
3：不透明度 50%，硬度：0%，流量：50%

三个方法，数字建模，例如弯曲平面。

1.

表面通过填充工具均匀填充。

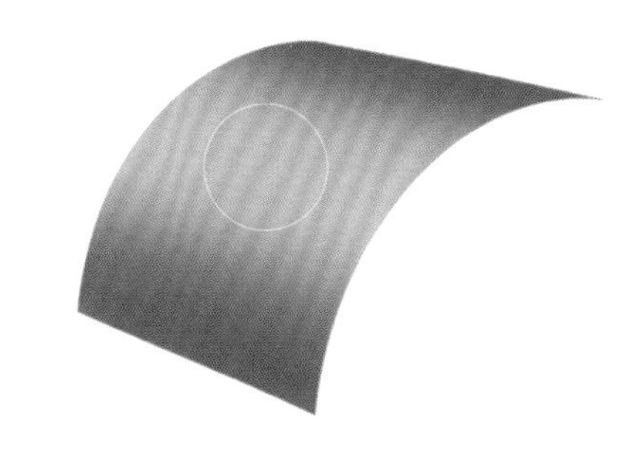

大号画笔（喷笔），硬度：0%；不透明度：40~60%，浅灰色。

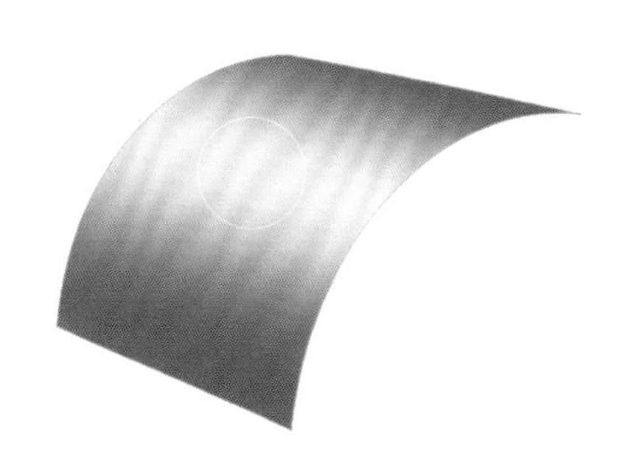

小号画笔，硬度：0%；浅色表面部分继续填充。

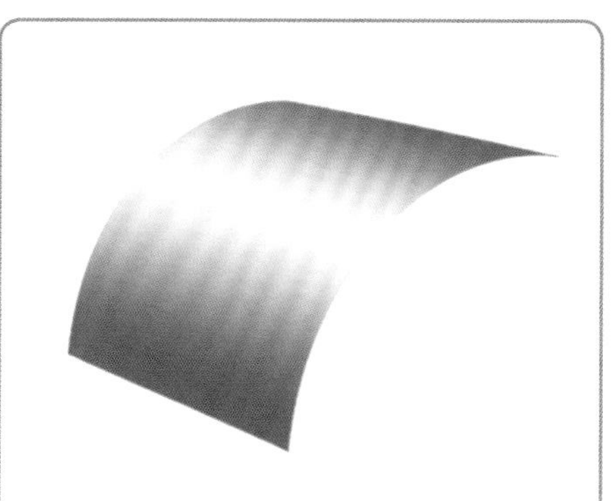

小号画笔，较低硬度，在表面上拉入光条纹。

2.

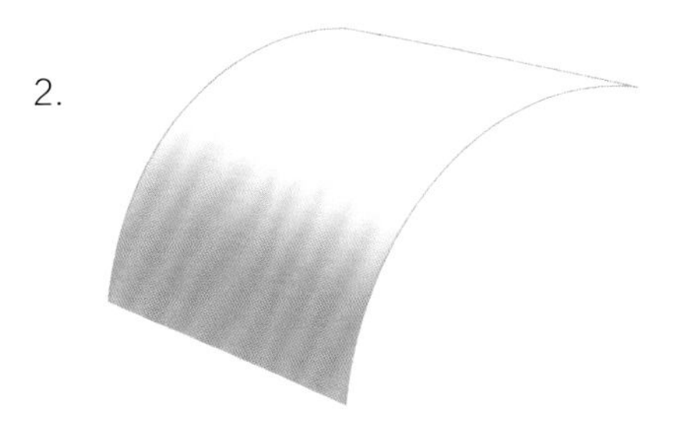

表面用软画笔填充，大号画笔，硬度：0%；不透明度：60%。

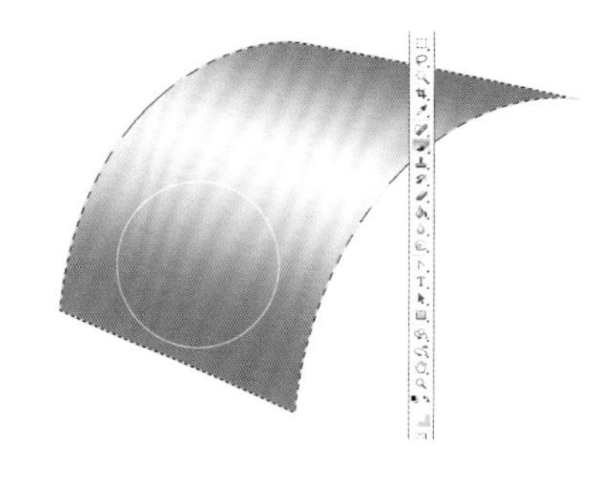

大号画笔，硬度：0%；灰色表面部分进行填充，浅色部分保持不变。

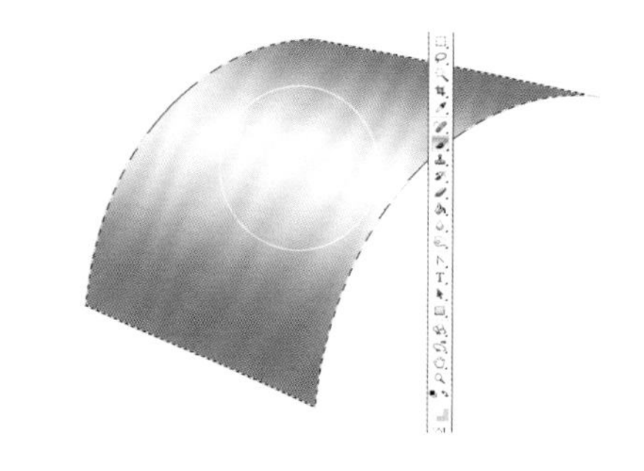

大号画笔，低硬度，低不透明度对浅色表面填充。

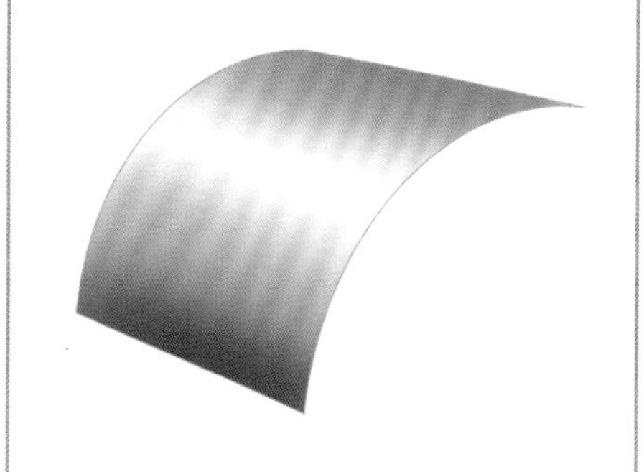

中号画笔，低硬度，在表面拉入第二条光条纹。

3.

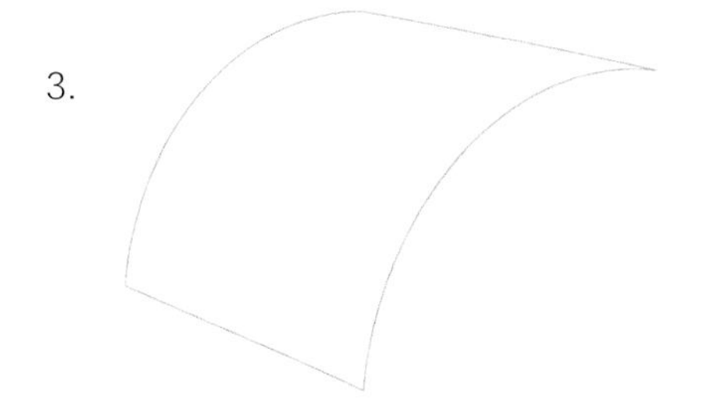

表面用渐变工具填充。

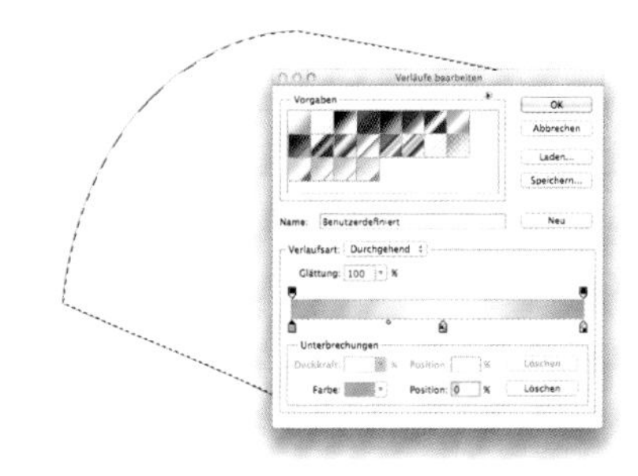

调整渐变，平行于表面边缘填充。

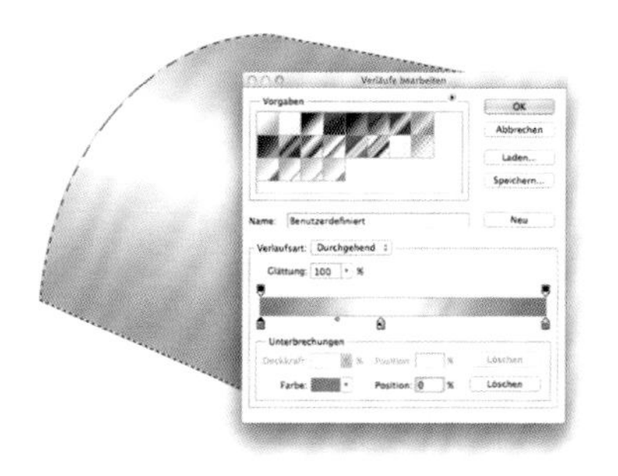

对色彩和亮度的变化分布重新调节。

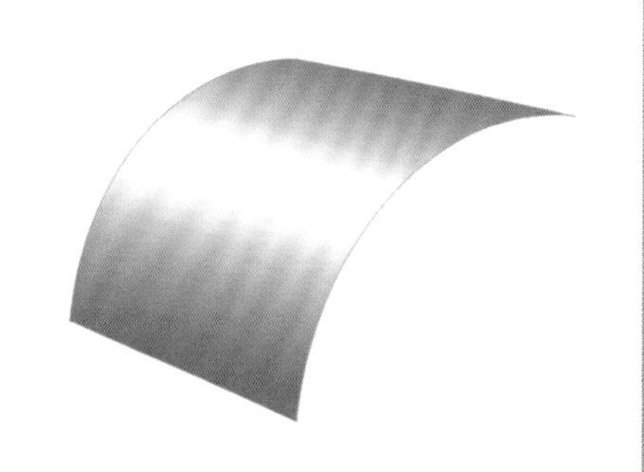

渐变工具得出最精确的平面

不同建模法的影响

对图像表面用同样的色调值填充显得表面过于静态和不真实。

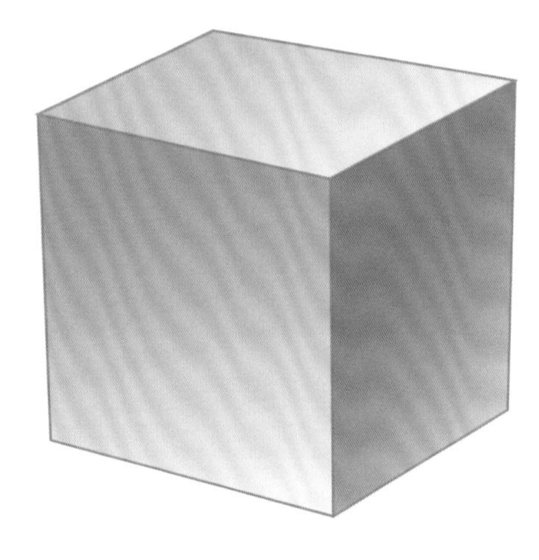

表面通过渐变填充使整体模形接近自然的亮度分布，使表面显得较为真实。

图像表面通过亮度分布和反射填充后，物体显得真实，而且表面变得更加生动。

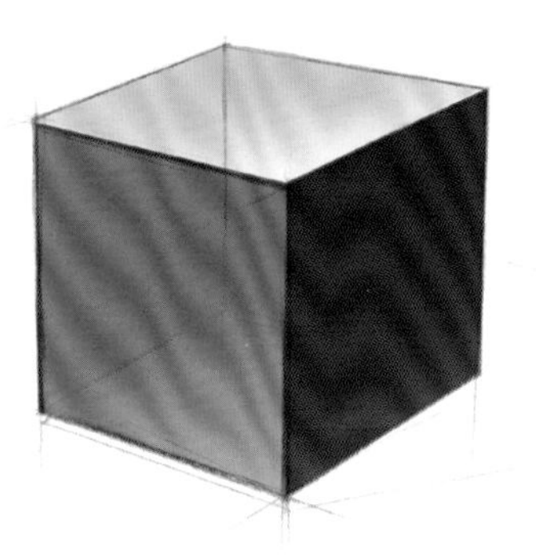

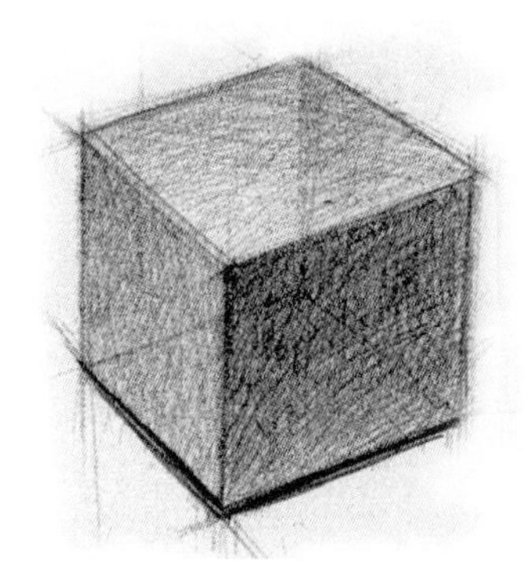

光线照射方向

在建模中重要的是灯光的方向，因此第一步是确定照射物体光源的方向。

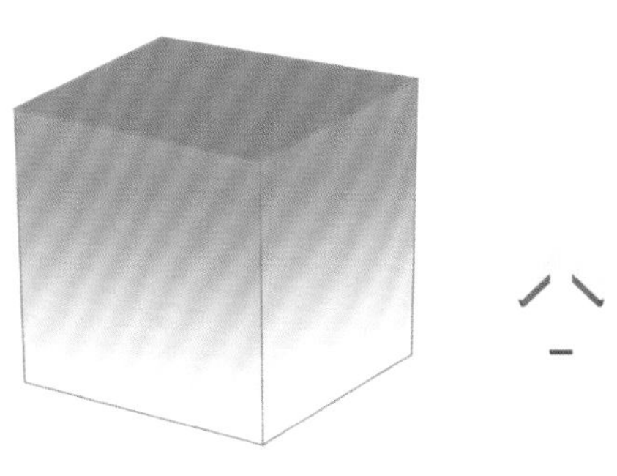

由下方打出的灯光更多的是戏剧效果，对立体效果的展现几乎无用。

右侧光线显得模型立体，使较好的光线分布得以实现。

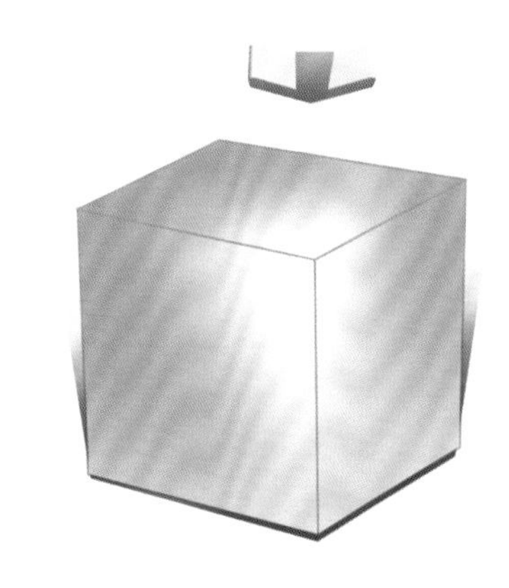

观察方向的光表现了最不利的情况，它产生了最差的立体效果。

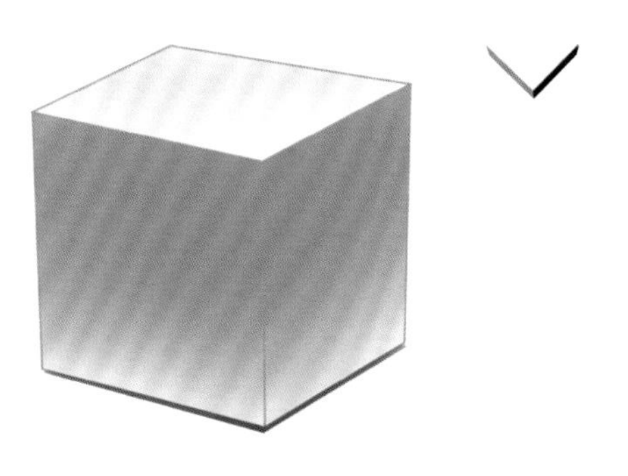

由上方打的光使上表面发光，而其他表面缺乏立体感。

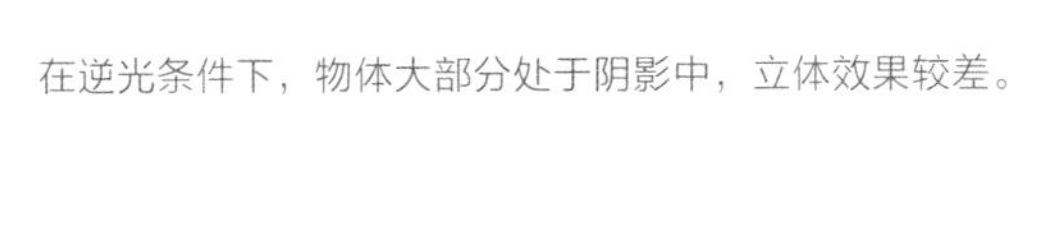

在逆光条件下，物体大部分处于阴影中，立体效果较差。

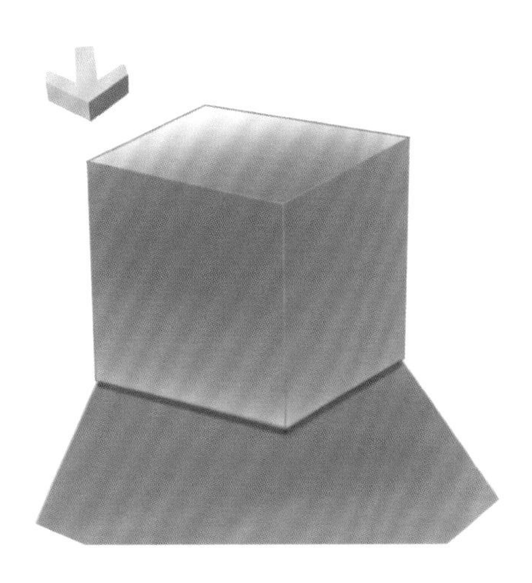

由左侧打出的灯光是最经典的灯光，它使模型显得立体，较好的光线分布得以实现并且光线顺着观察方向。

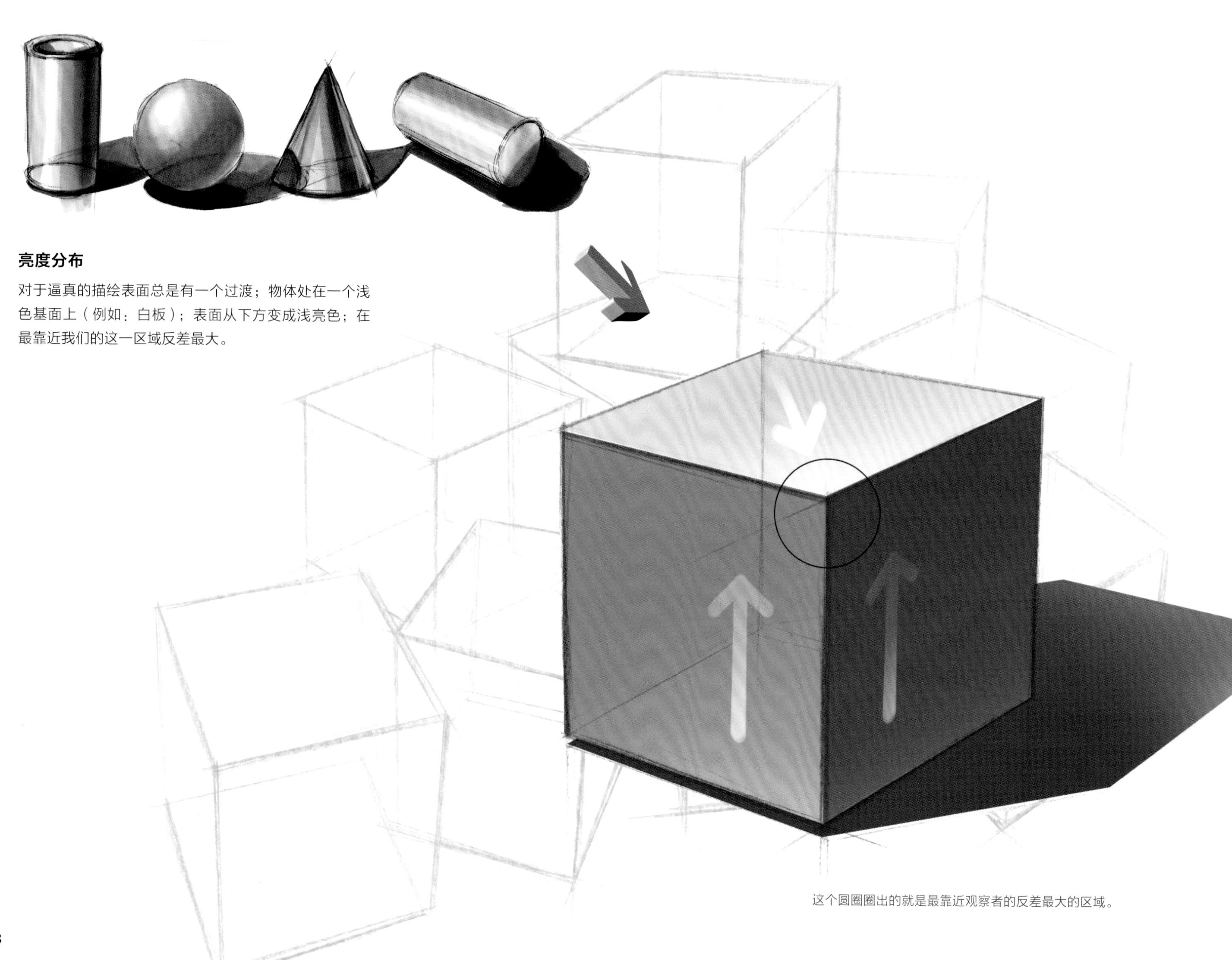

亮度分布

对于逼真的描绘表面总是有一个过渡；物体处在一个浅色基面上（例如：白板）；表面从下方变成浅亮色；在最靠近我们的这一区域反差最大。

这个圆圈圈出的就是最靠近观察者的反差最大的区域。

在不同的表达里，同样的颜色和亮度分布原则

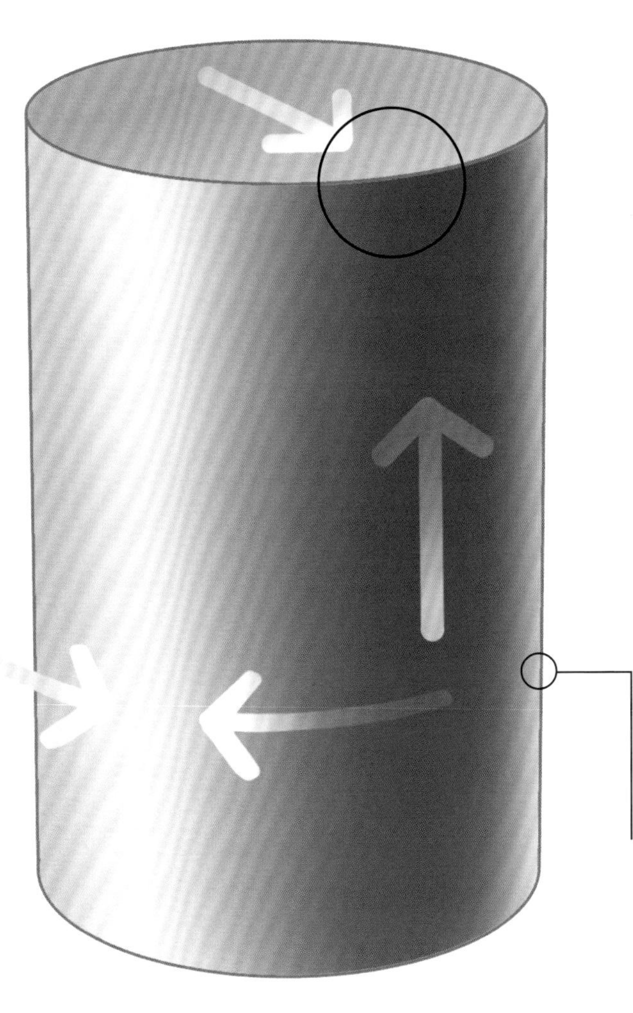

外侧一个浅色亮度通过第二束较弱的光源强化空间感。

箭头指出了变化的方向；圆圈区域中是深色区域与遮盖面浅色区域相遇之处；它使物体产生了空间感。

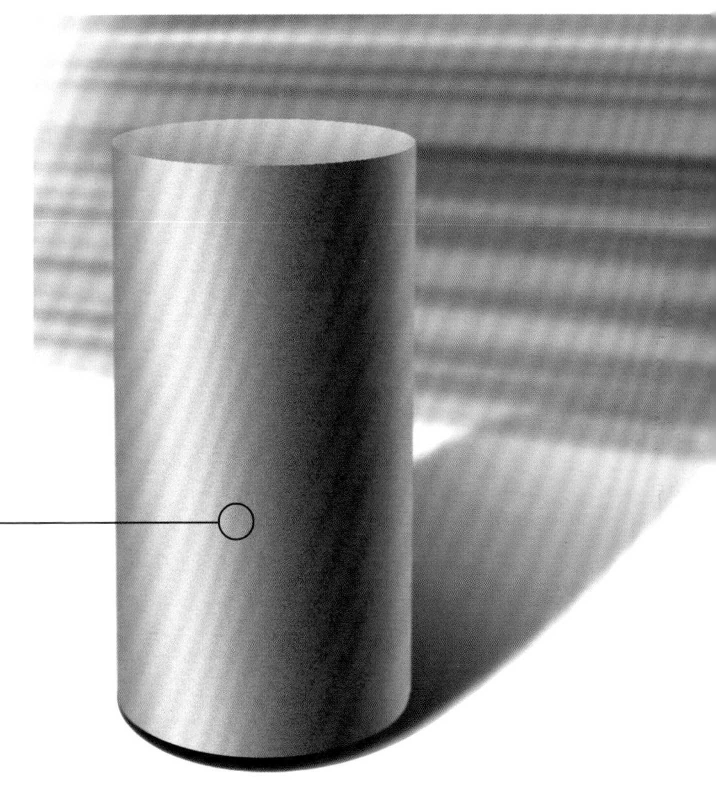

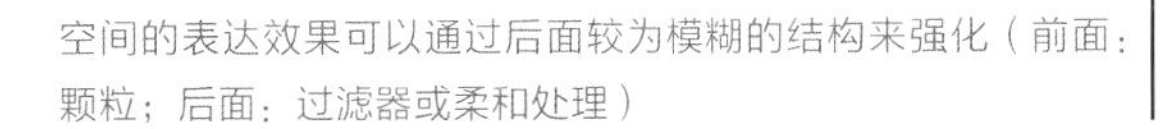

空间的表达效果可以通过后面较为模糊的结构来强化（前面：颗粒；后面：过滤器或柔和处理）

基本体

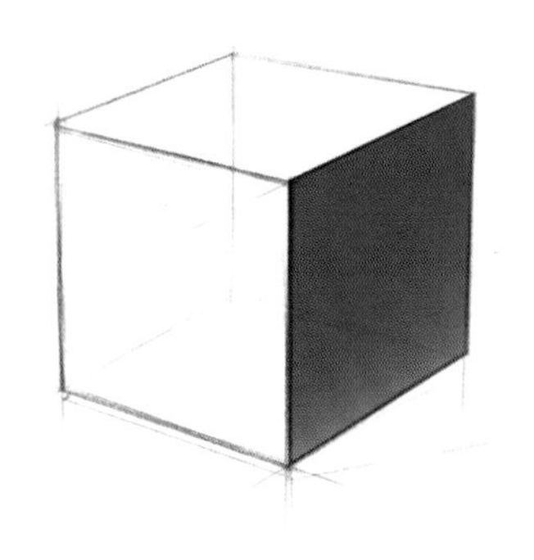

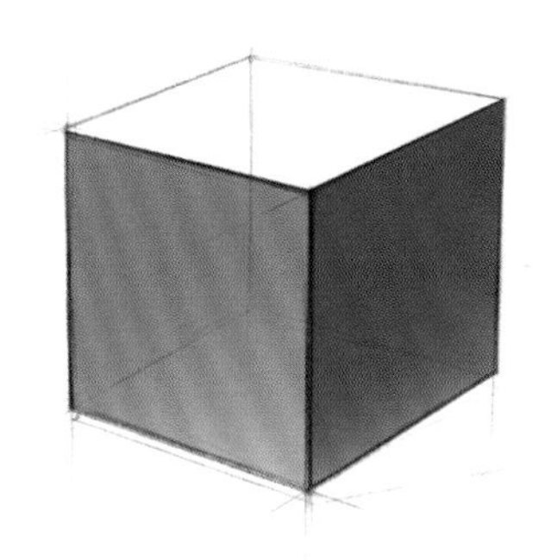

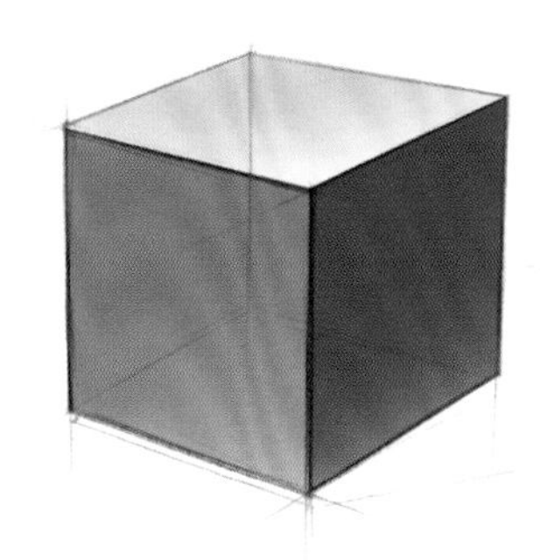

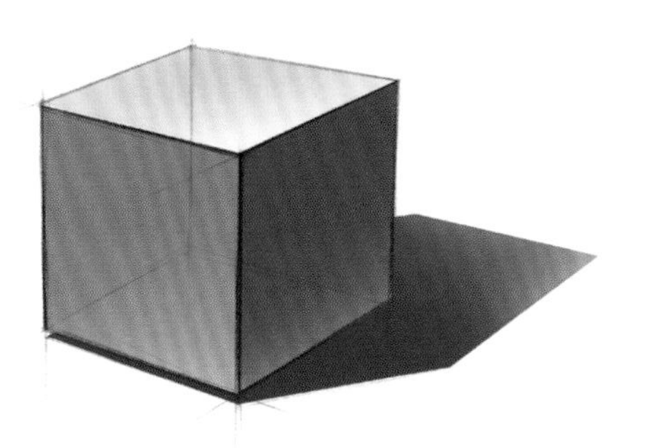

阴影程度应该比物体要更深或者更浅一些

各个平面的挑选是通过选择工具（例如：索套、魔术棒、路径工具）和亮度变化一起填充（喷枪笔，渐变工具）每一个表面要处在各自的平面上，由此重新调整才有可能。

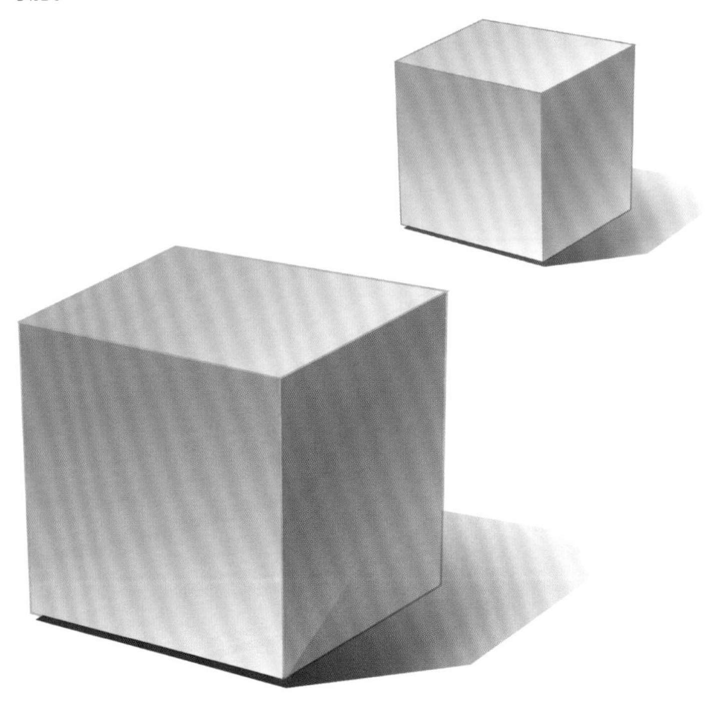

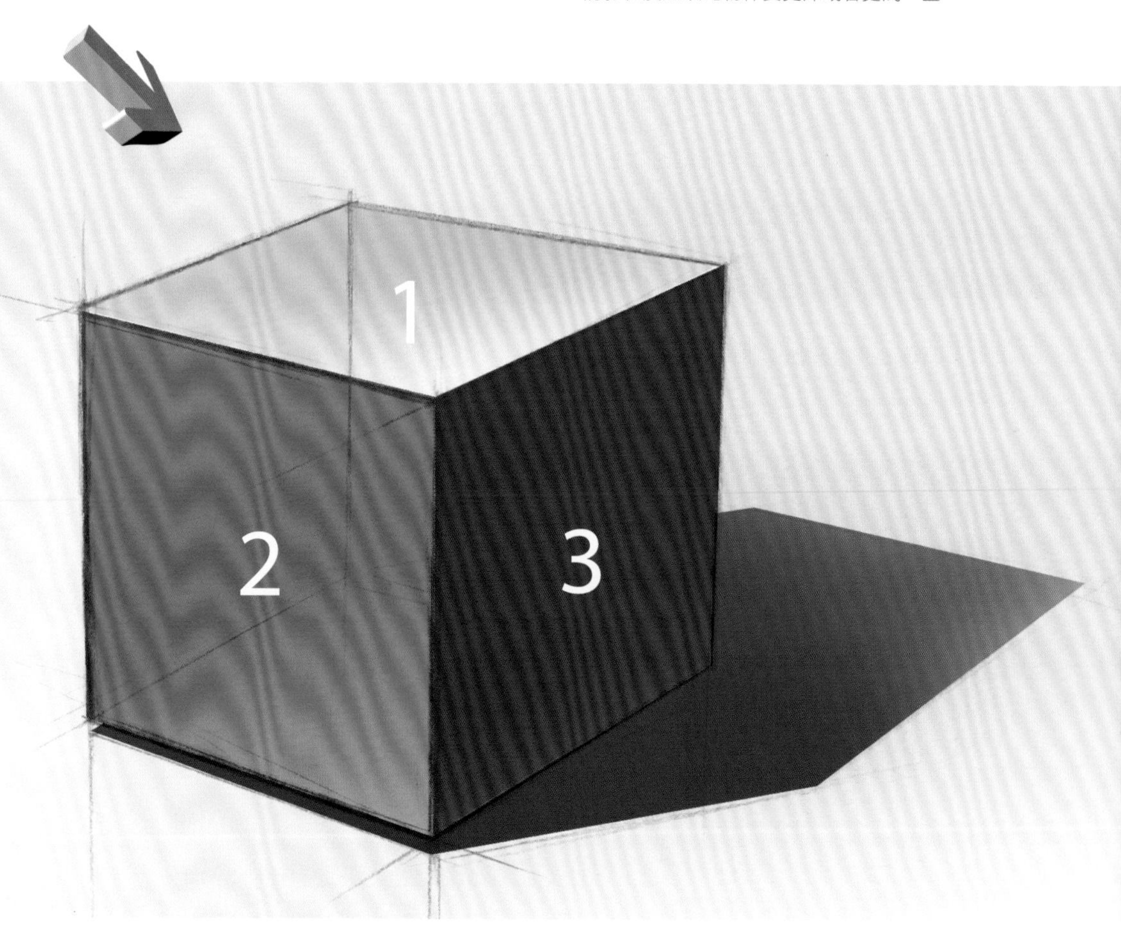

1-2-3方法对于建模立体感的效果：三个亮度区域应该可见（1. 浅色；2. 中等；3. 深色）。

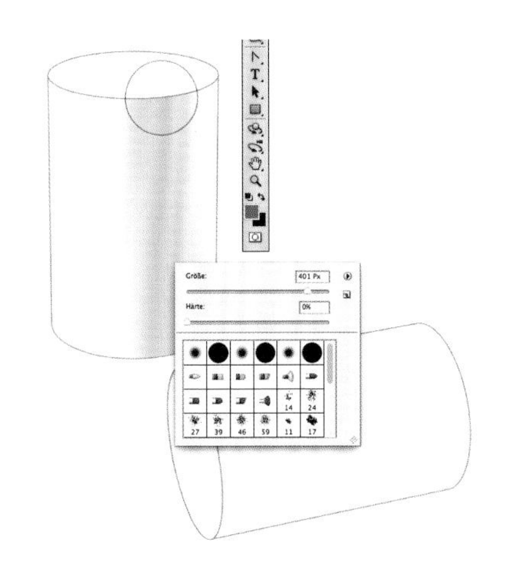

选择流程：魔法棒：画笔：喷枪；硬度：0%；不透明度：50-70%。

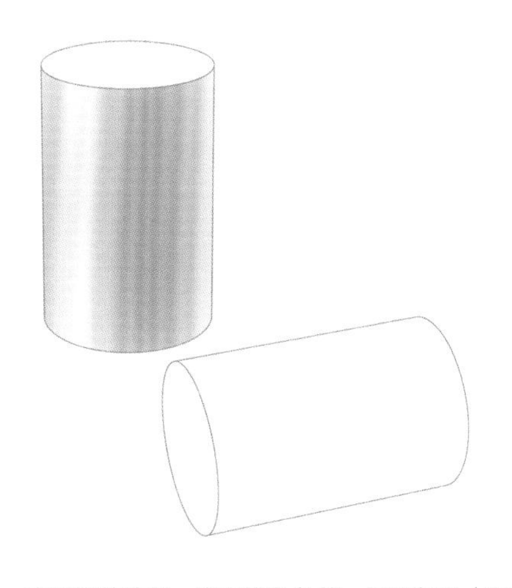

表面继续填充，空出浅色条纹，用深色调（黑色部分所占比重较大）制造阴影面，在边缘产生亮度。

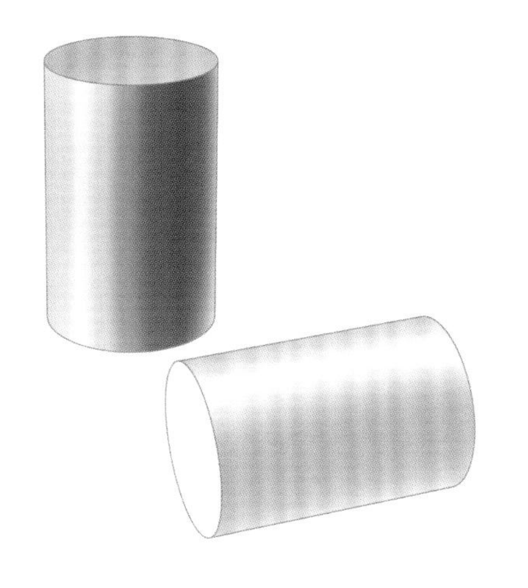

遮盖面与亮度曲线（前面较亮），圆柱体用同样的方法填充；后边低亮度。

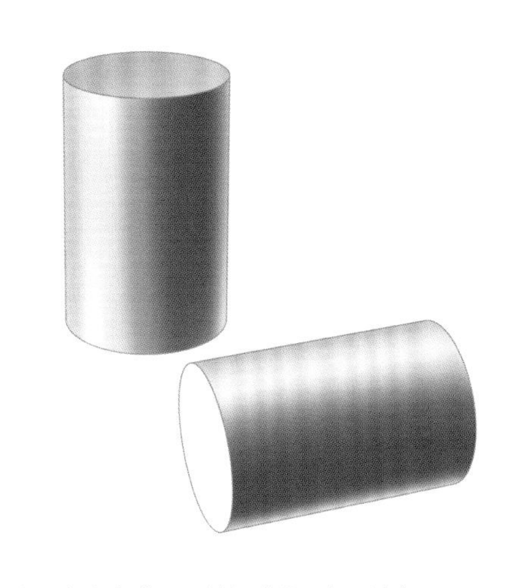

加工深色部分，画笔运动要平行于轴向。

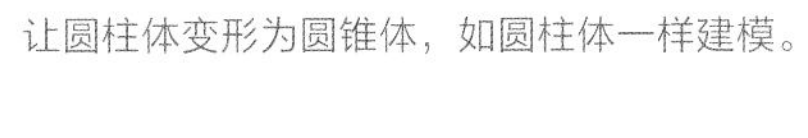

让圆柱体变形为圆锥体，如圆柱体一样建模。

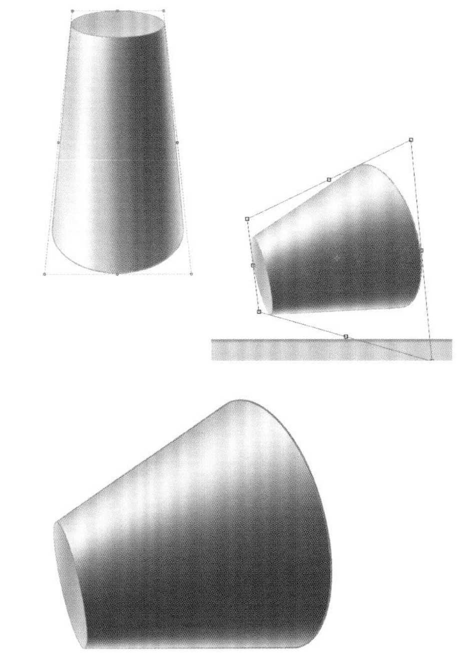

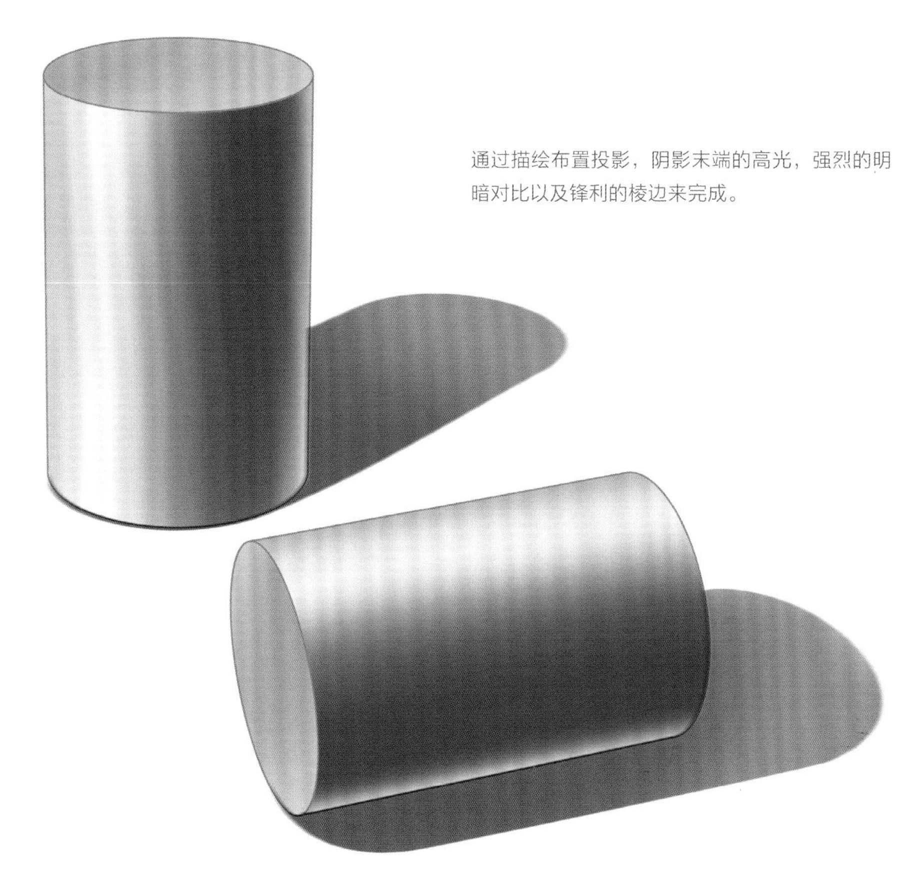

通过描绘布置投影，阴影末端的高光，强烈的明暗对比以及锋利的棱边来完成。

在Photoshop中调整立方体

在一个选择框中来调整颜色变化（渐变工具）；每一个可见的侧面都要在新的平面上呈现出来；表面用“编辑”，“变形”，“扭曲”使之成为可透视的立方体。

用小画笔打破边缘（点击画笔-shift键-点击）。

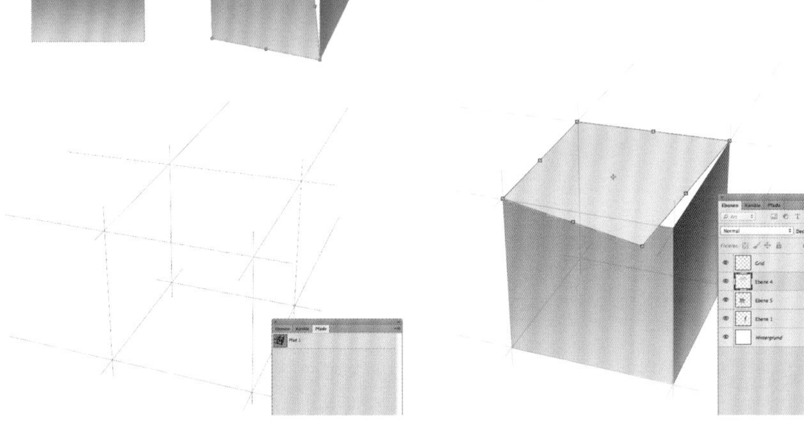

制造一个可选的第透视的光栅（用线条工具对路径轮廓填充）并且表面要在其上校准。

通过渐变工具在一个新的平面上去除背景，根据选择去除物体和阴影（例如：索套），这个是可自由构成的（在此借助橡皮擦尖头）。

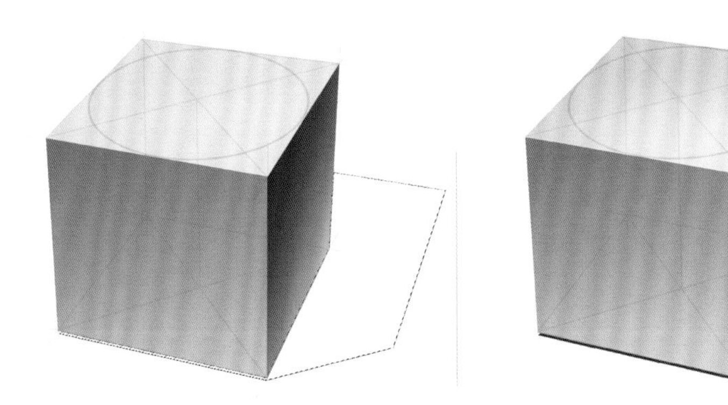

阴影形态用路径或者磁性索套工具作为选择来完成，通过变化来填充（向后较浅）。

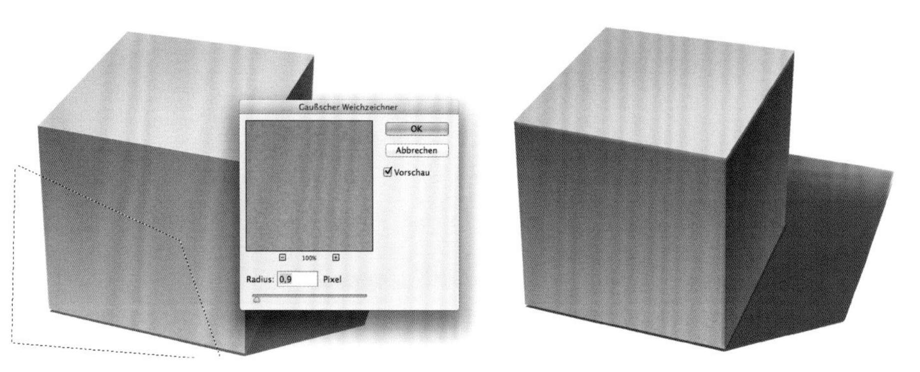

真实效果表面可以通过过滤-粗糙过滤-“粗糙添加”和结构一起执行，在后半部分通过过滤器-模糊过滤-高斯模糊法使其轻微模糊。

在Photoshop中调整圆柱体

在一个选择框中调整颜色变化，颜色的变化可以通过渐变菜单来加工。

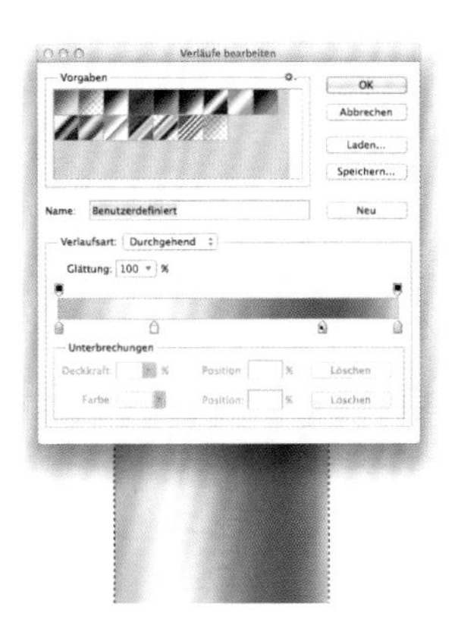

免除条纹背景（这里是条纹线与不同的不透明度），物体，用高斯平滑来编辑。

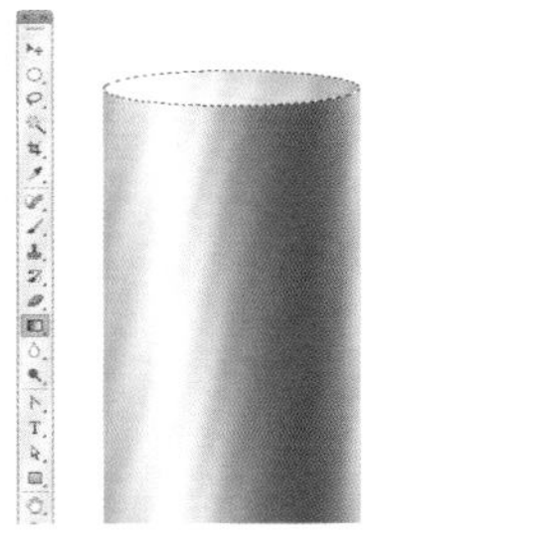

作为椭圆来完成选择，用变化填充，在圆柱体中通过复制和粘贴来建立椭圆并且向下拖动，三个部分在一个平面内连接。

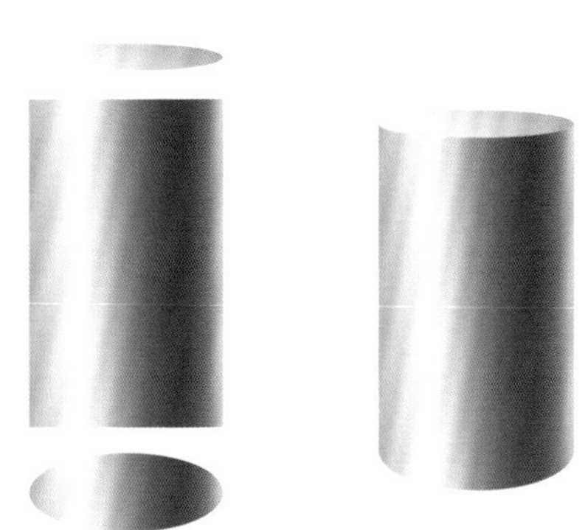

阴影形状通过路径工具，选择来设定，用渐变填充、渐变加工，数值变亮和擦除，以后要使其颜色浅一些。

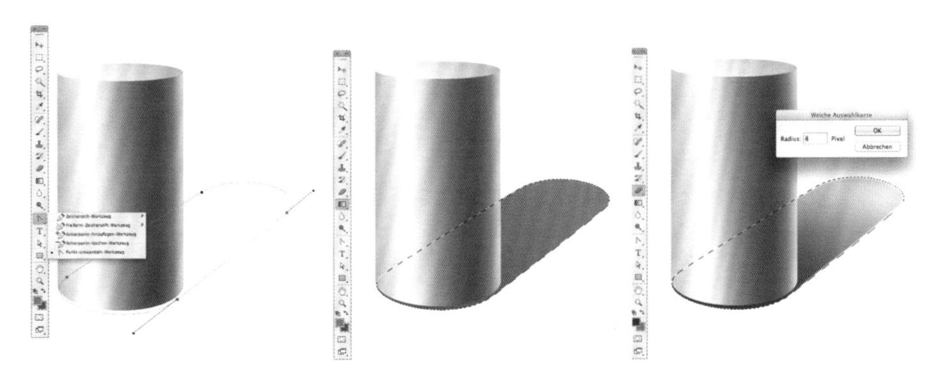

通过菜单饱和度或色调使图像的变化成为可能，或者使用调节表面的色调或饱和度作为最上层平面。

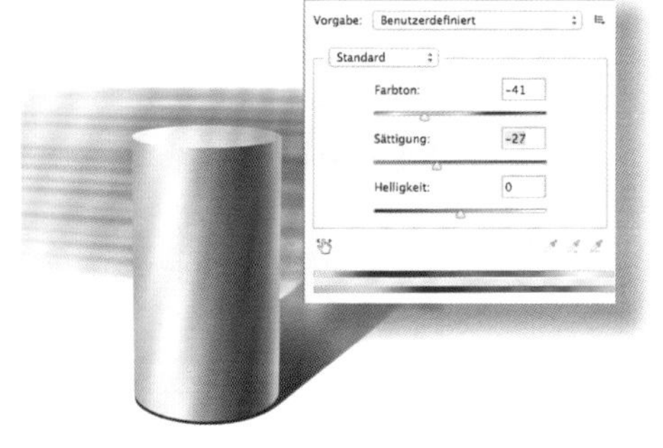

在Photoshop中调节球体

通过填充工具填充表面，颜色：2。

画笔：大号；硬度：0%；流动：50%；不透明度：30%~40%；颜色：2。

相同画笔，提高右下方亮度作为浅色背光；暗色调，颜色：1。

轻微旋转阴影为椭圆，向后颜色要变为浅亮色。

（灰度2）修改灰度为了优化对比以及色度的调节。

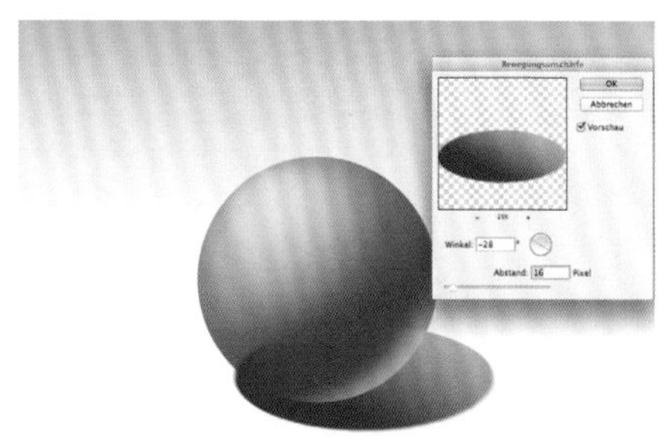

椭圆用运动过滤模糊器加工，前面锐利，后方用较柔和的边缘。

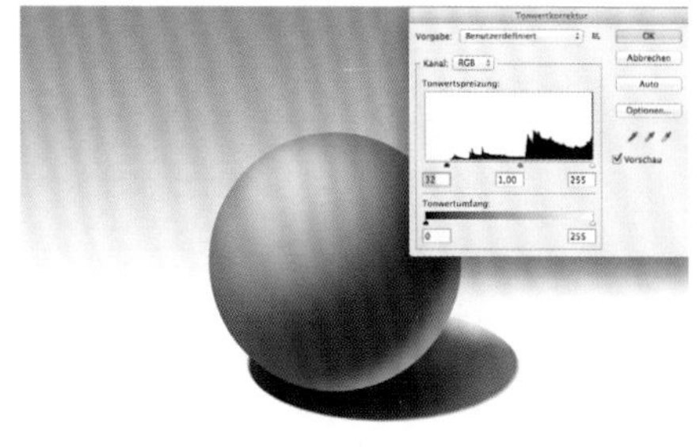

与素描中的球体作比较。

形状连接

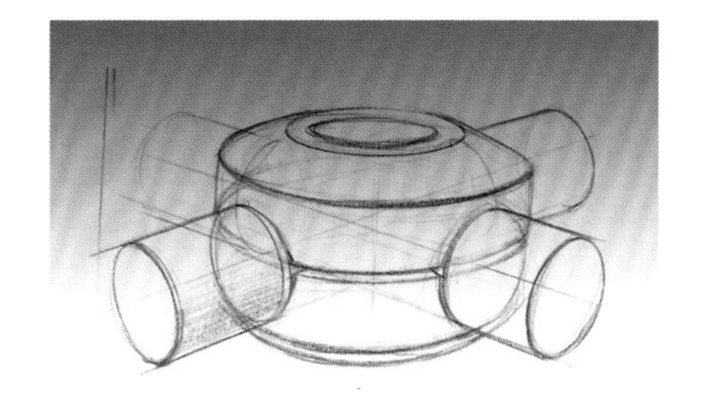

素描，在新的平面上填充背景作为变化（模式：乘法）。

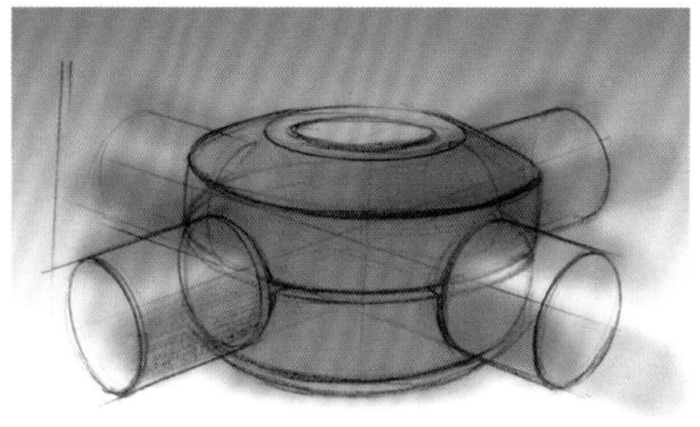

在模型上用软画笔渐变，硬度：0%，柔和造型。

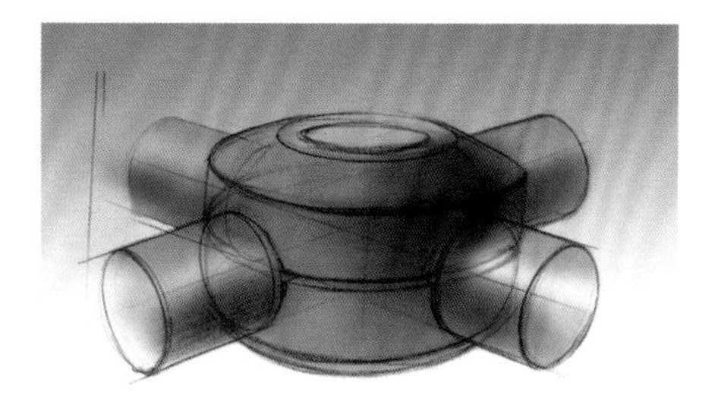

擦除较突出的填充，暗色区域用深色调来编辑。

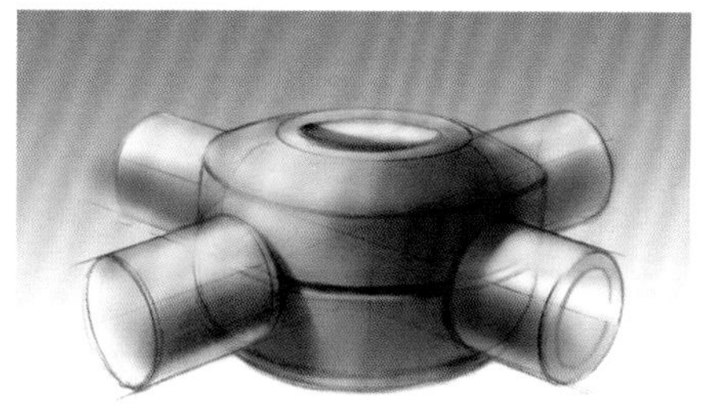

使用灯光，阴影以及细节处理。

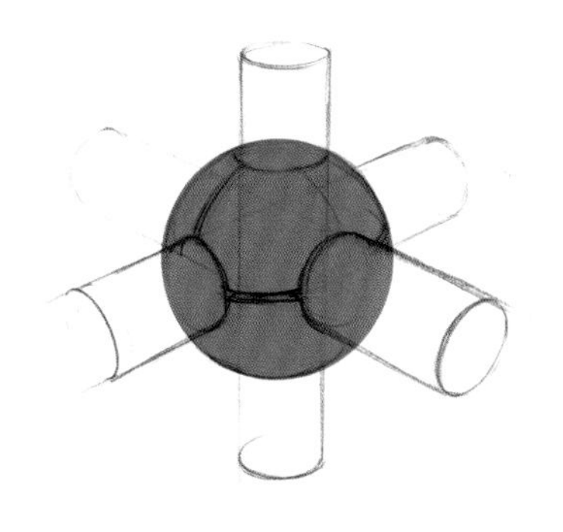

用填充工具加“乘法”平面模式填充球体。

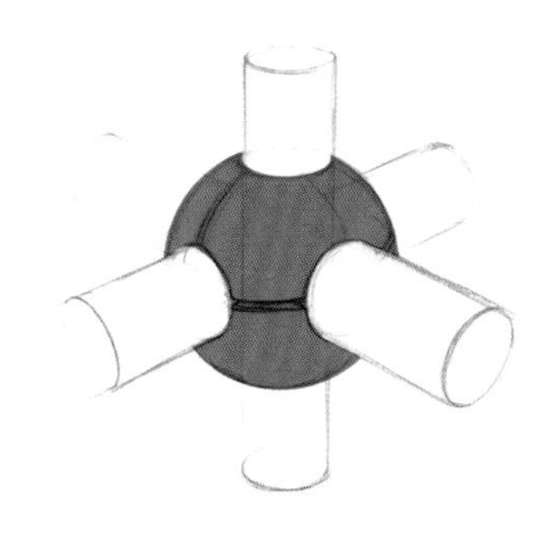

自由擦除管体，用魔法棒完成

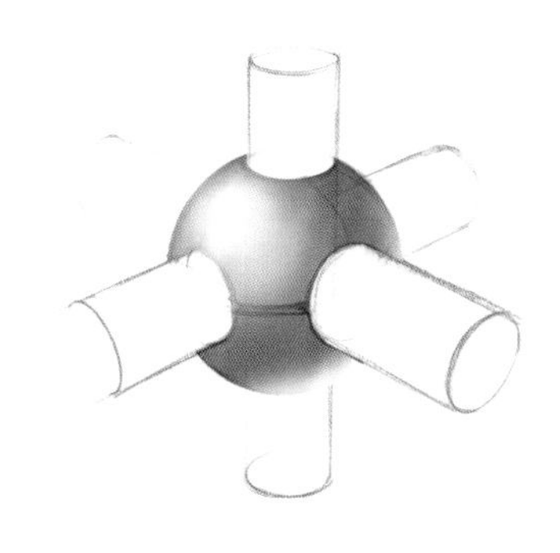

新平面，在光照表面的加工选择中（见球体）

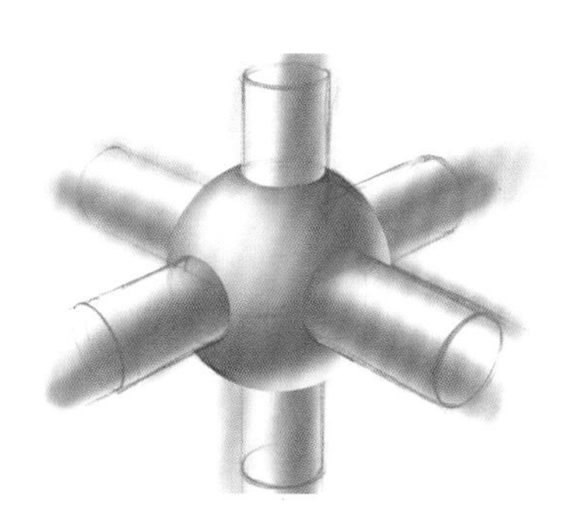

管体对应圆柱体用软画笔进行加工。

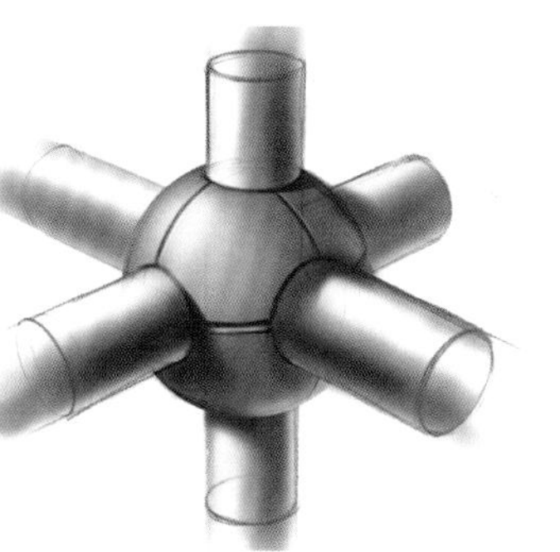

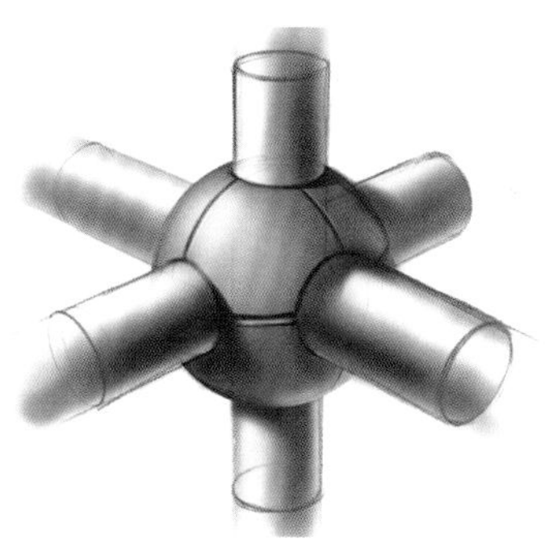

接缝用浅色的边缘补上，之后是阴影形态。

在灯光颜色中小部分的橙色产生了一种气氛效应。

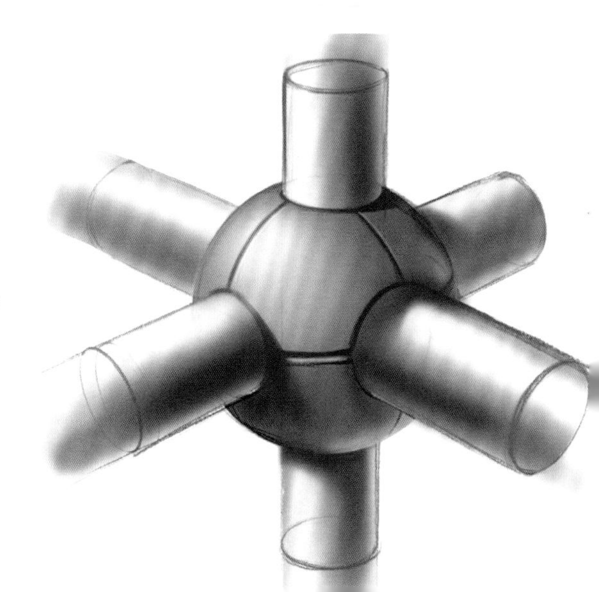

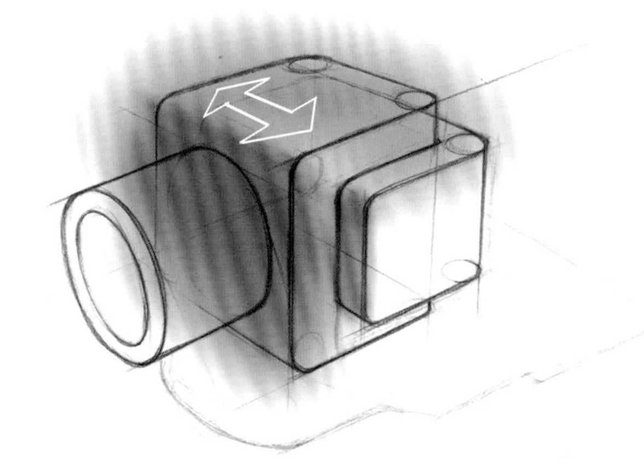

用喷枪（硬度：0%；不透明度：40-60%；流动：50%）填充浅色和中等色调值，画笔的轨迹沿着物体的边缘。

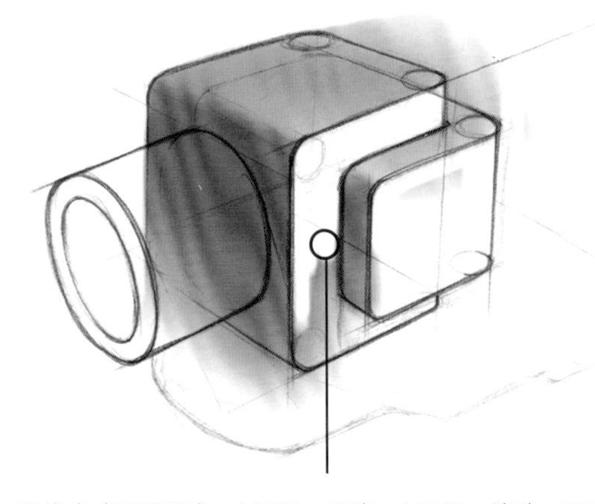

用橡皮（不透明度：100%；硬度：100%；流动：70%）为深色区域擦除表面。

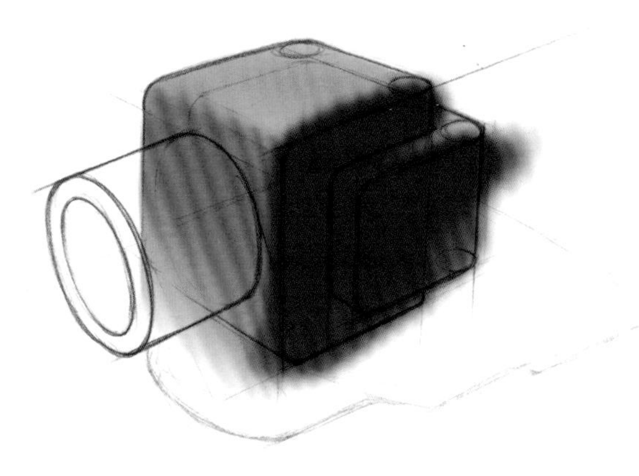

用喷枪（硬度：0%；不透明度：40-60%；流动：50%）在新的表面上填充深色区域。

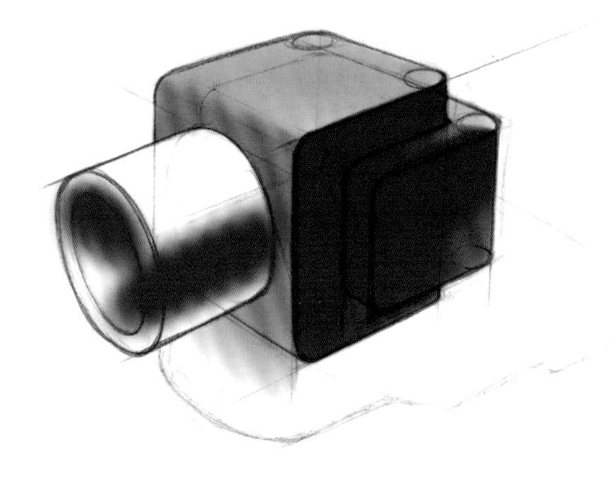

色彩突出和圆柱体自由擦除，在新平面上填充深色区域。

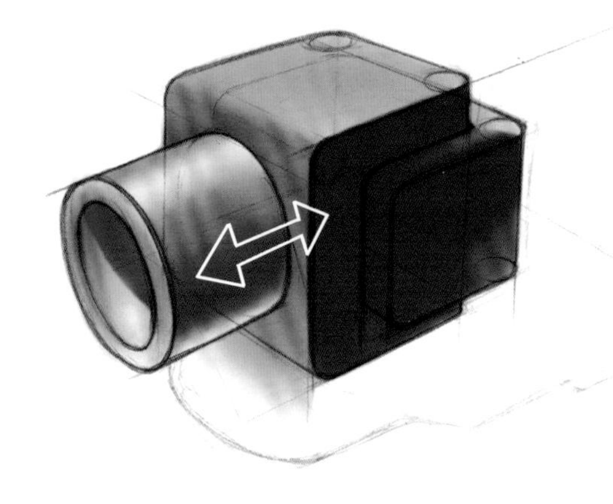

擦除阴影线条，阴影线条擦除，塑造浅色的区域，在圆柱体的轴线上运动。

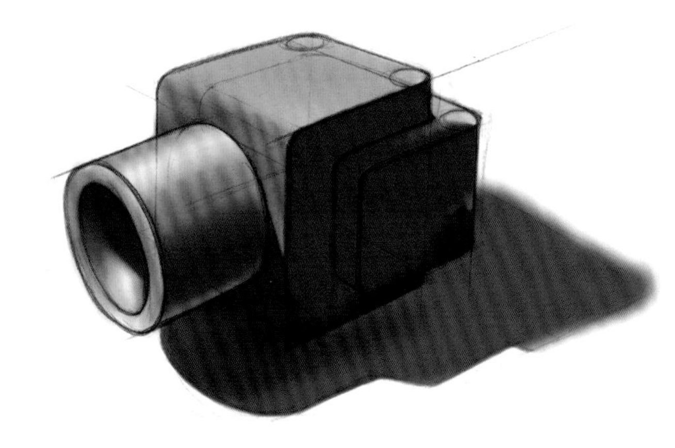

在新平面上添加阴影形状，擦除内部阴影，投影。

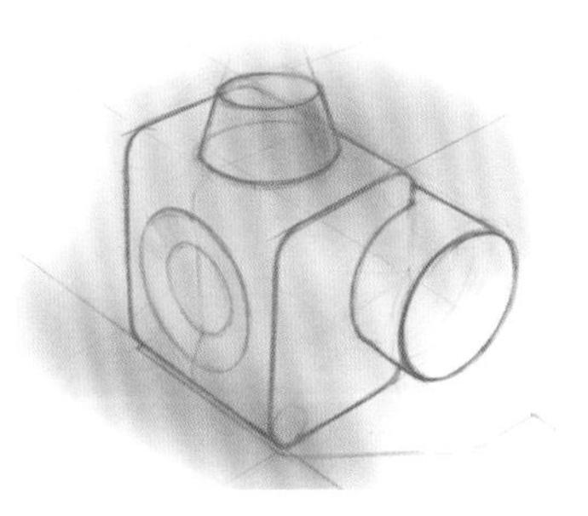

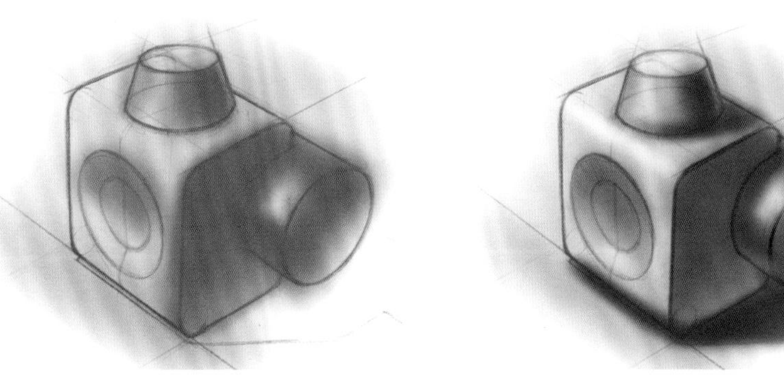

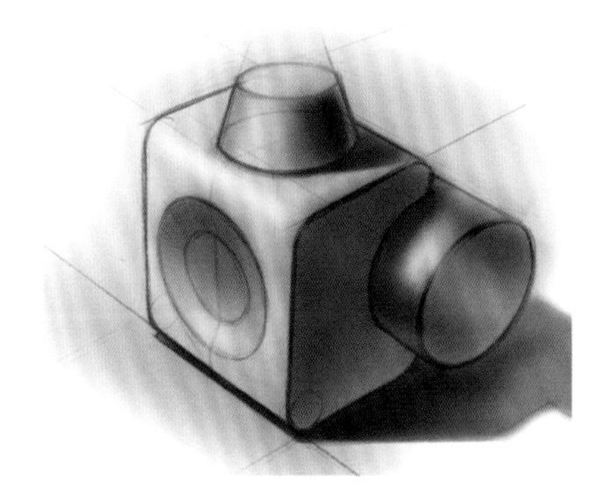

如上述例子编辑。

灯光照射方向和物体形状确定阴影形态（见阴影轮廓）。

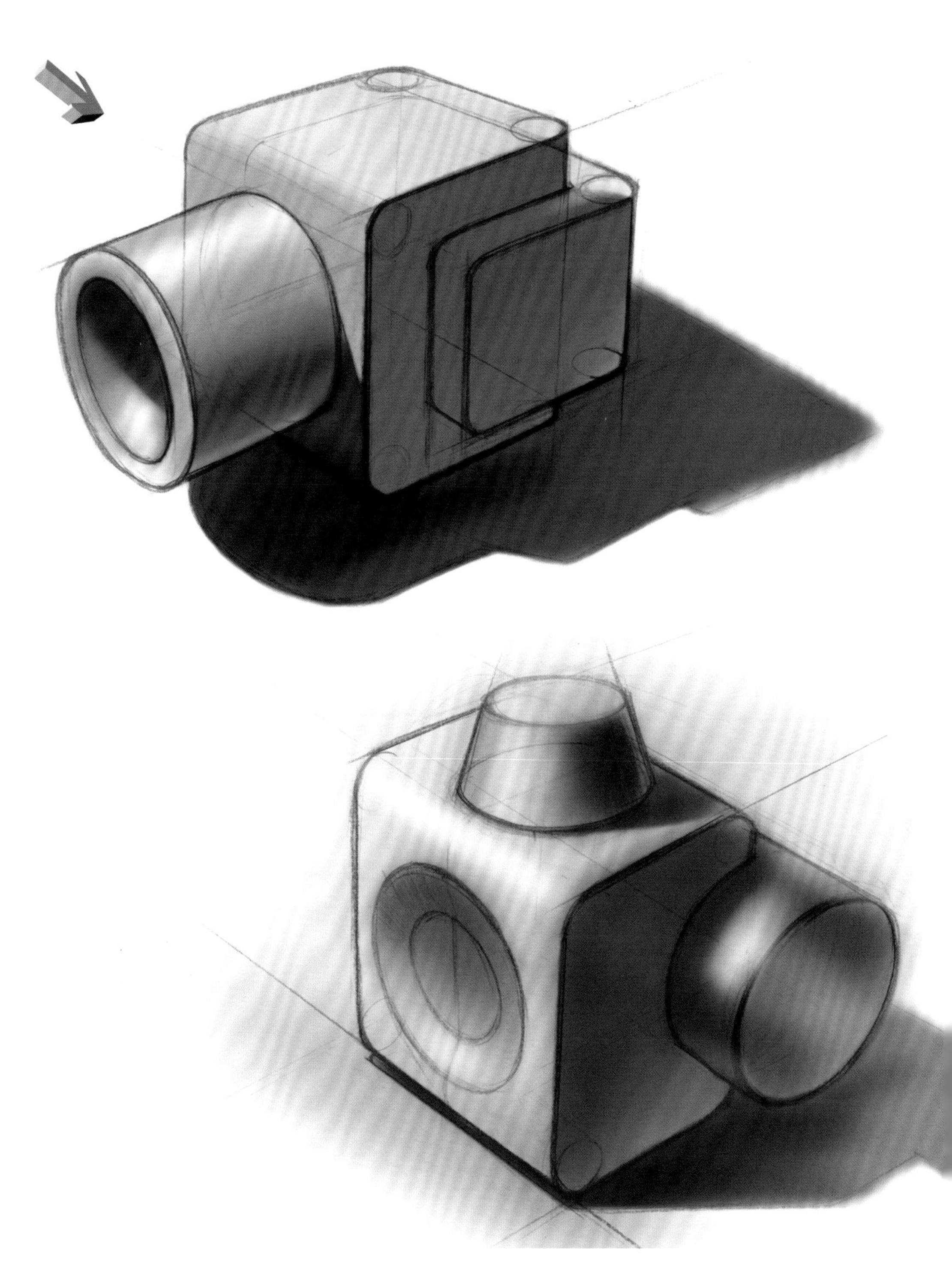

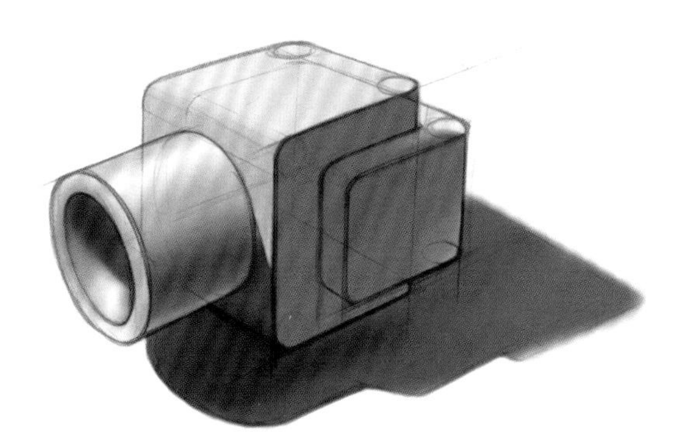

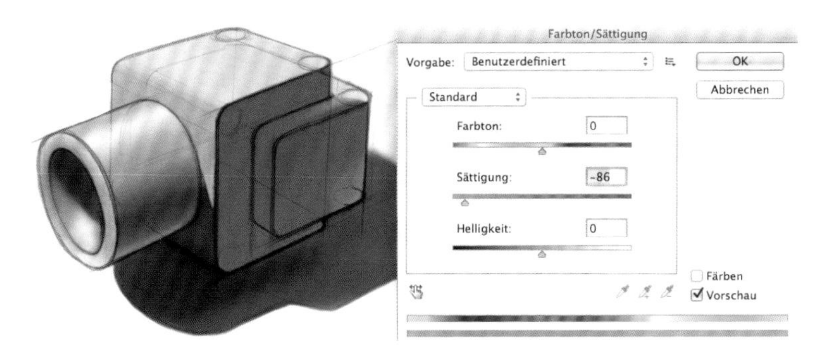

色调、饱和度、亮度在大多数项目中是能够在后期改变的，例如：在Photoshop中用命令框-纠正-色调和饱和度。

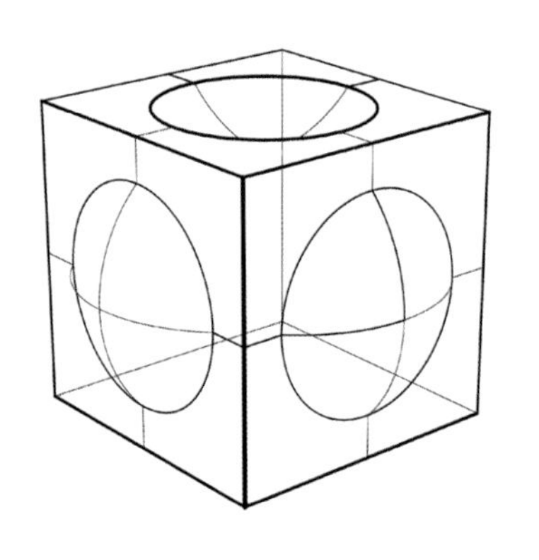

出发点是一个作为向量图或者手绘图的线条图。

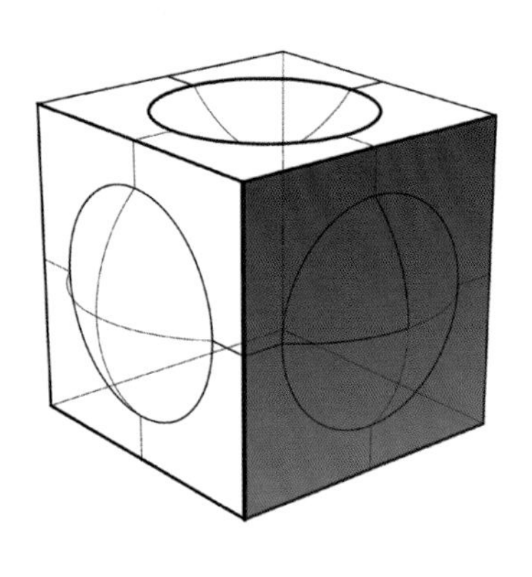

选择一个面来填充表面。使用套索或者魔棒工具。

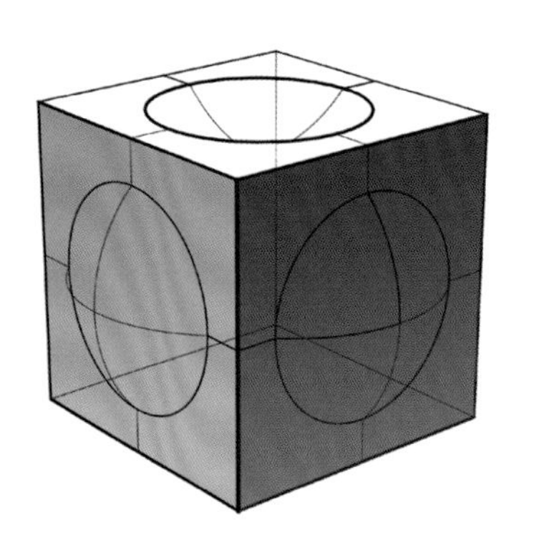

用不同的明亮程度和方式来填充表面。（过程工具）。

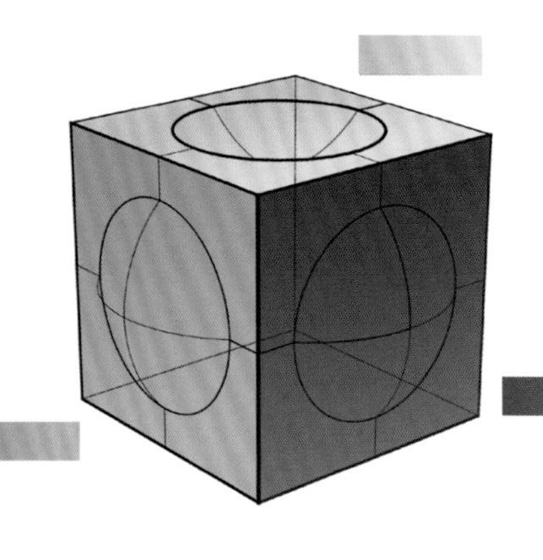

填充区域的三种颜色线条，用最强烈的对比角度：前上方。

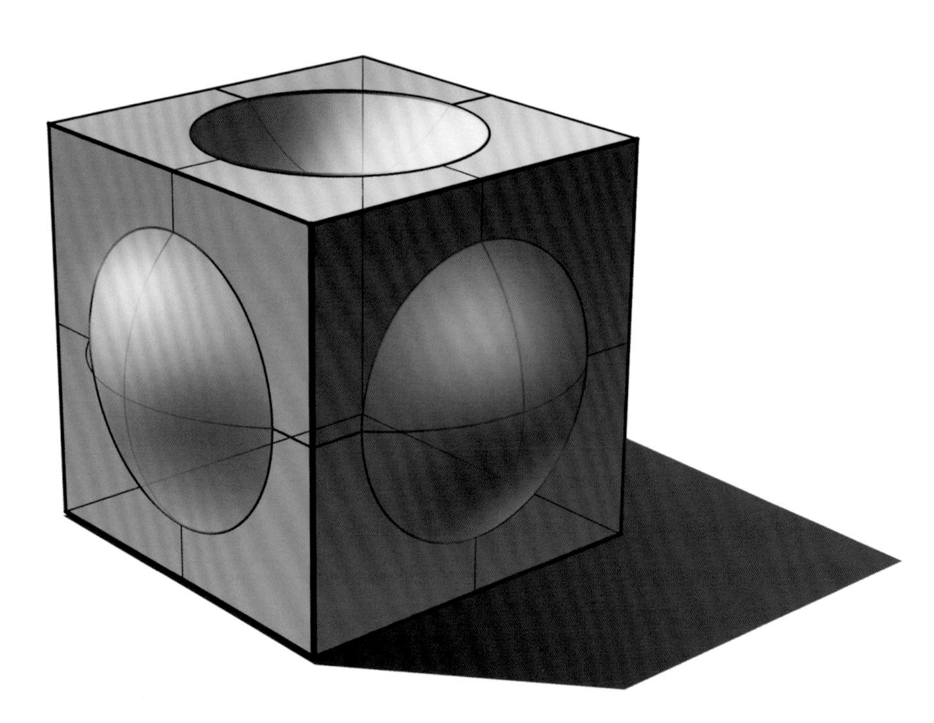

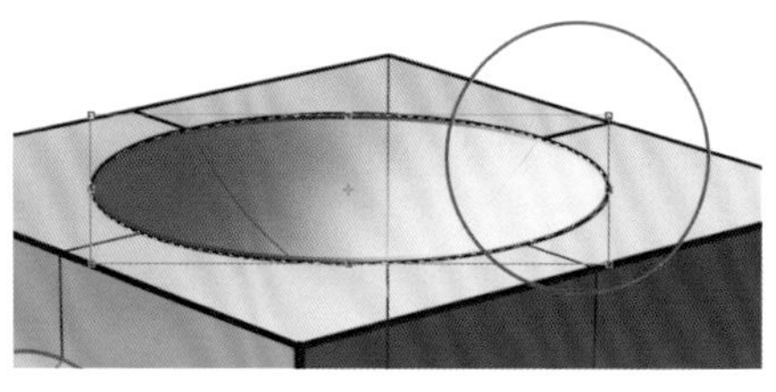

填充：所选择的椭圆，画笔大小（红圈）；喷枪：50%流通量；涂改能力，大约60%，光线柔和地造型。

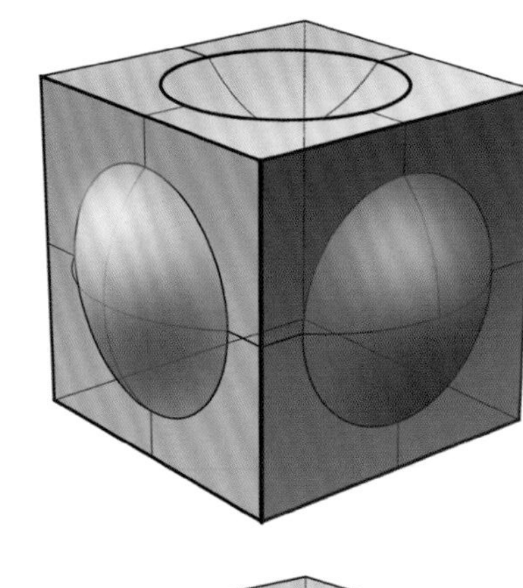

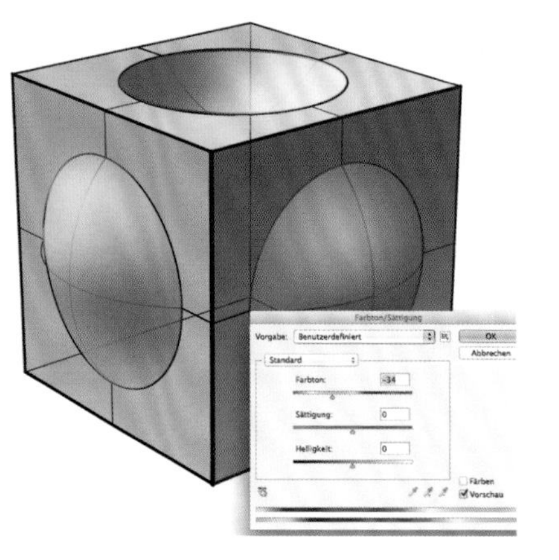

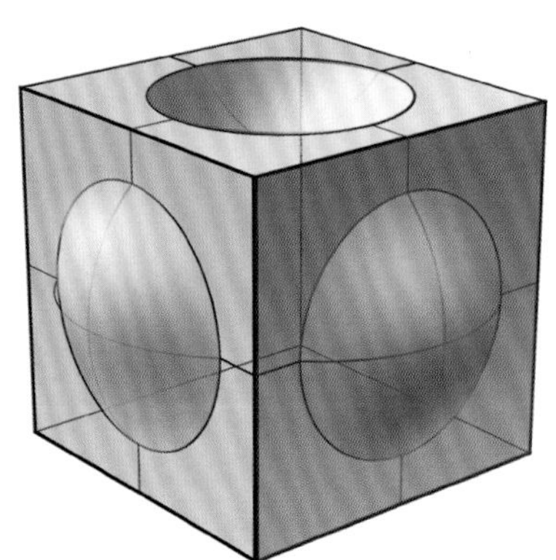

色调，饱和度和亮度在之后仍然可以调整（例如：Photoshop中图片修改——色调/饱和度）。

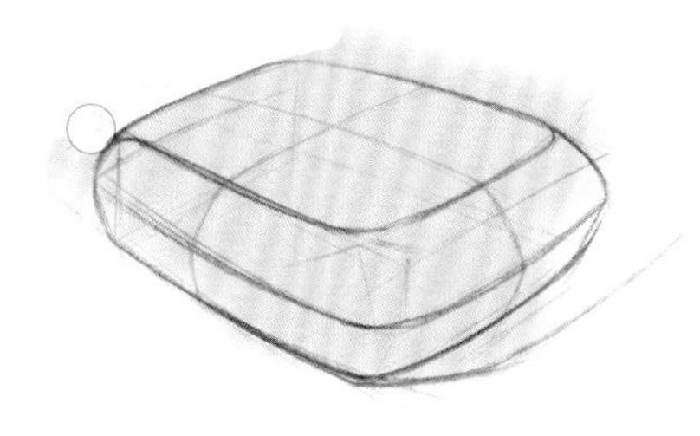

手绘图，新的图层，用刷子填充，再擦除掉（硬度：100%；涂盖能力：100%；流速：70%，大小见环）；图层填充法：“正片叠底”（拉丝仍然可见）。

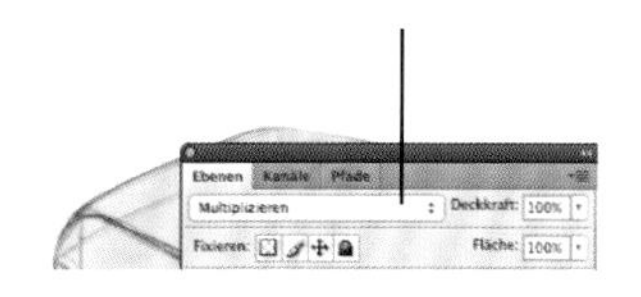

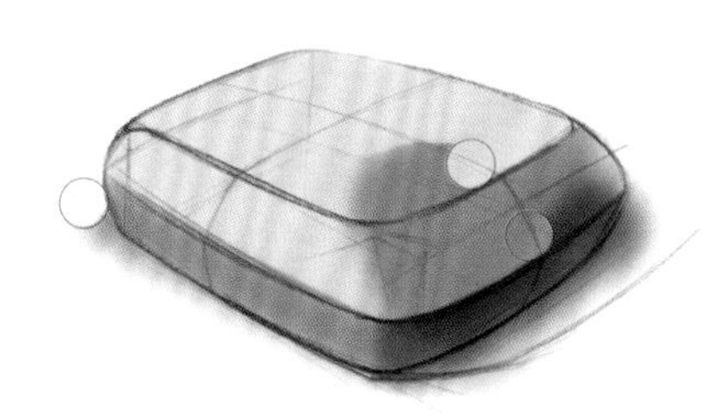

其他平面的填充在新的图层上，调整色调亮度，用同样的设置进行擦除。

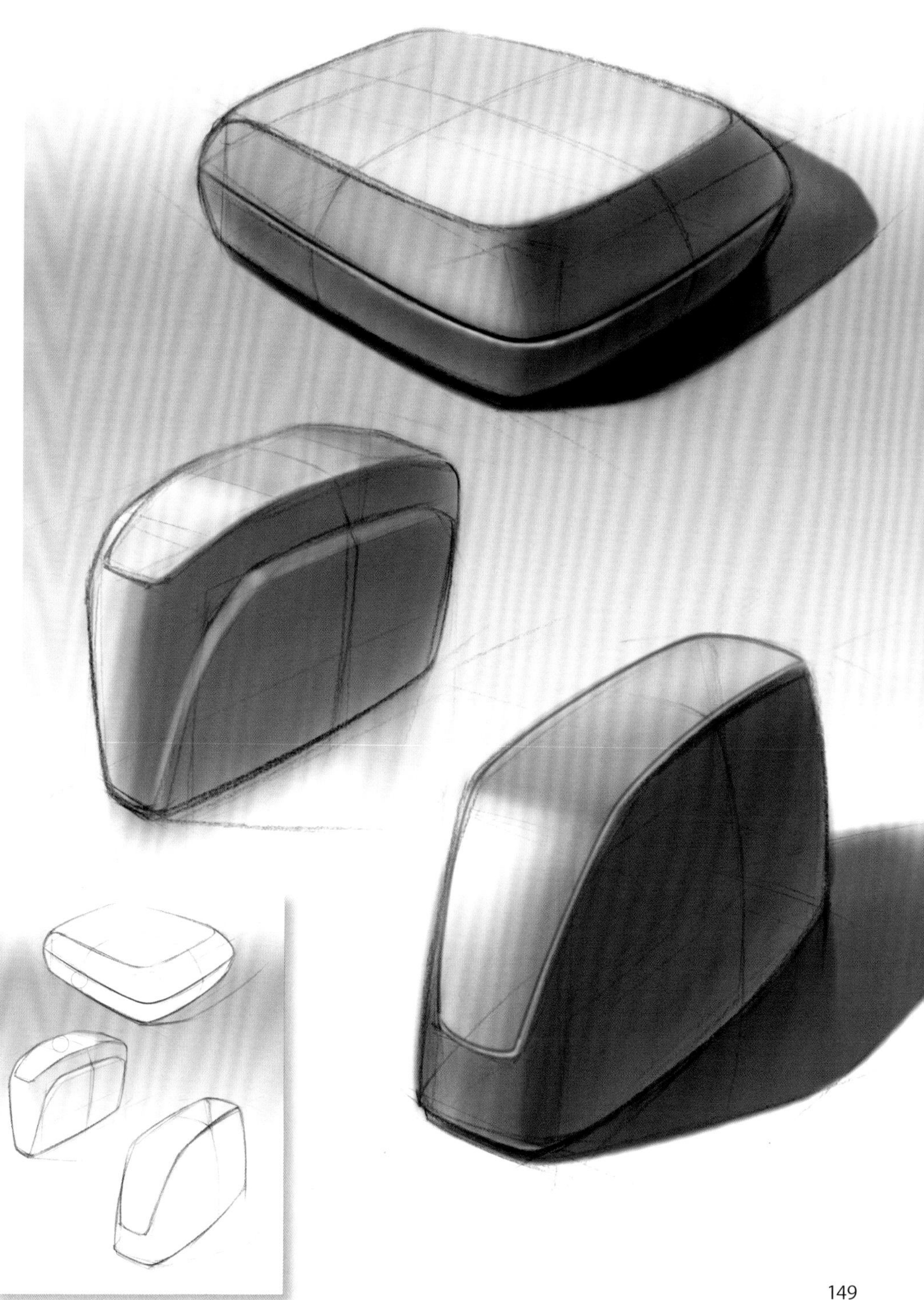

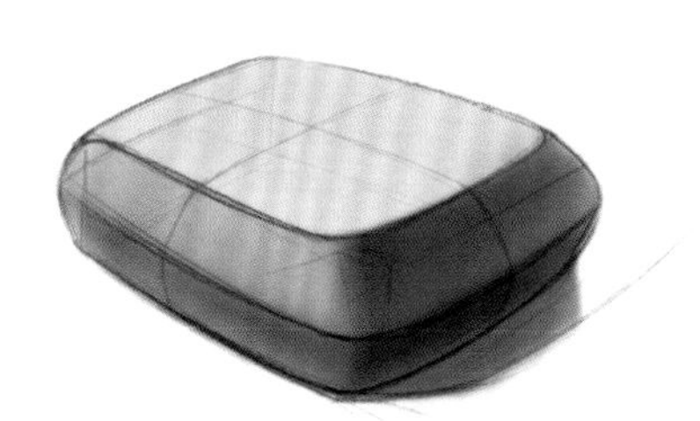

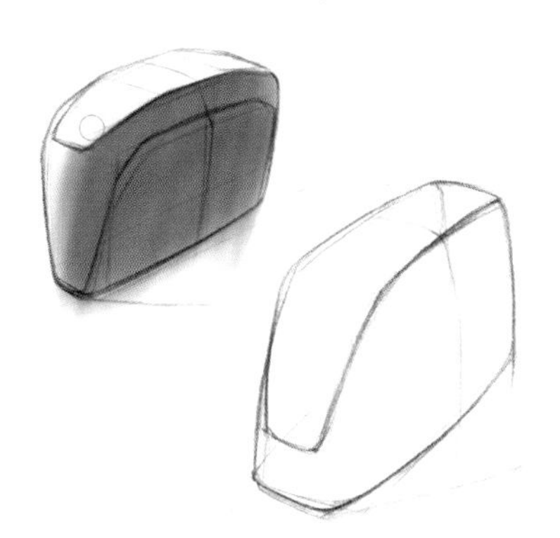

用同样的方法在更多的图层上进行进一步加工。

用渐变工具将背景物件擦除掉或者创建和清除一个路径选择。

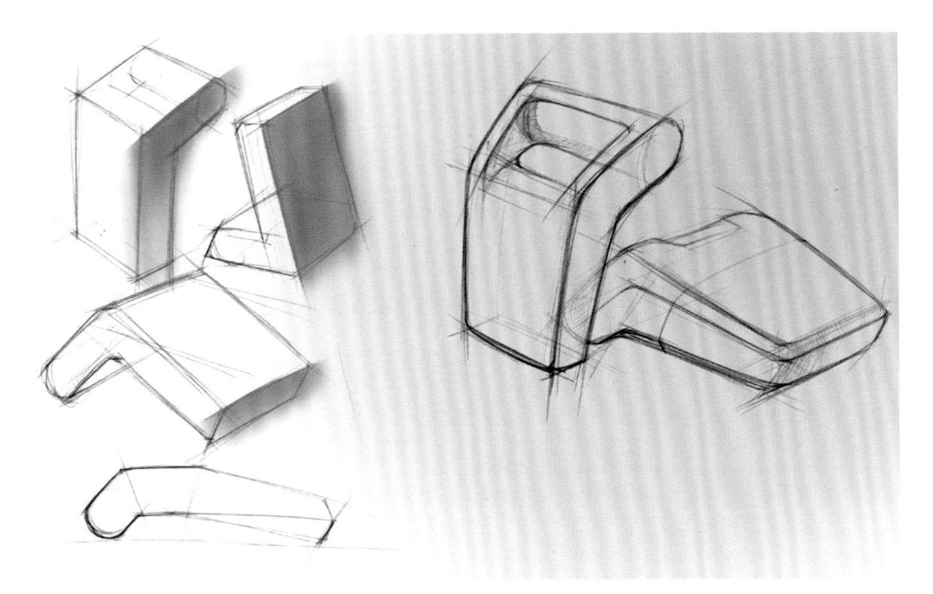

将背景曲线放置在一个平面上（模式“正片叠底”）在图画的另外一个图层上放置平面填充（这里是图像暗区右侧）。

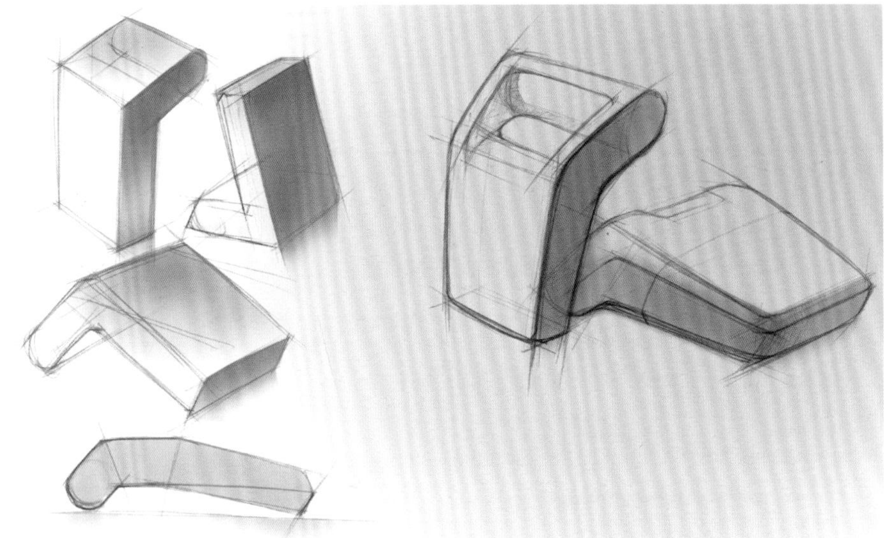

更进一步的平面布置。所有的平面都有曲线，其包含从下至上的亮度变化。它展示了从基础平面的亮度。

阴影给了设置强烈对比以可能性。重要的是光线的方向，它指定了阴影的位置和形状。光标的方向应该在所有情况下是一样的。

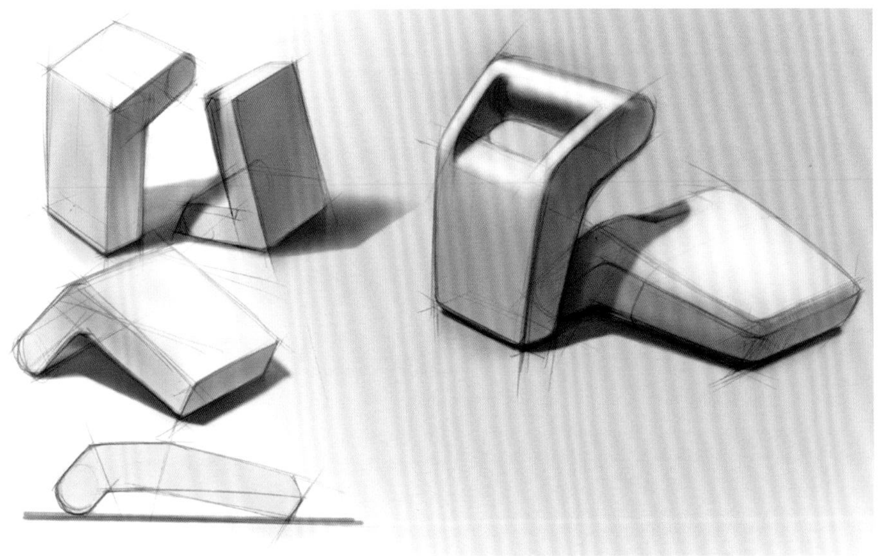

有大量光线照射的平面会发亮。可使用喷枪。硬度：0%；覆盖力度：20%；流速：50%。最大的亮度和对比度位于光线阴影的边缘，这样就可以产生一个好的空间效果。

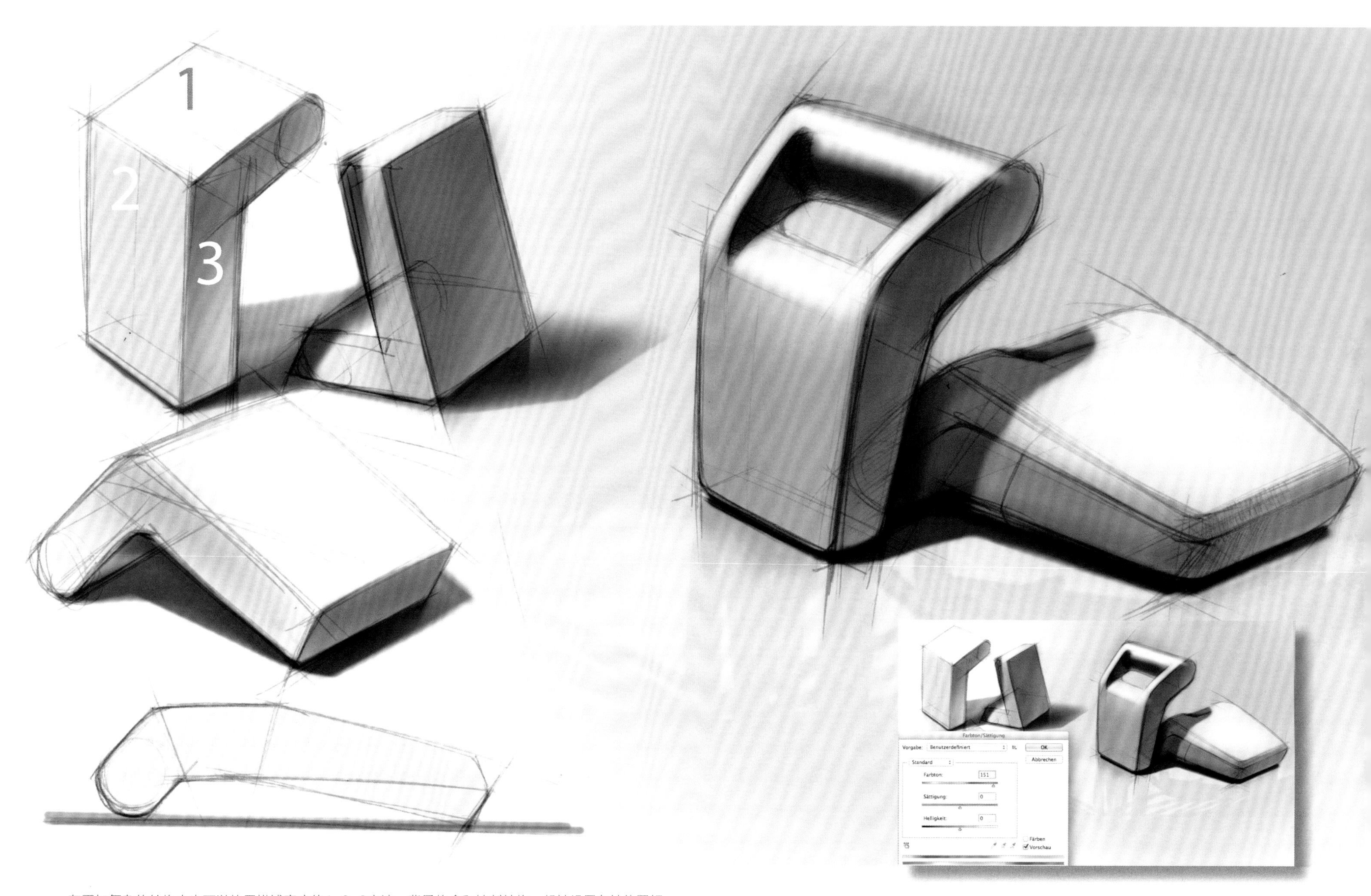

在更加复杂的结构中也可以使用描述亮度的1-2-3方法。背景将会和蚀刻结构一起被设置在被放置好的白色图层上。色调，饱和度和亮度是可以调整的（Photoshop：图片色调——饱和度）。

表面建模

表面决定了物件的形状。对于许多产品，它们被设计成为自由曲面，变形的范围可以从稍微紧张的面到极其扭曲的并且混合的表面。这里是典型表面建模的一些例子。

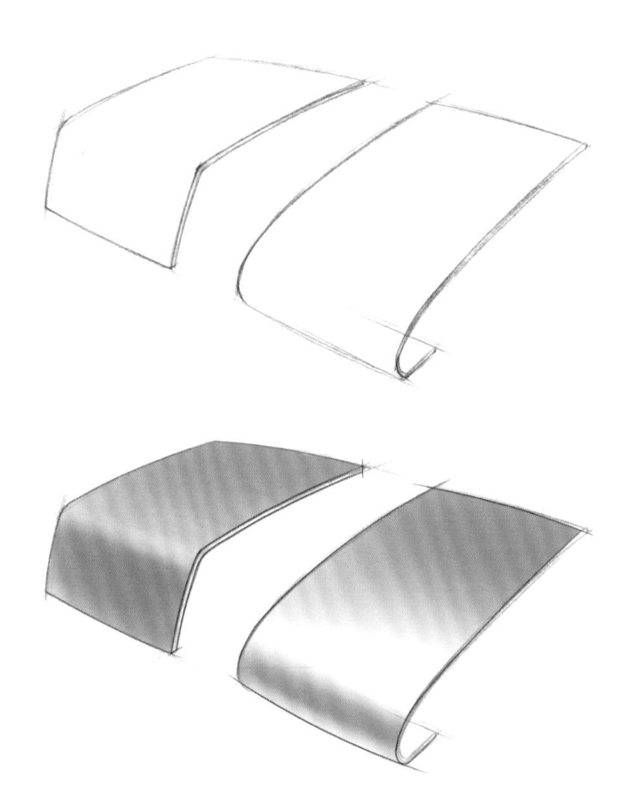

色调的平滑过渡和表面上光的散射展现了黯淡的表面，通过高度的反光表现出金属的效果。

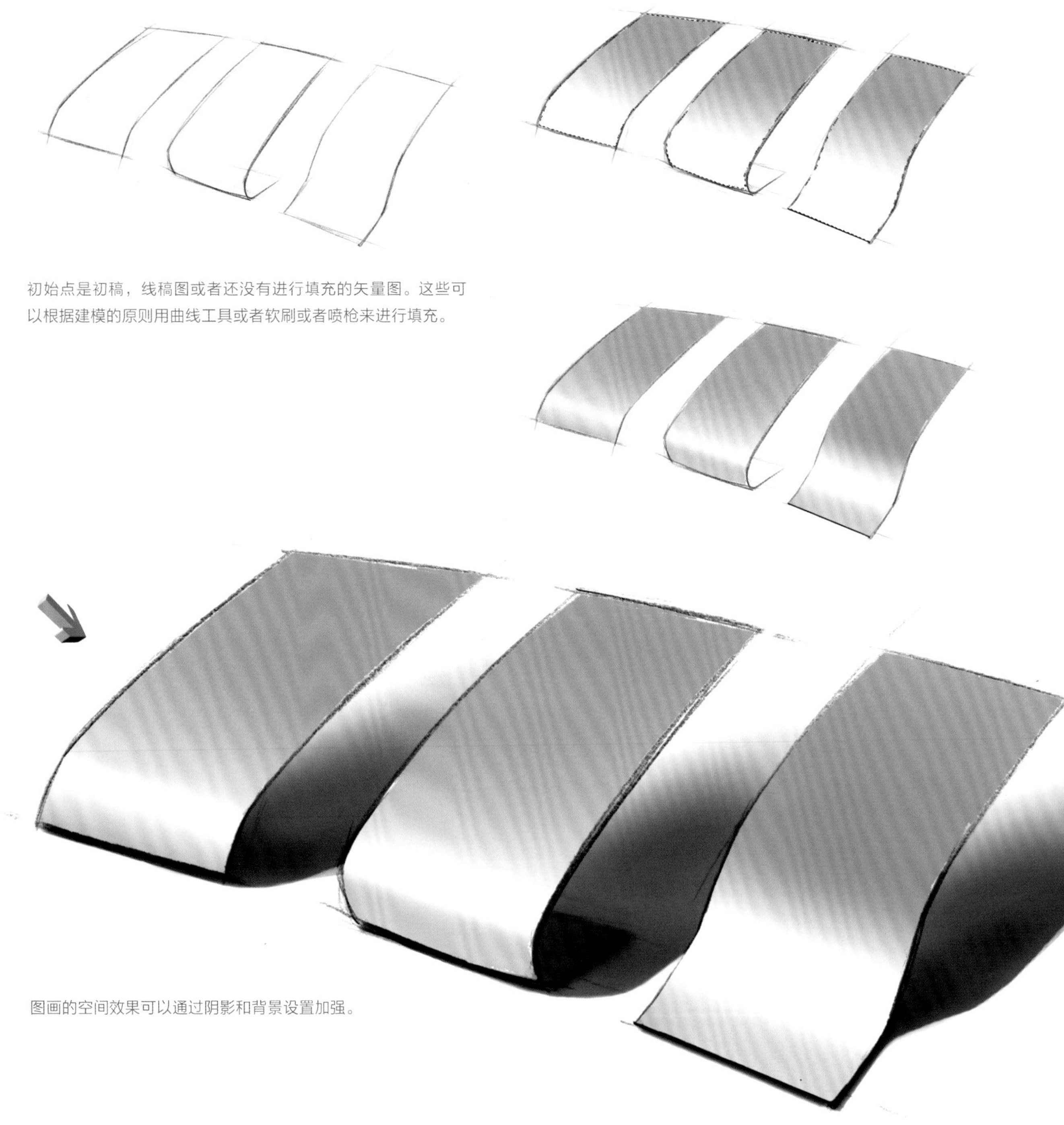

初始点是初稿，线稿图或者还没有进行填充的矢量图。这些可以根据建模的原则用曲线工具或者软刷或者喷枪来进行填充。

图画的空间效果可以通过阴影和背景设置加强。

大号喷枪，
画笔硬度：0%，透明度：30%-50%，流动性：50%

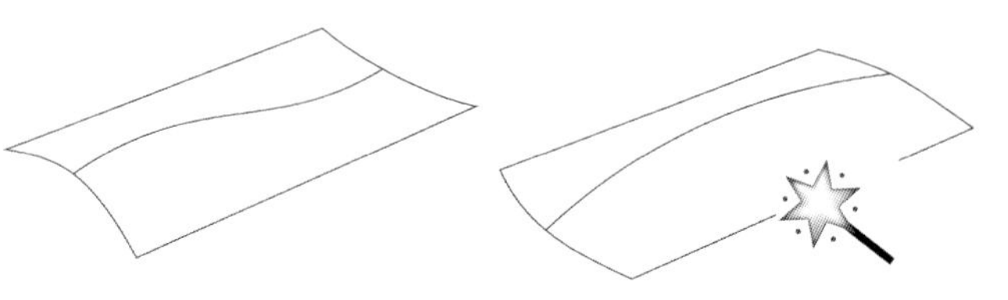

初始状态是一个线稿图或者没有填充的基于矢量的图形。用魔法工具选择表面。该选择可以遵循建模的原则，通过曲线工具或者软刷也就是喷枪进行填充。

对于硬性的形状过渡，将会有一个具有高度对比的快速亮度转换被设置。过渡处较小的半径使得形状更加真实。一个均匀的曲线将会产生一个平滑的过渡。

在一个平面内应该避免强烈的明暗对比，否则他会分裂成单独的表面，并且不再被认为是一个封闭的表面。

对于具有强大模型的复杂的自由面，则将最大的对比度放置在形状交换的地方。前面比后面强烈，这样亮暗对比不会太强。

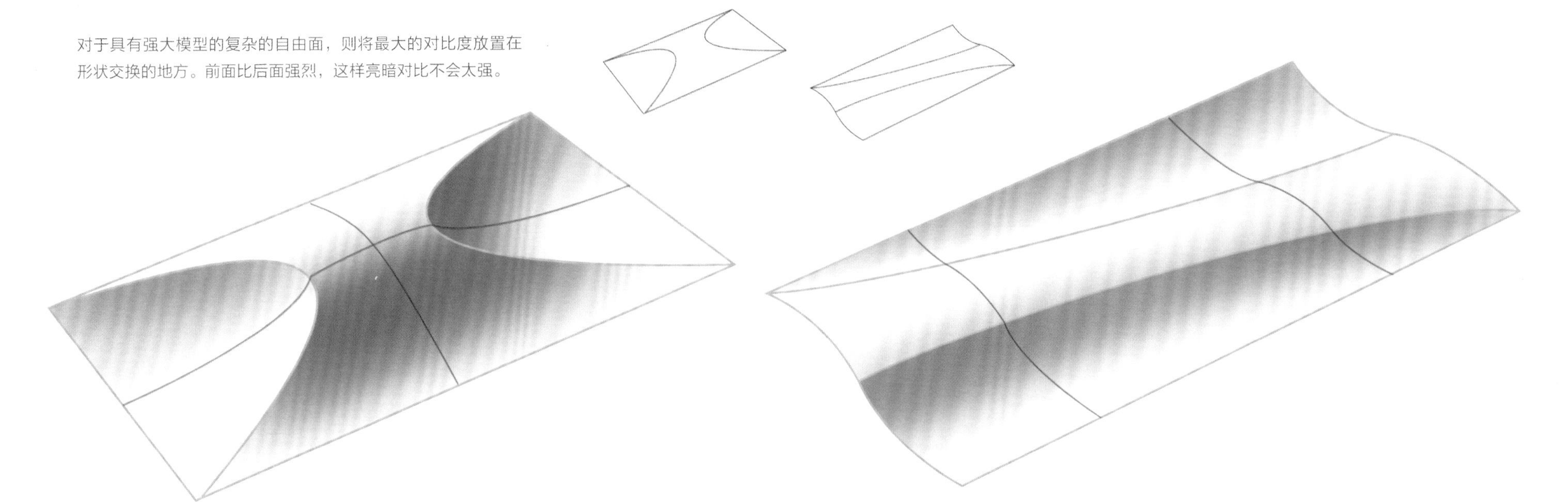

所建模的理想草图具有两个图层。用灰度值进行填充，和具有白色色调的图层作为明亮表面，将过度的灰色处理成为阴影。

其初始情况是一个线条图。利用做图工具（Photoshop：路径工具）可以生成选择，例如利用大的填充工具（具有柔软边缘为了无极过渡的刷子）对选择进行处理。注意只有一个主光源时光线的分布。在低处平面建模时，平面部分的亮度差别比较小。

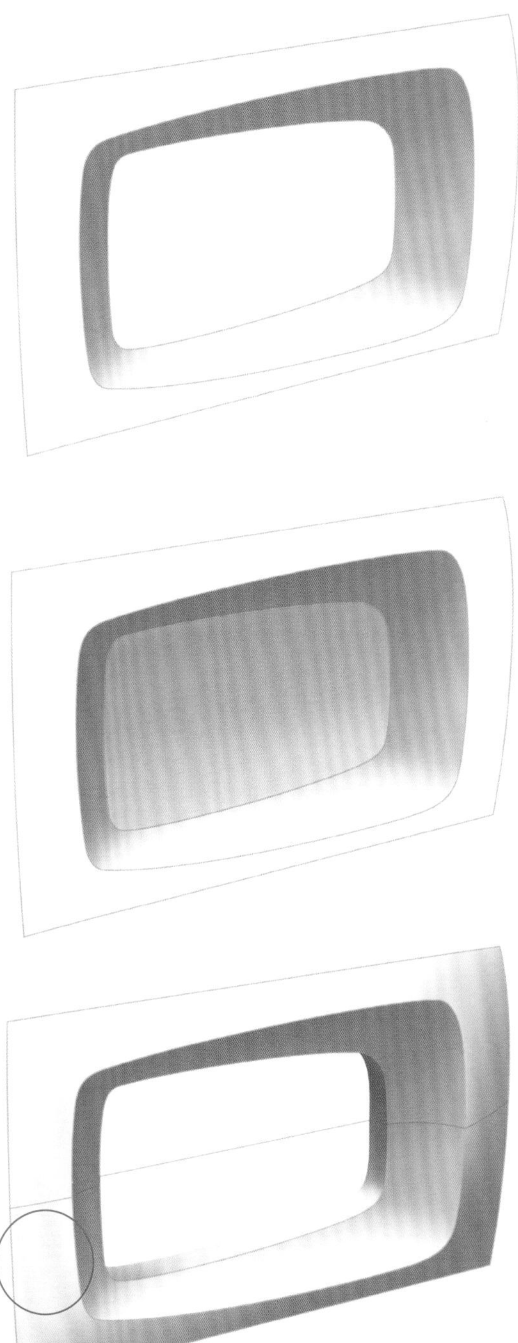

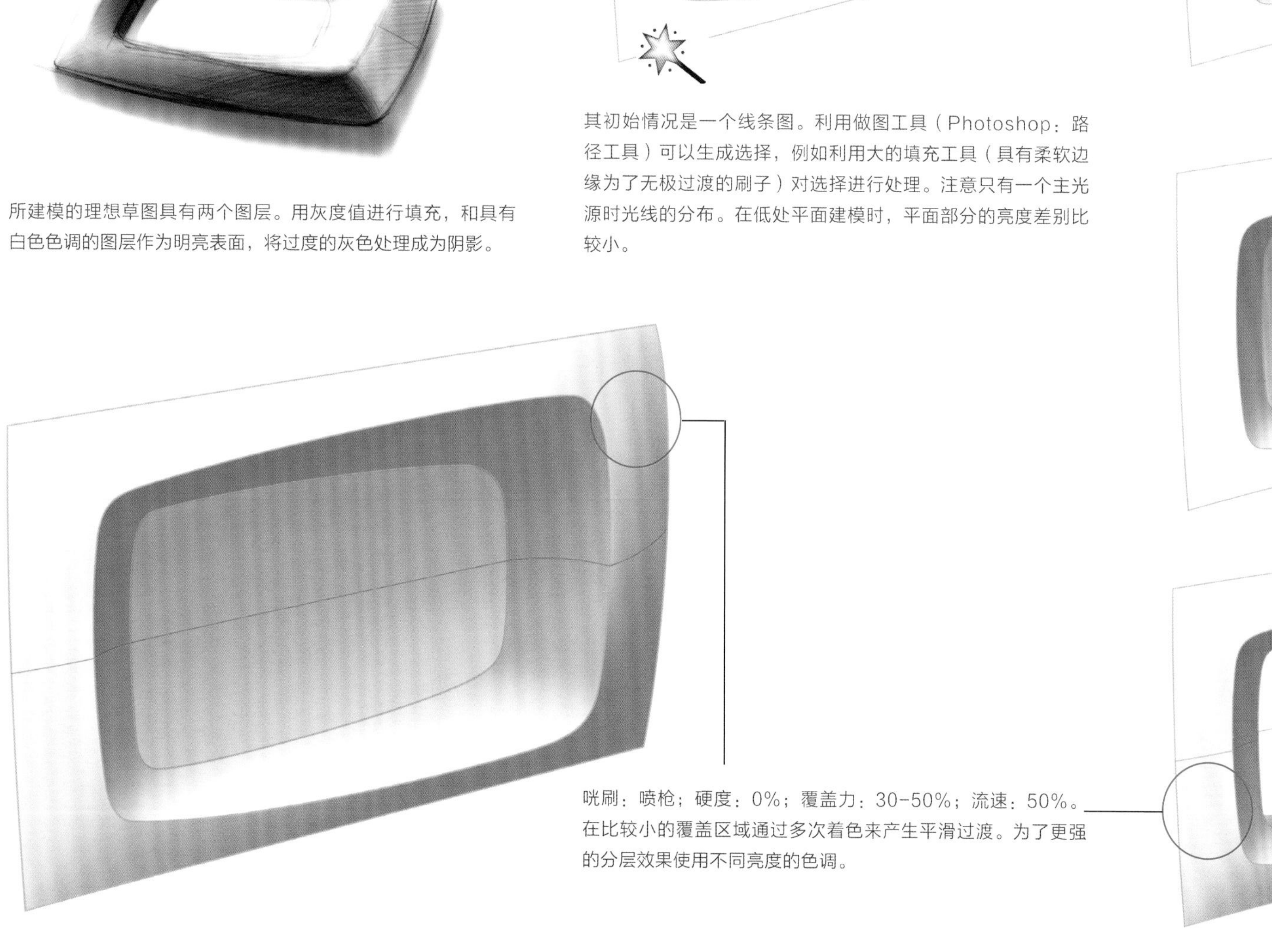

咣刷：喷枪；硬度：0%；覆盖力：30-50%；流速：50%。在比较小的覆盖区域通过多次着色来产生平滑过渡。为了更强的分层效果使用不同亮度的色调。

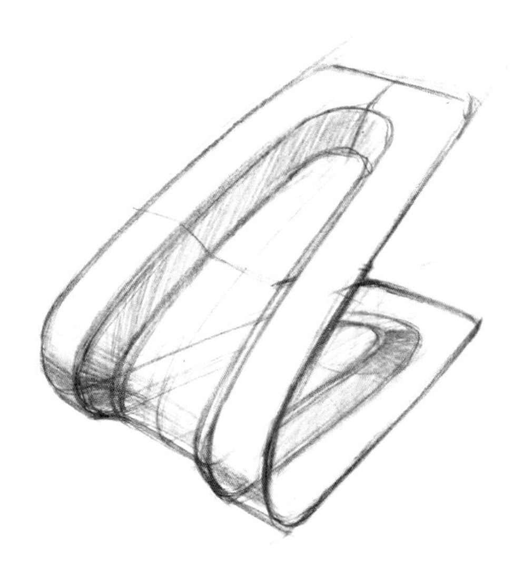

这里的初始状态是一个涂鸦，表面被塑性放置，并且可以用一个柔软喷枪的灰色曲线进行建模。阴影提高了对比度和空间效果。

这里是一个模拟绘图（左上）和数字化处理（上）之间的对比以及数字化生成的图画（右下）。

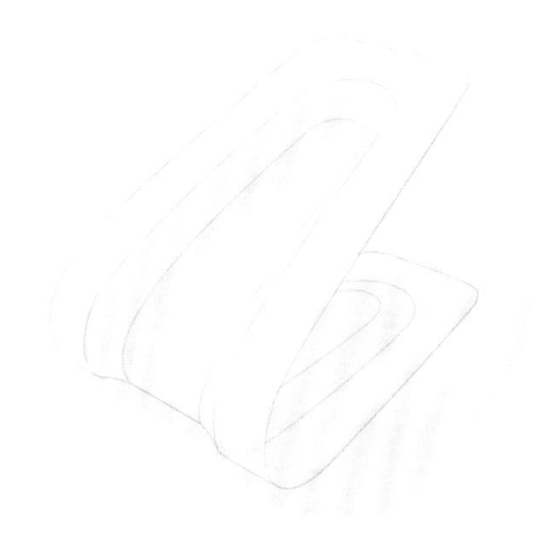

关于这个描述，一个线条图在路径的协助下被放置（填充路径轮廓）。表面可以简单得通过魔法棒被选择。

喷枪：画笔硬度0％，透明度：40－60％，流动性：50％.

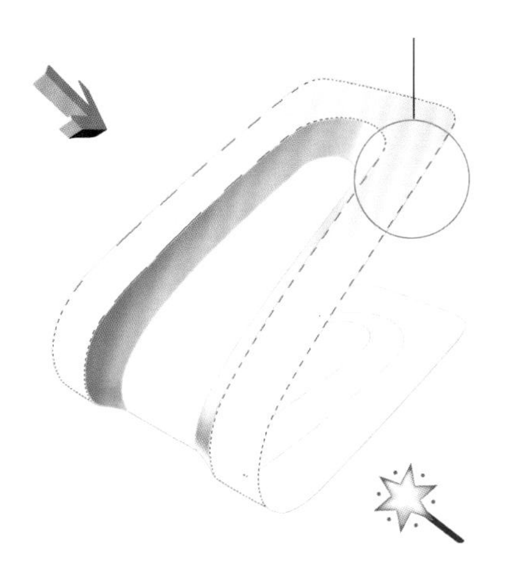

用中等灰度的线条来填充路径轮廓。单个表面的选择可以利用魔法棒工具。路径轮廓作为非常薄的线条轮廓给予之后的描绘提供精度和线条与表面间的对比。

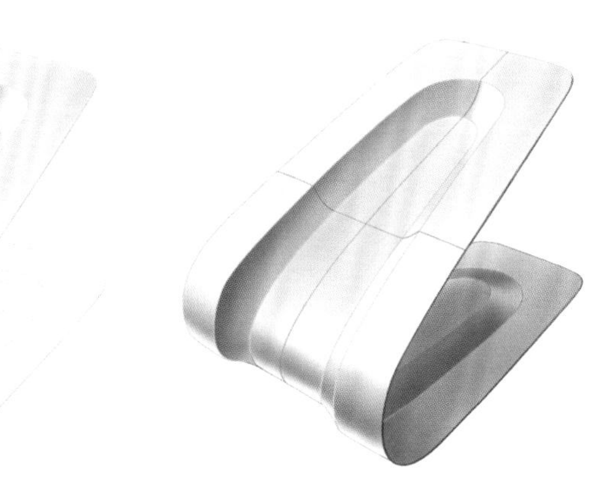

在同一个颜色空间选择更明亮和更暗淡的灰度值，这样可以在所观察光的方向来进行填充。表面填充需要用大的刷子和较小的覆盖力度来进行，为了产生灰度值的梯度。

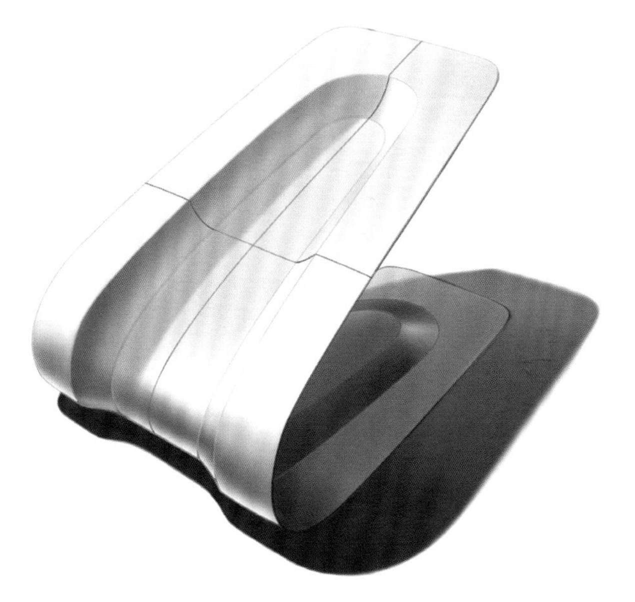

技术

成像技术可以通过不同绘画材料和工具的使用产生完全不同的表现形式。一些来自模拟绘图的传统技术也可以存在于数字绘图中。对于每个绘图任务都有相对应的特殊技术。这也往往出自于个人喜好的习惯和需求。在绘画中将细节、材料和表面连接在一起，可以提高其可信度和质量。因此大多数情况下这个不是关于被钻研的写实主义，而是关于感观和实际印象。

- 马克笔
- 数位马克笔绘图
- 彩色粉笔（色粉笔）
- 色粉和电脑配合使用的技法
- 结构元件，细节表现
- 材质表现
- 材料效果

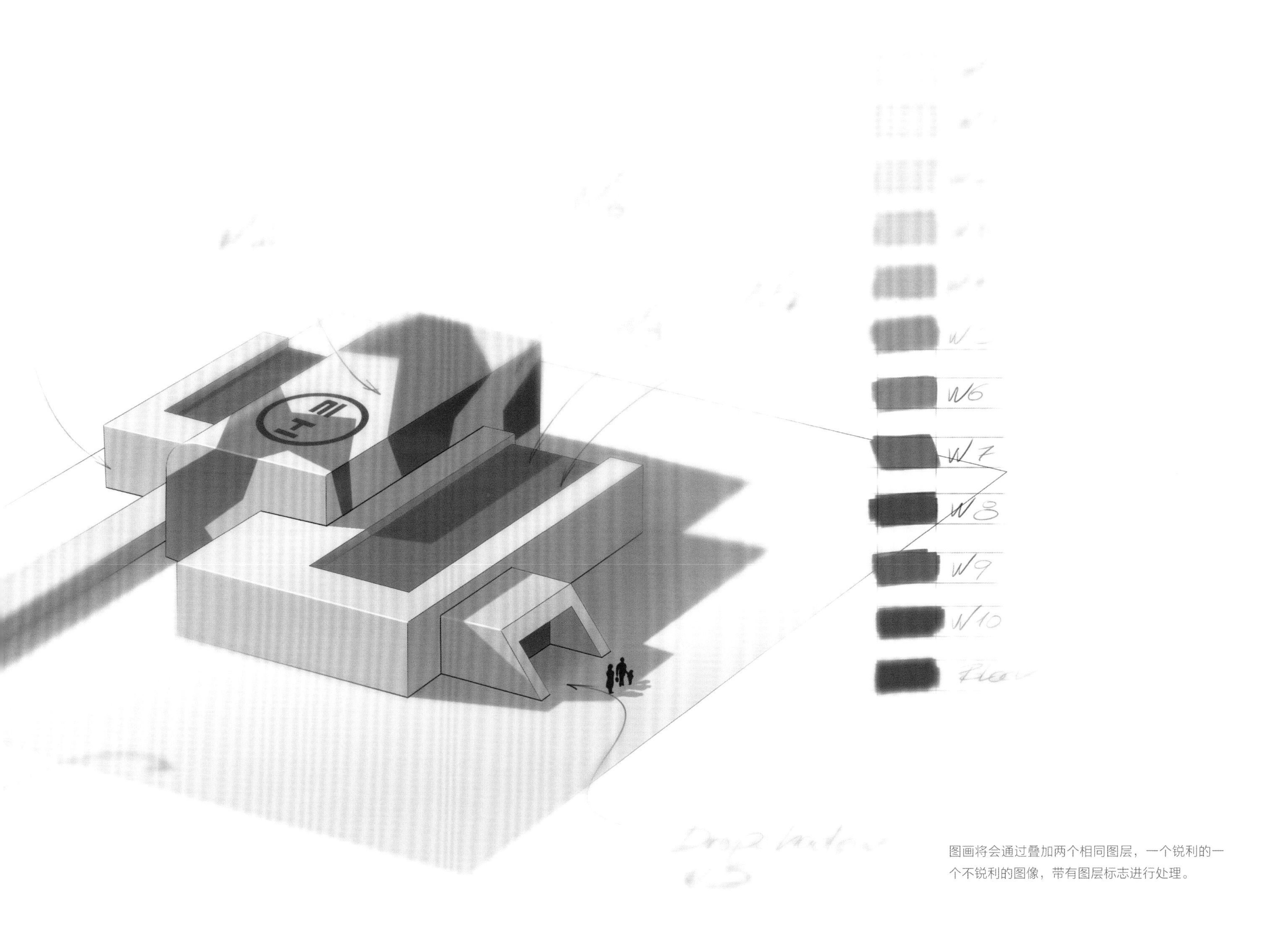

图画将会通过叠加两个相同图层，一个锐利的一个不锐利的图像，带有图层标志进行处理。

马克笔

用N1、N2、N3、N4反复重叠地画来表现渐变。

填充一个面：先像这样沿着面的边缘画两条边，然后再横向或者竖向地填充这个面。

圆柱体的马克笔上色:首先画线稿，确定光源的方向，用马克笔的平头从圆柱体的顶头开始向下反复流畅地画线，从暗调（此处用N3）开始依次向亮调画。（直到用N0，此时画的调子接近于无色。）

最后我们需要用针管笔或者彩色铅笔仔细地把它的形状勾勒出来——这样显得更突出。阴影（边界和面）可以之后再加工。

立方体：先用N1画亮面，然后中调用N2画，高光面留着先不画，最暗的面用N3、N4加工。所有的面都有一个亮度的渐变。最后添加阴影。

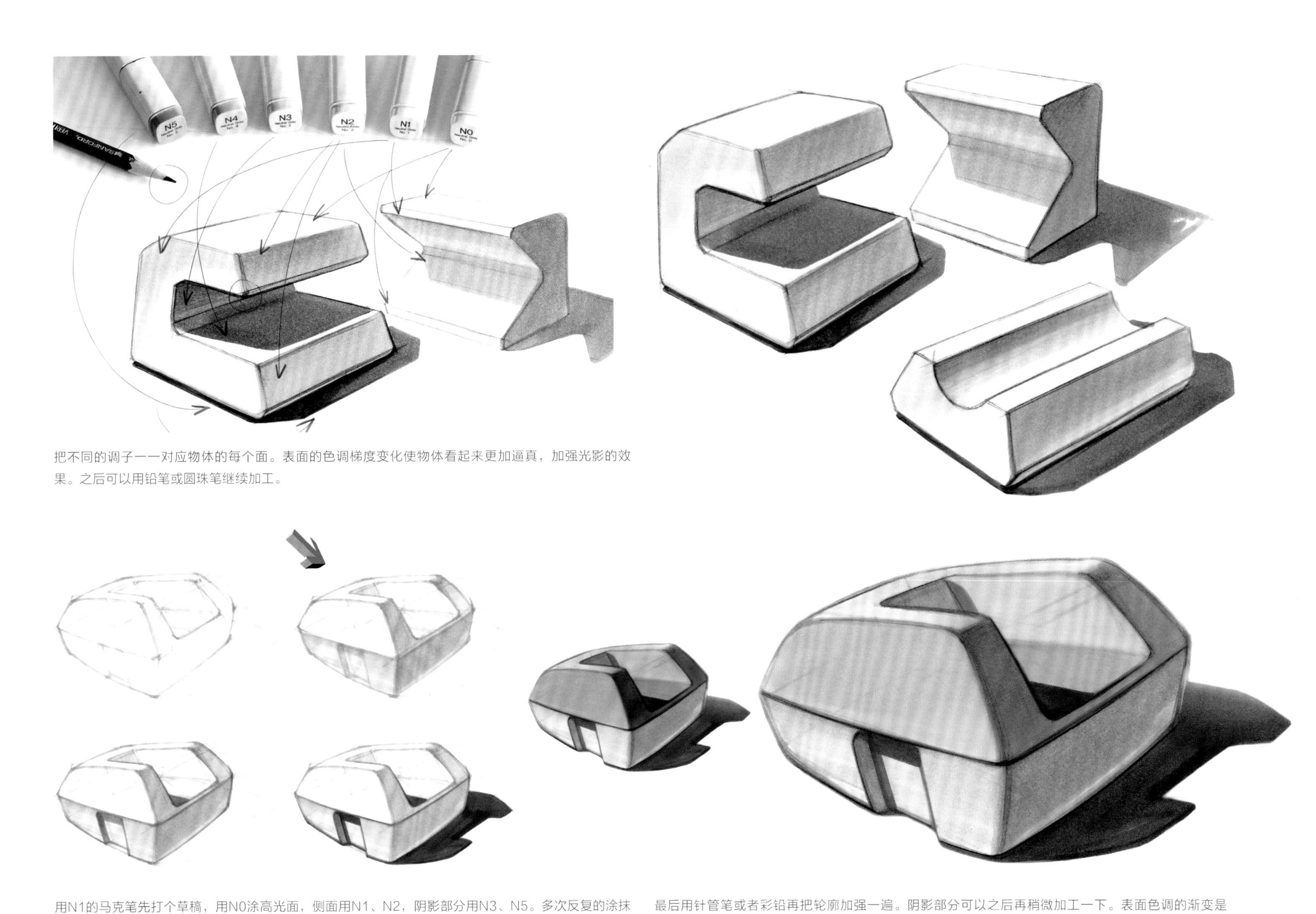

把不同的调子一一对应物体的每个面。表面的色调梯度变化使物体看起来更加逼真，加强光影的效果。之后可以用铅笔或圆珠笔继续加工。

用N1的马克笔先打个草稿，用N0涂高光面，侧面用N1、N2，阴影部分用N3、N5。多次反复的涂抹可以在面上有轻微的渐变效果。

最后用针管笔或者彩铅再把轮廓加强一遍。阴影部分可以之后再稍微加工一下。表面色调的渐变是要通过十分精细的多次涂抹来完成的。可以把画稿扫描一下在Photoshop之类的软件里继续加工。（这里展示了一个彩色马克笔上色的例子）

数位马克笔绘图

在很多应用程序里，其工具栏中提供像马克笔笔刷这样的绘图工具，比如Copic的颜色渐变。这里有一个表现强光下的物体投影和地面反白效果的例子。所用到的软件是SketchBook Designer，有类似工具和操作方式的软件SketchBook Pro，我们会在讲软件的那一章节详细介绍。这两页的图片示例来自于：萨莎·迪特里希（Sascha Dittrich）, Dipl. 设计师，立方伍伯塔尔。

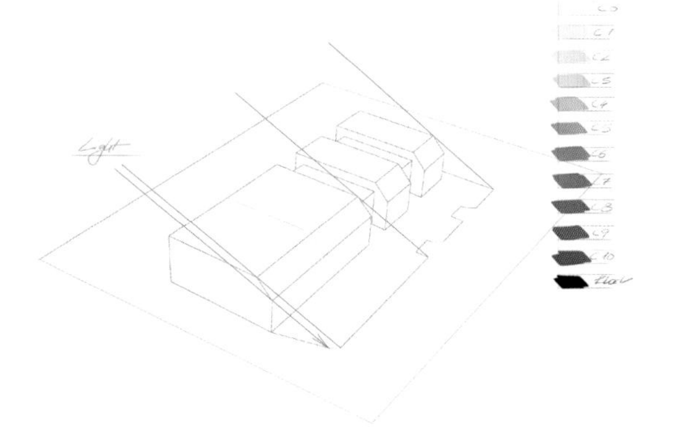

将草稿作为矢量图形在此软件中创建，绘制大体的结构。

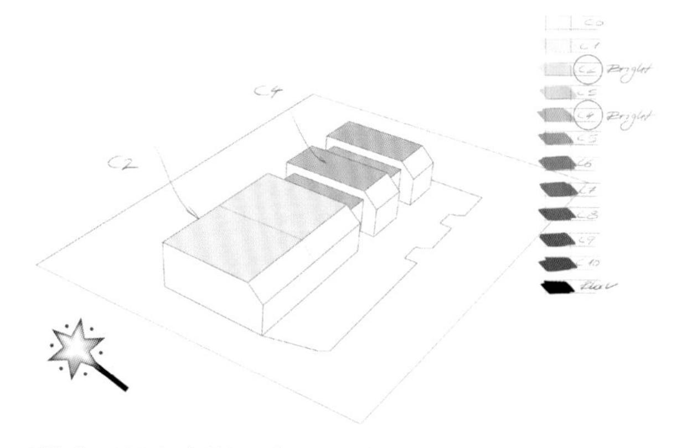

给这些面选取相应的色调值，不同的物体有不同的亮度。

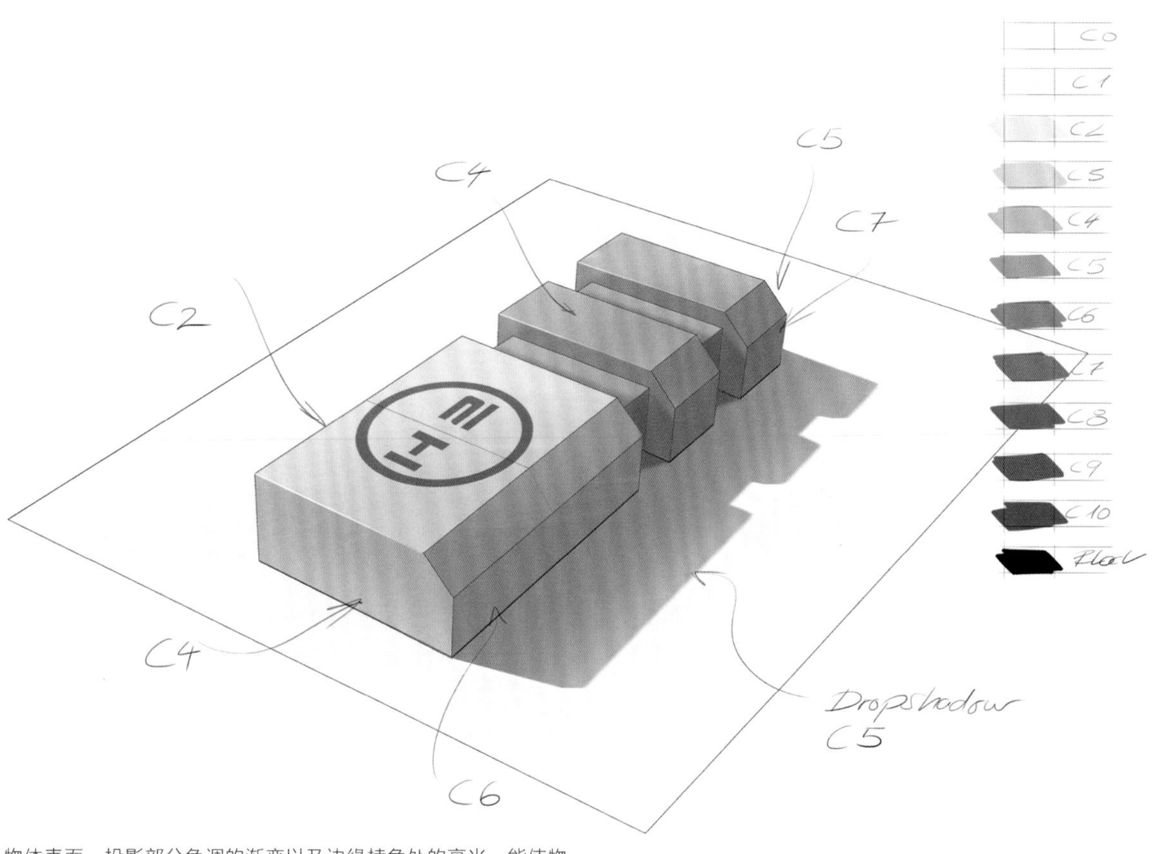

物体表面，投影部分色调的渐变以及边缘棱角处的高光，能使物体的光影感显得更加自然。

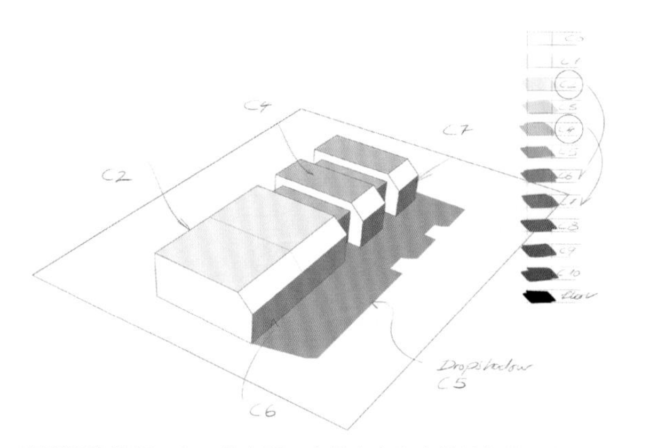

阴影面的处理。在一些主要面上的亮度渐变能使物体具有更逼真的效果，这同样也适用于阴影部分。

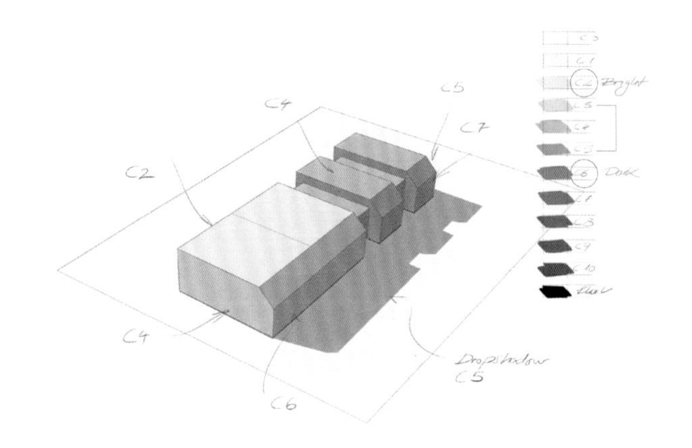

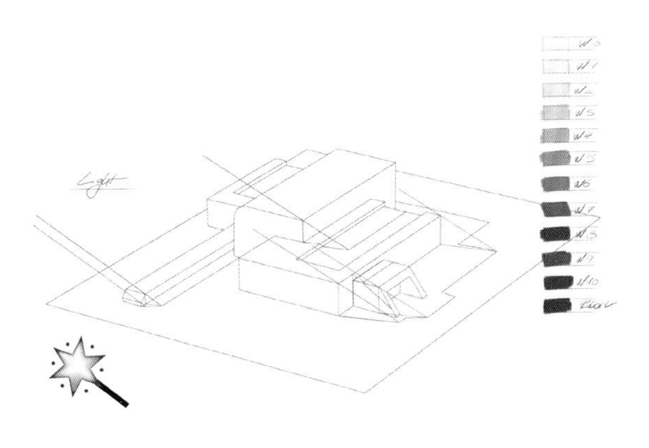

将线稿编辑为矢量图形进行绘制，与上一页的示例一致。

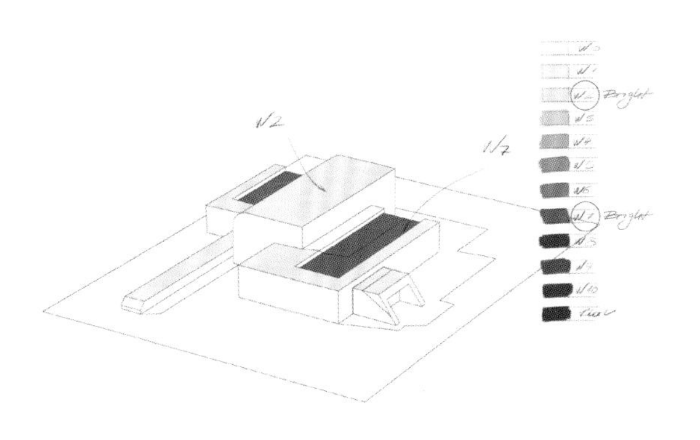

选用暖灰色调色板（w系列），将物体上的明暗区域合理划分，选择颜色并填充。

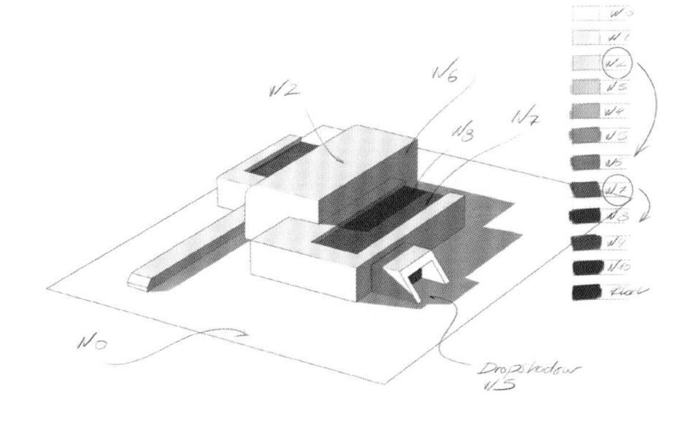

色调的值差距增大，能够提高物体整体的对比度。

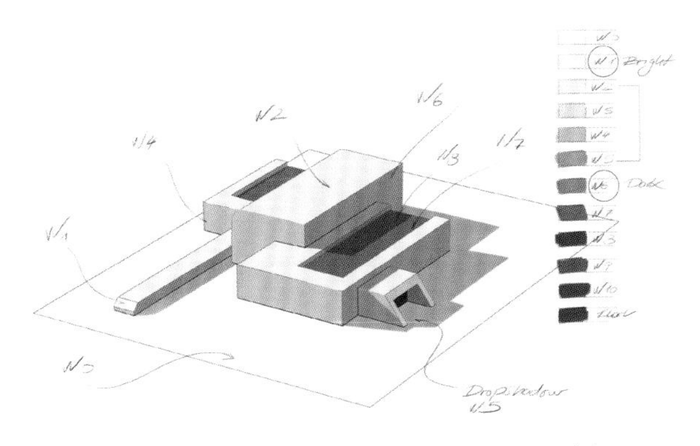

继续填充其余的面，按照表面明暗变化的规则1-2-3（亮调，中调，暗调）即可。（见第158页）

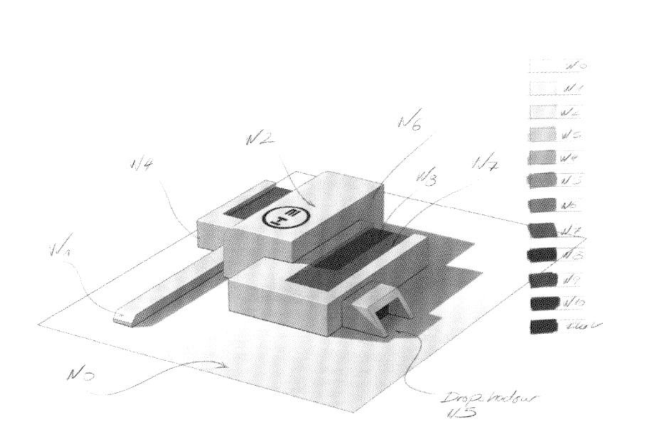

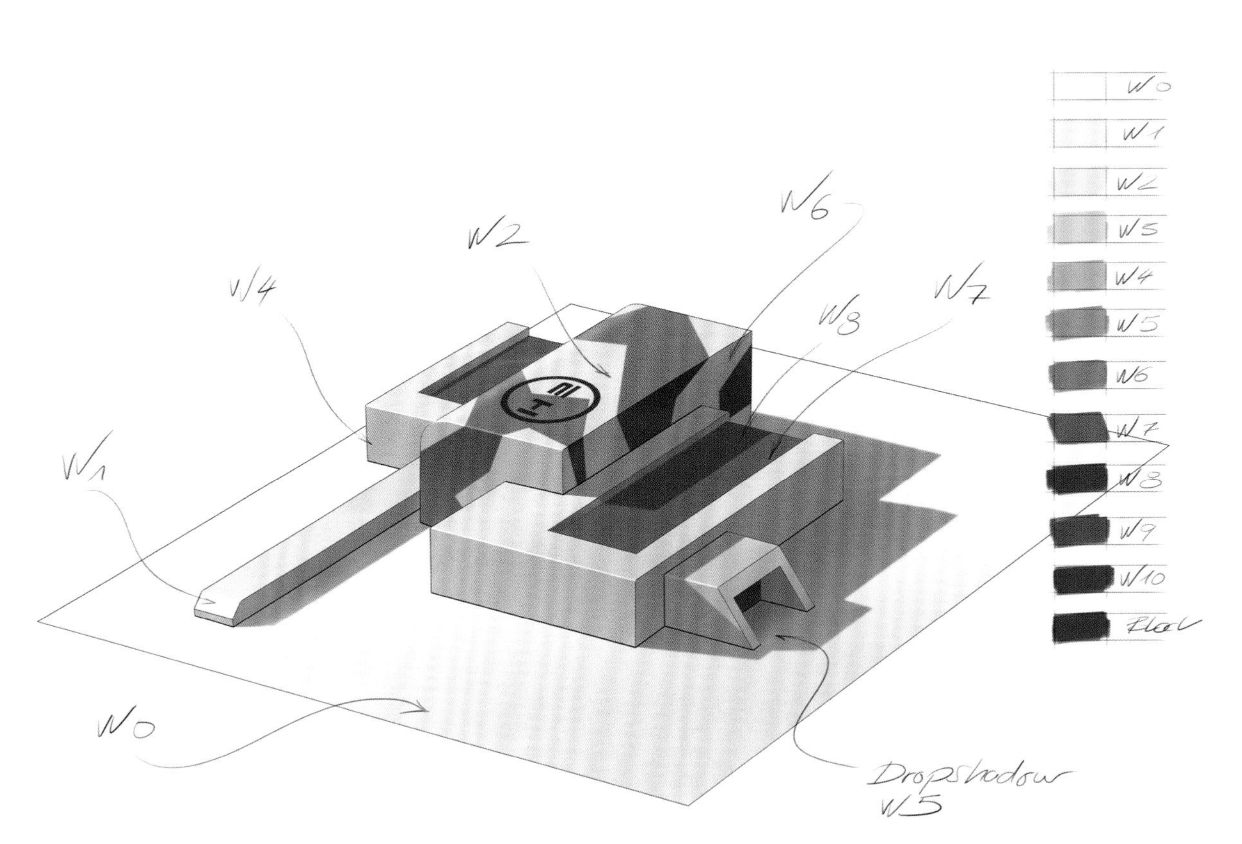

彩色粉笔（色粉笔）

彩色粉笔中含有颜料和高密度粘合剂（如：辉柏嘉的Polychromos系列）。用小刀或者刻刀刮掉一部分多余的色粉。不同的颜色之间也可以互相混合。用纸片或者折叠的纸巾轻擦色粉使其上色更均匀。一种很经典的上色方式是掺入一些爽身粉，这样能使颜料变厚，并且与纸粘连得更牢固。色粉可以用橡皮擦掉，也可以用比如说Copic记号笔涂抹覆盖。

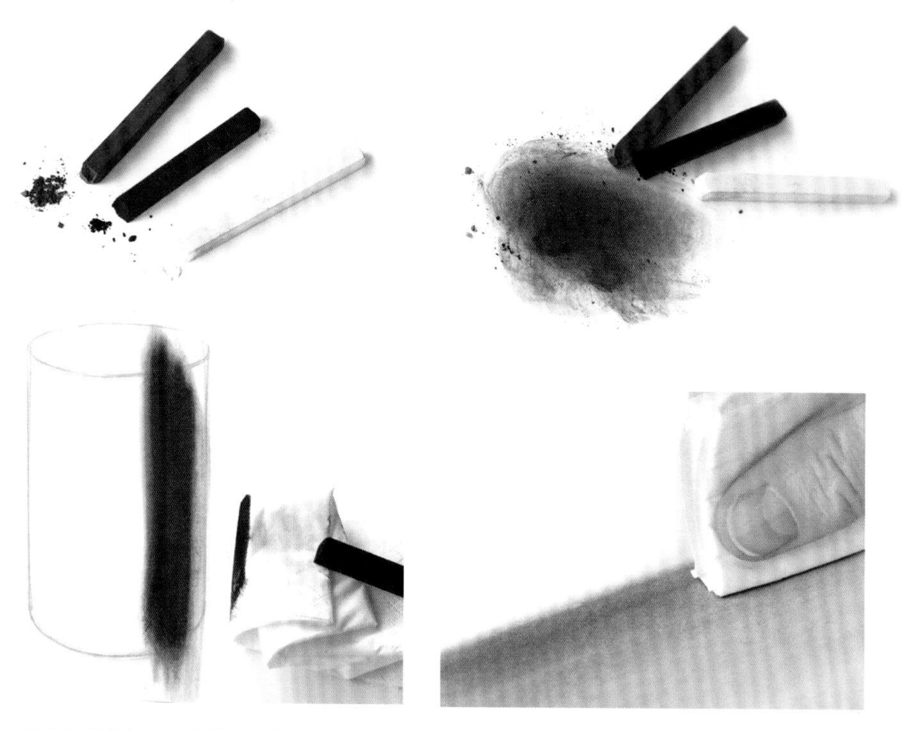

将磨碎的色粉颜料在一张单独的纸上混合。首先在这张纸上把颜料揉在一起，然后就可以用来画画了。从最暗的地方开始，轻轻地施加压力向亮的区域擦拭。这可以在明暗调之间产生平滑的过渡。不要仅仅在边框里面涂抹，可以尝试着超出边缘一点。

圆柱体的色粉画法

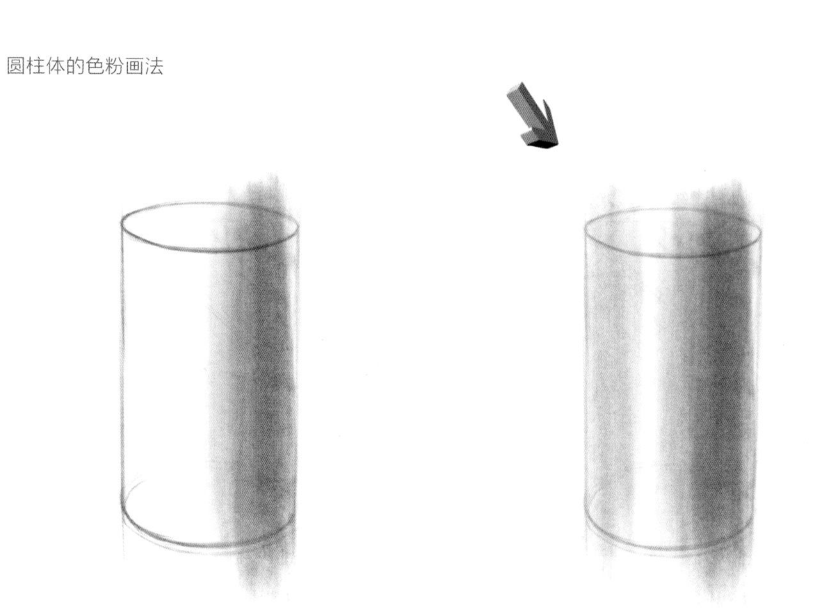

竖直方向上从最暗的地方开始涂抹轻擦，并超出两边的界限。

用剩余的色粉擦亮面，同样的，也要擦出边缘的上色。

其余涂抹过的面用橡皮提亮高光，并且擦掉超过边缘的多余部分。

用马克笔画阴影，并把前面的阴影处的边缘线和暗的地方再涂抹一遍。

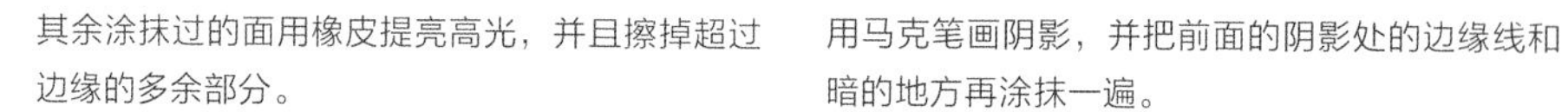

色粉和电脑配合使用的技法

用圆珠笔、针管笔或者不同种类的彩色粉笔进行不着色（线图）的草图绘制。

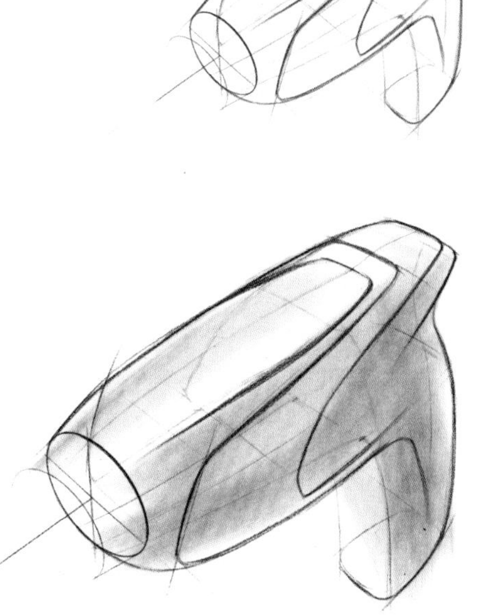

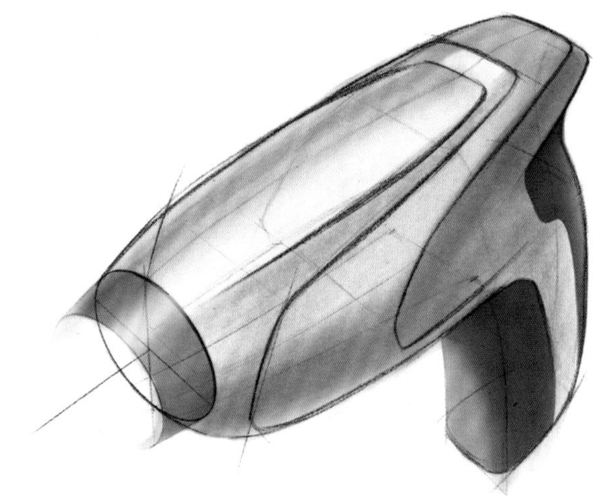

在电脑上进一步加工，扫描纸稿，补充新的部件，并加强上色渲染效果。

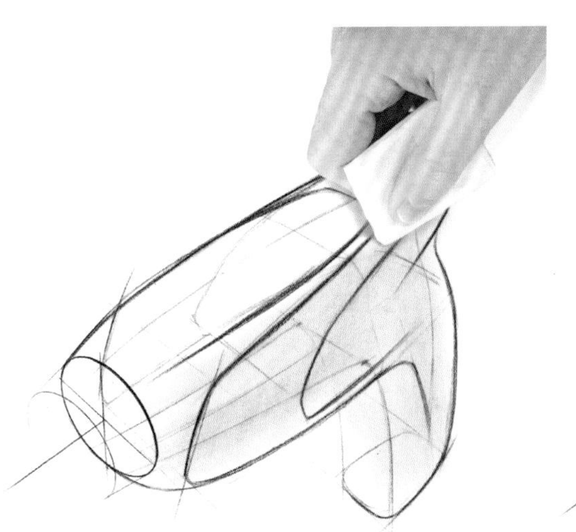

用纸垫轻擦粉笔，从最暗的地方开始，在纵向的方向上，用少许的压力擦粉笔。注意不要直接用手指按压，而是使用纸或纸垫作为缓冲和分配，多余部分的粉笔可以擦除。留下一些区域不要擦除，可以使画面显得更生动有趣。

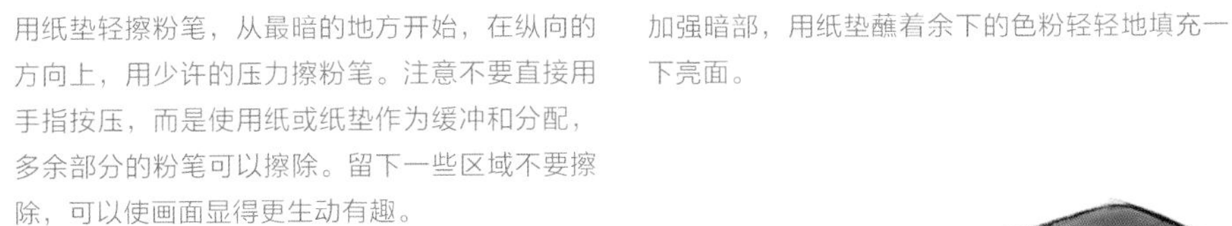

加强暗部，用纸垫蘸着余下的色粉轻轻地填充一下亮面。

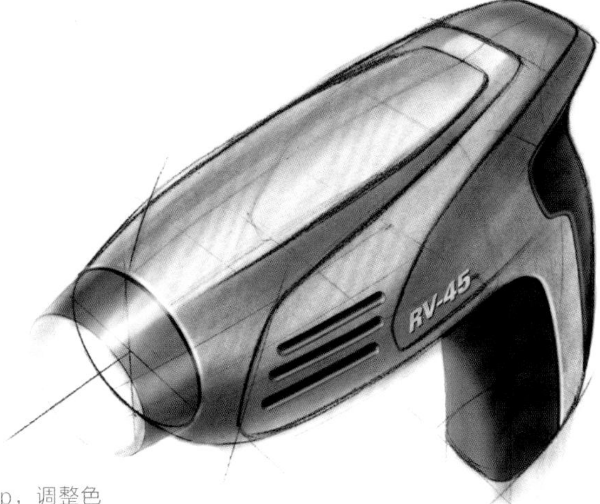

在软件中更改颜色，例如Photoshop，调整色调，饱和度或者色彩平衡。

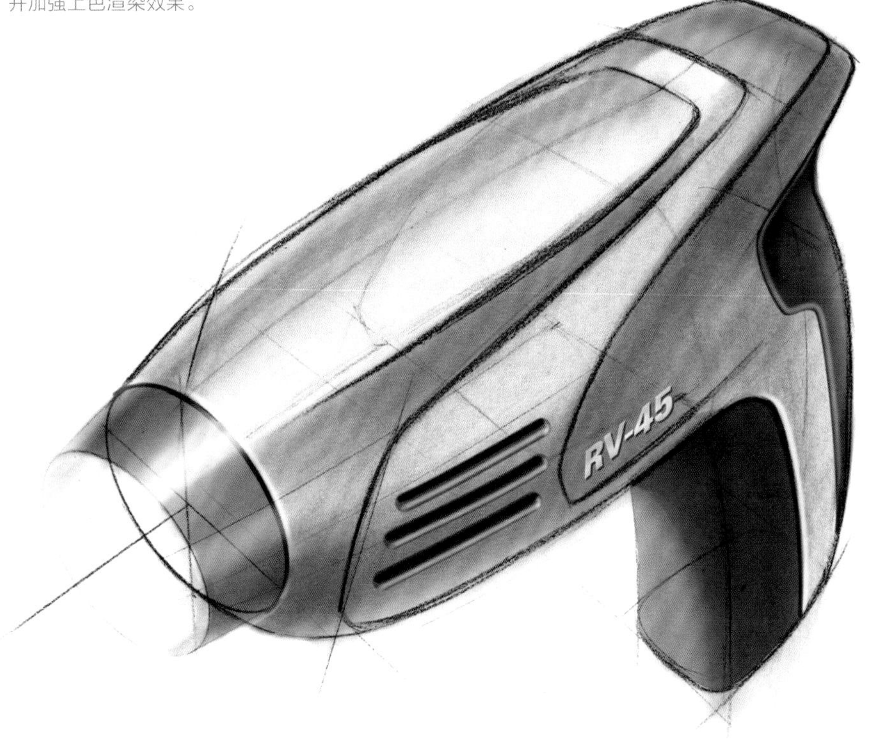

加工细节，将浅色边缘设置为边缘上的光轮廓线（使用路径工具），在形状分离时，在相同的线上暗处为阴影，笔迹转换（变形），用阴影处的边缘线增强塑料质感。

结构元件，细节表现

元件、细节、结构和孔洞缝隙是物体上的较小元素。他们既是功能键又能起到一定的审美作用。准确地展现可以进一步表现产品的可靠性和技巧性。大多数的这些元素都是由简单的几何图形组成的。

在工业产品的许多控制元件中都能发现凹/凸这样的元素。它们来自于球形面上的某一段，像这样的也需要马克笔上色渲染。本页左下方展示了一组用色粉上色的例子，在中间底部的两个例子便是较为方便容易地使用Photoshop（滤镜里应用“添加杂色”）实现的。

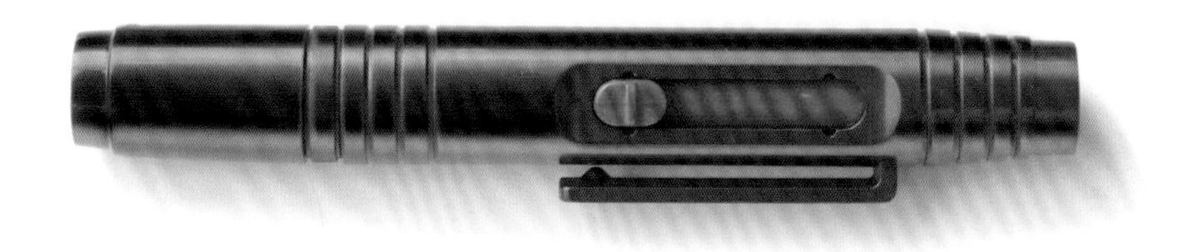

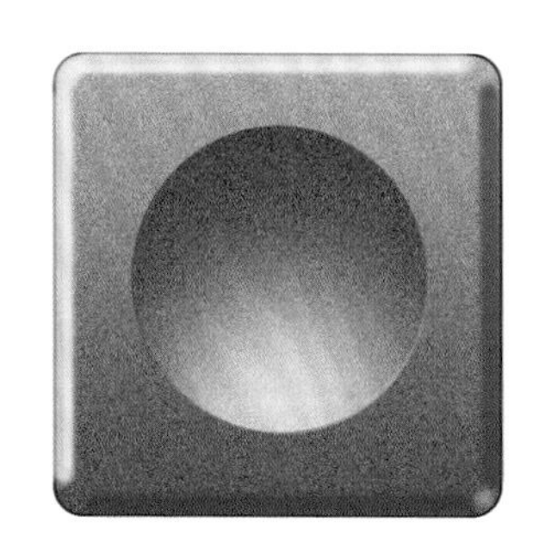

通风口的样式取决于产品表面形式的走向，在草图阶段要注意通风口之间的间隔、几何关系以及透视是否准确。应该达到正常水准的画图精度同时需注意打光的方向以及明暗渐变。

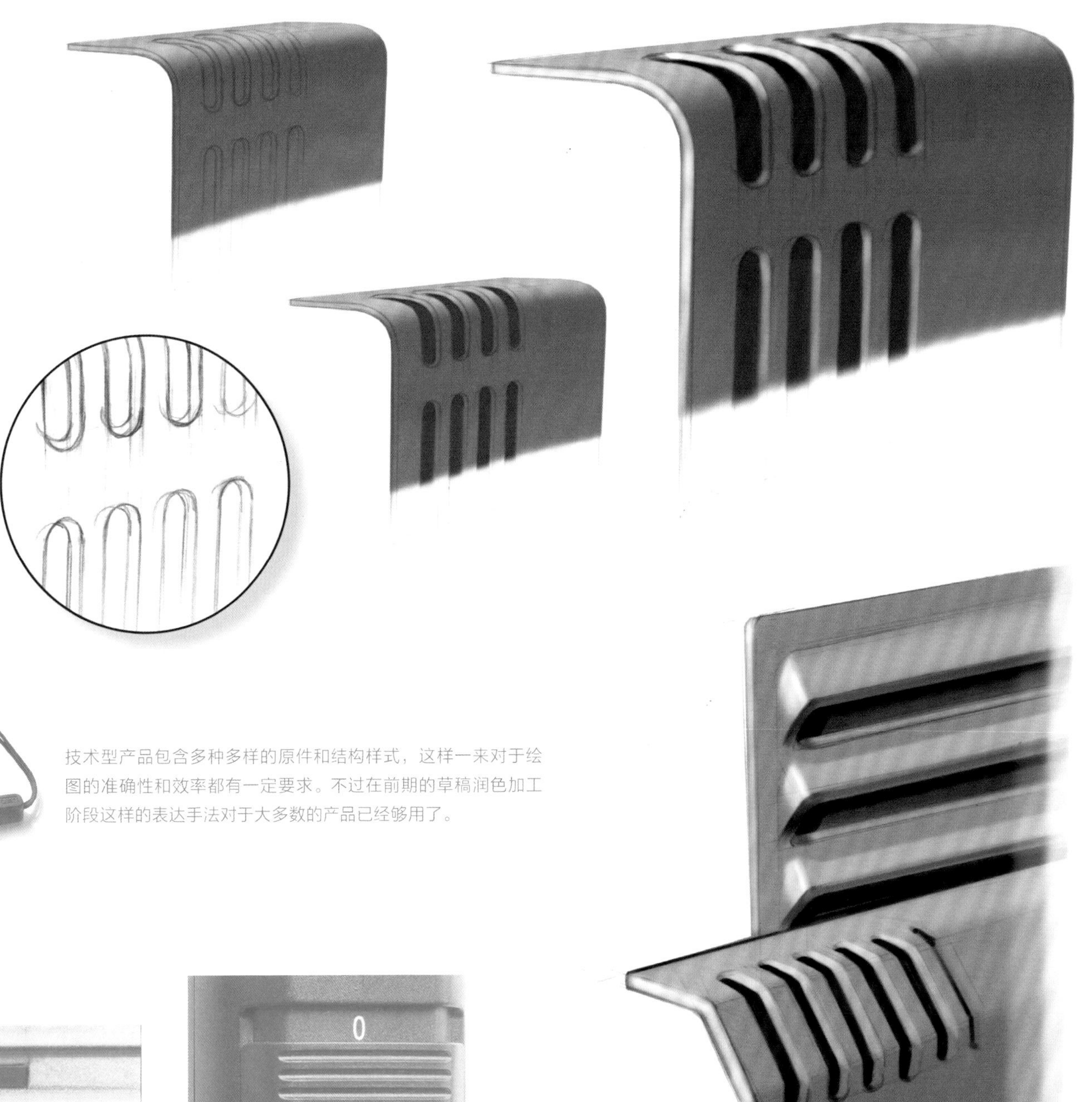

技术型产品包含多种多样的原件和结构样式，这样一来对于绘图的准确性和效率都有一定要求。不过在前期的草稿润色加工阶段这样的表达手法对于大多数的产品已经够用了。

从简单的单元件开始按钮和按键的创建。

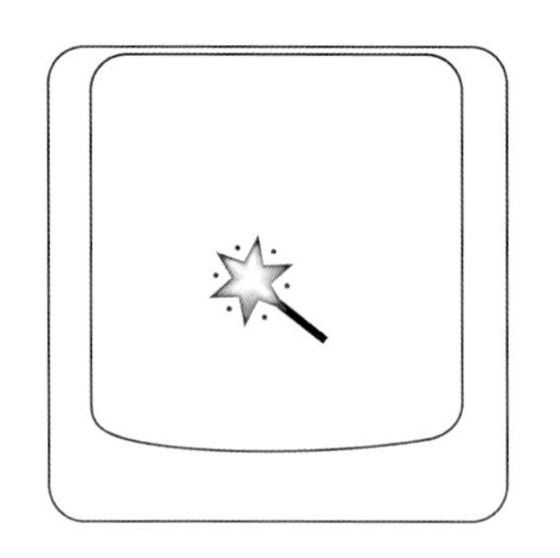

创建这样的矢量图形或者线条图形作为按钮俯视图的第一步，使用选择工具选中图形。

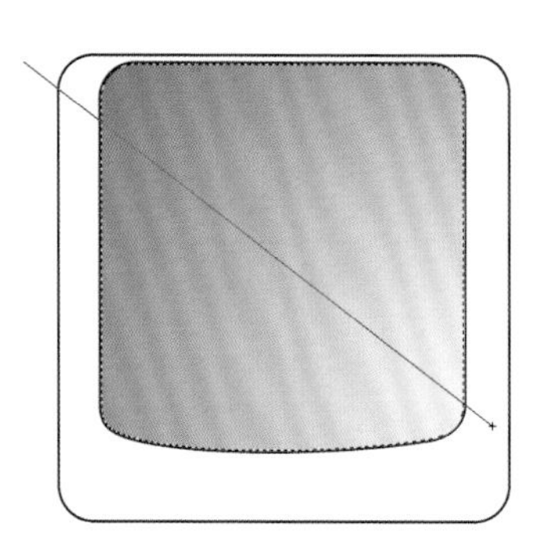

填充渐变效果，设置光源方向调整渐变。

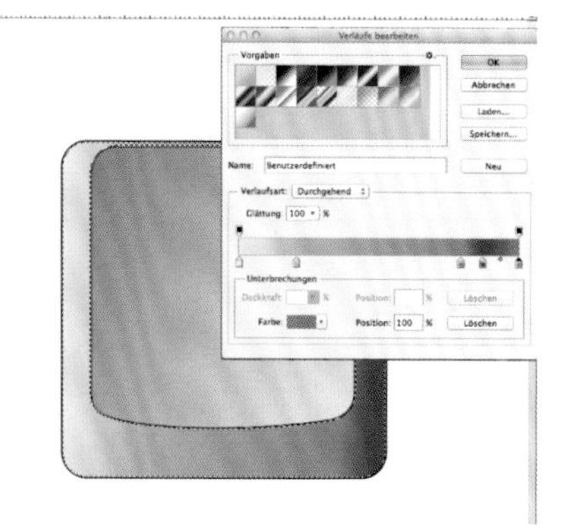

也可以使用反向渐变（阴影面）填充外部框架。

亮面和阴影面线框的部分也许也需要进一步加工一下。

用较浅的颜色填充渐变面之间的间隙，充当半径。

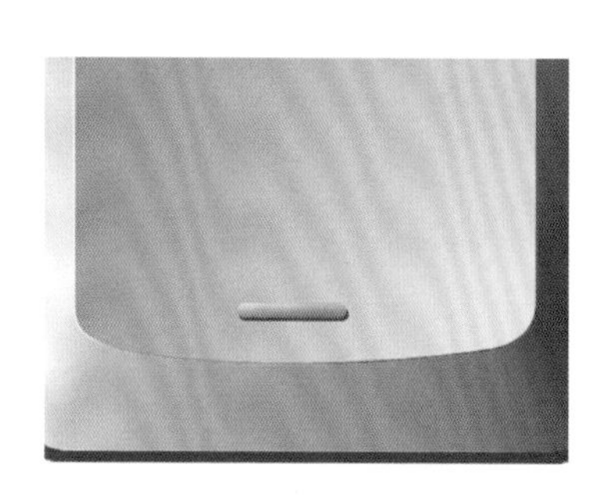

添加细节，在按键上添加记号和图形元素。

最后在最底下建一个边框，作为按键与键盘之间的缝隙。

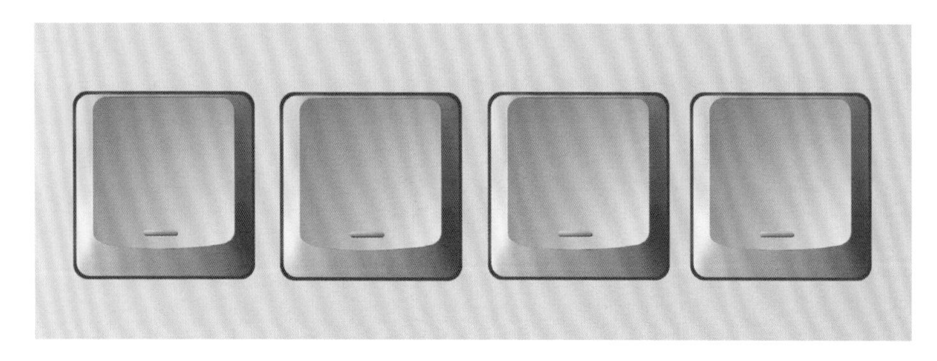

通过复制粘贴，创建一排一排这样的按键。

在设计控件时必须注意它们各自的功能。是被用作手柄、按钮还是开关，这些都应清晰地表现出来。要为这些原件的旋转移动等留出足够回旋的余地。元件的使用方法对于其形状的定义也是起到决定性作用的——按键要考虑按动、触动之类的功能，旋钮则要考虑与旋转有关的性能。

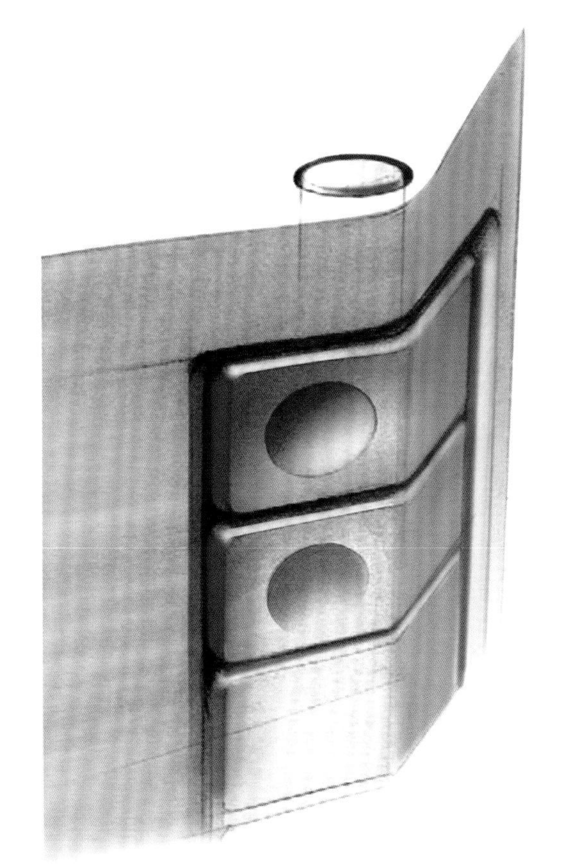

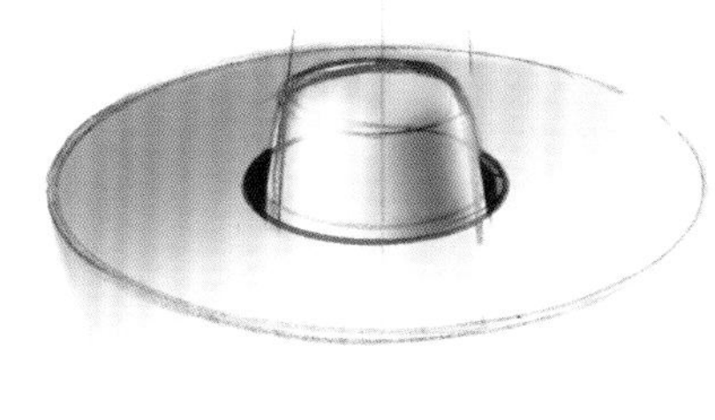

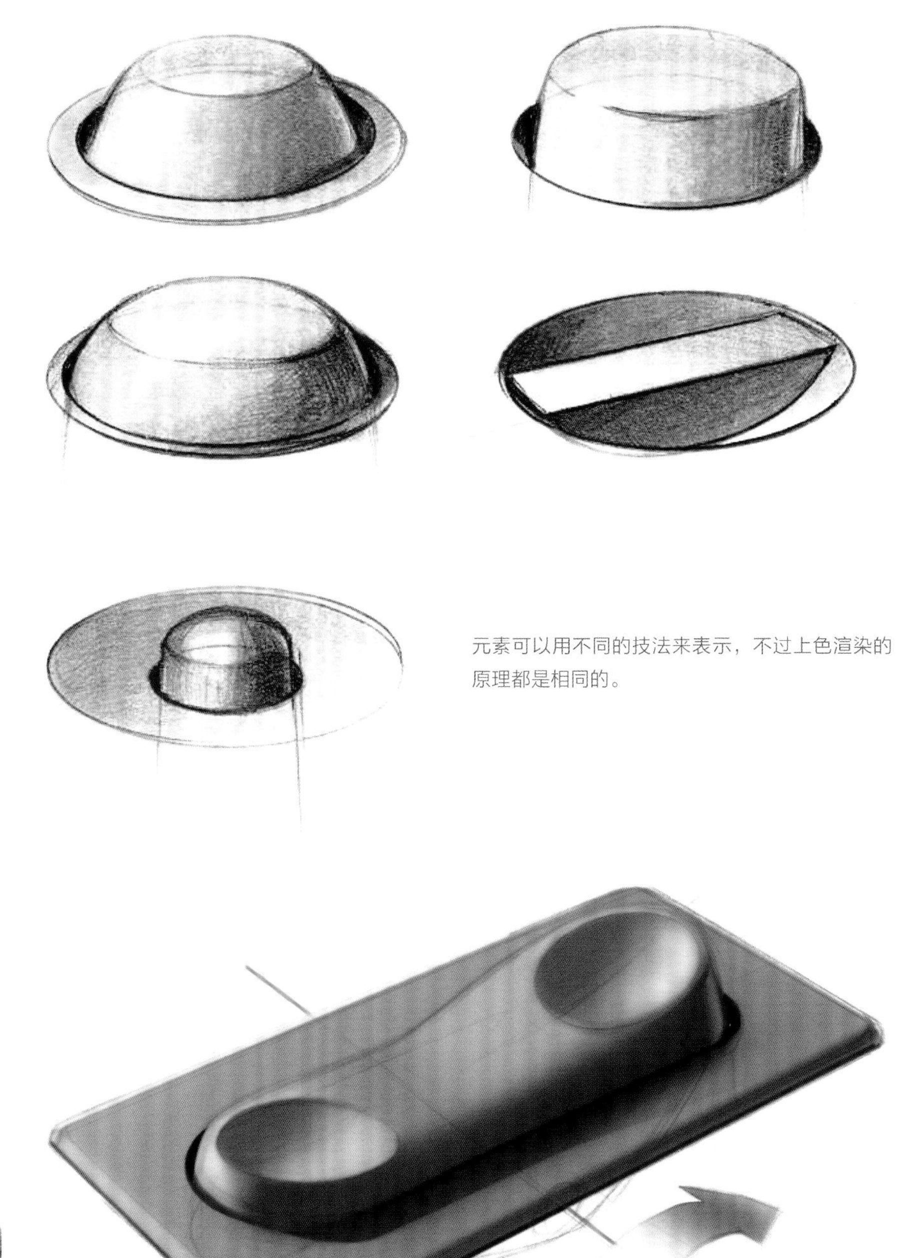

元素可以用不同的技法来表示，不过上色渲染的原理都是相同的。

材质表现

材质、构造和颜色形成物体的外层，使它们看起来逼真。一般而言，表面越平滑，对于周围环境的反射就越强。光源在高亮的光反射面可见。形状则取决于物体表面的几何形态。

红椒和番茄　表面的反射被加强了，结果看起来特别光滑，给人一种是人造制品的印象，并且看起来像塑料的装饰苹果一样。

基本几何形体的表面反射与光分布原理

这些原理其实已经是非常简化的了。在现实生活中，特别是物体的表面光泽度非常高时，各种各样的因素都能影响表面反光以及光源方向。

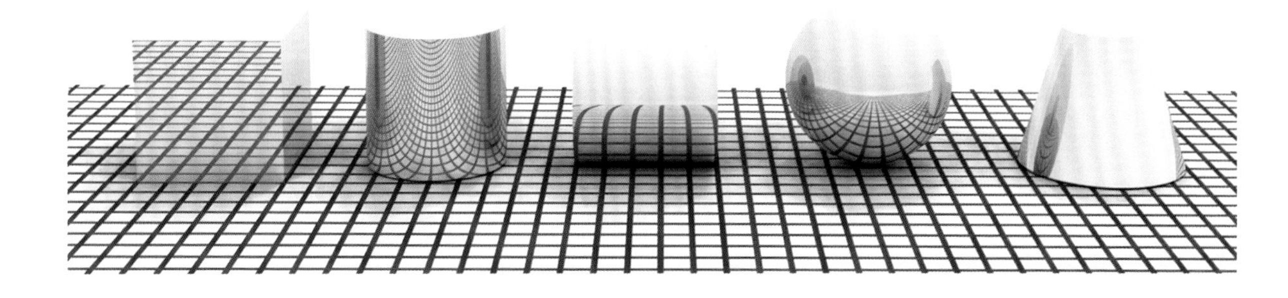

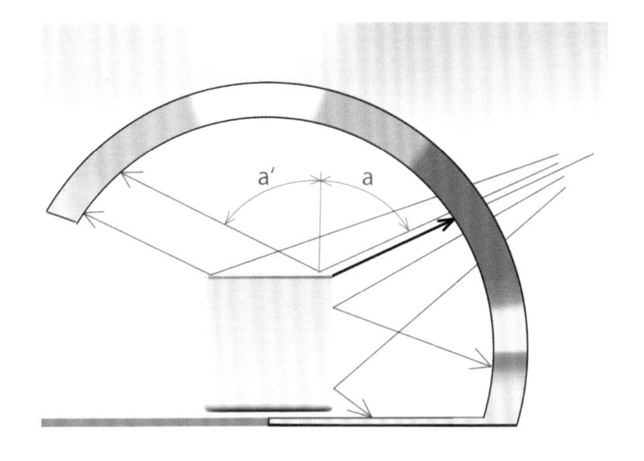

视线：入射角a等于出射角a'。图中的弧形区域显示的是周围环境、基面和地平线，这些将在物体上被反射出来。立方体会反射一小部分，而圆柱体会展现一个完整的图像。

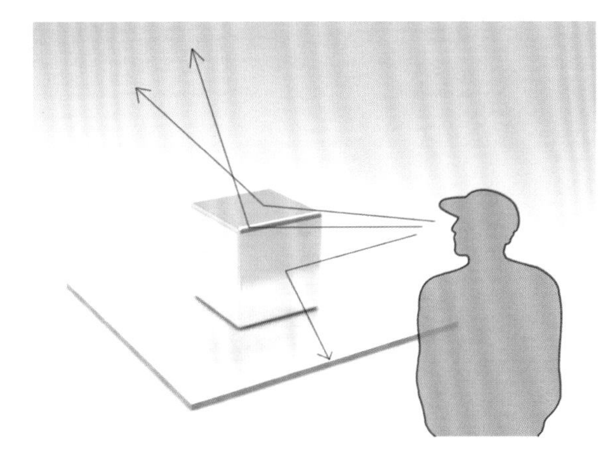

立方体在表面反射周围环境的一小部分，这取决于视点。圆柱体涵盖较大的立体角（270°），周围环境的图像在这一范围被反射在圆柱体表面上。

视线显示了的反射图像的形成以及对于周围环境捕捉。球形能展现的空间区域非常之大（高达270°立体角），由此便能反映整个空间内的映像。

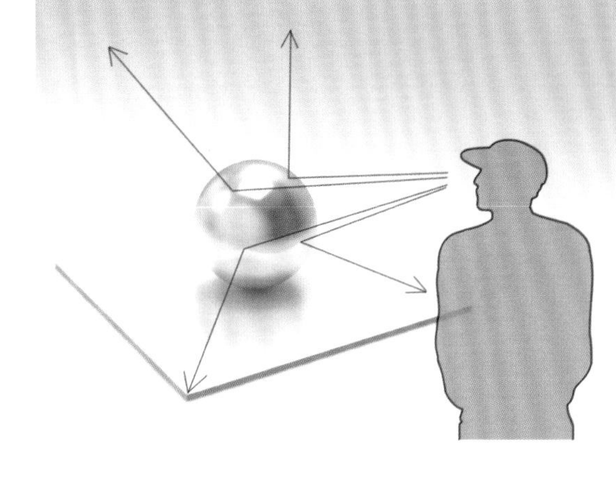

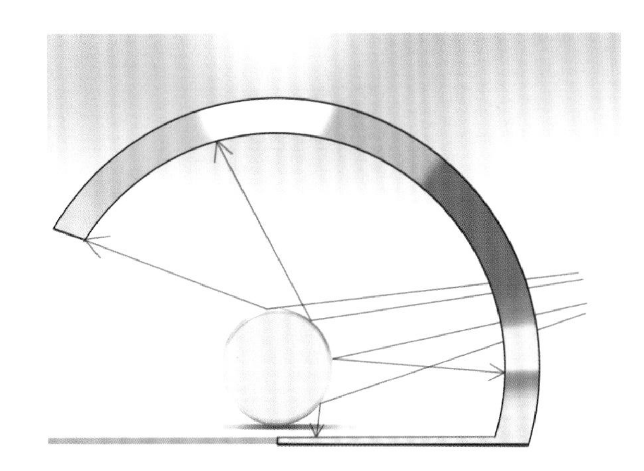

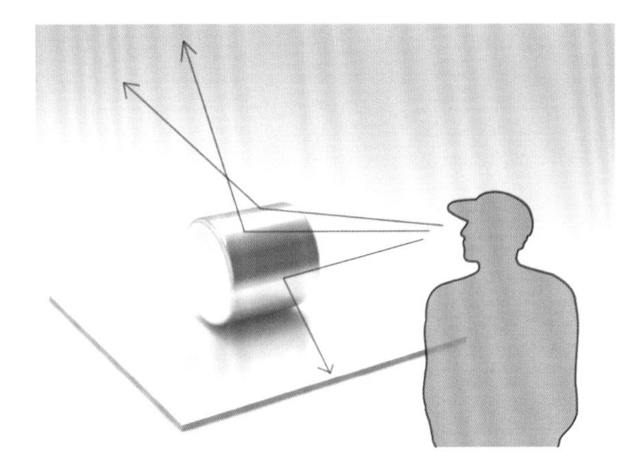

对于竖直放置的圆柱体，其表面反射呈现的是90°立体角下的反射效果。

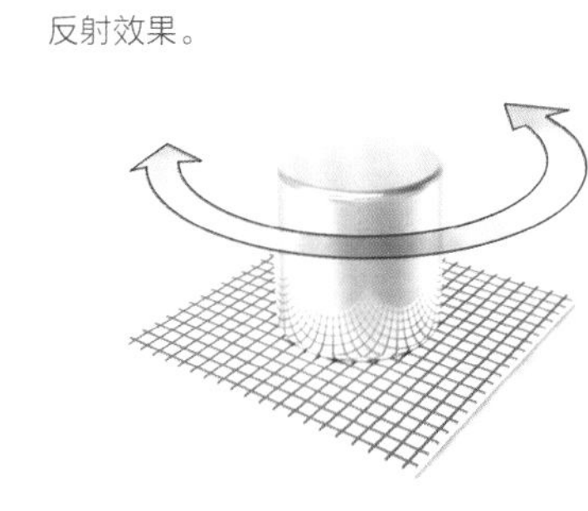

箱型物体上的材质表现

大多数的产品上都有倒角和圆角，它们是由圆柱体和长方体组成的（圆角矩形）。基于这样的物体表面也有相应的高光画法。

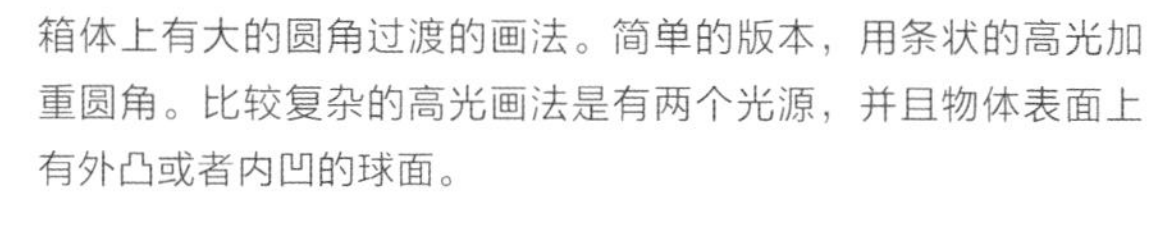

箱体上有大的圆角过渡的画法。简单的版本，用条状的高光加重圆角。比较复杂的高光画法是有两个光源，并且物体表面上有外凸或者内凹的球面。

对于含有倒角的物体要使用两个光源。

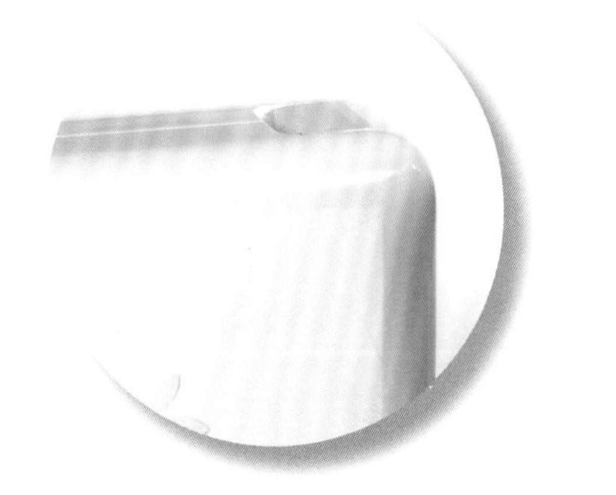

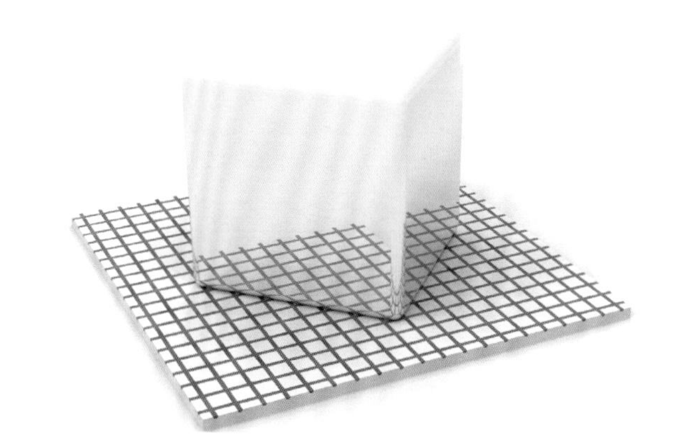

就算是相同的形状，也会因为物体结构和材质的不同产生不同的表面反光效果。磨砂和发光的材质更突出物体的形状，而表面平滑和光泽的材质有更强的反光效果，结构和形状能共同作用，让物体给人的形式感更加复杂。

圆柱形和球形物体表面的光泽材料，基于它们各自的形状有相应的高光效果。

横截面是圆形的物体上的高光随着形状的改变以明暗交界线为界在其内外来回交替改变。

用马克笔表现金属材质圆柱体的表面光泽（右）。物体表面所反射的倒影取决于周围环境的物体和明暗程度。靠左侧的两个例子则表现了一个经典的马克笔渲染效果，在大多数情况下都足以适用了，而靠右侧的两个示例则把高光的效果表现得更生动，不过如果物体形状形式较为复杂的话，在处理这样的高光效果的时候难度也会加大。

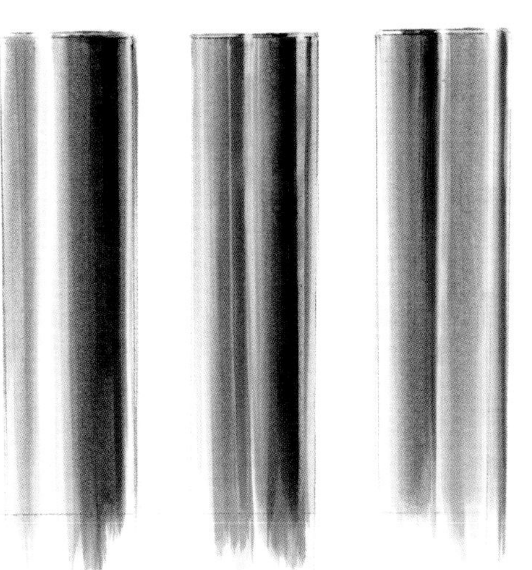

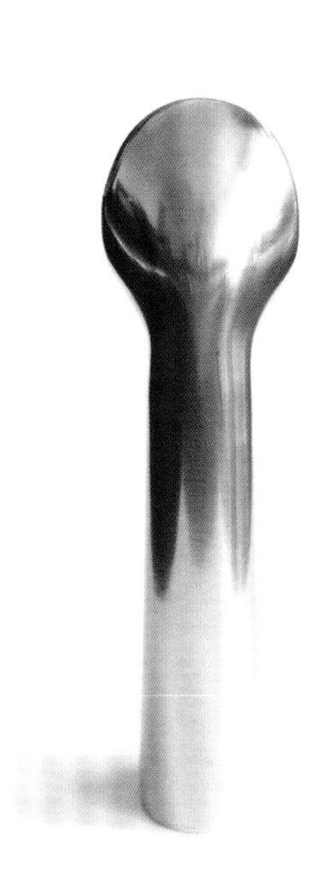

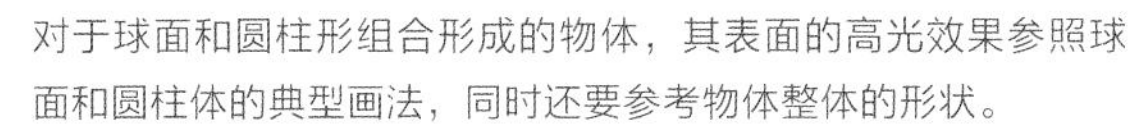

对于球面和圆柱形组合形成的物体，其表面的高光效果参照球面和圆柱体的典型画法，同时还要参考物体整体的形状。

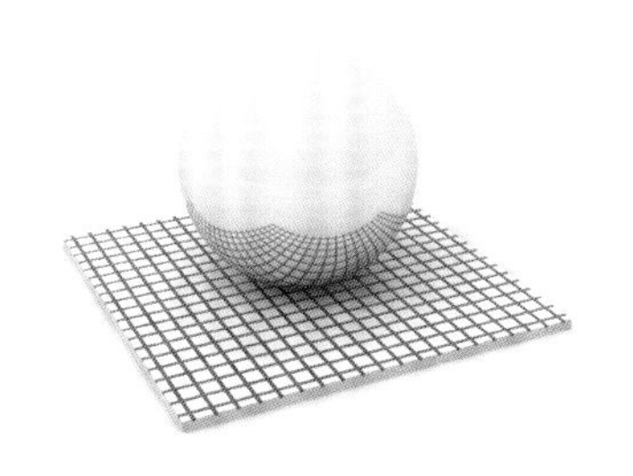

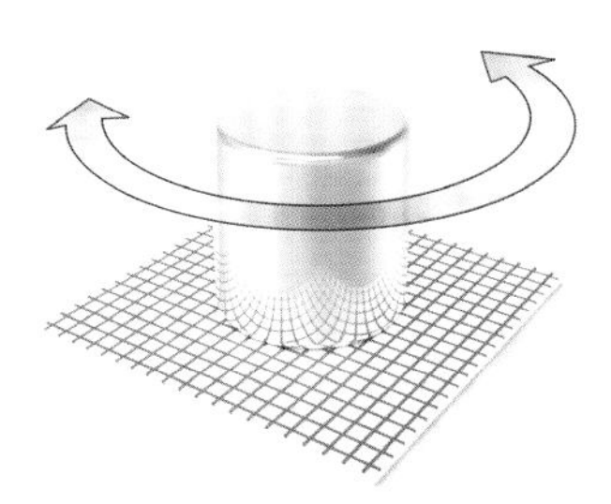

材料效果

物体表面有不同的视觉特征，比如粗糙度、结构、纹理、颜色。一般来说磨砂的结构和不光泽的表面可以通过减弱两个面的对比度来表现，而光泽的表面则通过提高对比度来表现。这特意地表现了物体表面具有不同的亮度。

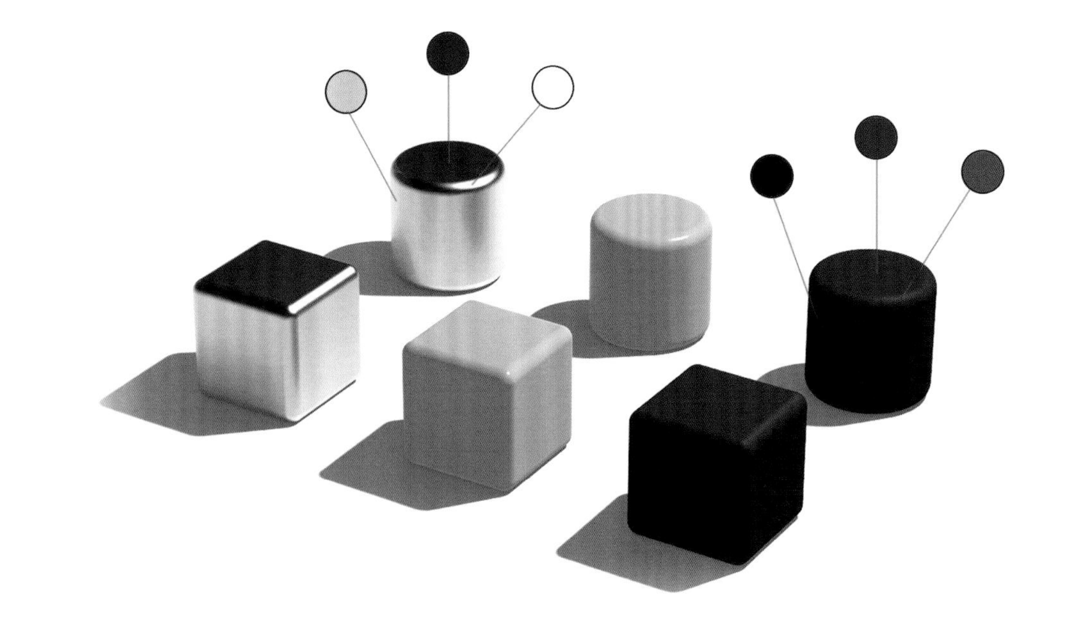

不光泽的，磨砂的，类似橡胶状的表面，使用低对比度和柔和的亮度塑造模型的形态。

低粗糙度的表面提高亮面和暗面的对比度，会有强烈的塑料质感。

非常光滑的表面需要提高物体表面、反光轮廓，以及强高光和影子之间的对比度来强化模型的形态。

有光泽的光滑材质，部件本身有很强的亮度差别。反光的形状（高光）沿着表面的造型形态。

光泽的磨砂表面，在暗部没有反光，且只有较小的亮度对比，在略光滑的表面衔接处，有轻微的边缘高光。

这个物体有着非常平滑光泽的表面以及很高的对比度，我们可以通过透明材质看到部分的内部结构。物体表面反光很强，有连续的明度变化。在这个光滑的透明表面上伴随着反光和透明的交替出现。

曲面上的光线分布和反射形状沿着表面弯曲的方向。构想曲面的走向可以帮助分析光线分布与面的构建。

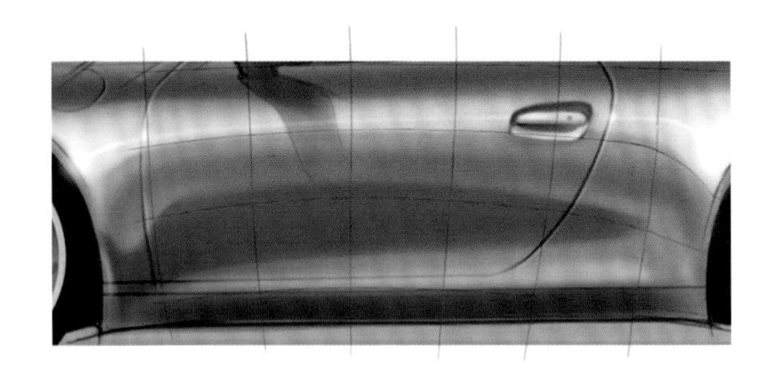

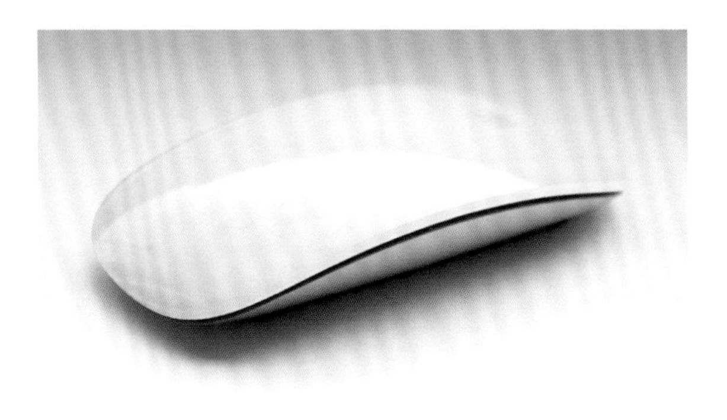

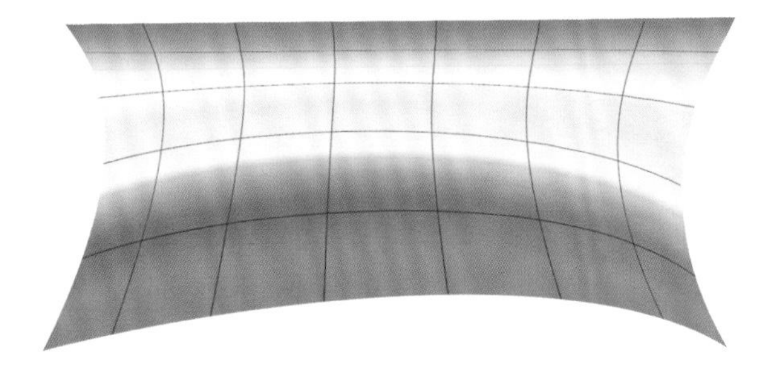

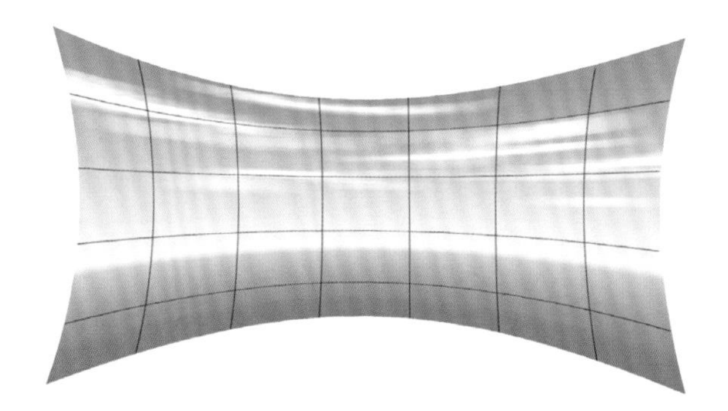

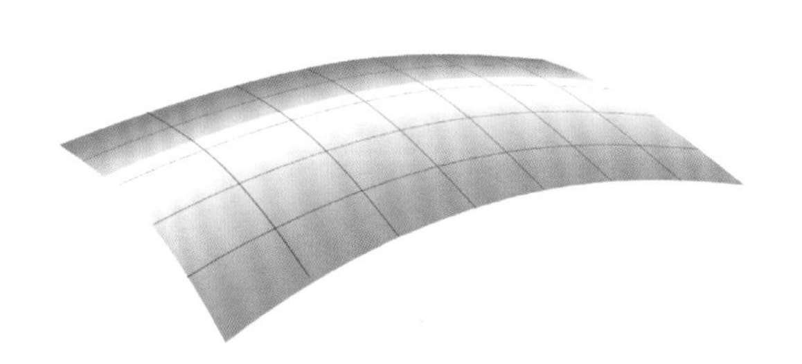

反光形状的变化伴随着曲面的形态变化，无论在摄影室灯光环境中还是在自然环境中。我们可以想象曲面被网面覆盖，网面跟随曲面变形，在映射外界物体时产生堆积或者拉伸。这种现象可以经常在汽车或者日常用品光滑的表面上看到。

在平滑的，拱形的表面上的反射：通常是强反射，这些反射面来自主光源，小的反射面来自侧光源。有的反射表面会有清晰的边缘，有时也可以柔和地像另一个颜色区域过渡。

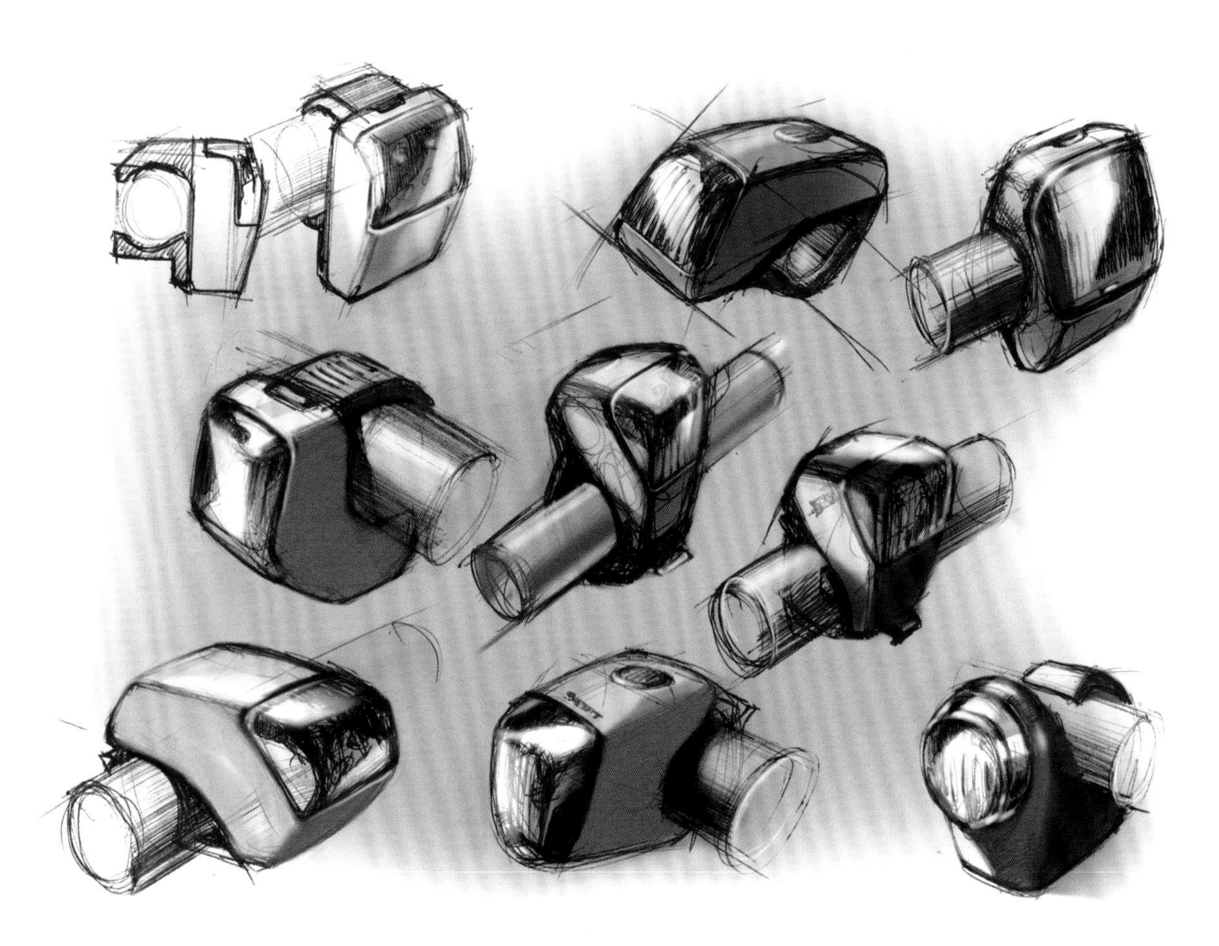

这里是电绘图形图层的汇总，即使没有手绘部分，这些表达也会表现出丰富的效果。细节和线条可以在之后进行处理。

在手绘的草图上进行后期处理，草图会被另外的图层所覆盖。在这里手绘部分也是造型中的一个组成部分。

球体拱形表面反射出环境中的一大片区域，呈现不规则的图形以及不同的光源。物体平滑表面上逼真的反射图简化地反映了周围的环境。

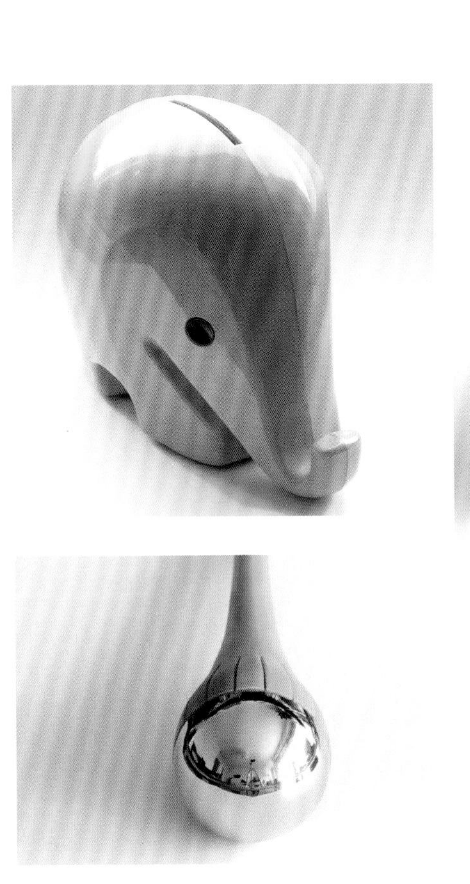

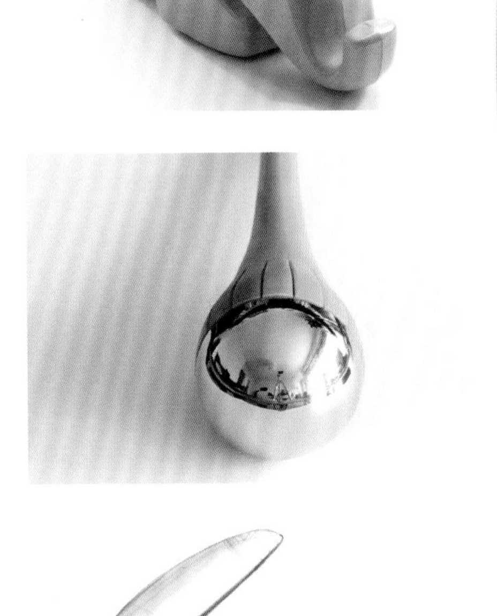

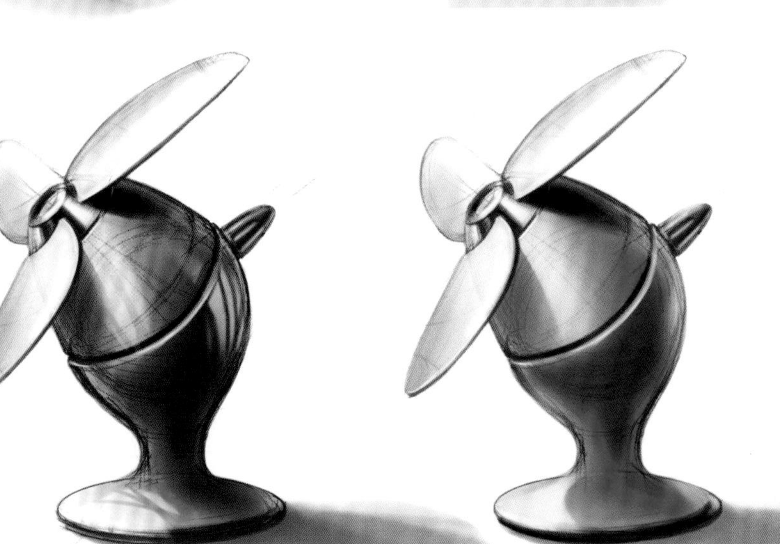

绘图的出发点一般是依据主光源和侧光源的光线分布来塑造模型的。

在一般的光线分布下，反射面会反射出周边的环境。

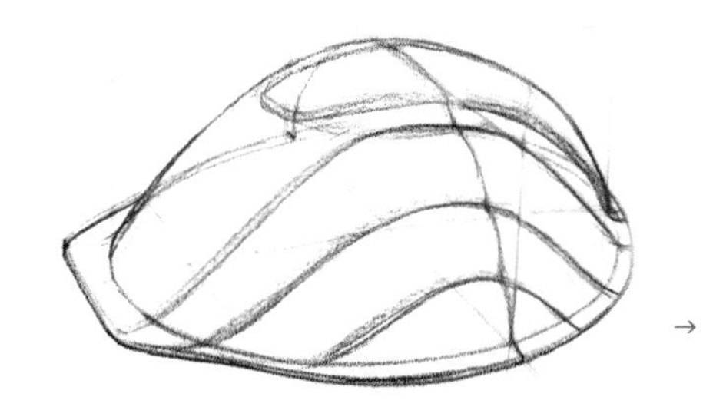

绘制草图时使用彩铅工具，尽量修正透视，也可以直接绘制为矢量图。

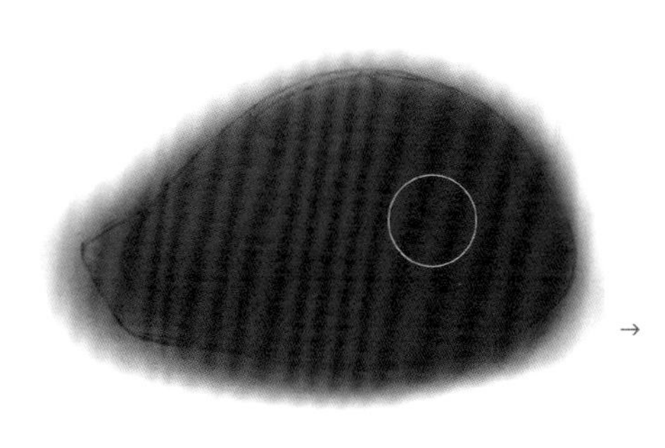

在一个新图层上用色彩填充。如果需要草图可见，可以复制图层，也可以在之后进行调节。

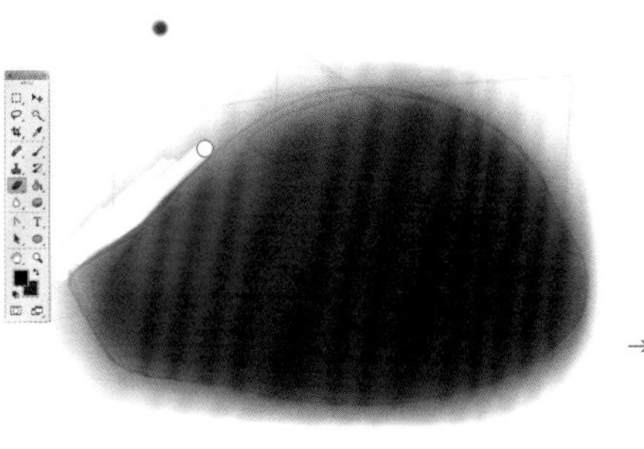

用橡皮擦除（不透明度和硬度为100%），或者用路径选择，删除多余的颜色。

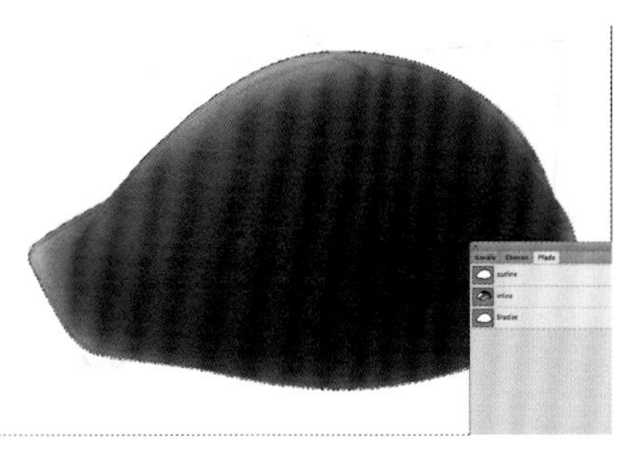

为了更好地选择外部区域和内部形状，建议绘制一个可以重复使用的路径。

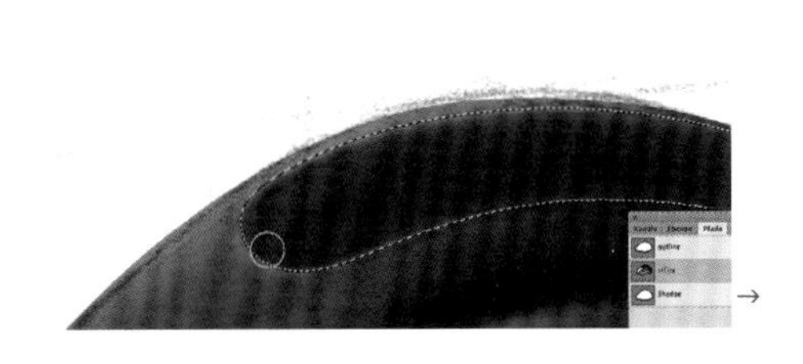

在选择的区域填充深色部分，然后反选，在新的图层上填充亮色。

选择“反选”，选择外部形状，擦除多余的色块。

在新的图层上绘制塑料表面的反光。用大画笔涂抹，轮廓部分用硬橡皮擦掉，在光线转向的部分用覆盖力小的软橡皮擦掉（不透明度：5%~10%，流量：50%~60%）。

背景和阴影采用亮度渐变，阴影结构使用柔滑画笔，为营造景深效果，阴影需向背景方向虚化。

针对透明玻璃质地的材料，需要处理其表面的透明和反光效果。玻璃可以反射光线，在物体边缘会产生反光的线条。明暗的强对比即表现强烈的反光效果。反光可以产生于玻璃的内部或者外部。

用路径选取反光的表面，用渐变填充，反光的形态根据球形表面塑造，背景以及阴影使用渐变绘制。

玻璃状的物体会在外表面以及部分内表面反射出环境的影像。空心物体的边缘需要使用高光来强调其线条，但高光并不是均匀的，而是有不同的强度。

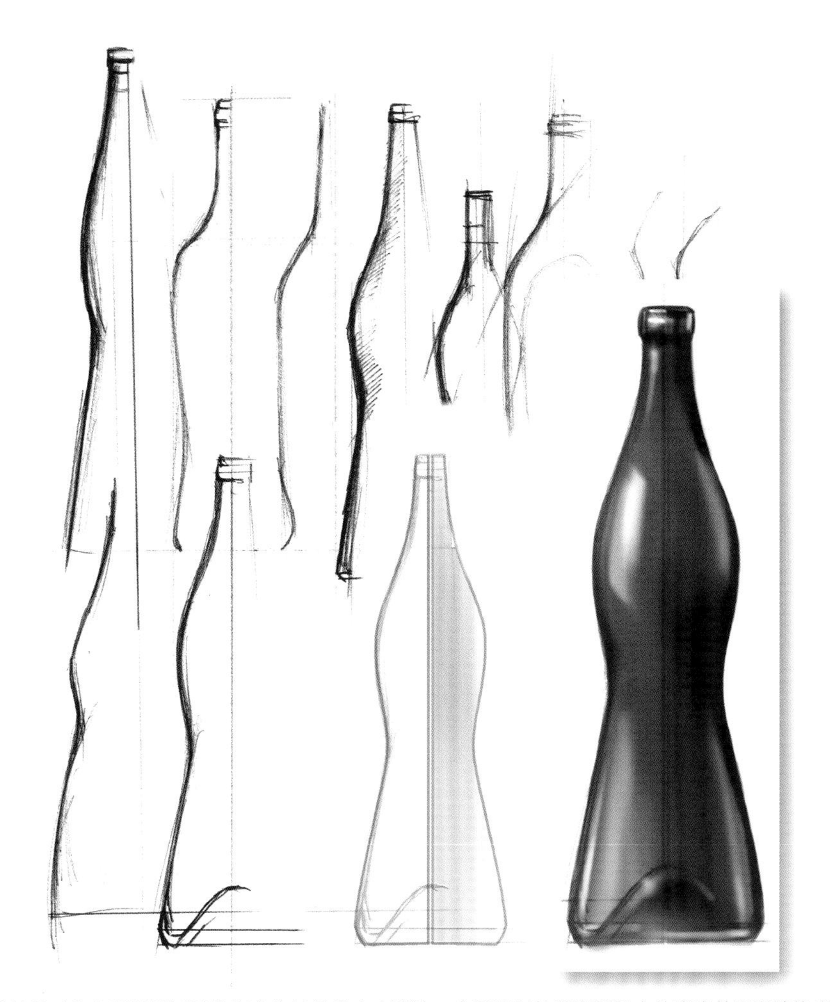

对称的玻璃物体可以通过镜像半个物体的形态来建造，之后可以处理它们各自的高光效果以渲染出立体感。

透明的瓶子形态有外反光（强烈）以及内反光（微弱）。外反光是凸出的，内反光是凹形的。反光的走向是沿着瓶子形态的曲线方向的。

不同材质的透明度以及反光也有所不同，其中磨砂的表面反光和对比度较弱。

玻璃制品有很强、反差明显的反光，与物体边缘以及暗部形成鲜明的对比。

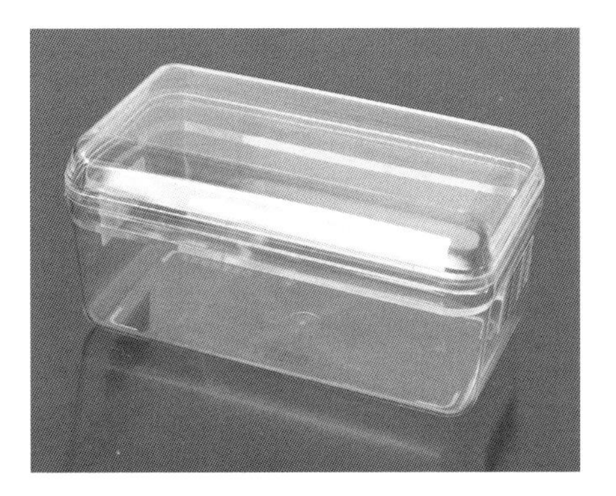

半透明的材质，大多数是塑料制品，透明度与表面粗糙度息息相关。有很柔和的光线通过物体的效果。

草图展示了物体内部和外部的结构组成。不可见的部分可以用白色（小笔刷）覆盖。

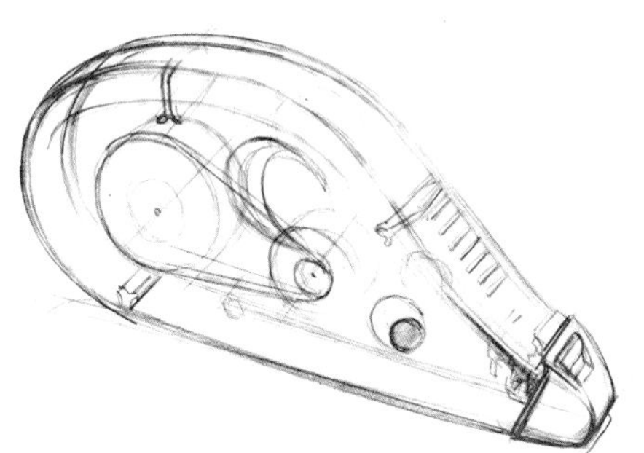

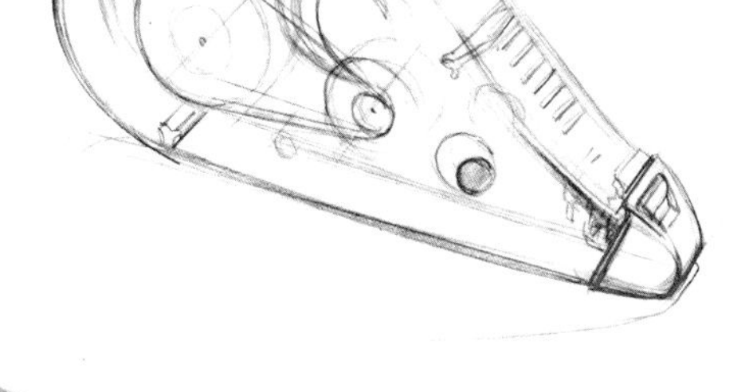

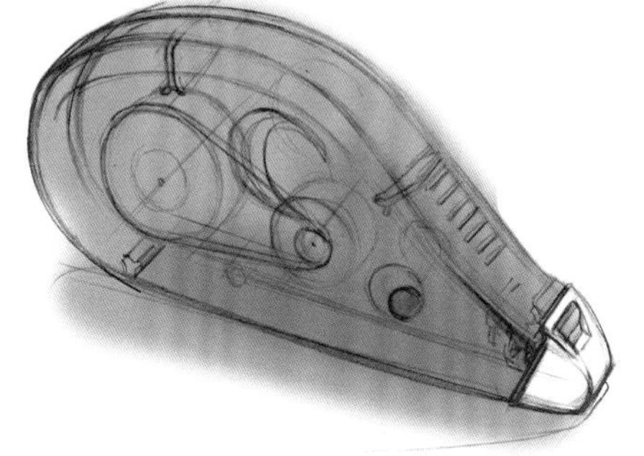

复制图层，用柔软的笔刷或者喷枪上色，注意要半覆盖（硬度：0%，不透明度：50%），多余出来的部分用橡皮擦掉。

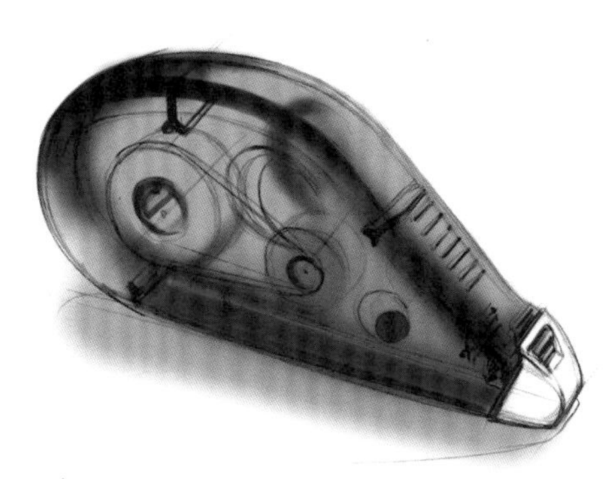

新建图层（图层模式：正片叠底），用笔刷或者喷枪（硬度：0%，不透明度：50%）着色，并用小笔尖处理深色的边缘部分。

高亮的两部分使用两个图层。表面部分用大笔刷，轮廓和小的部分用小笔刷处理，轮廓边缘的过渡部分用硬边缘橡皮以及柔边缘橡皮擦掉。

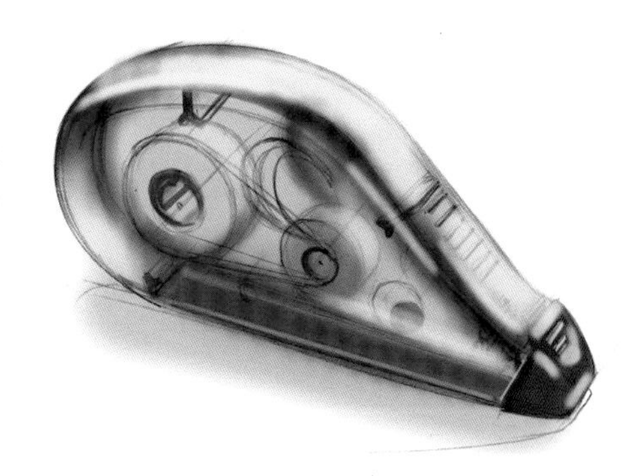

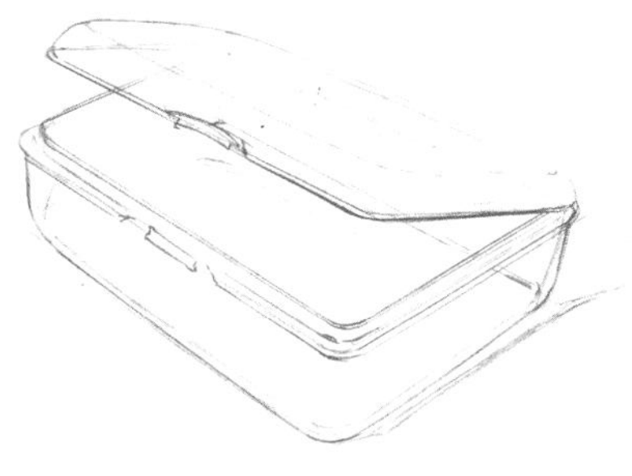

草图应尽量准确地绘制透视关系，用一些辅助直线可以很快地找到透视错误之处，并用变形工具进行修正。

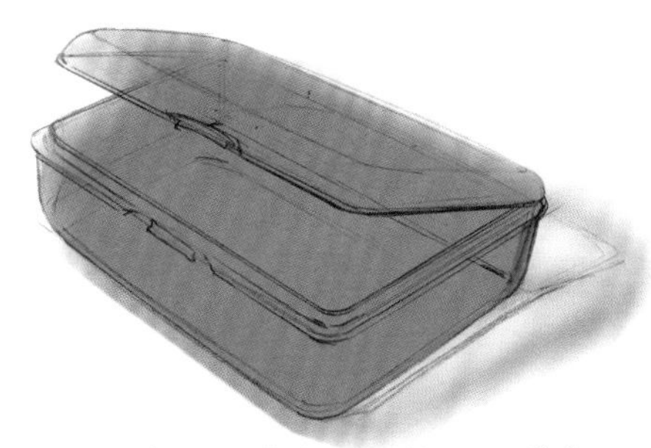

新建图层（为了使草稿可见，使用图层模式：正片叠底），用柔边缘的画笔或者喷枪着色（硬度0%，不透明度：50%）。

亮部是反射表面，这些是直接光照面或者光线通过的面。

反射面是有限的并且柔和过渡（可以使用硬边缘和柔边缘橡皮擦除）。

可以调节色相\饱和度来改变物体的表现力（可以复制整个文件或者在单个图层上进行操作）。

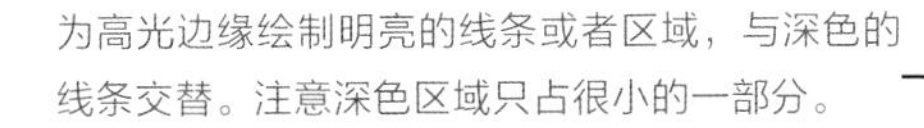

为高光边缘绘制明亮的线条或者区域，与深色的线条交替。注意深色区域只占很小的一部分。

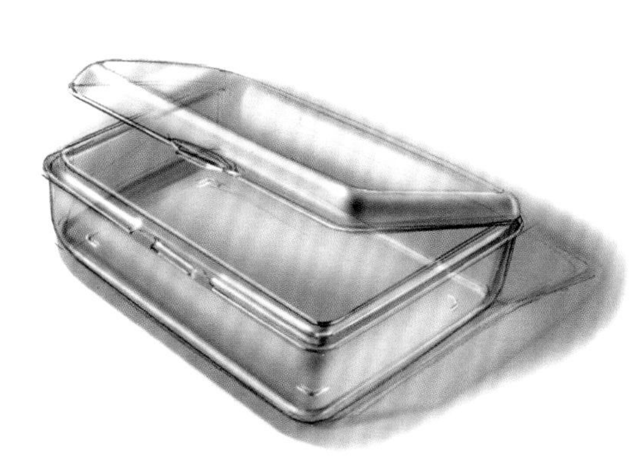

表面的透射与发亮效果是半透明材质所具有的特征。

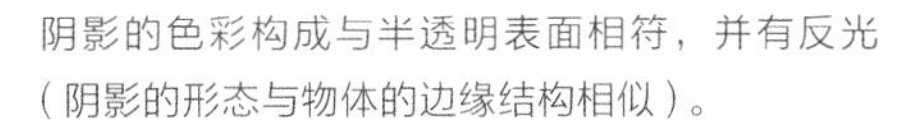

阴影的色彩构成与半透明表面相符，并有反光（阴影的形态与物体的边缘结构相似）。

……关于造型

- 构图
- 对比
- 色彩
- 形态产生的作用
- 背景造型

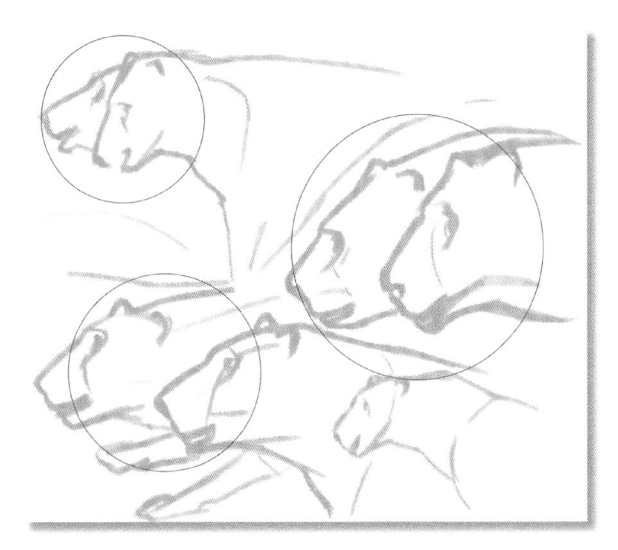

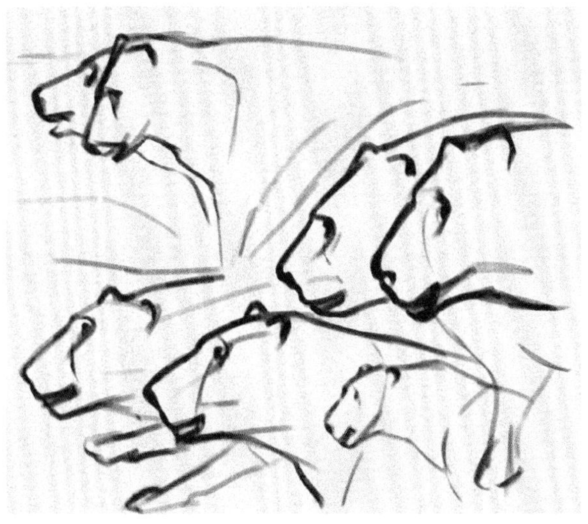

这幅图是复制的南法肖维岩洞中的狮子壁画（巨大建筑墙壁上的局部片段）。原图产生于两万五千年前。壁画绘画生动，富有细节，图形元素的分配被看作是有意识的构图，这也见证了它的伟大。画面中的“重复”作为一个构图基础，起到加强画面活力的作用。

构图

画面的构图包含了画面中所有作用元素的选择、造型以及排列。这些构图元素产生相互作用，一部分发生了变化，直接影响着另一部分。对此的研究（或者是直觉的行为）就像绘画一样古老。最早的图像记录便是石洞壁画，在这些画的创作中，先人可能已经有意识地进行造型，因为绘画本身便是一种造型形式。

构图的原理被总结在一些简单的规则中，元素依据这些规则互相作用并组成了一个系统，系统中的每一部分都影响着这个整体。

- 空间的张力
- 均衡性与图形的视觉重量
- 不同图形元素的构图
- 负空间的构图
- 构图案例

空间的张力

空间的张力在于图形元素在不破坏空间美感的前提下填充图形空间的程度。画面中每个元素的周围都有自己的自由空间，当元素靠近画面边缘，或者是与另外的图形元素互相靠近时，便会产生张力。重点在于，权衡图形元素与图形空间的关系，要让它们介于填充和过度填充之间。一个充满张力的构图需要元素通过大小、形状、亮度、颜色及结构的调整来“拉紧”空间。圆，作为一个简单、无方向的平面元素，在此作为案例来比较和抽象地讲解构图原则。图形空间的舒适感与均衡性是哈勒艺术和设计学院视觉设计的基础概念。

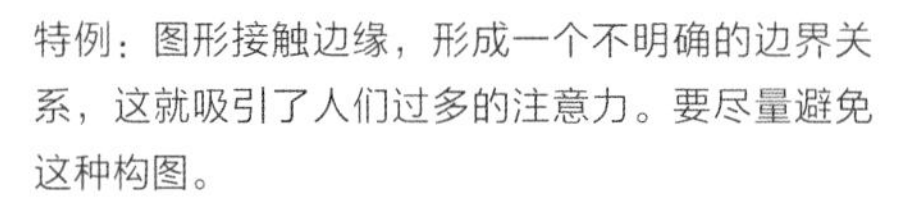
特例：图形接触边缘，形成一个不明确的边界关系，这就吸引了人们过多的注意力。要尽量避免这种构图。

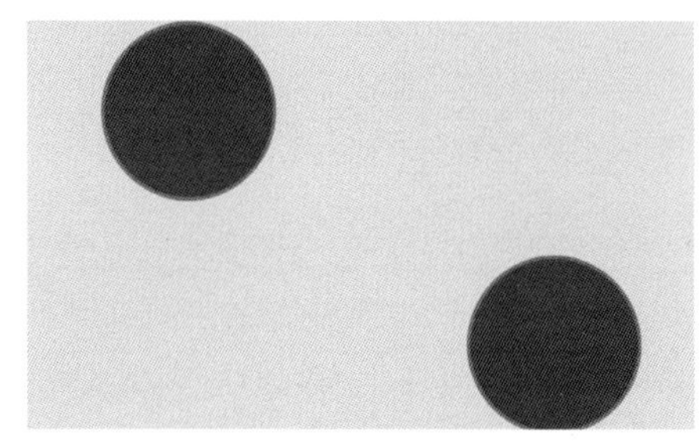

在正方形的空间中，圆与周围的图形空间达到了一种平衡，它们之间形成一种均衡关系。

亮色的圆显得“更亮”，离边缘更近，图形空间与图形之间张力增加。

同样大的圆，对称地分布在空间中，没有张力。

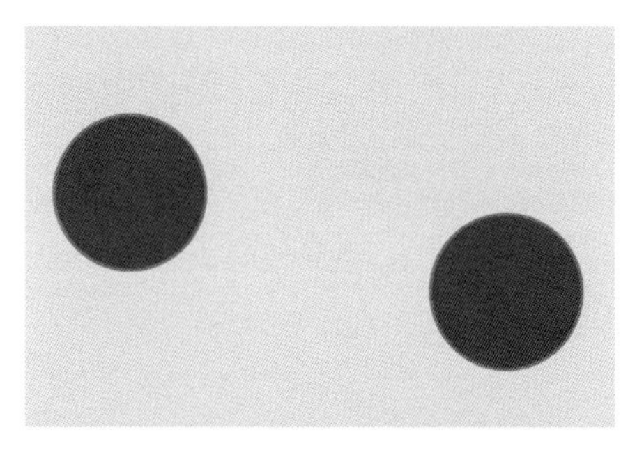

同样大小的圆分布在空间边缘区域，画面中心很空，人们的目光会在两个圆之间来回移动。

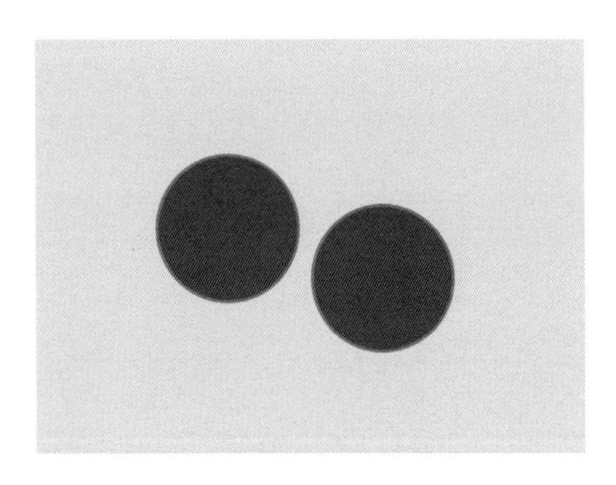

两个临近的圆往往被看作一个整体，之间张力小，排列在中心。

不同大小的圆在空间中形成有趣的、不对称的空间分布。

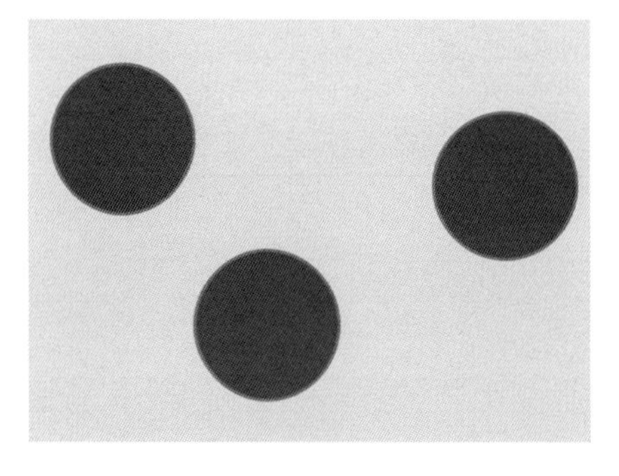

三个圆使造型的多样化成为可能，形成灵活的张力。特别是三个不一样大小的圆营造了一个充满张力的空间构图。三个画面重点（类推到其他的图形元素）展现了一个标准的构图空间。

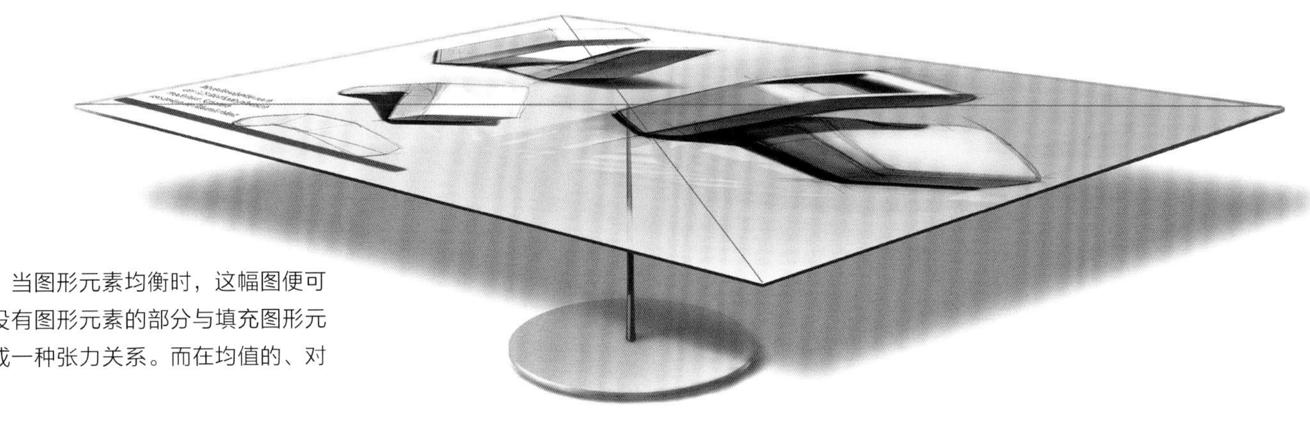

均衡性与图形的视觉重量

图形视觉重量分配可以想象为一根针放到了画面的中心，当图形元素均衡时，这幅图便可以保持平衡。右上角的案例展示了一种不对称的均衡，没有图形元素的部分与填充图形元素的部分形成对比，图形元素集中的部分与空白部分形成一种张力关系。而在均值的、对称的填充画面中，这种张力关系很小。

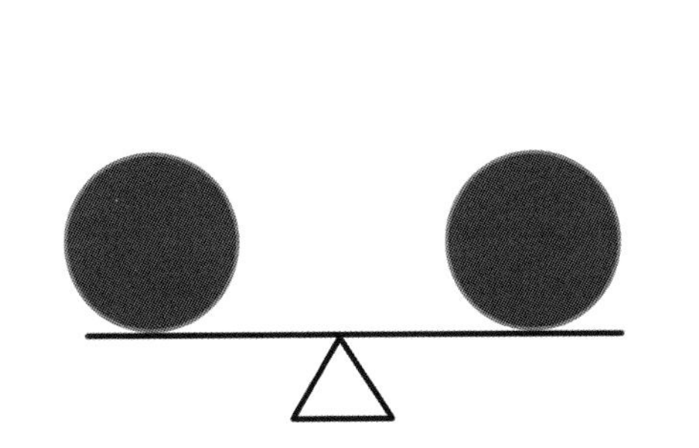

对称均匀地分布缺乏张力。

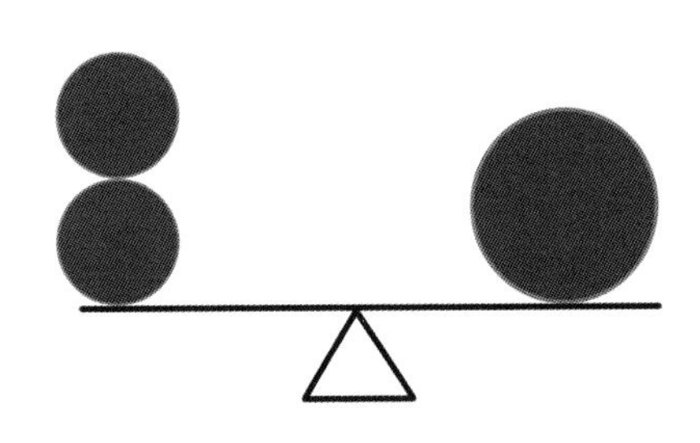

不同大小与图形的视觉重量，充满张力的构图。

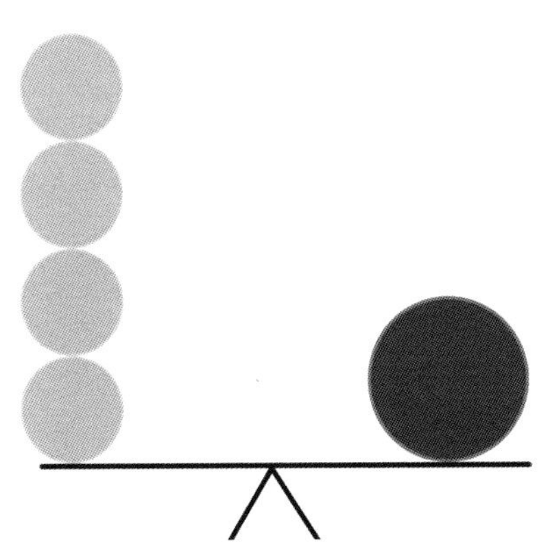

图形视觉重量差别极大的对称的分布。

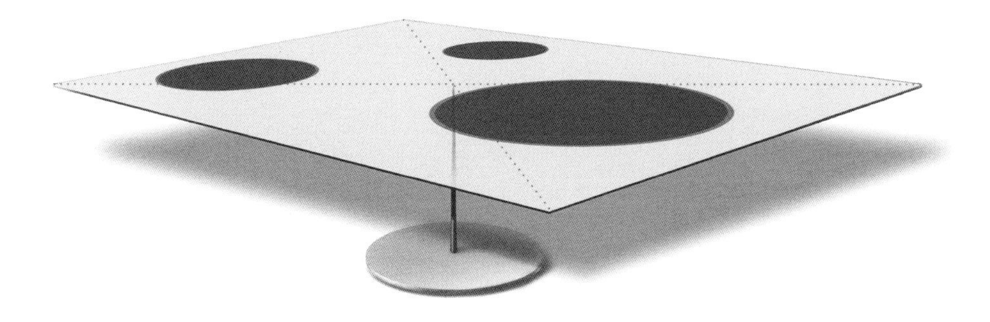

这是184页上的案例的视觉重量分配情况。

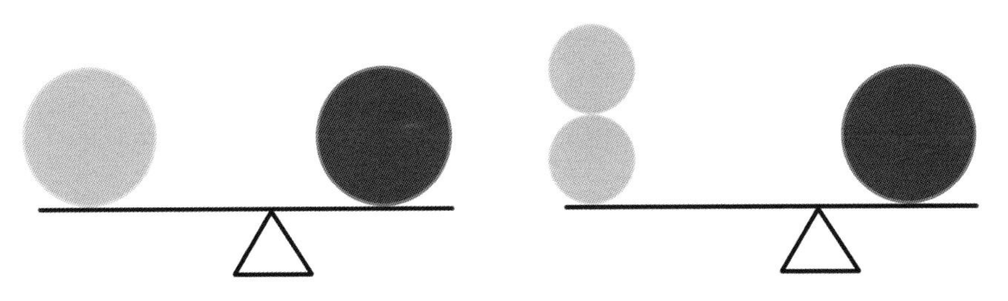

通过不同视觉重量的图形或者不同大小以及强度的图形元素构成不对称的画面，这些往往是充满张力的构图。

不同图形元素的构图

图形元素在形态、颜色、亮度以及结构上是不同的，它们构成了画面的视觉重量。小而深的图形元素可以平衡大而浅的图形元素。

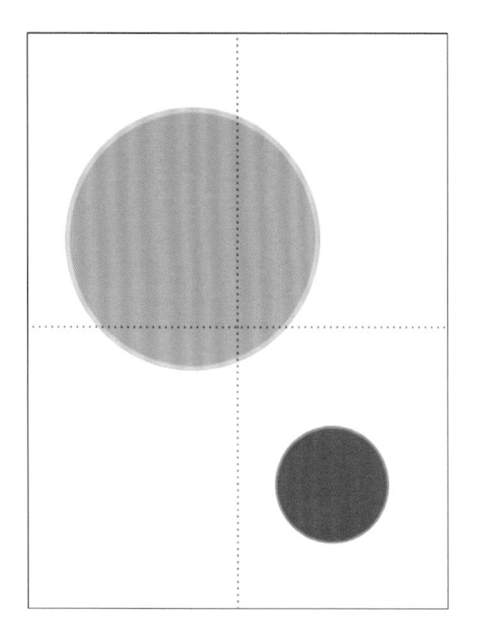

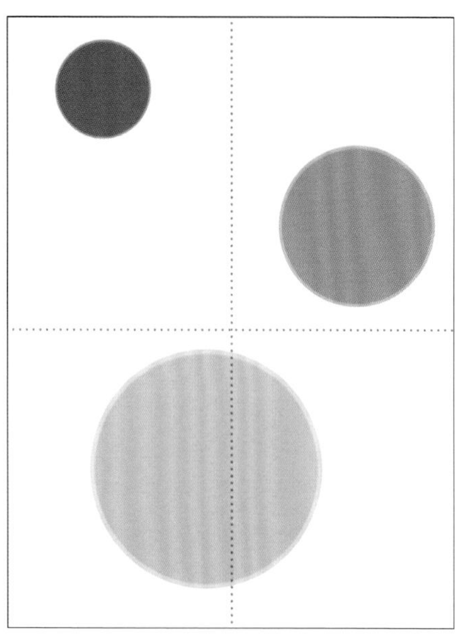

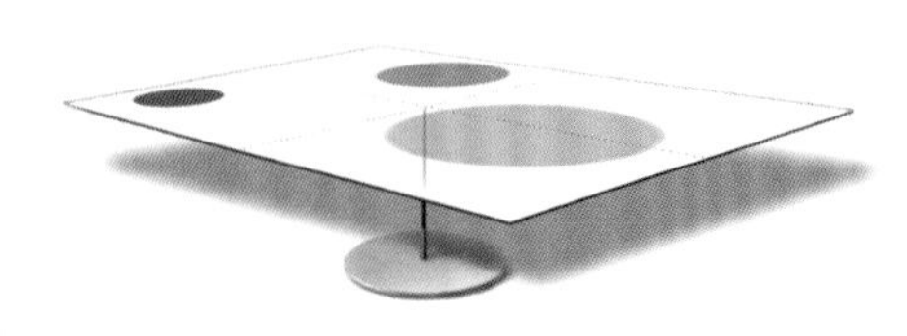

左图：切割图形元素是一种很强的造型手段，这使这个图形元素冲出了空间。人们在感觉上尝试补全这个图形，这就增加了它的视觉重量。同样，深色的具有结构的图形元素在空间上给人的感觉更突出。

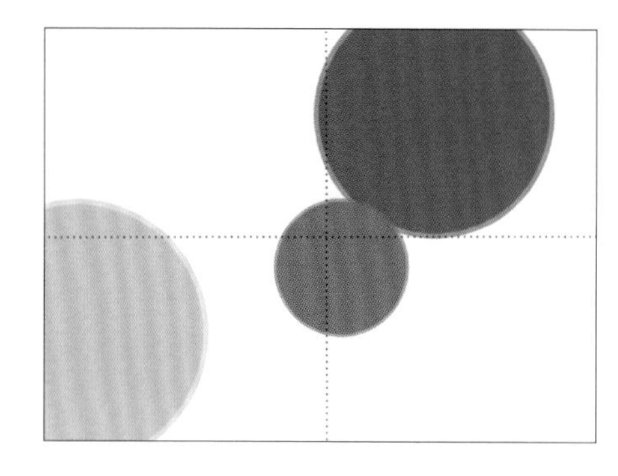

上图：大圆占据了更大的视觉重量（对比和大小），并且将小圆推到了前面。

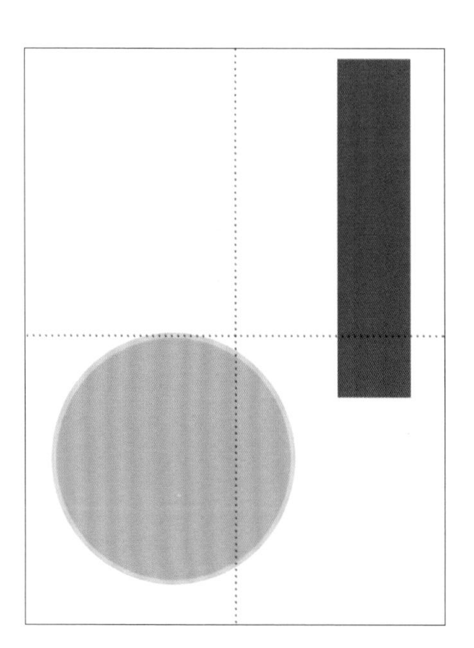

右图：通过形态、结构以及亮度的对比，图形元素的前后关系清晰可见。浅色的四边形被截断，也隐藏在后面的空间中，圆形通过结构和重叠显得更加突出。

负空间的构图

在图形元素之间的空间也像是图形元素本身一样是可以被设计的。一个简单的公式：四个象限中的图形越接近，构图越没有张力；反之，越不同，越有张力。

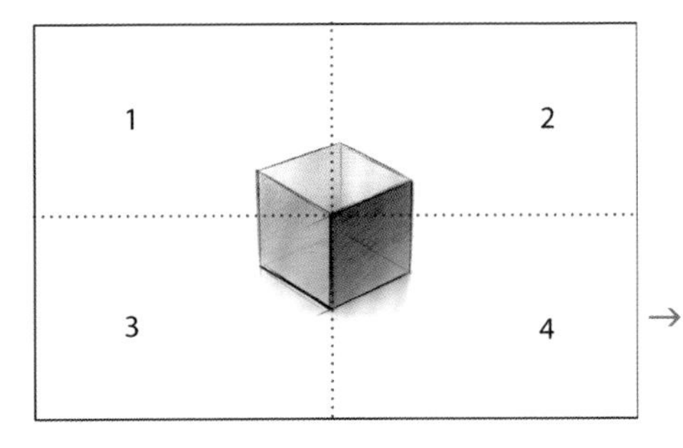

四个象限的分布。将小元素放在画面中心，就形成了一个大的负空间。

→

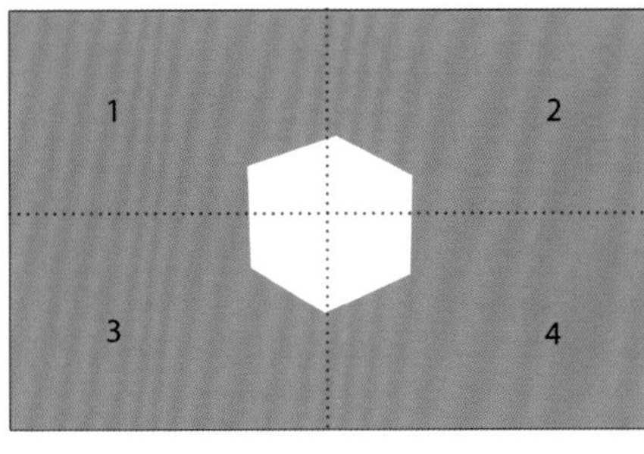

缺乏张力的构图。对称相似的负空间，1~4象限基本相同。

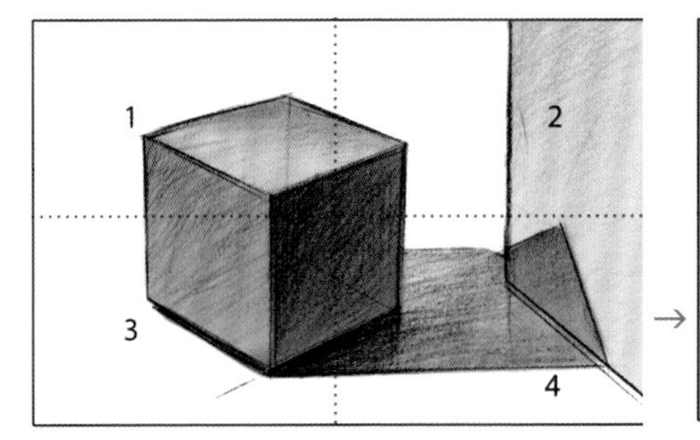

物体在不同空间中被截断，冲出了画面空间。

→

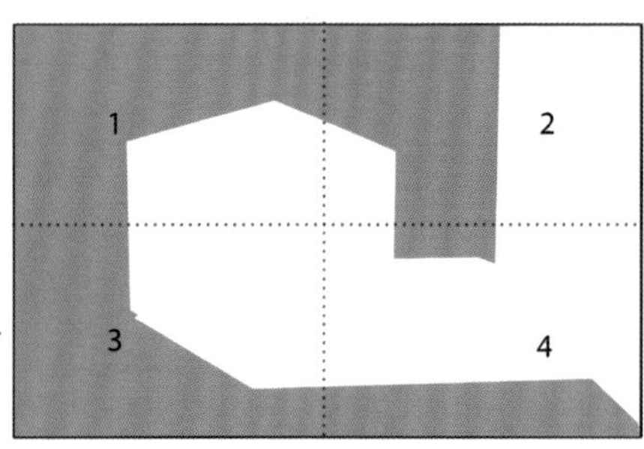

象限之间有很大的差别，富有张力的构图。

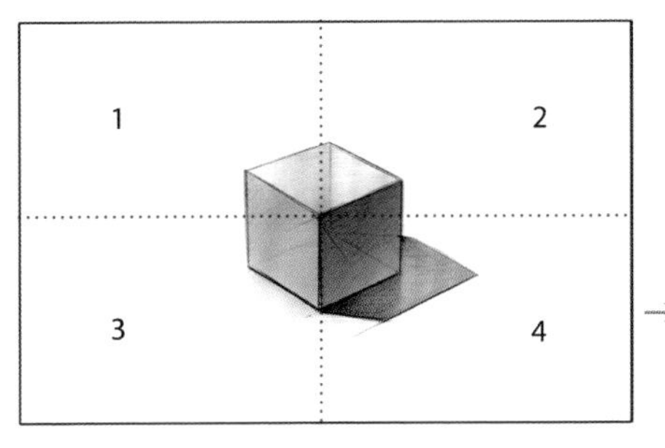

图形元素的扩张（阴影），不对称的分布。

→

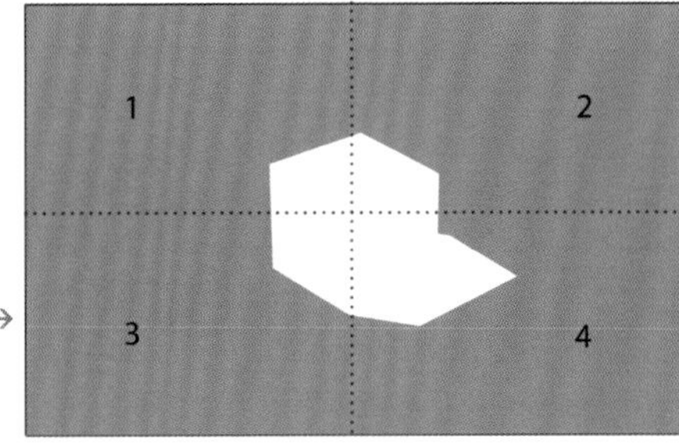

第4象限中有了变化，但是依旧缺乏张力。

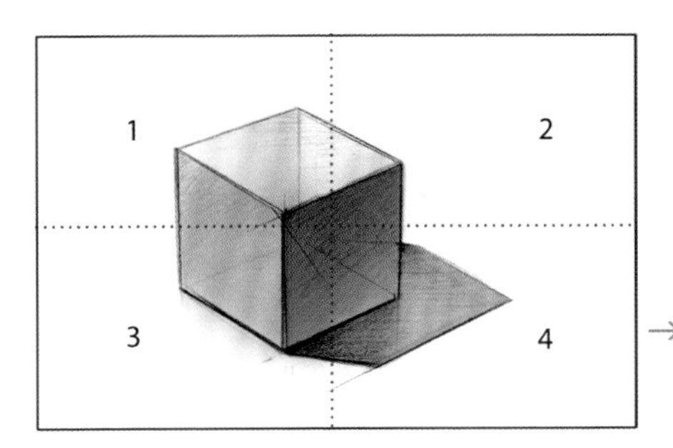

扩大物体，直到拉紧与空间的关系。

→

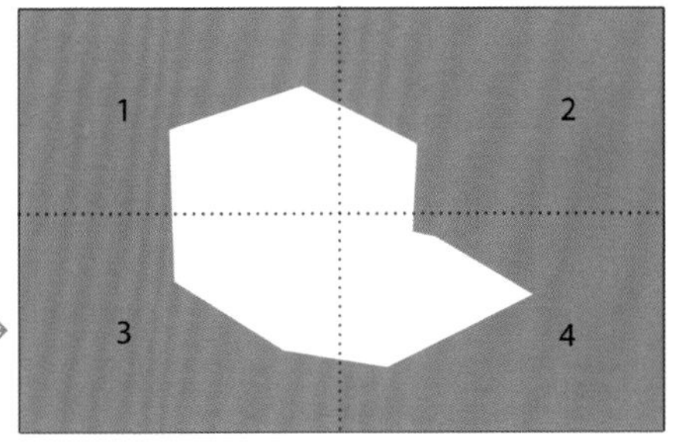

加大了象限中负空间图形的差异，增加了张力。

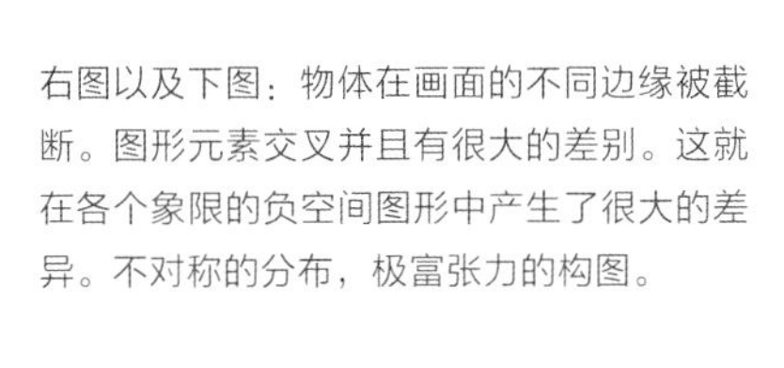

右图以及下图：物体在画面的不同边缘被截断。图形元素交叉并且有很大的差别。这就在各个象限的负空间图形中产生了很大的差异。不对称的分布，极富张力的构图。

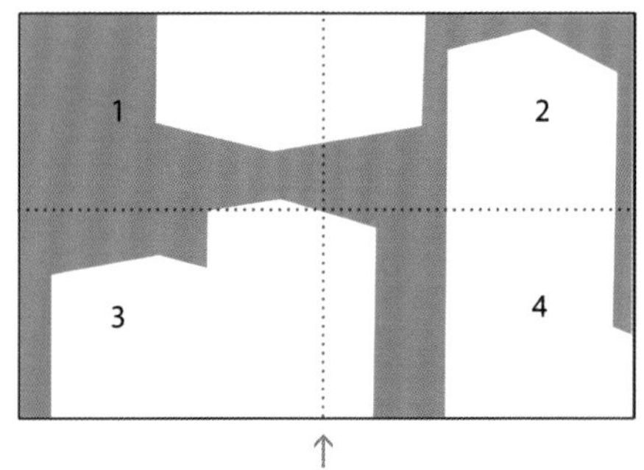

↑

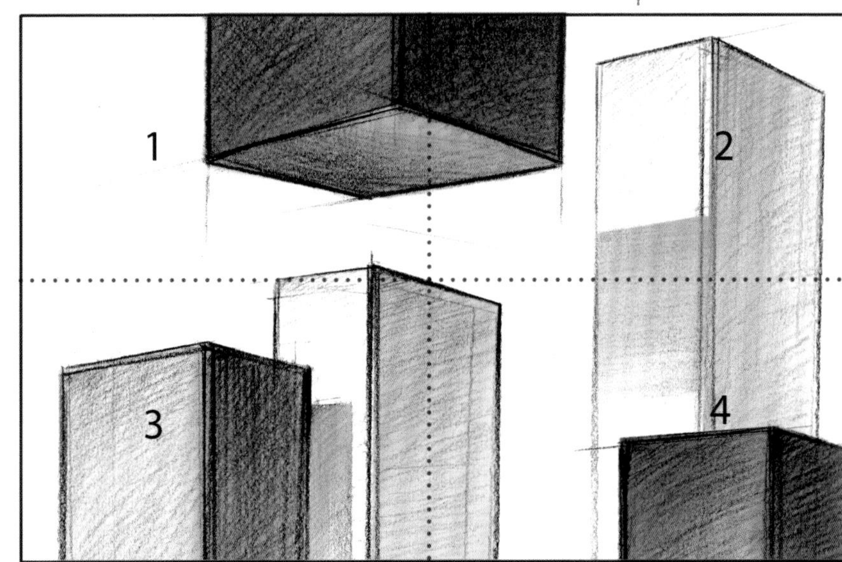

构图案例

图形元素的不同排布方式和视觉重量的比例展示了不同的图形效果以及空间效果，这些都与物体的形态与数量有关。同类物体的构图中，排列（距离、角度以及位置）是最主要的构图手段。不同类的物体排列在同一画面中，还需要考虑物体的视觉重量，物体的层级关系。为了更好地对比，这里选择了一到三个同样的物体，以面元素与线元素作为例子。

左图：图形或是文字可以将画面补充完整。

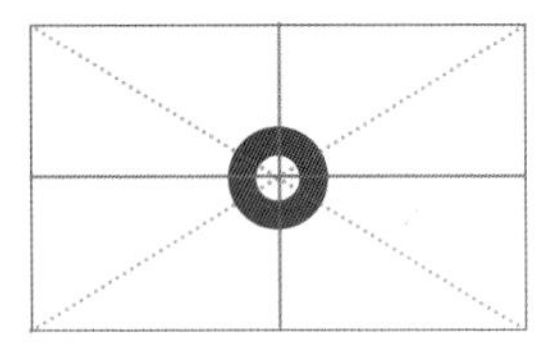

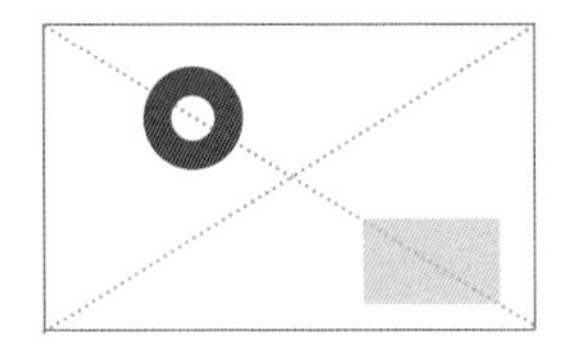

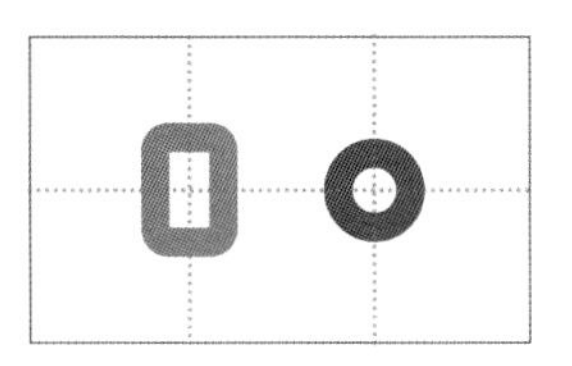

右图：图形元素排列到虚拟的参考线上，可以是画面的平分线、边缘切割线或者中心线。在其他一些图形元素的构图上，可以利用边缘线、棱线或者是在中心线进行排列或对齐。

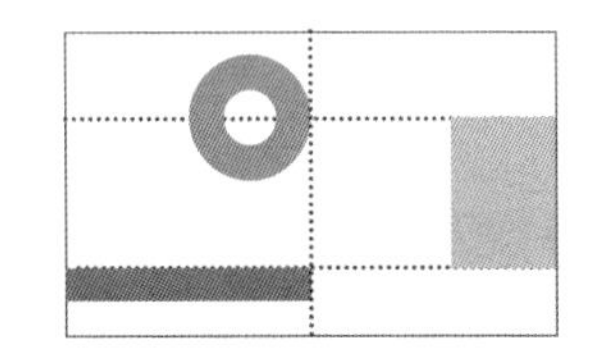

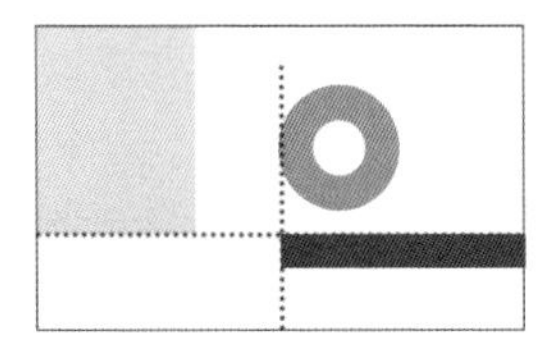

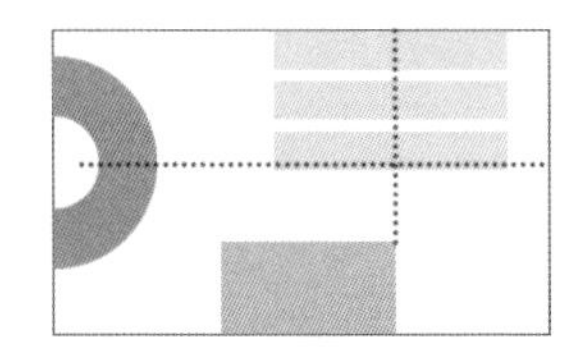

简单的中心的构图，张力小，对称。背景缺乏张力，物体与形态不是很有表现力。

稍稍旋转物体，形成不对称的构图。背景与图形空间各异，物体很好地撑起了空间。

极度不对称的构图，物体被大面积地裁减。这是非常有张力的构图。

对称的构图。非常没有张力，因为物体的大小、距离以及背景的分布都非常相近。视觉上相同的内容不会带来很强的视觉冲击力。

不对称的构图，旋转物体展示了物体的不同角度。画面中有不同大小的图形空间。画面张力较好，可以用作展示物体信息。

特别的角度，展示了不寻常的视角与造型的可能性。大手笔地裁剪、不同的负空间以及人们填补图形的动机，增强了画面的张力。

轻微扭转角度的正面构图，物体看起来角度有略微的不同。空间的张力还允许其他物体进入。

不对称的分布在物体之间产生了对比。对角线增强了空间感，物体与整个画面空间构成了张力。

特别的排布使画面产生了活力，对比强烈（形态、大小、明暗），使人们的视线在物体与被裁剪的部分中移动。

对比

对比在所有绘画以及应用艺术领域中是一个重要的造型手段，它会被有意识或者无意识地使用。它确定了图形的作用方式以及我们感受到的强度。在平面的图形对比以及空间静物的形态对比中有重要的意义。

对比可以帮助人们分析图形的效果以及产生的后果。约翰·依登教授图形对比的课程，他也教授魏玛包豪斯的预备课程。

- 对比的类型
- 对比的作用

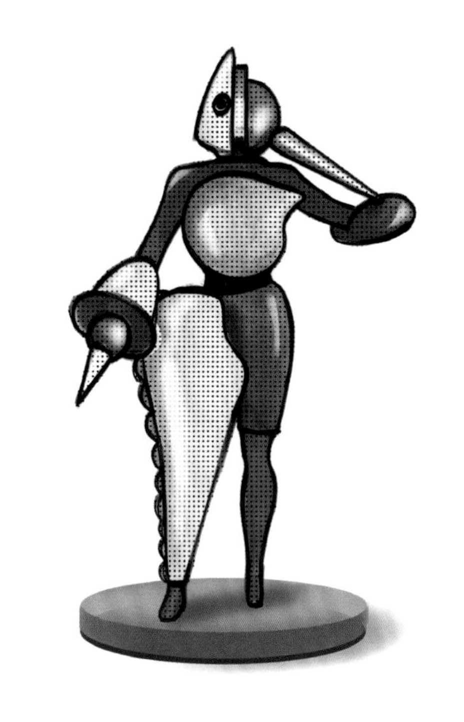

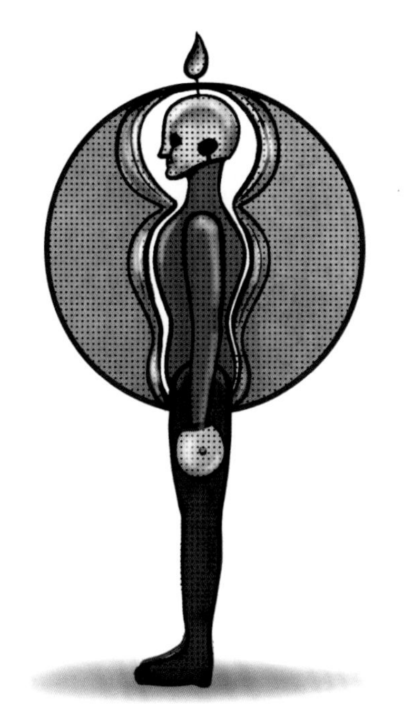

这些形象出自奥斯卡·施莱默的三人芭蕾，在1922年首次上映。这里人物的形象在形式、颜色以及材料颜色上有着强烈的对比。这些形象配合了他们的动作，构成了统一性。奥斯卡·施莱默与若阿内斯·滕在斯图加特的绘画课上相识，之后一起进入魏玛和德绍的包豪斯。

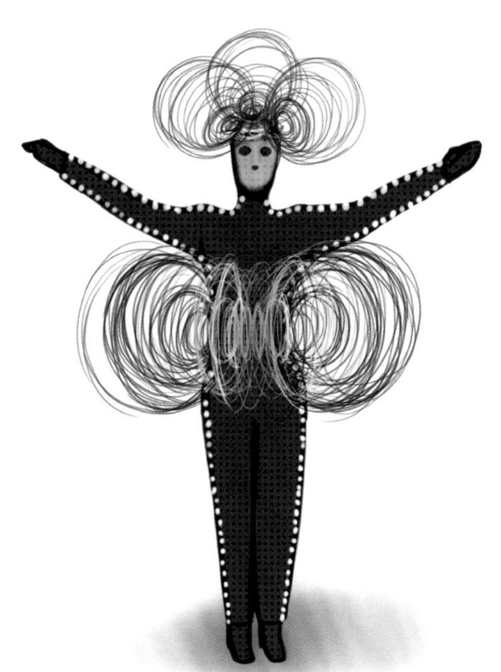

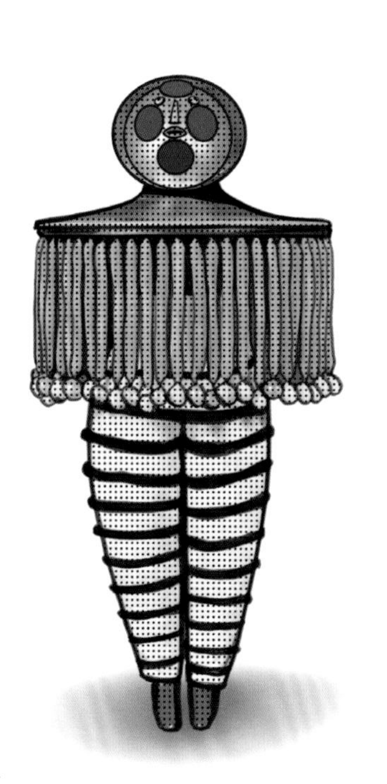

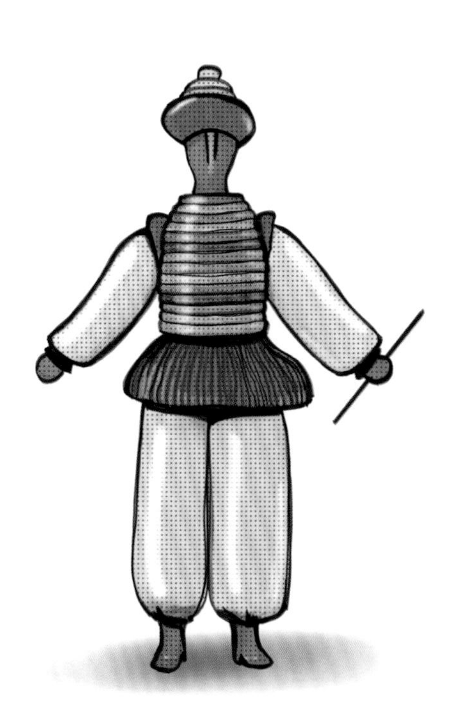

对比的类型

对比在任何一幅画面中都是绝对必要的。比如如果把明暗对比调到零，那么画面将全部都是白色。特别是在绘图时，对比是一个重要的元素，因为所有塑造图形元素的色调都通过它的明度层次才发挥作用。普遍来说物体可以通过形式、颜色、纹理以及排列对比来区分。为了更好地识别物体，这里将会讲解物体的对比度。这里以最简单的、无方向的形状——圆为例。

大-小对比

除明暗对比以外，大小对比是一个特别强烈的对比，它可以强调重要性、层级关系以及空间的大小关系。

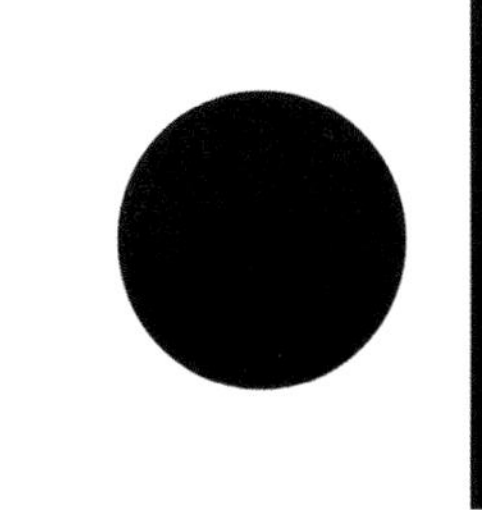
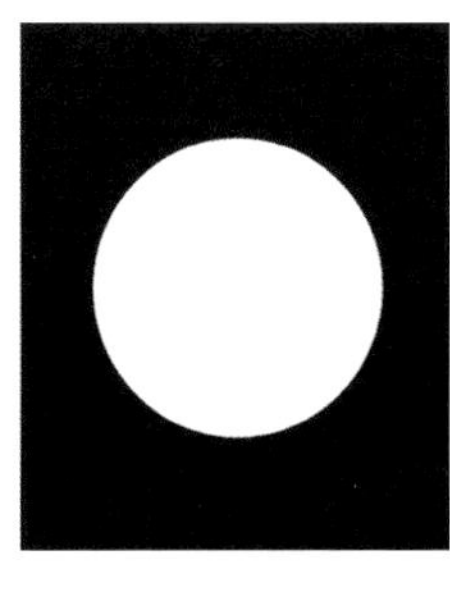

明-暗对比

最强烈的对比之一，为画面增加力量感与活力。

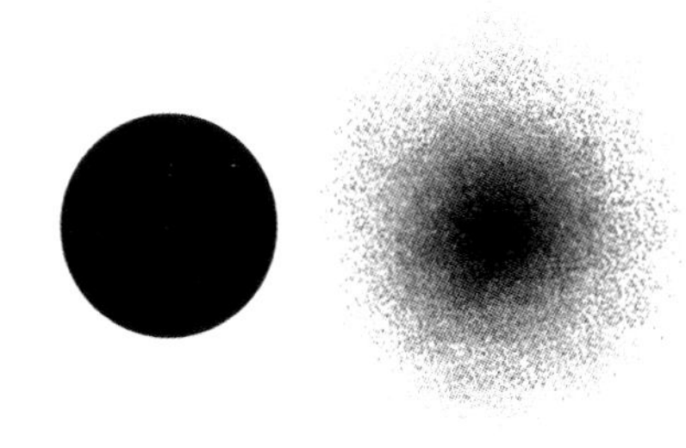

边缘-无边缘对比

应用到清晰与模糊的对比中，可以烘托氛围

光滑-粗糙对比

物体表面对比，可以强调物体材质的表现力。

实心-空心对比

通常应用于描述轻重，影响图形视觉重量。

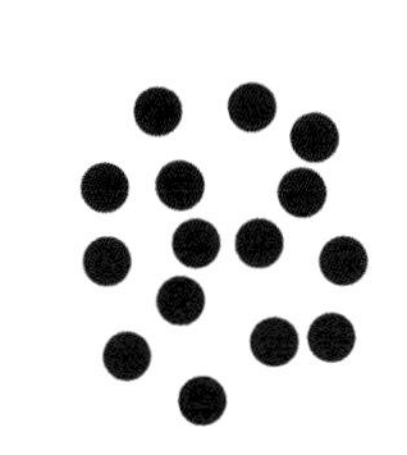

多-少对比

多少对比与大小对比有很密切的联系。

对齐-不对齐对比

与形态不同的对比高度相关，多用于分组。

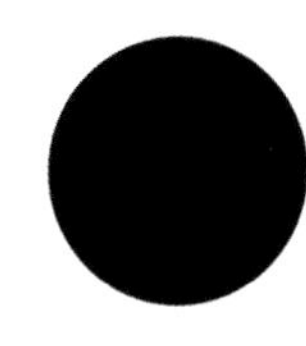

重-轻对比

对重量的感知的对比。重与坚实对比轻与不稳定。

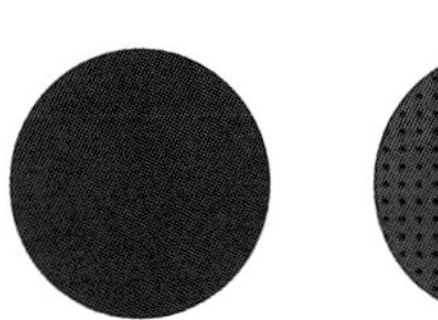

结构-无结构对比

物体表面对比，在绘图中有轻微的作用。

静态-动态对比

与对比度相关，具有很强的效果。

清晰-模糊对比

摄影中经典的效果对比，影响空间位置。

扁平-立体对比

立体的图形元素有更强烈的视觉效果，因此被认为更加的突出。

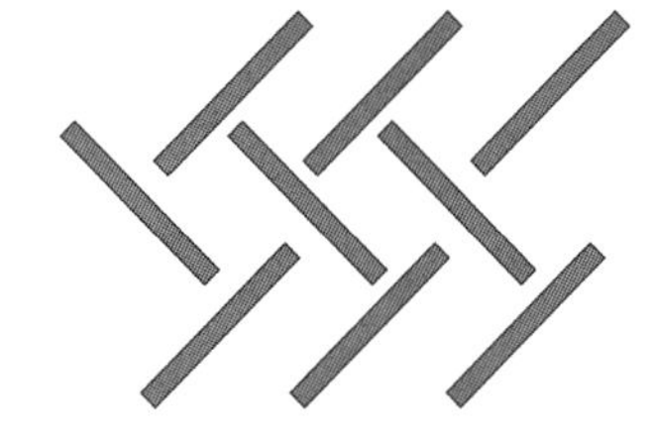

排列对比

对象的排列，常用于一系列的纹理图案。

明–暗对比

近距离地观察这个对比，并且感受它带来的画面效果，这展示了对比存在于任何图形以及图形元素中。画面空间中不同的效果以及不同的感知都与明暗对比息息相关，这同样应用于非色彩的画面（黑白画面）。

白色的方块看起来比黑色的方块更加突出。有清晰边缘的图形看起来是在画面的前景部分。

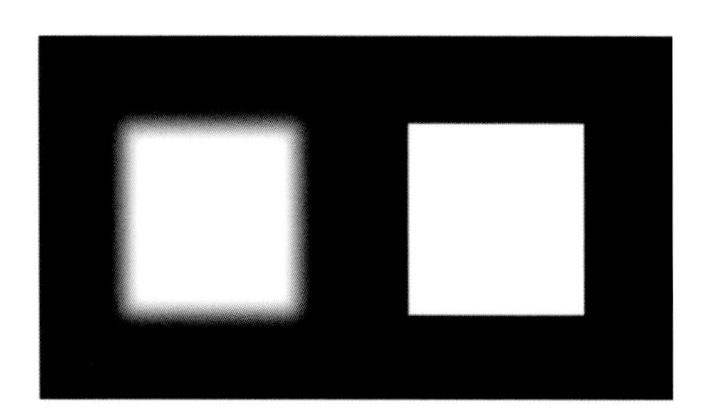

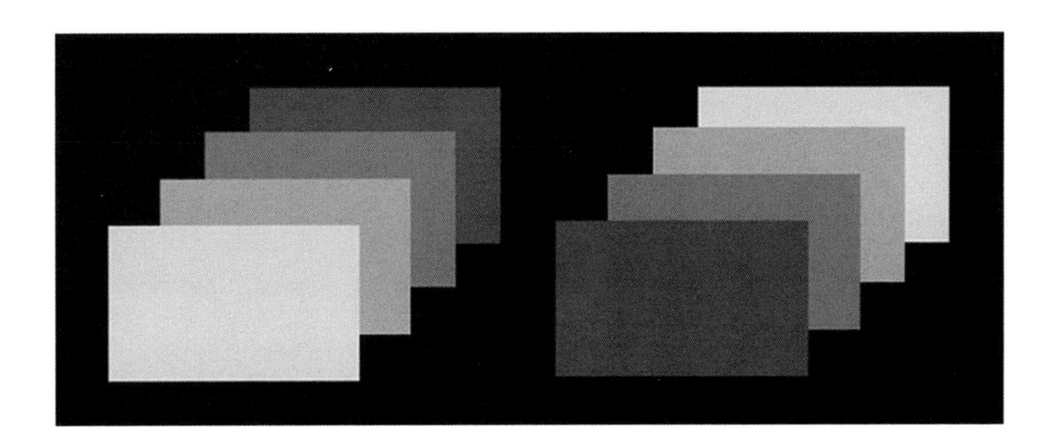

空间作用中的明暗对比：

线条图形通过遮挡可以看出前后的关系。在平面画面中，遮挡以及平面亮度同时起着作用，有很强对比的平面更为突出。在右图中，白色背景把深色平面以及其他的平面推到前面。在黑色背景中这种关系恰恰相反，浅色的平面更为突出。

两种强烈对比：

大小对比与明暗对比的比较，我们并不能说出谁的作用更为重要。可以通过大小对比来强调某个物体特别大或是特别小，但又可以通过明暗对比切换作用。明暗对比同样也需要通过大小对比来增强它的作用。

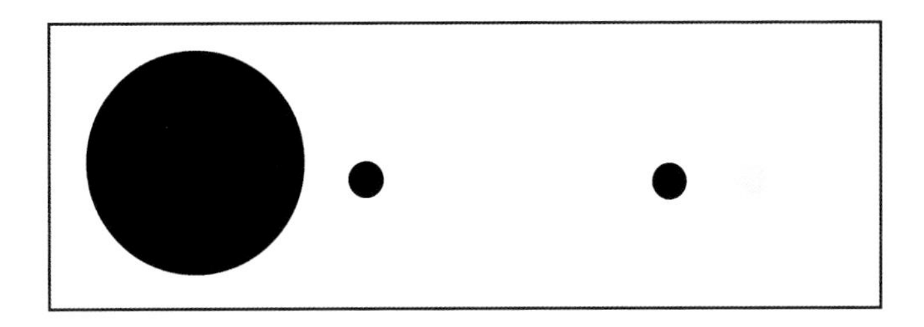

对比的作用

图中显示了不同对比对画面产生的影响。普遍来说，如果对比很明确，那么画面有很高的精确度和秩序。

最受欢迎的一般都是明暗对比，这是人类感知的基础。它也属于色彩对比，因为明暗是描述色彩特征的重要元素。为了表达精确以及表现画面张力，我在这里不把明暗对比与色彩对比区分开。

明-暗对比：

这里使用的是无彩色的黑白元素。即使缺乏细节，深色：沉重的形态看起来更为突出，对比更加强烈。

大-小对比、饱和-非饱和对比：

大小对比展现了景深，色彩对比加深了对景深效果，因为纯净的、暖色的以及对比值强烈的物体一般会在前景中出现。

清晰-模糊、冷-暖、大-小对比：

大小对比营造了空间的景深效果，色彩对比加强了景深的效果。清晰的、充满细节的物体在前景，浅蓝色的物体被看作背景。

深-浅、饱和-不饱和、 细节丰富-缺乏细节对比：

主要的对比在于深浅对比，浅色的并且细节丰富的物体被后面深色的物体衬托到，浅颜色可以更清晰地展现物体的形态和细节。

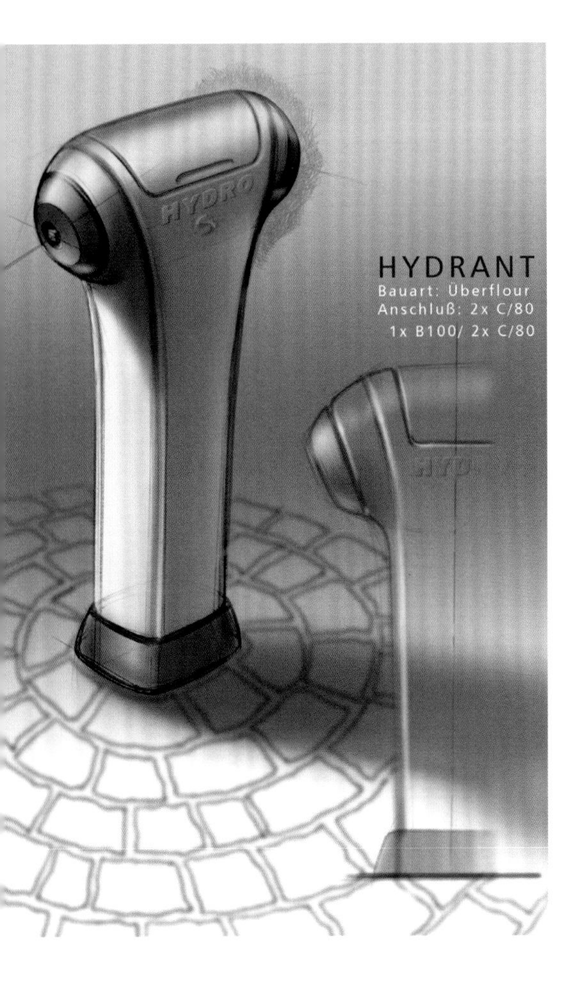

线条－立体、彩色－非彩色、平面－空间对比：

与灰色的画面形成对比，着色很明显地凸显出来。线条与立体的物体形态形成对比。附有文字的前景图层，营造了透视的变化。

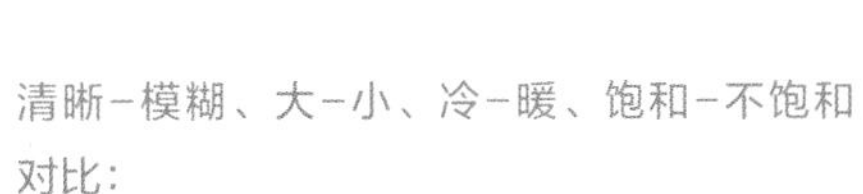

清晰－模糊、大－小、冷－暖、饱和－不饱和对比：

物体的大小对比以及清晰度的对比营造了空间的景深，色彩的对比加深了景深效果。清晰的、充满细节的物体在前面，浅蓝色的物体融入背景。

线条－立体、彩色－非彩色、深－浅、平面－立体对比：

线条以及立体的物体构成前景。白色到灰色的空间区域形成渐变。小面积的着重色对比明显。深浅对比增强了画面的生动感。

色彩

我们的大脑通过眼睛的受体感知到一小部分色彩的电磁波，这是我们视觉的分类系统以及感知的重要部分。在数字化图像处理上，色彩作为构成工具可以被控制和很好地使用。在绘图中，我们可以很简单地填充并且编辑选区，来调节色彩的属性以及色彩氛围。

这个过程直到图像通过电子设备输出，如照相机、扫描仪、计算机、显示屏、软件以及打印机等，但这都与我们个人的色彩感知相关。关于绘画，有关的色彩系统以及应用的基本知识将会在这里讲解。同时，我们建议大家广泛地浏览专业文献以及网络资源来加深对此主题的理解。

- 色彩空间/色彩系统
- 色彩的加法混合和减法混合
- 色彩的描述
- 色彩空间的应用
- 色彩对比
- 色彩原则
- 色彩变化
- 软件的使用

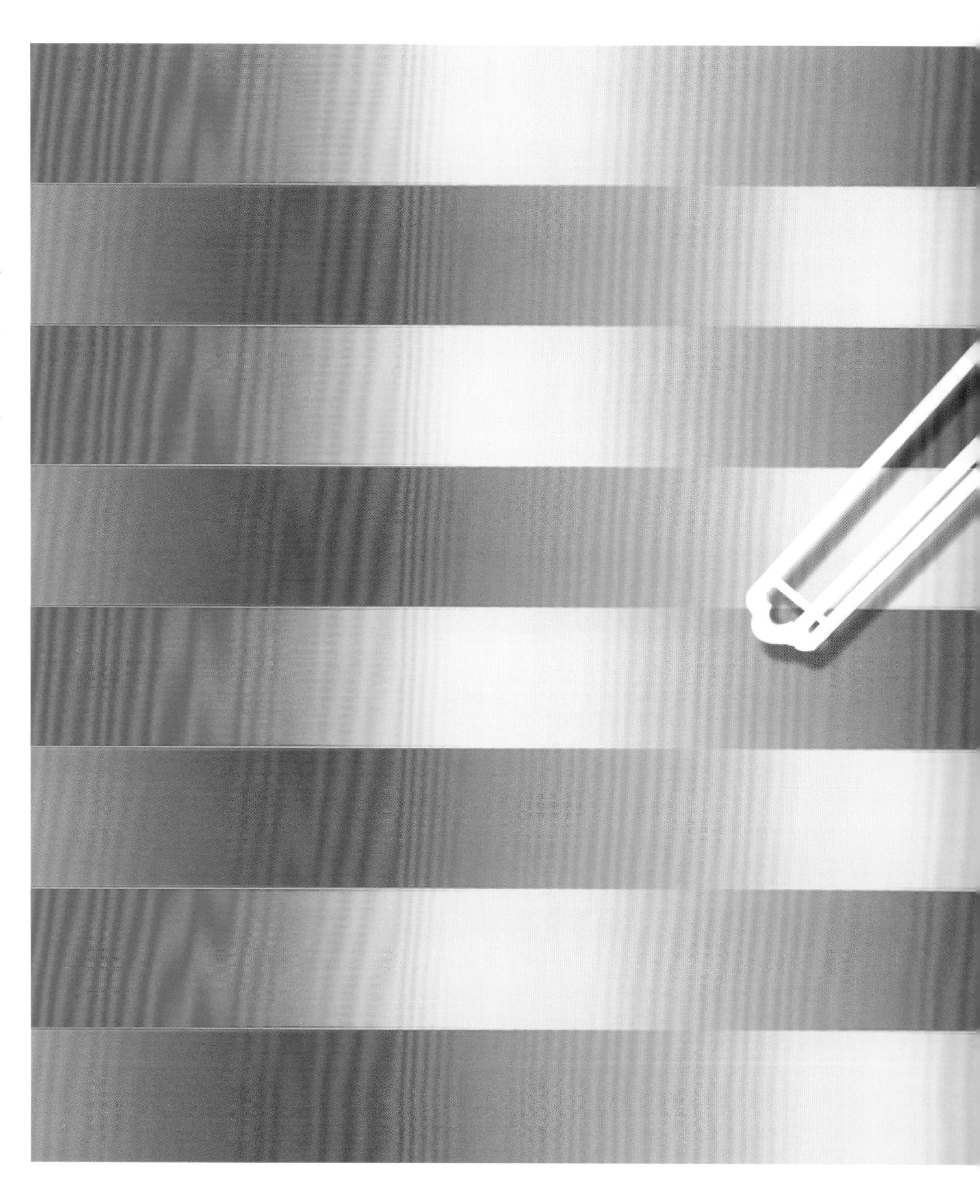

色彩空间 / 色彩系统

在色彩理论中有很多不同的色彩系统被人们所知。人们可以通过很多不同的方面来感知色彩：物质的颜色（比如打印颜色）或光的颜色（比如显示屏、投影仪），对光波的物理分类，应激处理的过程，在心理－符号上的感知以及美学的构成元素。

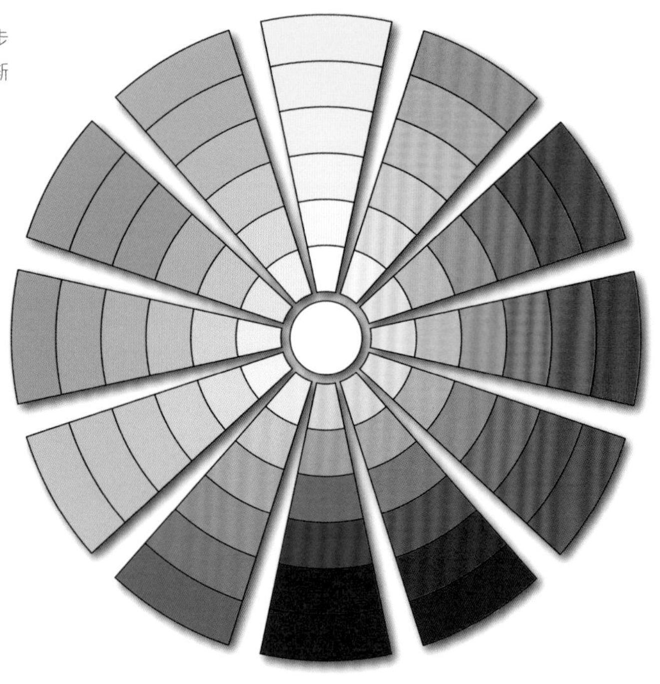

色彩排列在彩色的色相环上，从外环向内逐步与白色混合。色彩明度逐渐增加，饱和度逐渐降低。

右图：简单的球体或者双锥形复合体可以很好地呈现色彩空间。纯度最高的颜色分布在赤道半圆上（色相环）。中心竖直的是灰度，从黑色到白色（无彩色）。其余部分是混合色。

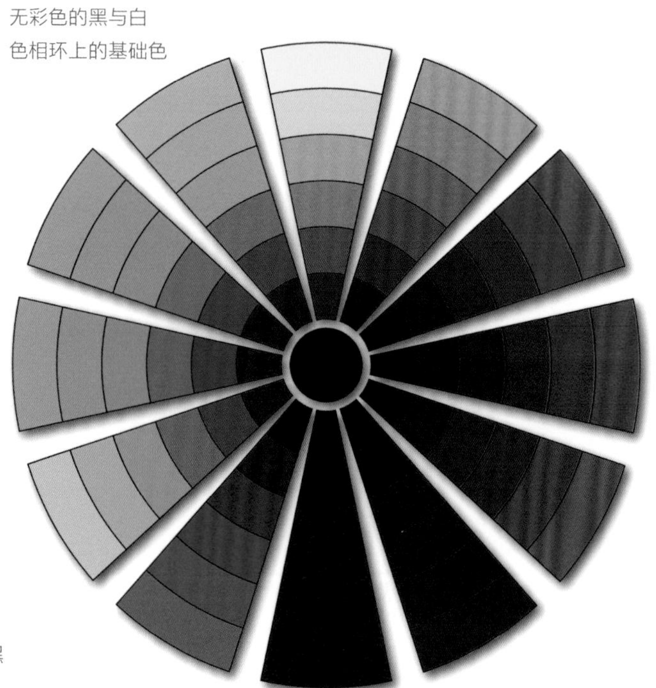

右图：色彩排列在色相环上，从外向内逐步与黑色混合，明度与饱和度都逐渐降低。

色彩的加法混合和减法混合

直接来自光源的色彩，比如显示屏或者投影仪，是光学色彩，它们是通过色彩加法混合得到的，感觉是光源发光的色彩。物体的色彩（比如颜料）、印刷色彩或者绘画色彩是通过色彩减法得到的，这是由于物体反射了部分可见光波。这也是为什么一个色彩在显示屏以及印刷制品中看起来不同的原因。

色彩的加法混合（RGB）：

光原色红、绿以及蓝混合形成白色，二级颜色分别为黄、洋红以及青色。一级颜色红、绿以及蓝有56个等级（0~256），也就意味着在RGB色彩空间中有256x256x256=1670多万种颜色。

色彩的减色混合（CMYK）：

物体色彩的混合（并不是光的混合，比如颜料）青、洋红以及黄色理论上可以混合为黑色，然而实际上结果是深灰色，因此需要加上黑（K）组成CMYK色彩空间。二级颜色为红、绿以及蓝。

上图：相同色相的三角（奥斯特瓦德的等色相三角形）

奥斯特瓦德认为，在这个三角中，色彩可以通过和黑白的混合而得到。竖直线上的颜色具有相同的饱和度，从右到左颜色的灰度上升，从下到上是明度的变化。这个同色相三角形展示了色彩层次丰富的单色的混合。

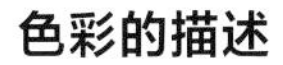

色彩的描述

色彩可以通过三个标准来衡量：色相、明度以及饱和度。色彩在色相环中的位置，也就是色相。饱和度体现了色彩的纯度。明度体现了色彩的深和浅。

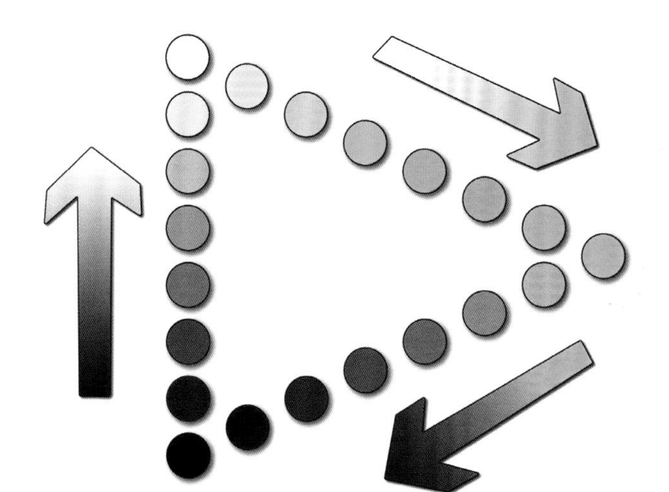

饱和度：体现色彩的纯度，沿箭头的方向增加。

色相：比如具有高饱和度的橙色。

明度：纯色可以被加亮，或者通过增加黑色来减暗。这些情况都降低了色彩的饱和度。对于无彩色黑白来说，它的变化符合灰阶上明度的增减。

色彩空间的应用

数字化图像使用哪一个色彩空间，是根据它之后的应用来决定的。如果输出在显示屏或者投影仪上，那么大多数情况使用光学颜色的RGB–色彩空间。输出在印刷制品上则会使用CMYK–色彩空间。每个色彩空间都有不同的色彩范围。如果一个图像转换成另一个色彩空间，它本身的色彩也会随着变化。每一个色彩输出的媒介显示的颜色也是各异的。因此，在专业的图像处理领域，扫描机和显示屏都需要色彩校正。

左图：HSB 颜色模块
H=色相（下面色相环的位置）
S=饱和度（最外圈为100%）
B=明度（最外圈为100%）
这些参数嵌入到很多图形处理的软件中，这里以Photoshop为例。它们构成了一个技术上的RGB–色彩空间，可以被简单地调节和使用，这些色值都是我们可感知范围内的颜色。RGB值在菜单的下面，右下角是相对应的CMYK值。

下图：RGB中的颜色（光学颜色）的基本色为红、绿、蓝。二级混合色彩中，绿+红=黄，绿+蓝=青，蓝+红=洋红。所有颜色相混合得到白色。

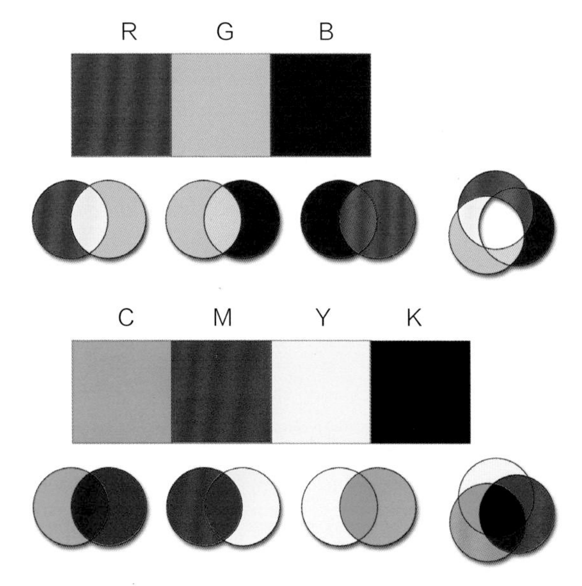

上图：物体的颜色在色彩空间CMYK中的基本色是青、洋红和黄，以及黑色（K）。二级混合色彩中，青+洋红=蓝，洋红+黄色=黄色，黄色+青色=绿色。所有颜色的混合色为黑色。

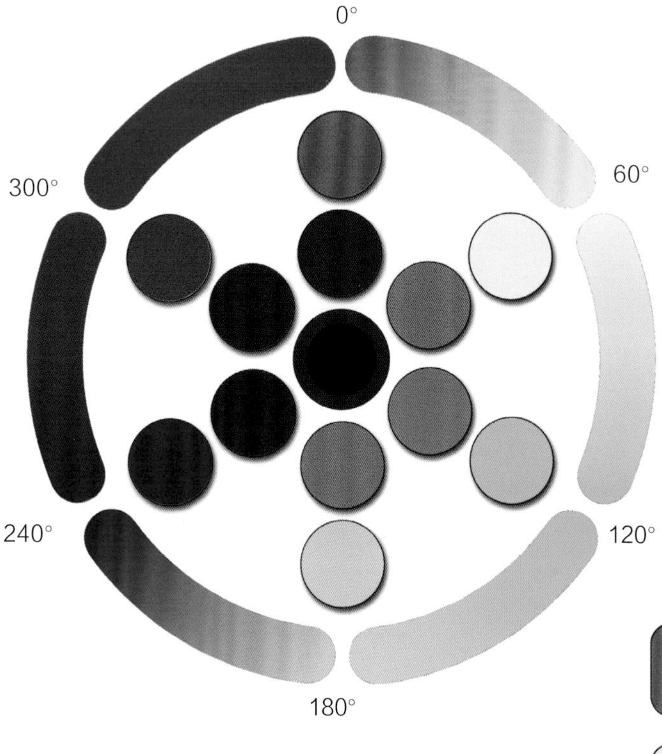

左图：RGB（基本色为红、绿以及蓝）中间为CMYK（基本色为青、洋红以及黄）。因为互补色的混合只可以产生灰度的颜色，因此黑色作为第四个颜色（K）被加入。最外圈是纯色的混合色。

互补色（在色相环中对立的颜色）在混合后会有或多或少的脏色效果。因此使用两个颜色的渐变时会有限制。两个对比色之间的强硬过渡，会产生有紧张感的色调氛围。

临近色的混合可以很和谐地过渡。

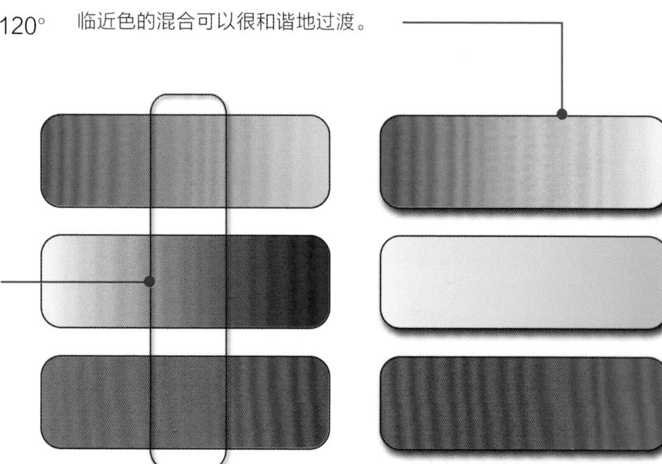

色彩对比

就像是其他的对比一样，色彩的对比也是通过相对的两个色彩进行比较。每个色彩都受环境以及其他的图形元素的特性而影响。色彩对比是造型方法的一个重要部分。在现代色彩理论里，它属于造型元素的范畴，而不是色彩学的范畴。作为造型元素，色彩在画面中都起着作用，因此被认为是一种普遍的对比。

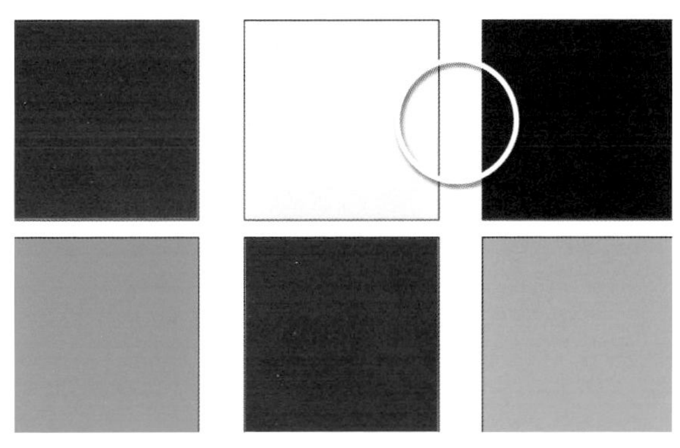

“色彩本身的对比”，依据约翰·依登的描述，彩度高的颜色，也就是说饱和度彼此相当的颜色之间形成对比。亮度对比，比如黄色和蓝色之间作用最明显。

深浅对比是物体色彩亮度的对比，或者对于黑白物体来说，这种对比符合灰度的变化。其对比作用可以通过彩度而加深。

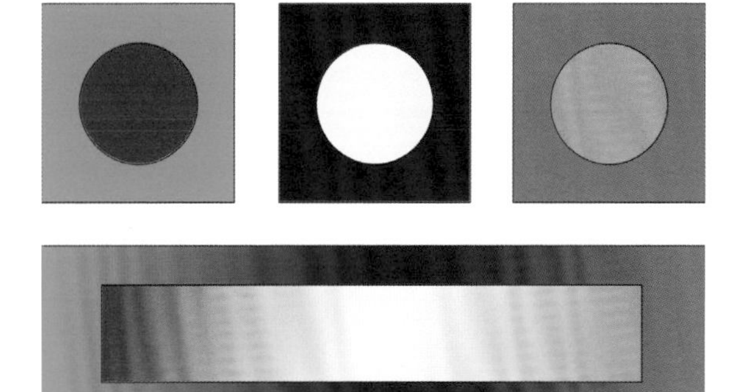

互补色的对比意味着与色相环上相对的色彩的对比。冷暖对比有类似的作用，因为色相环上有一半是暖色（黄到紫色）。

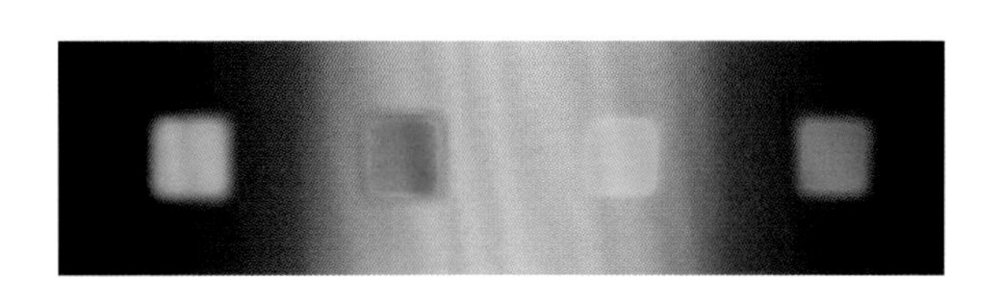

色彩在空间中的位置给人带来不同的感受。暖色更近，冷色更远。通过亮度的对比可以增强或者减弱这种效果。

下图的对比显示了环境色对物体产生的作用。周围环境色在一块色调上的作用会使圆形与角呈现出不同的亮度，我们的视觉会轻易地推动灰蓝色块和粉色块上的物体到它们的补色上。

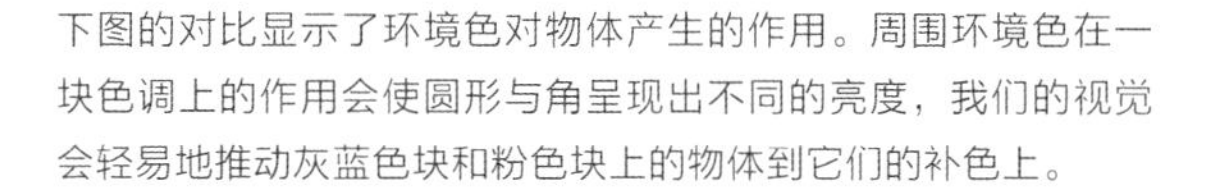
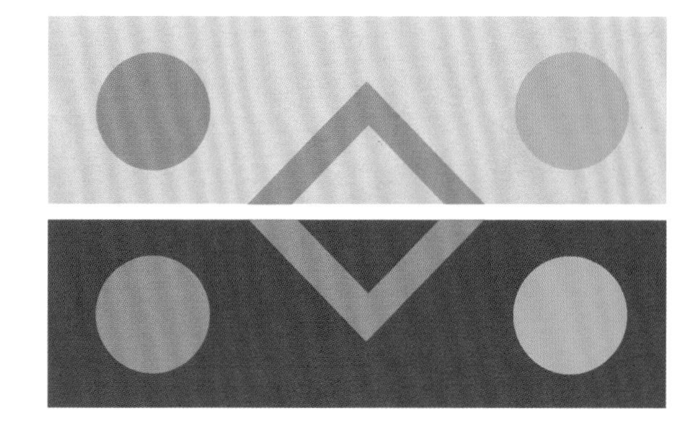

亮色会在深色表面上变得更亮，当色彩在粉色表面上时，绿色会变得更显眼些，连带上面的圆形也会被认为是彩色倾向，更亮、更绿一些。

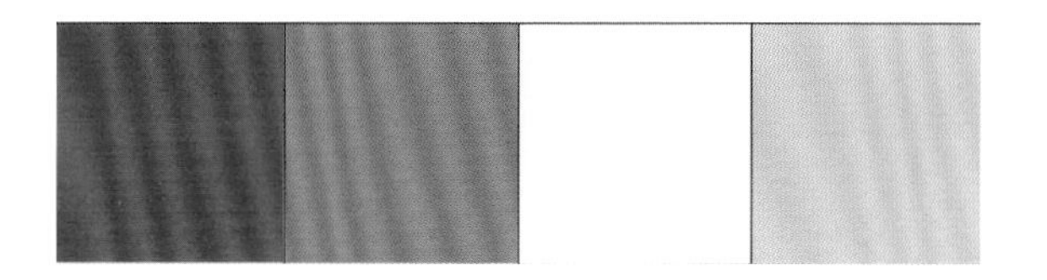

质量对比存在于饱和的纯色与不饱和的同种色系的颜色之间的对比。红色和黄色分别有50%的饱和度以及80%的明度（HSB）。

色彩原则

这里所展示的是部分色彩的作用，它们可以延伸图像造型，强化或者削减图像的效果。

- 小的色彩对比在感觉上有很大的不同。大的颜色对比会让人感觉区别较小。
- 复杂的形状用小饱和度的颜色填充，简单的形状尽可能使用有活力的纯色。
- 邻近的两个颜色需要用第三个颜色区分，或者增大它们的间距。
- 着重色在一个饱和度低的颜色环境中对比作用明显。
- 明度对比是色彩对比中效果最强的。
- 使用灰色的色调可以展示立体形态并且有更细致的分阶。
- 用活跃的颜色作为画面的重点，这个画面的表现力会增强。
- 色彩的空间作用可以用在画面的表现力上。
- 颜色影响着图像元素在构成中的视觉重量。

人们会觉得暖色、纯彩色更近，而冷色的、饱和度低的色彩常常被认为在背景。它们之间的交错增强了画面的空间感。

纯色的、具体的、边缘清晰的形状在画面中显得更近。明暗对比、大小对比增强了这个效果。

着重色（意味着占据小于颜色数量的25%）在饱和度不高的环境，或者无色的环境中对比明显，最突出。

邻近色（在色彩空间中相邻或靠近），需要利用间距来分开。

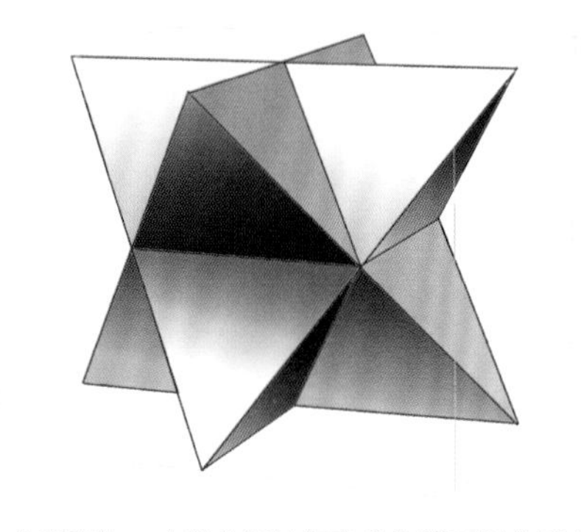

一个明亮的、中等色调的复杂多边形可以使用非常深和非常浅的色调来塑造。这个画面有更高的色值范围。白色作为底色，空间效果更强了。

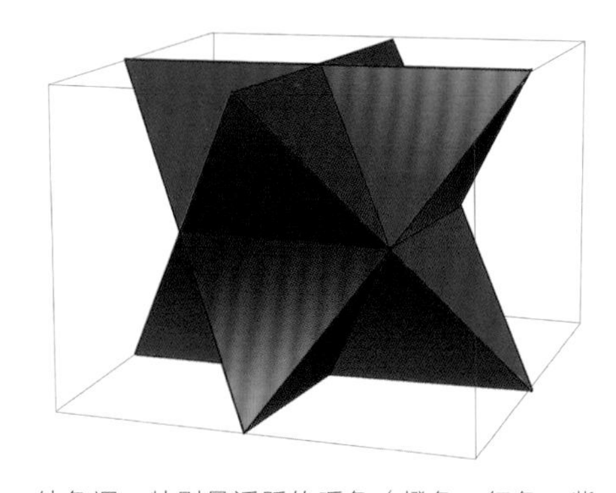

纯色调，特别是活跃的暖色（橙色、红色、紫色）则赋予了多边形一种“平面感”。

纯色调覆盖了不同的色值。特别是在形态变化小的物体上，可以用小的色调差来表现立体效果。

精致的、立体的模型可以通过低亮度以及小的颜色变化在无色的、明亮的色调中更好地塑造。

我们的感官对很小的色调变化特别敏感。这里的灰色调很明显地显示了颜色的分布。

饱和度特别高的颜色，与灰色调的图形相比，由于饱和度的差别更加强烈，因此色彩对比反而不是很明显。

色彩变化

色彩通过混合产生了无穷无尽的颜色。一些混合的方法可以使色彩的结合更加的和谐。一些计算机程序结合了这些颜色混合的方法来产生和谐颜色，这些是基于颜色在色彩空间中的关系而建立起来的。颜色选择器可以旋转同时改变长度来挑选颜色。色彩结合的过程可以看做是一种选择未经调配的颜色的方式。为了简化讲解，这里并没有涉及同一个色相三角形下的颜色混合方法（参见199页），这个例子会在下一页的软件程序中展示。

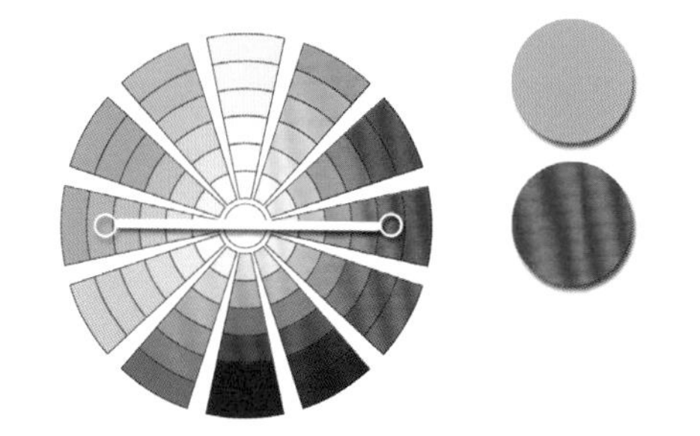

互补色的选择，要避免色相环中相对的颜色产生潜在的紧张感。

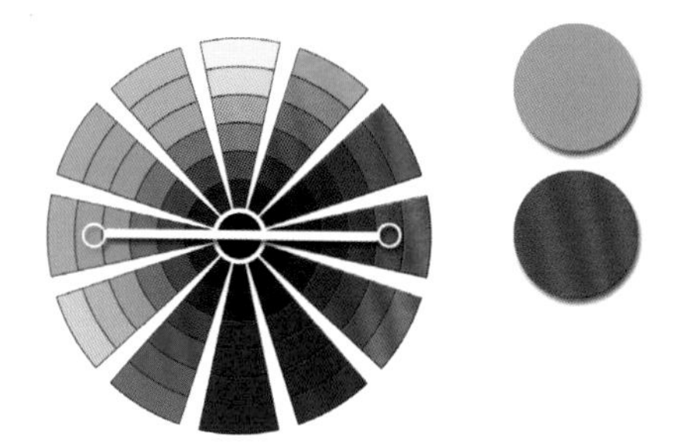

互补色的选择，在与黑色混合的区域中，有同样的饱和度，较低的明度。

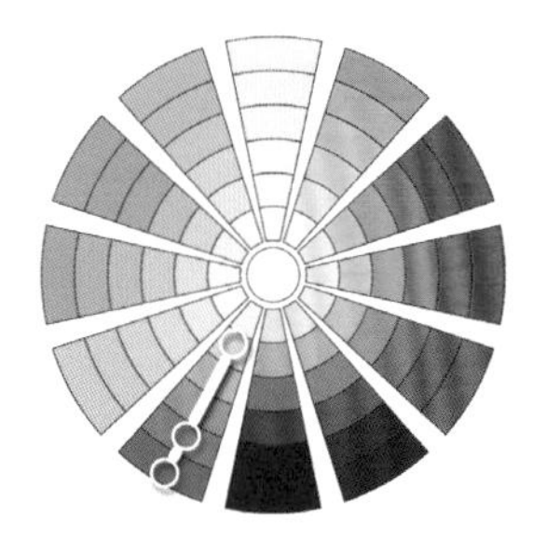

在一个相同色相中选择颜色，色值非常接近。

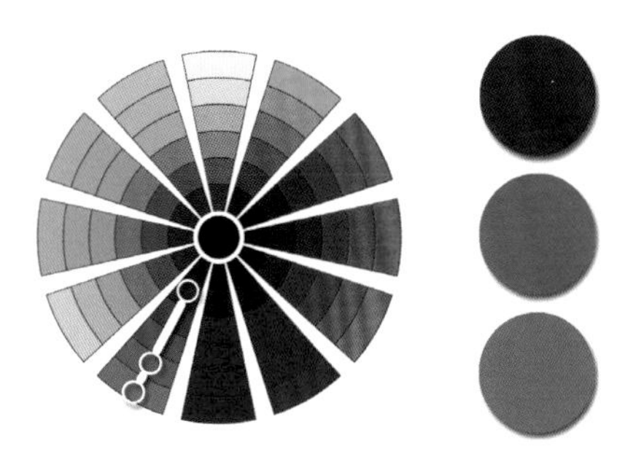

一个相同色相中颜色在深色的区域中是可组合的。

和谐的四角关系，这里的例子是一个正方形，它可以产生更大的色彩范围。

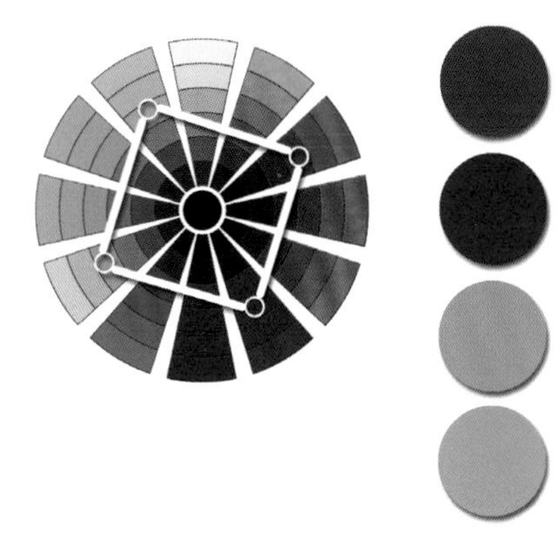

与黑色混合的色调，有更大的色彩范围。

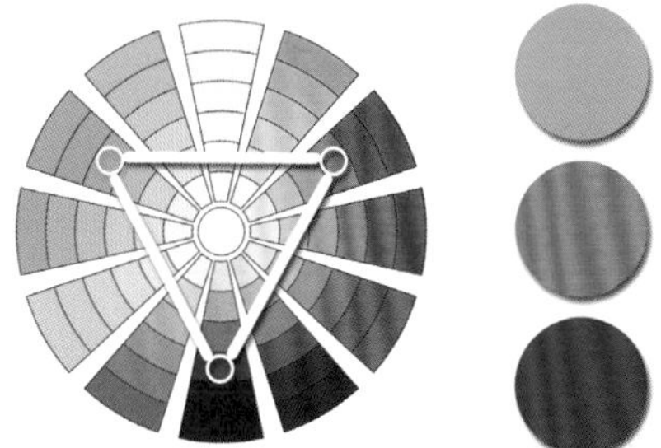

等边三角形上的色彩。三角形在形态上是可以变化的，比如更加细长的等边三角形。

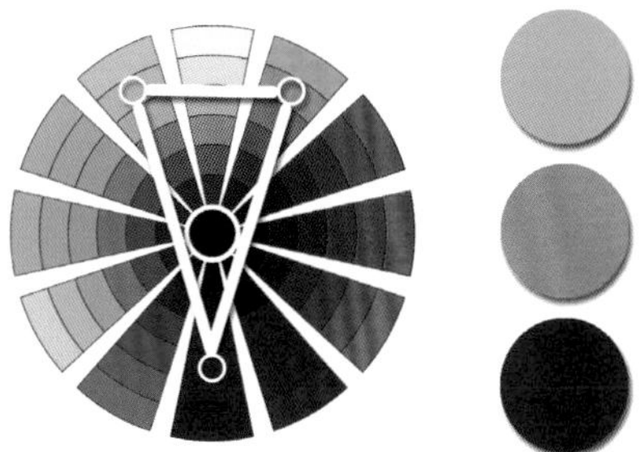

三角形范围更加修长，选择色彩有了更强的对比效果。

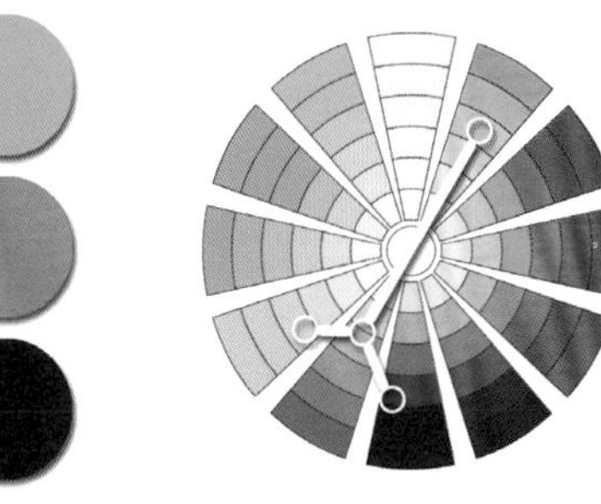

在色彩的选择中，三个临近色和一个对比色可以和谐共融。

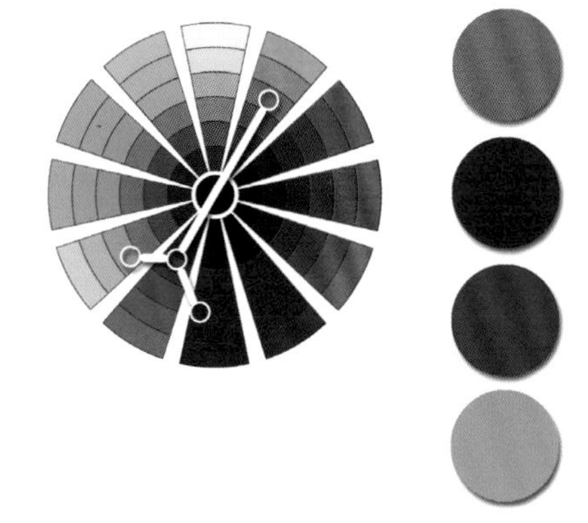

在这个色彩选择中，三个非常临近的颜色与一个对比色进行了结合，对比色可以作为画面中的强调色。

软件的使用

通过一定规则而产生的色彩搭配可以用不同的软件来实现。最容易操作的、可延展的智能手机软件是Photoshop Color CC。在这个软件中，你可以通过不同的混合方法来做选择。在选择一个颜色的时候，其他所有的颜色都会随之改变。通过使用软件（安卓、苹果）可以选择图片，然后提取图片中的色彩搭配。色彩搭配系列可以授权和分享，其他用户可以在开放的资源上使用这些颜色。这个软件是免费的，并且和其他的Adobe软件有很好的兼容性。

Adobe Color CC 是Adobe的Creative Cloud系统的一部分。

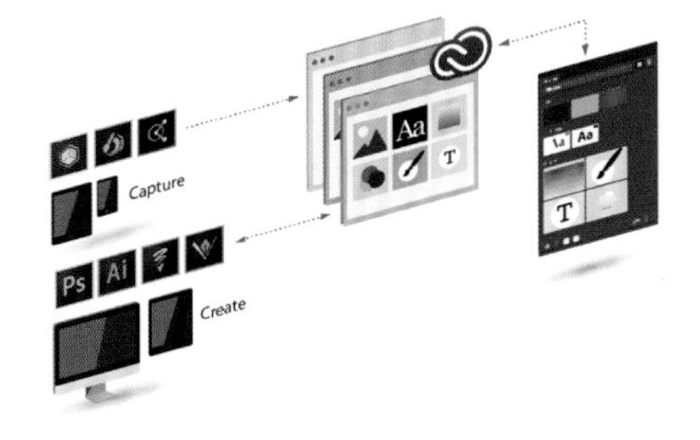

颜色序列可以公开分享，以方便其他用户使用。同样的，也可以查看和使用其他用户公开分享的色彩序列。

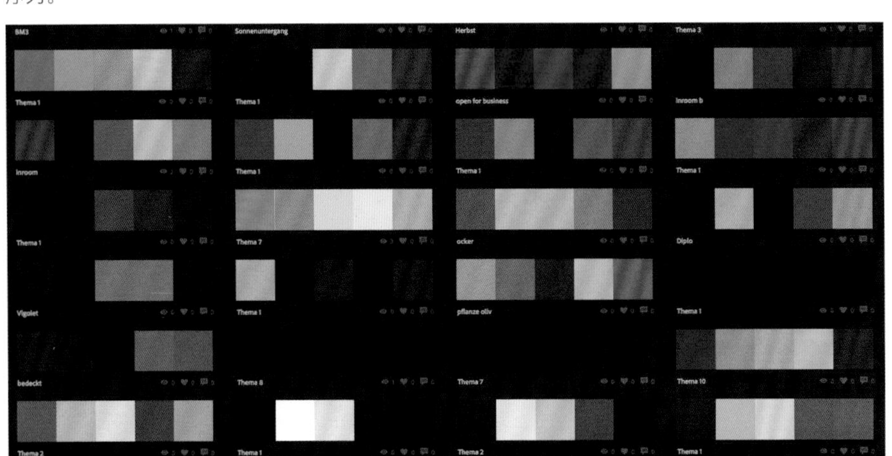

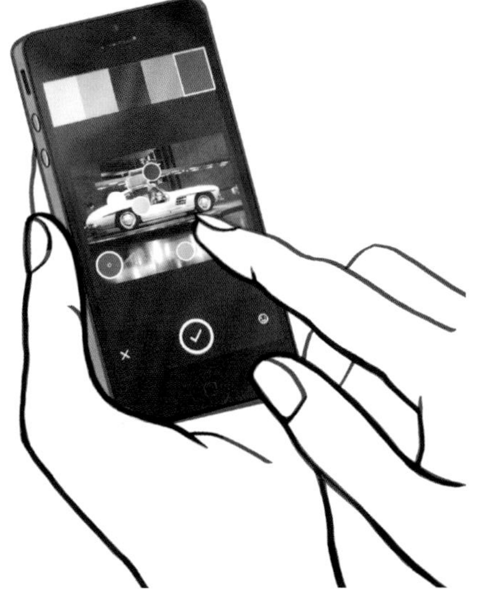

可以通过智能手机上的图片来选择变化的颜色。选择点可以任意改变。在资料库中可以选择色彩序列。这些都是可以被编辑的，并可以在一个资料库中存储，通过邮件与其他用户分享。

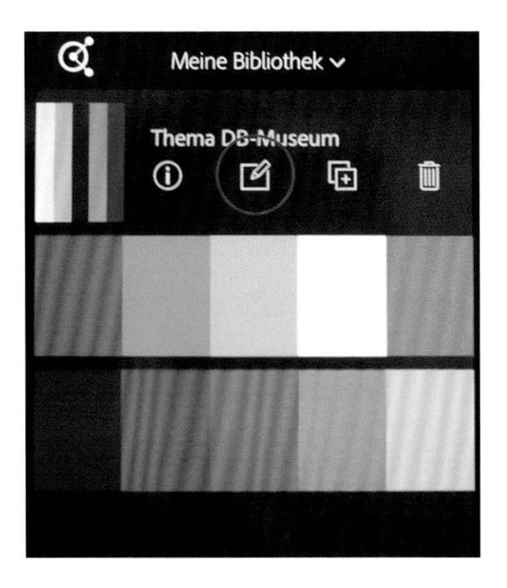

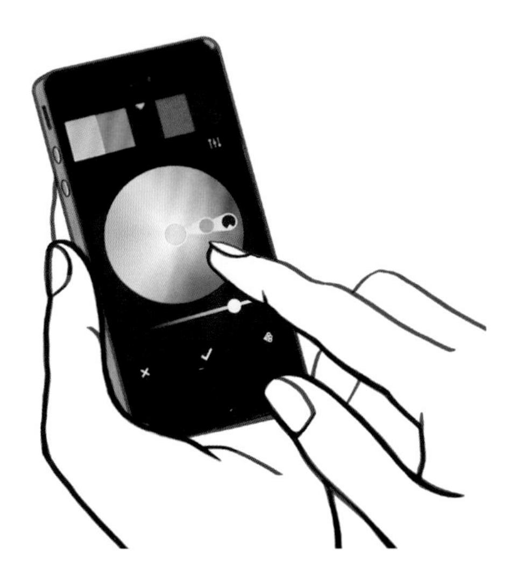

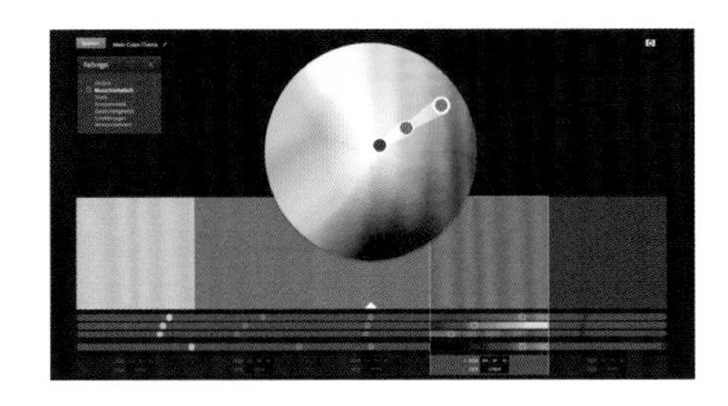

色彩规则：单色

在一个色彩范围内通过与白色和黑色的混合而形成混合颜色，这些色彩搭配可以是简单和谐的，也可能是毫无张力的。在这里，深浅对比会加深张力效果。

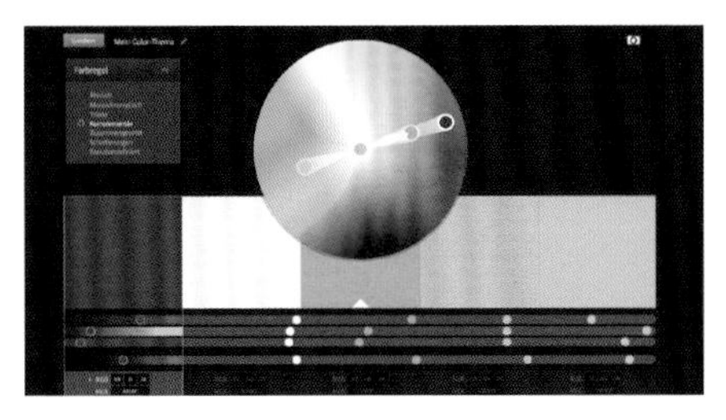

色彩规则：互补色

这些颜色需要混合出一种灰度的色调，这样可以使色彩序列更加和谐。通过使用互补色，这些色彩之间同样有很强的对比效果。

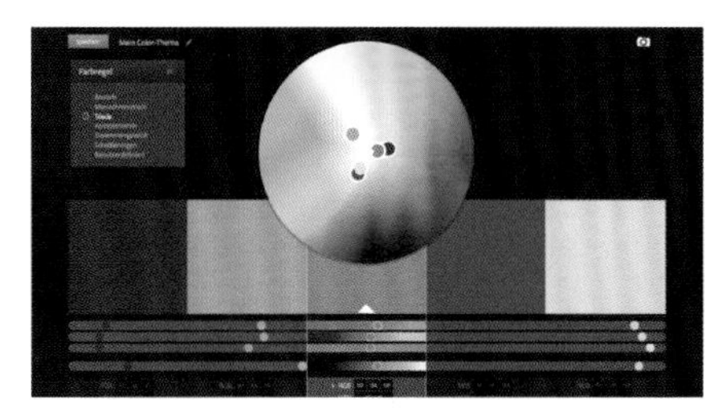

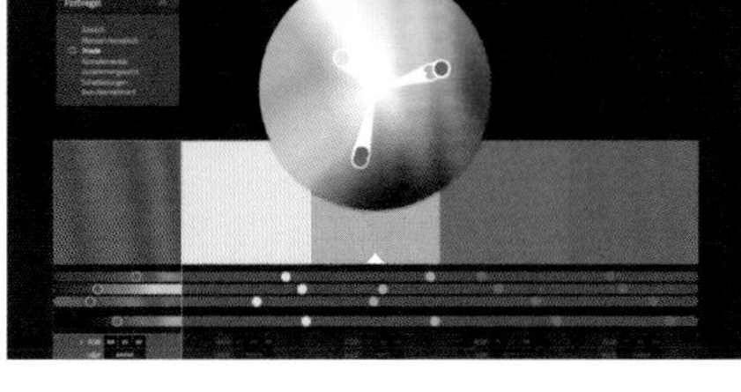

色彩规则：三元群

示例角度为120度的颜色的组合，可以产生很生动的效果，因为对立的颜色“部分互补”。下面示例：在灰度范围的使用，加入灰度使对比的范围缩小并得到平和的色彩氛围，在这里纯色的效果依旧存在。

色彩规则：复合

色彩可以在色相环上接近180度的范围中进行选取，同时也兼具互补色产生的色彩效果。

Paletton Color Scheme Designer（下图）也是一个产生和谐色彩序列的软件。在这个软件中，混合方法是可选的，并且颜色序列可以在一个单色的不同色值的关系上进行选择（明度、饱和度），所有的色值可以简单地设置和修改。在可视化和操作性上，特别是一个色系混合黑白的色值都是很可信的。这个软件目前是免费的。

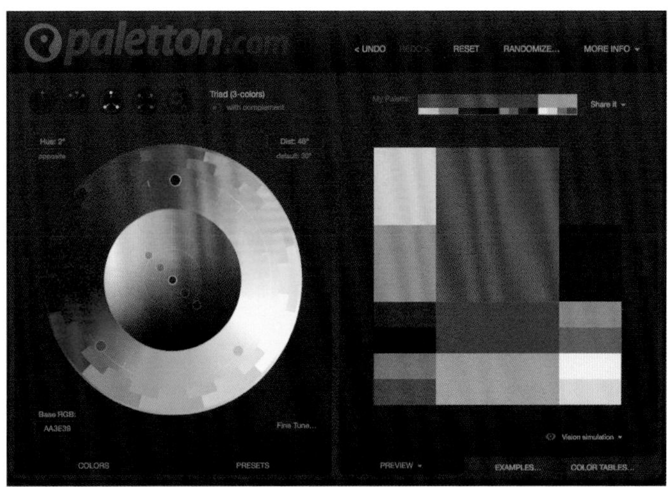

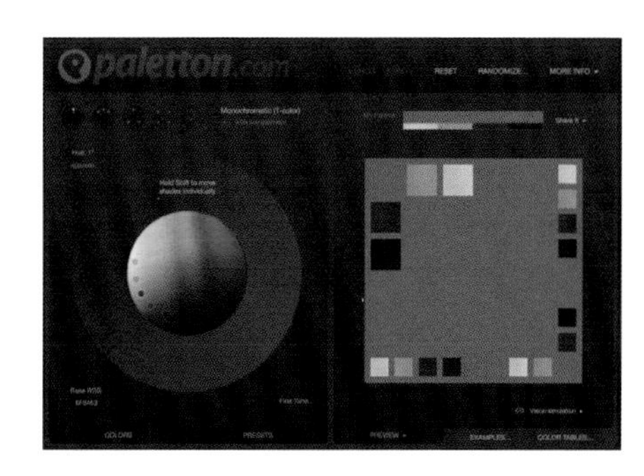

在无彩色黑与白的混合范围做选取，可以得到一系列纯灰阶的色彩序列。

形态产生的作用

图形元素是可以通过一维或者二维或者三维物体来塑造的，因此它们有着复杂的特性。图形元素可以根据形态、大小、明度、色彩（更准确地说是色彩的明度）、纹理（表面）以及形态的特征（比如粗糙的、柔软的、脆弱的、动态的）来描述。这些特征互相作用，并且当一个特征改变时，特征间的关系也随之改变。

- 对重力的基本感知
- 图形视觉规则
- 基本形和形变

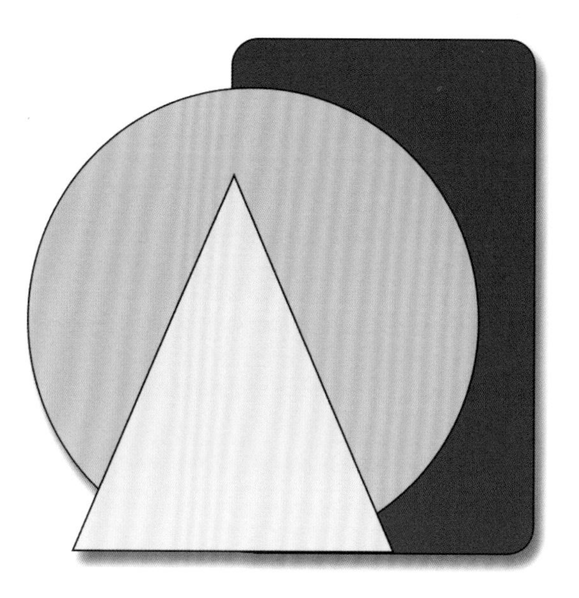

物体的形态

物体的色调

物体的大小

物体的亮度

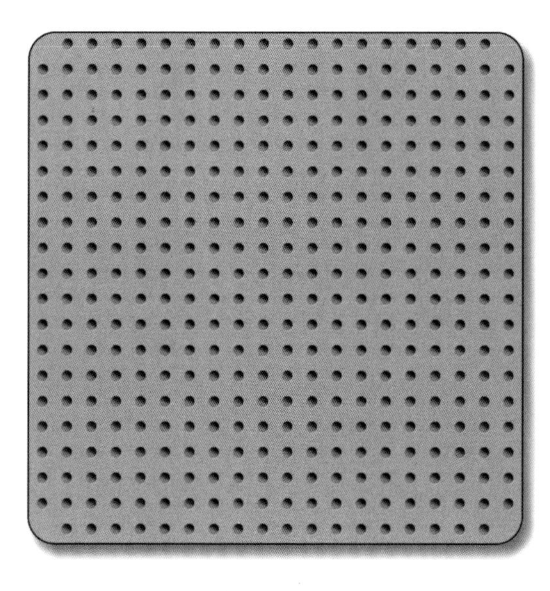

物体的纹理

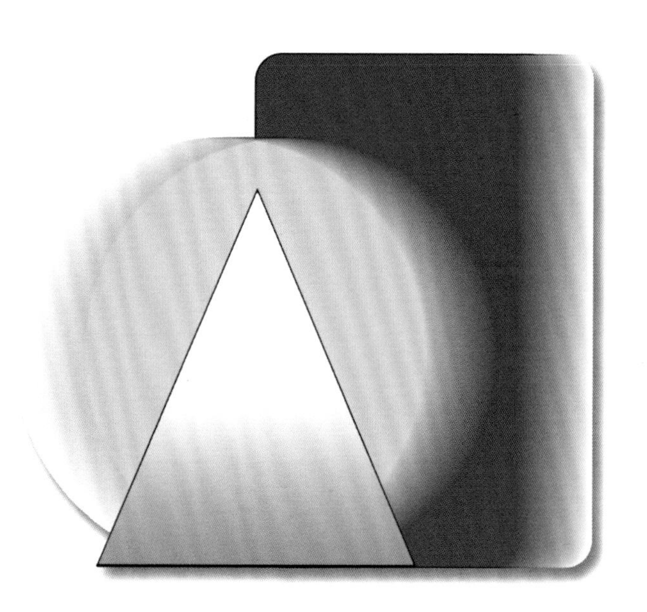

物体的形态特征

对重力的基本感知

基本经验告诉我们，由于地球的引力，物体产生了重力。在画面中，同样也可以让人感觉到重力的存在。这也与许多造型形态与运动过程紧密相关。大的、深色的形态更重，如果它们在画面的靠上部分，则一般被认为是悬浮的。当物体的近地端比较宽的时候，这个物体的基本形的延伸则被看做是稳定的、稳固的。这种感知效果在立体图形中也可以体现。

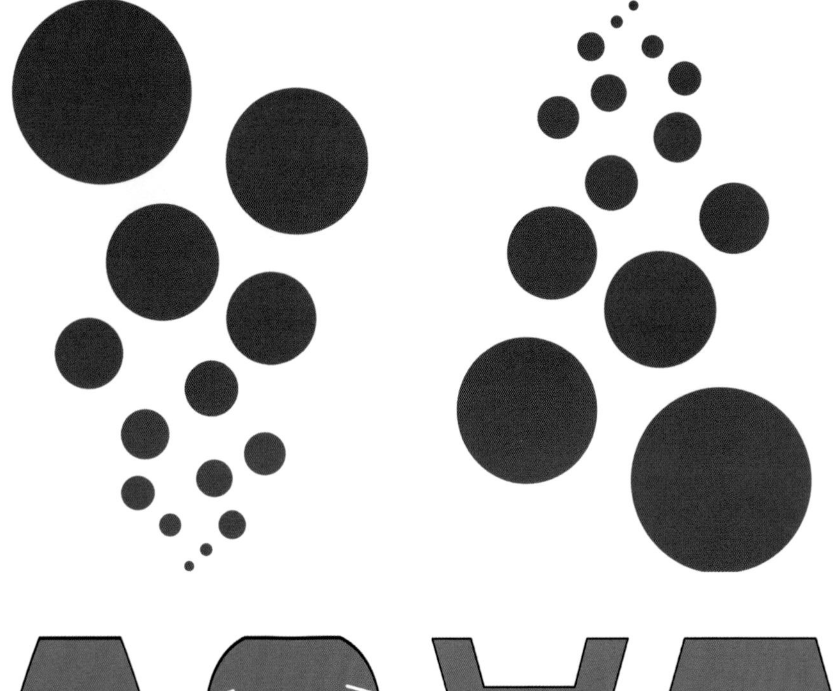

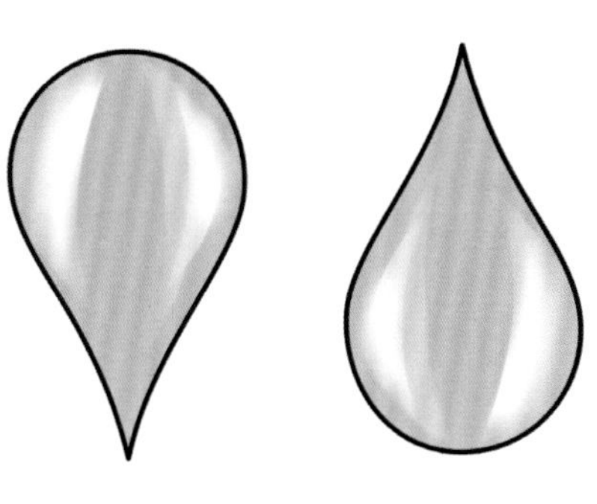

左图和上图：当视觉上的重力（深颜色的）在图形的下端的时候，物体看起来更重，并且与地面紧密连接。当视觉上的重力在上面时，物体看起来是悬浮的。水滴的形状是一个符合张力关系的最小曲面形态。

右图：当人的视觉中心在物体下半部分的时候，这个物体的形态被看做“指向地面”的，稳固的，并且有重量的。反过来的话，则会让人感觉到这个曲线是向外张开的。

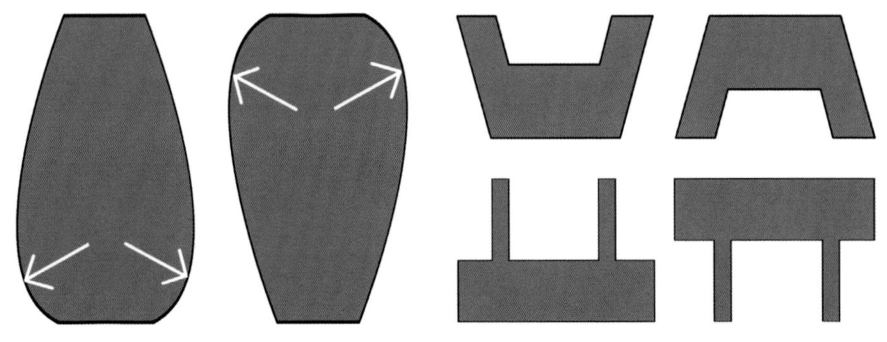

左图：表面的关系可以通过视觉上的重量和重力来感知。形态可以被看作是稳定的或者不稳定的。

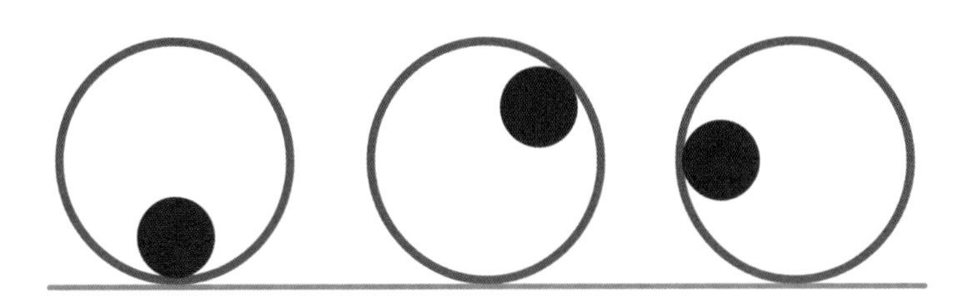

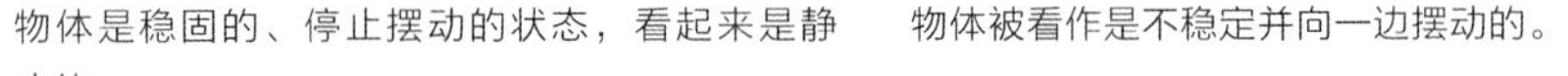

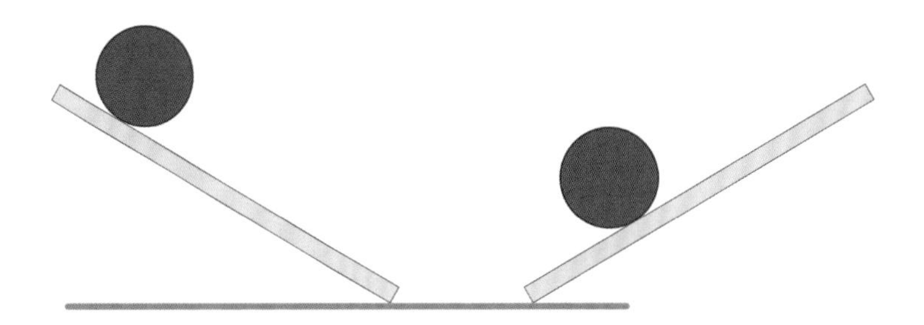

物体是稳固的、停止摆动的状态，看起来是静止的。

物体被看作是不稳定并向一边摆动的。

圆在空间中由上至下的滚动被看作是常见的运动。

因为人们观察图形空间是从左到右的，因此画面中的圆看起来有一个向上滚动的趋势，并且比重力效果更加强烈。

右图：一系列家具的形态，它们作为平面元素拥有不同的重量。左边是很重的形态，视觉重心在地板上。第二个图形的视觉中心从地面提升，最后两个由线条构成的图形看起来没有重量，是脆弱的。

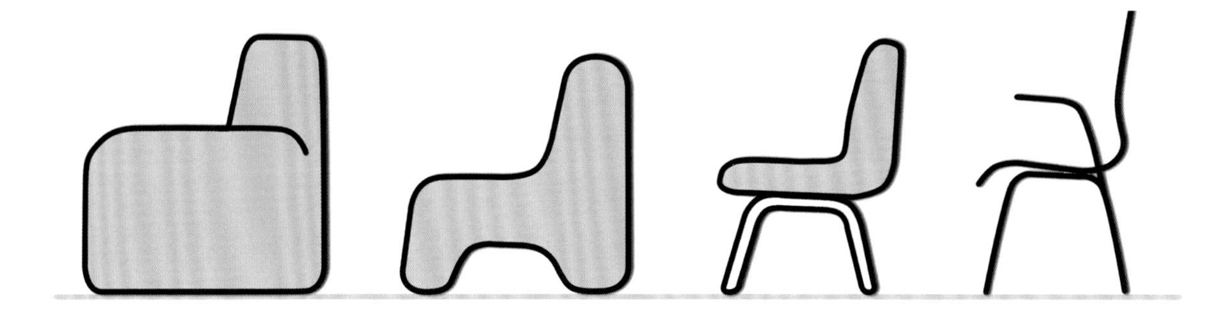

图形视觉规则

在图形图像中还有很多的视觉规则。通过线条或者平面或者动态图形所做的分割关系在画面重量上也会起到不同的作用。

右图：几何图形&视觉中心

通常来说，画面的几何中心处于中间，稍微靠下的位置。这种校正也许也是由于重力产生的作用，同时这也是平衡图形元素的一种方法。在字体设计中，通常将笔路带到视觉的中心。文字作为图形元素，张力向上并且向外。

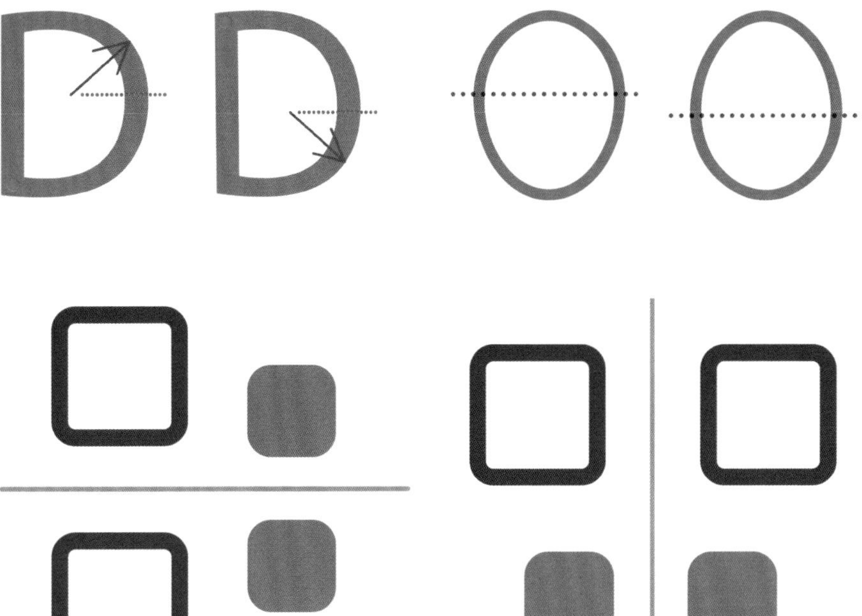

右图：纵向的对称效果比横向对称更加强烈，类似我们眼睛的左右排列一样。横向的对称缺少排列感，在自然中常为镜面图像或者层叠。

1

2

3

4

5

6

上图：对称以及队列

1 未被拆分

2 中间拆分，简单对称

3 强烈对称（三张相连的图画）

4 更强烈的对称

5 弱对称，排列

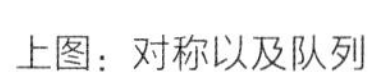

6 视觉上的排列强于对称

右图：面的分割与排布也是图形空间中的造型手段。比如黄金分割展现了一种张力。总长C比B等于B比A，这是一种特殊的关系。现如今显示屏的比例16：10就与此相似。

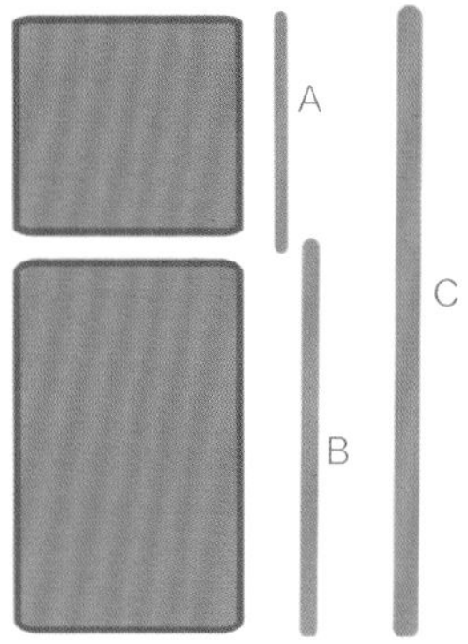

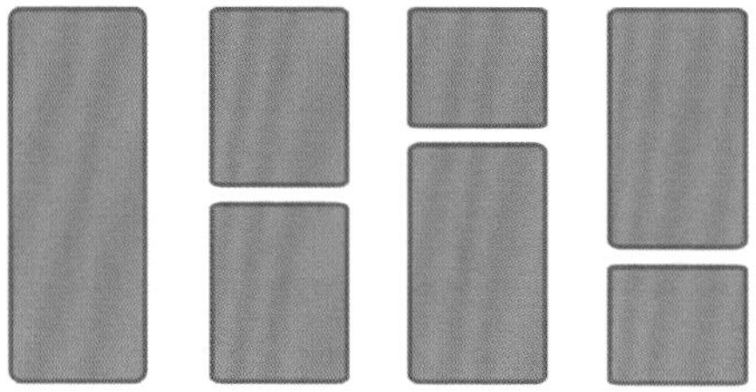

左图：平面的分割看起来是平静的、封闭的。中心的分割看起来张力很小、重力。1/3比2/3的分割而言，更加靠上，有力的基础。最右边的例子明显地展示了使托起-压下的原则，充满张力的分割。

A

B

C

90 75 60 45 30 15 0

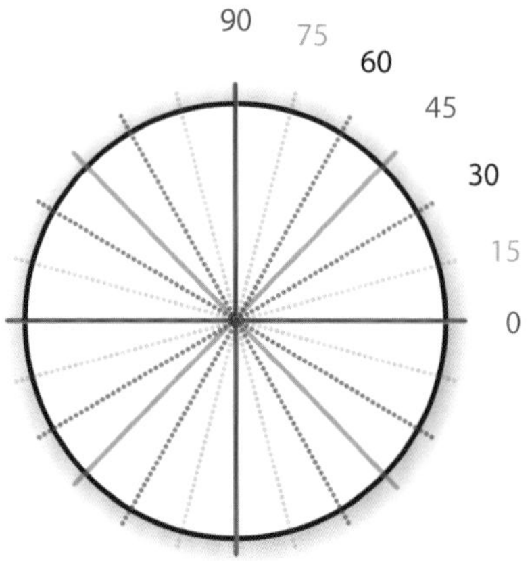

下图：旋转90°、45°的轴，这个系统看起来很不规则，不稳定，就像是逃出来的平面。

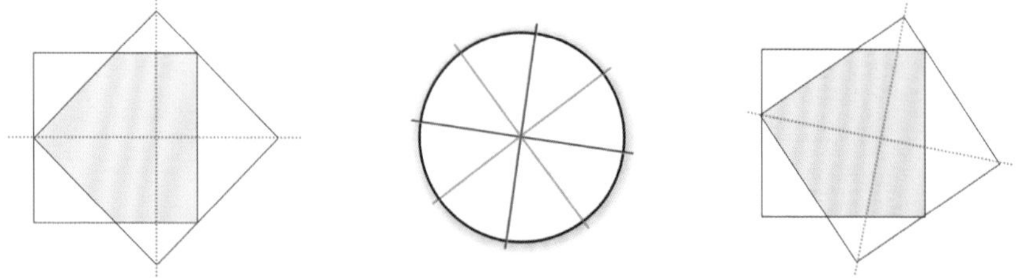

右图：角度尺寸的分割在正交的纵轴和横轴上是比较稳定的。把这个直角从90°分割成45°，再分割成30°/60°。小的次级分割线，比如15°/75°是最弱的，因为它们很少被看作是90°正交分割的部分。

基本形和形变

几何图形的基本形都是一些在数学中均匀的图形。其中圆和立体中的球体比较特殊。由于圆的形态一致，无方向，因此在各个部位都有相同的张力。这些基础形是所有线、面以及立体模型变形的基础。通过变形，可以得到形态特征不同以及表现力不同的形变。

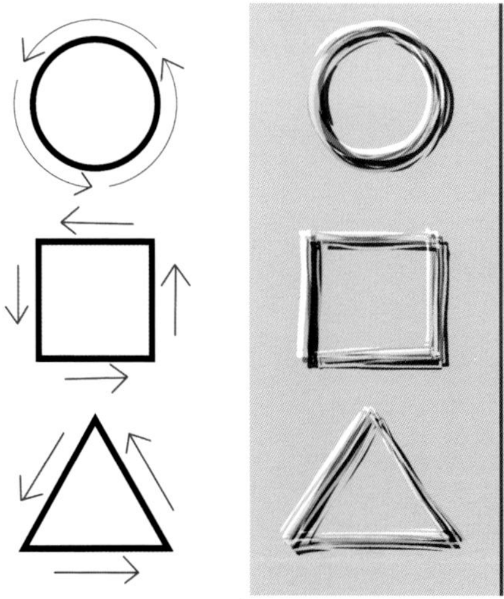

基本形看起来中立、无运动，在方向上面一致。图中的线显示了它们在运动中具有同等的强度。

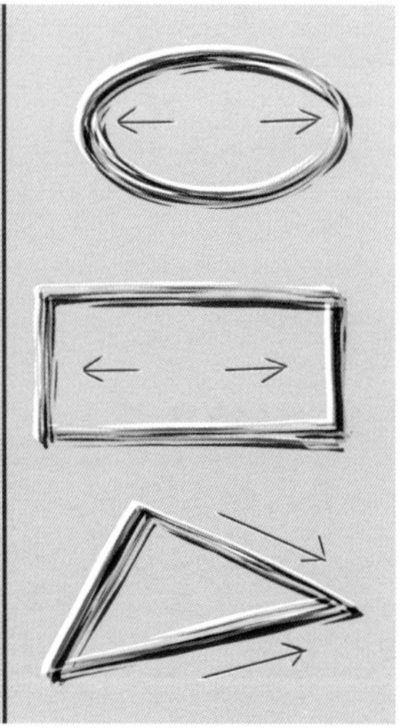

通过拉长以及旋转增加了形态的方向。

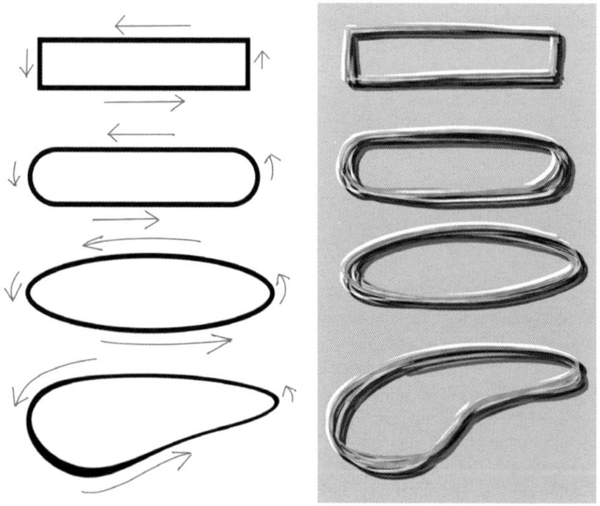

通过延伸以及弯曲后形成的新的、更具有方向感、更有活力的形态。

右图：线条的张力

右图中是线条的逐渐变形，当它的变形更趋向于直线还没有完全变成直线时，便越具有张力。不规则的曲线走向可以营造充满活力的或者是运动的氛围，这与圆截面的均匀形态形成鲜明对比。

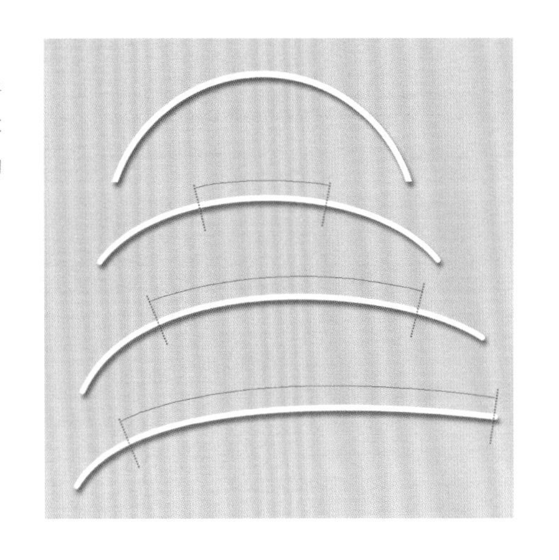

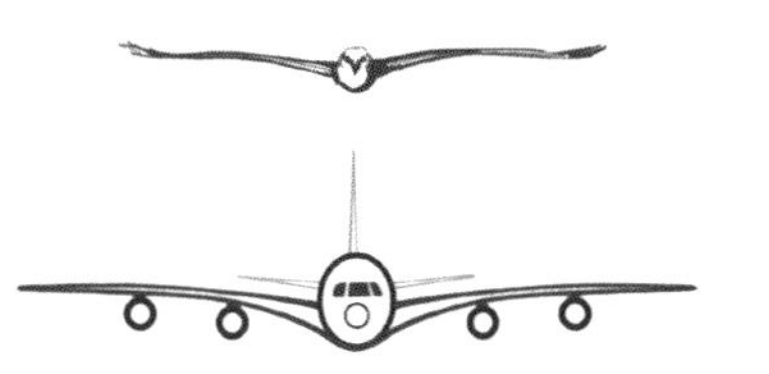

上图：线条的张力作为图形元素或者是面的一部分。

下图：将圆拉伸到椭圆，张力明显增加了。可以想象空间中的形态（比如一座桥），就像从罗马石桥到现代的钢筋混凝土桥的变化。

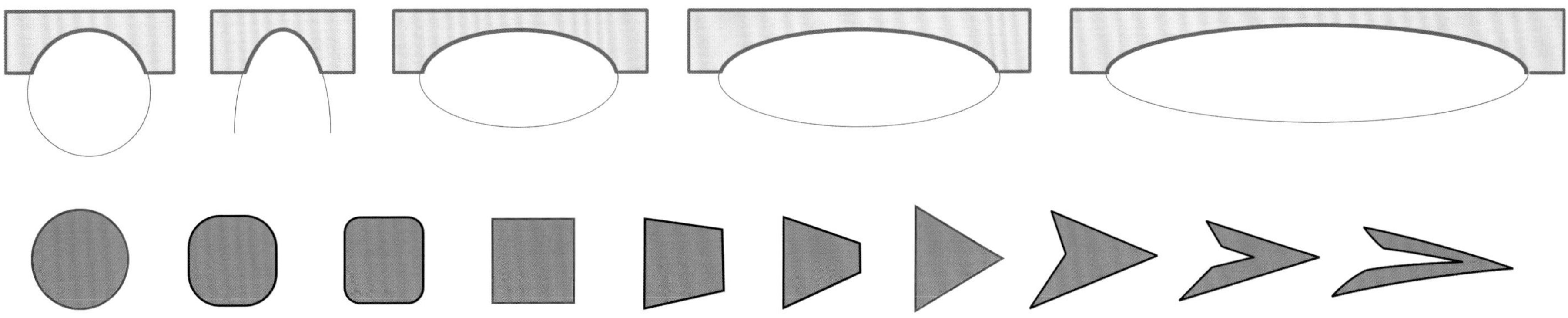

上图：缺乏张力的基本形

下面展现了最没有张力的图形——圆（线上的每一个点与中心都有同等的距离）。它的变化从沿两个方向撑开到活跃的三角形，从沿着不同长度和紧张度曲线的变形到形态的重复，从定向的有活力的，到有攻击性的。

下图：轮廓线到面的造型

在工业产品设计中可以清晰地看到不同形态的应用。比如在汽车领域，赛车拥有更具有动态的形态元素，多组重复的应用，加强了动态。生活中普遍存在的物体，经常是由张力小的形态元素构成的。

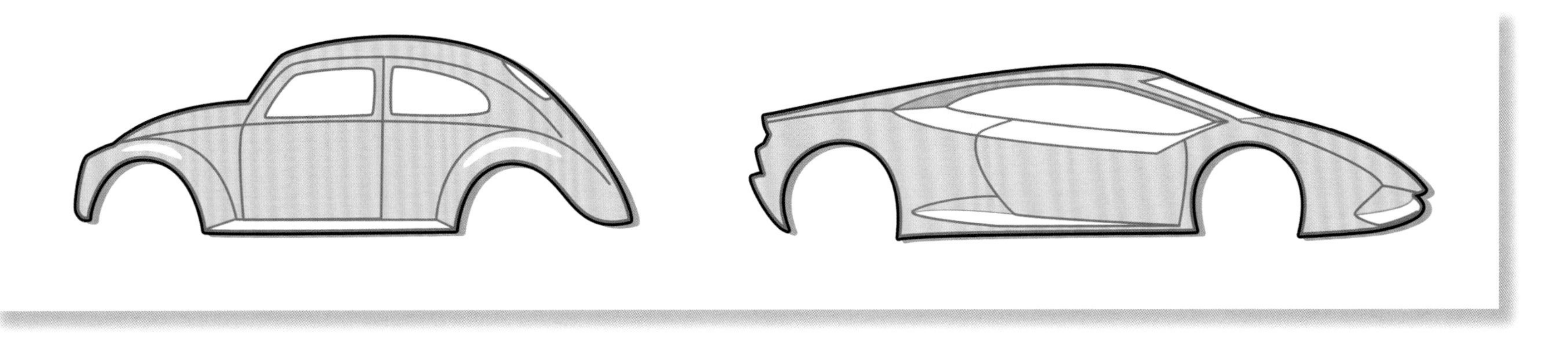

背景造型

图像造型是围绕物体的形态造型而展开的。背景的作用是提供一个图像平面或者图像空间。不同背景的表现方式，都是以优化形态或者内容为目的的。这就需要用一些造型工具，比如对比，但依旧是和内容相关的。大多情况下最终效果是要突出画面中的主体的，这在绘画造型过程中需要找到其中的平衡点。

- 背景初稿
- 背景效果图
- 经典背景
- 镜像，逼真的画面背景

背景初稿

草图或者初稿中最重要的是表达设计方案的多样性以及方便后期的处理。当基本形态成型后，需要加工材料的细节，这就一起构成了画面的表达（合成）。背景或者环境可以根据使用的方法，更加生动的、有活力的美化整个画面。背景前的物体可以被处理成明亮的风格或者是加深强调的风格，这些都可以增强画面效果。以下便是使用Photoshop处理图像的一个案例。

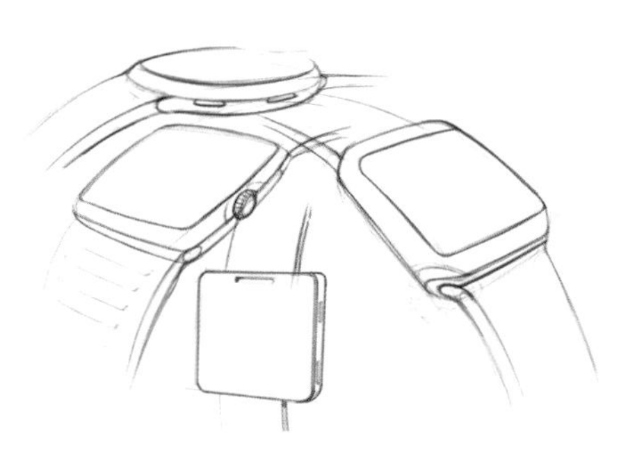

从一个数码产品的草图开始。

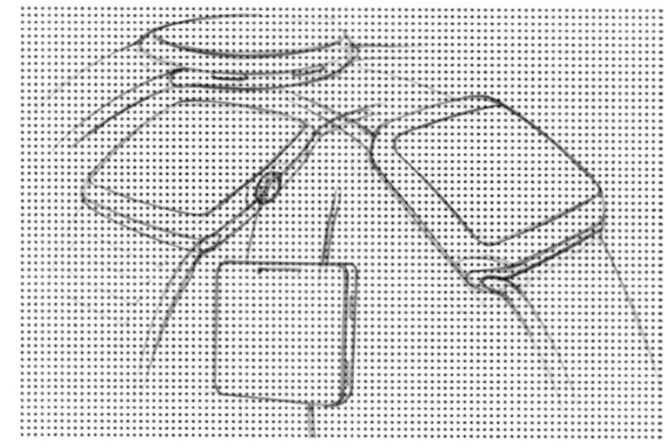

执行编辑-背景填充命令。

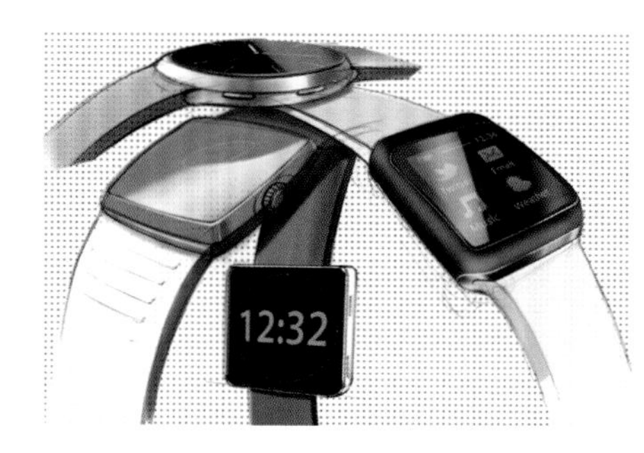

处理纹样，设置透明度。

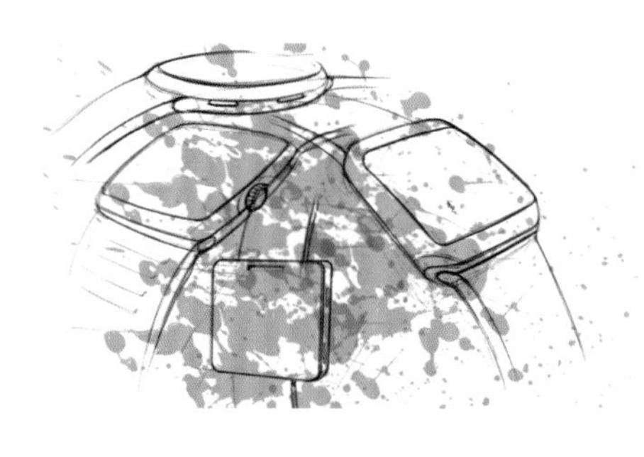

用一个大的画笔（水彩）在平面上点一到三个点（不透明度：100%，硬度：100%）。图层设置为半透明。

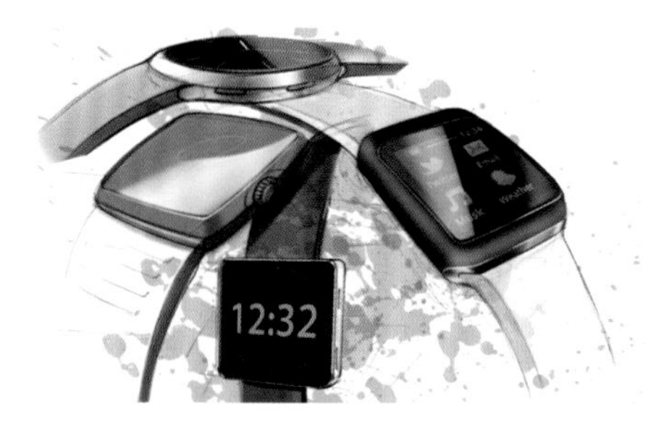

擦除背景的结构部分、这与没有处理过的部分形成了一个很有趣的对比。

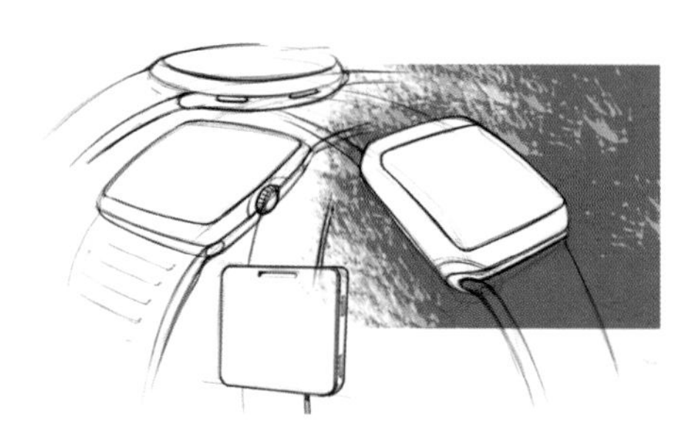

填充选取的矩形选区，用橡皮擦除部分（选择结构）。

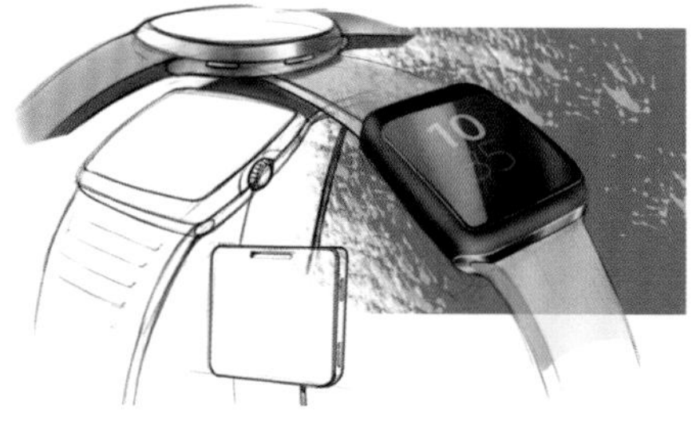

继续处理，可以设置背景的颜色或者透明度。

填充颜色，塑造背景的结构，使之更加生动。在图层菜单中设置“透明像素修正”。这里有三个色调混合起来，只有像素被处理，并不是整个透明空间。

在绘图纸上的创作，反映了绘图者的思路。这些图画被应用到展示效果时，需要重新进行排列。用一个图像处理软件裁剪和重新编排是很必要的。同样的，背景也可以被重新编辑，以及所有的形态和对比度都可以重新编辑。

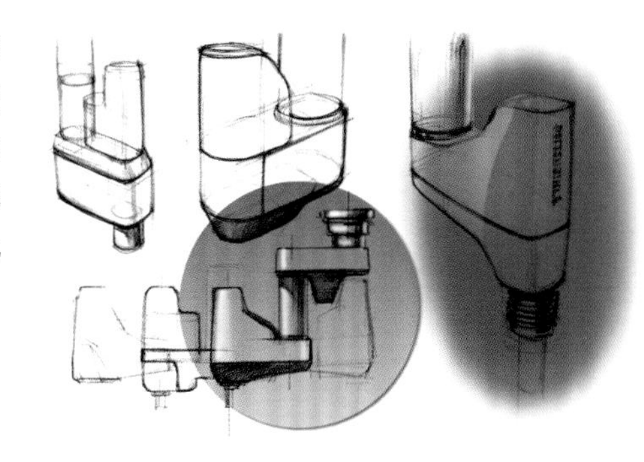

为侧视图设计另一个背景，这里使用圆作为背景元素。用中间档的柔软的画笔调整亮度来增强立体感，重合的颜色可以擦掉。

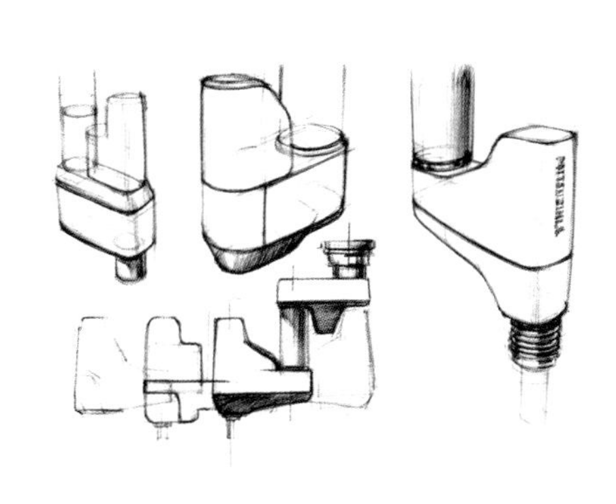

将草图排列到绘图纸上，调整绘制的图形之间的距离。

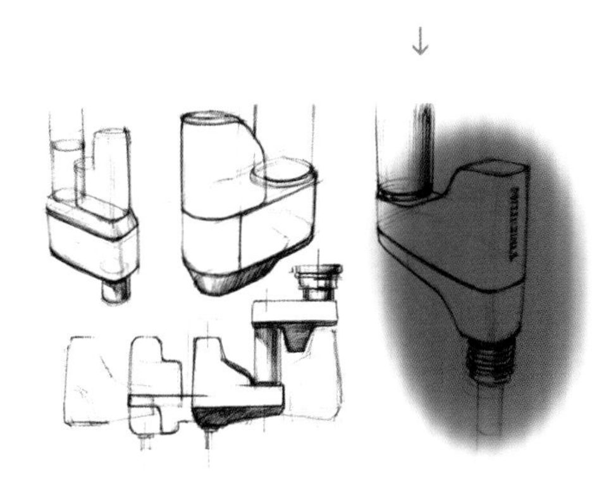

制作背景。使用柔软的大画笔（硬度：0%）画出形状。图层模式选择“正片叠底”，使草稿效果可见。

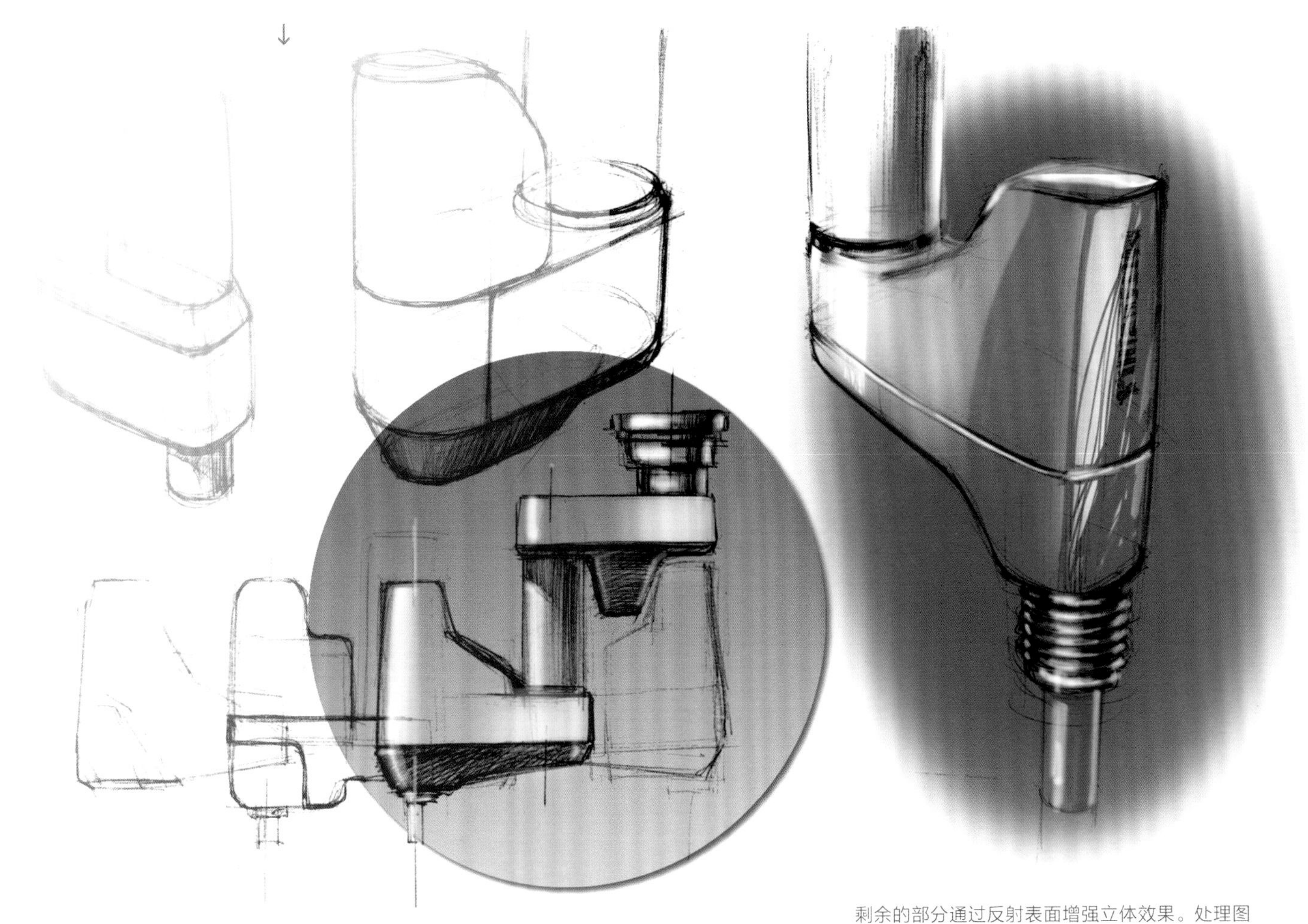

剩余的部分通过反射表面增强立体效果。处理图形螺旋部分与轴的效果，处理零件接合的部分。其余的部分用“白到透明”的渐变遮盖。

背景效果图

从草图（初稿）到展示效果图的过渡应当是很流畅的。草图的灵活特征也依旧可以被展现，比如通过绘制使用环境，可以展现物体的功能特征。效果图的表现意味着视觉上的说服力（形态、关联、材料作用等）。在以下例子中，同一个产品可以通过形态、背景形式、颜色、结构以及字体来展现出不同的效果。

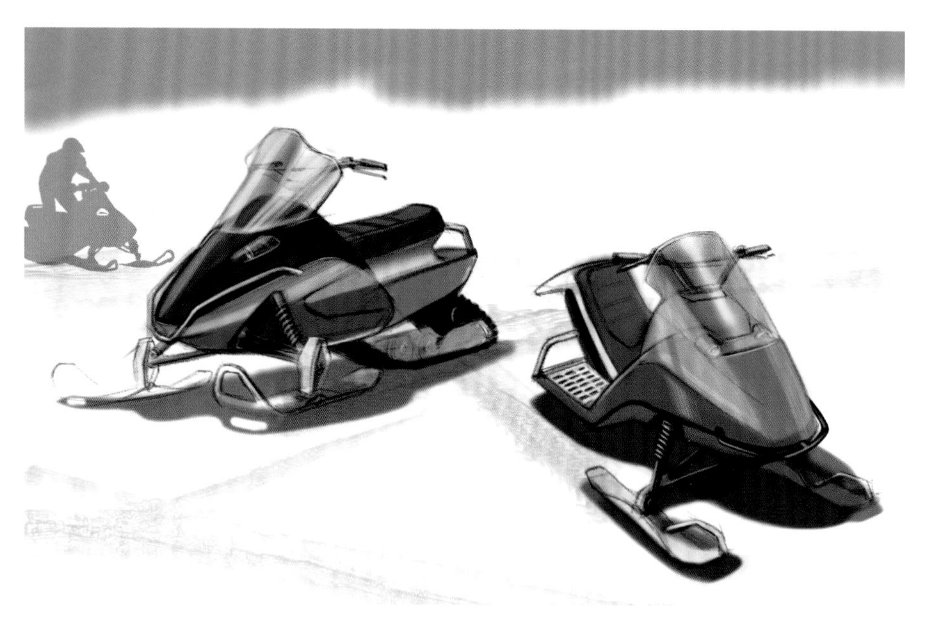

这里讲背景的应用，雪地摩托在一个自然的使用环境中展现。这里使用了不同纹理的画笔，雪的痕迹可以通过“浮雕”滤镜来绘制，用更改色调的方式来调整或者提高对比度。

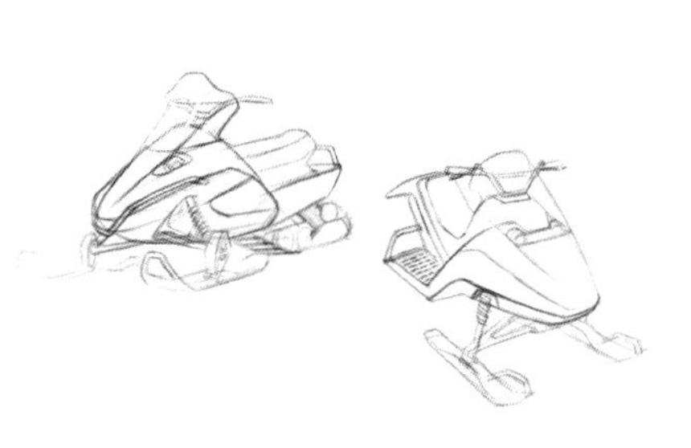

首先我们需要一个电绘的草图，部分平面做立体化处理，这里使用了明度的对比。分别在各自的图层设置颜色和细节，图层模式为“正片叠底”。

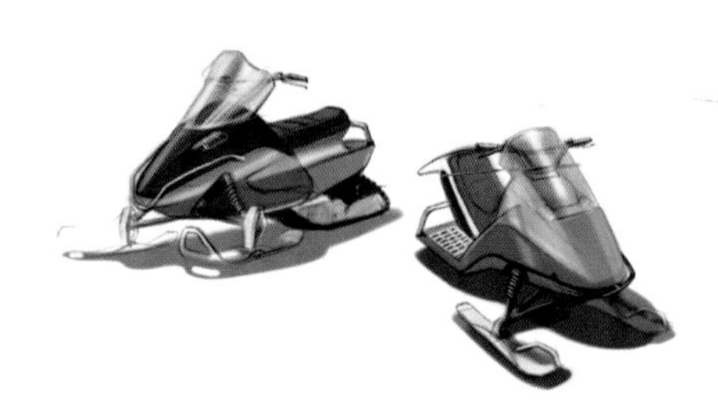

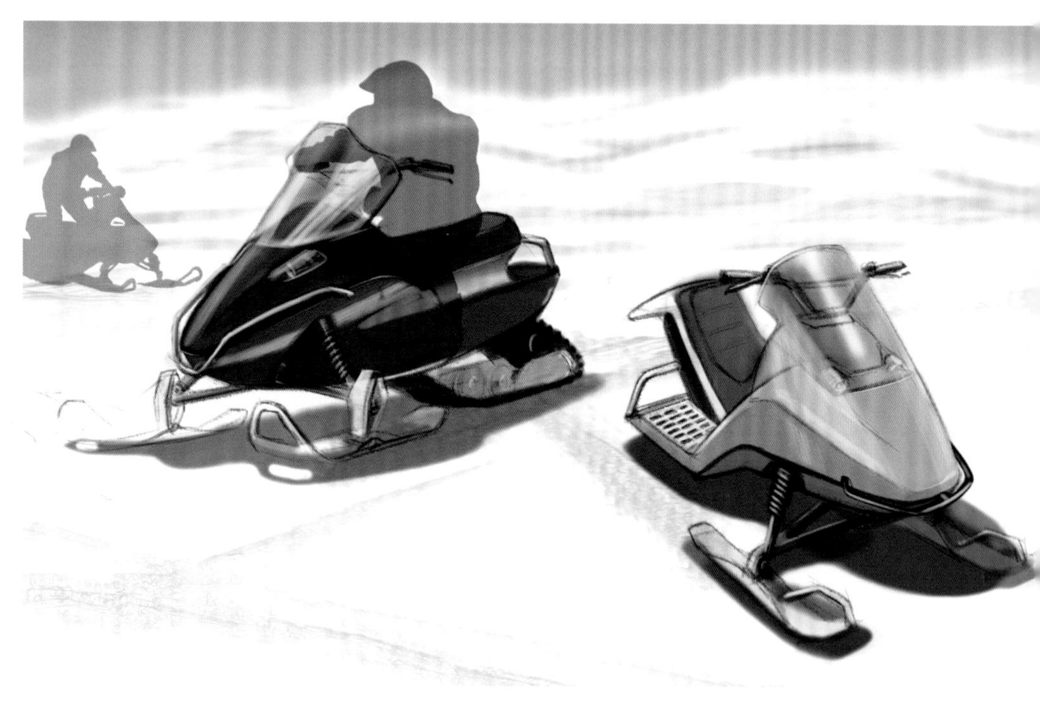

单色的表达使人们更加关注产品本身，这种表达方式更适合用来描述产品的功能。画面中的字体与图中的产品形成对比，这种对比可以是多种多样的，也可以是醒目的或者融合的。画面中的人物给整个画面提供了一个参考的比例，在这里需要做半透明的处理，以免人物夺去画面的重点。

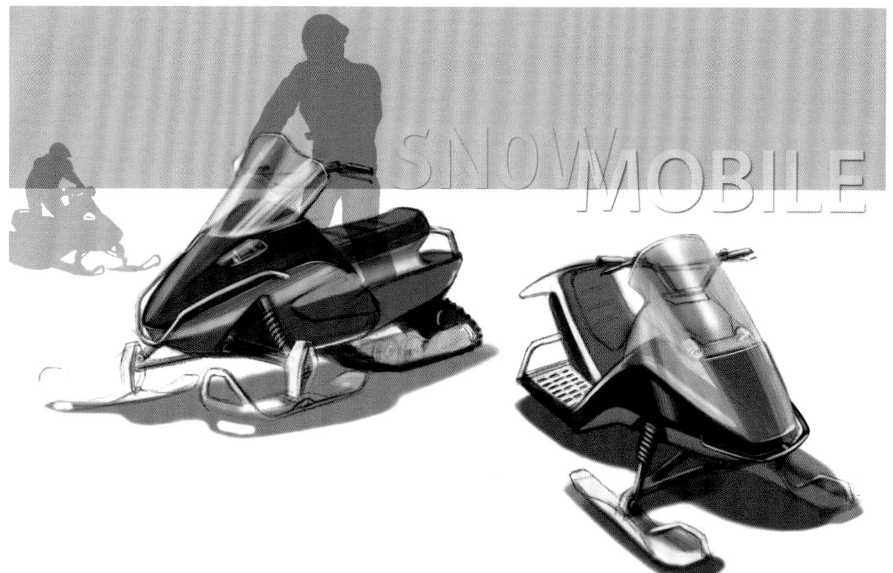

色彩强烈的背景提高了整个画面的关注度。当背景也成为产品的一部分的时候，产品与背景之间产生了很有趣的对比。通过这个对比，我们在心理上形成了对这个画面的整体感知。画面用大块橙色条纹分割（明显的深浅对比）加强了画面的对比效果。

下图：深色的、深度的背景。在这里，整体画面使用单色调，背景色使用着重色并且反射到了物体表面。暗红色的天空让人联想到白天-黑夜的过渡，即黄昏或者黎明。这里并没有展现太多的细节，整幅图侧重的是整体性。

经典背景

就像经典的照片背景一样，要追求一个色调的分配，使产品主体可以在一个模糊的背景中凸现出来。色调的过渡可以营造空间感。一般来说，产品主体常常在画面中央。

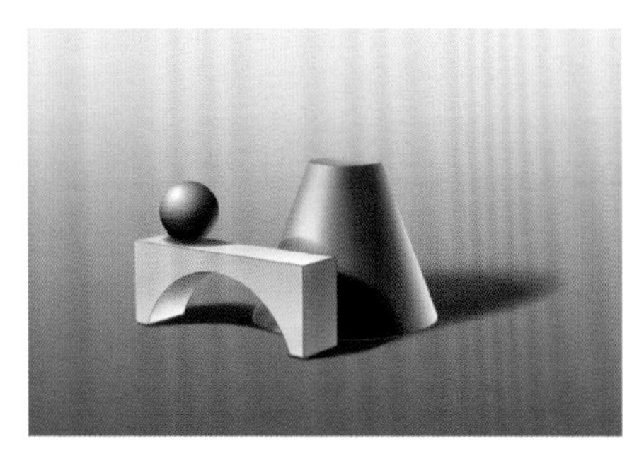

左图：180° 的过渡，产品主体在前景，画面的重点在前景。

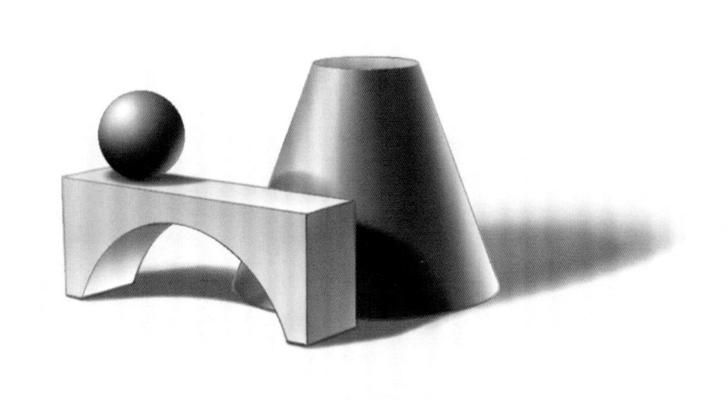

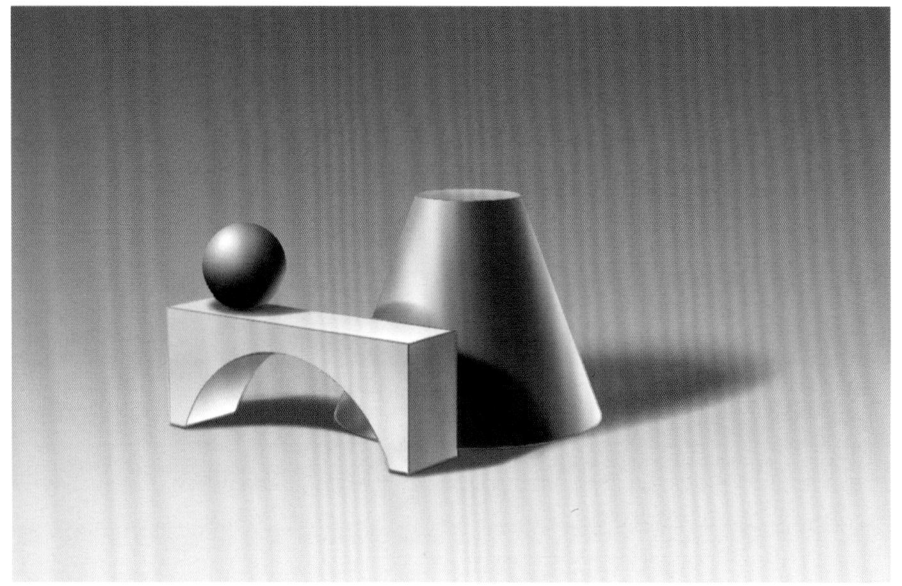

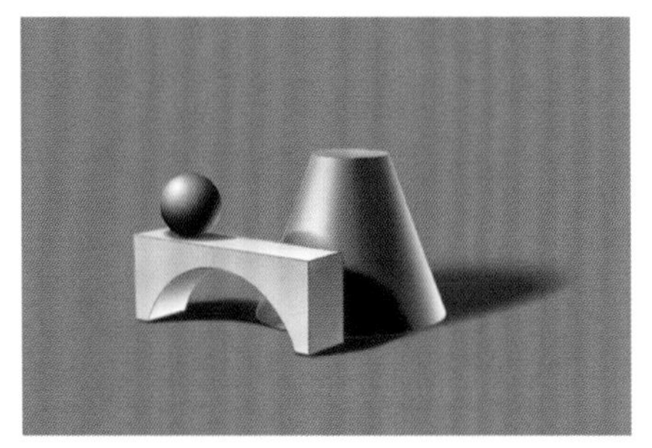

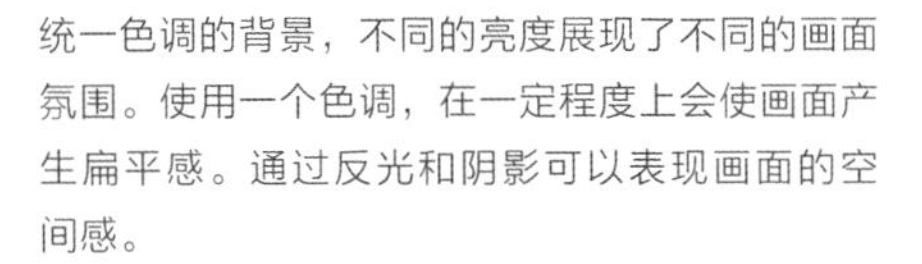

统一色调的背景，不同的亮度展现了不同的画面氛围。使用一个色调，在一定程度上会使画面产生扁平感。通过反光和阴影可以表现画面的空间感。

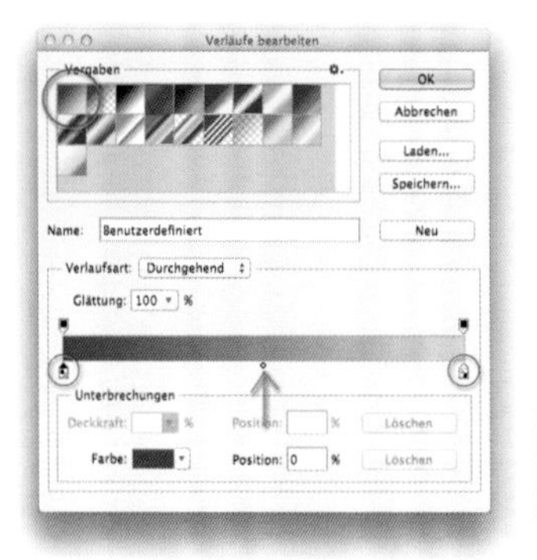

背景利用渐变工具绘制，使用两个颜色的渐变。在渐变菜单中（这里是Photoshop）可以设置渐变效果。这样使画面产生一个轻微的景深。渐变的方向与产品主体结合产生了丰富的画面效果。

左图：用特别亮的且边缘柔和的椭圆来强调桌面。

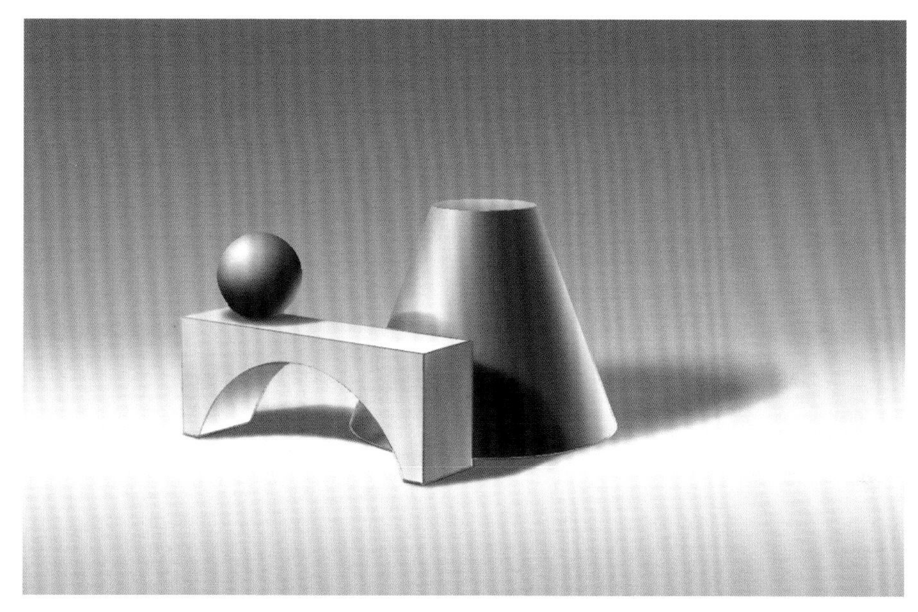

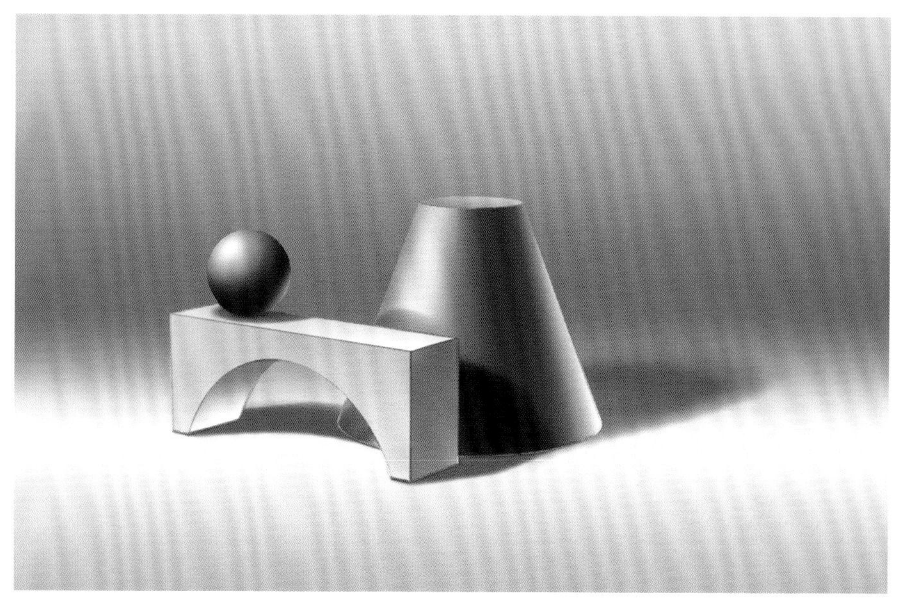

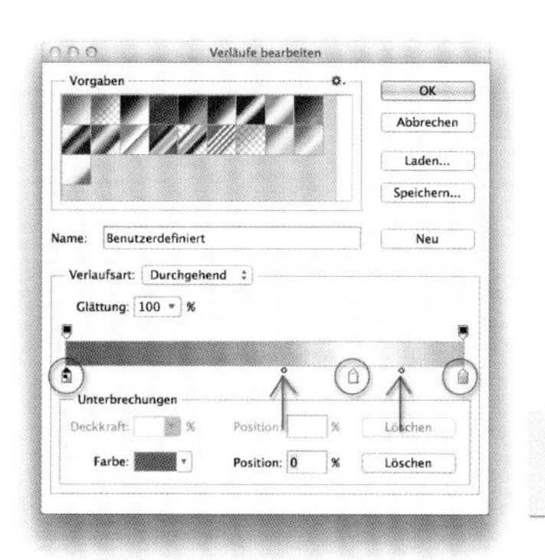

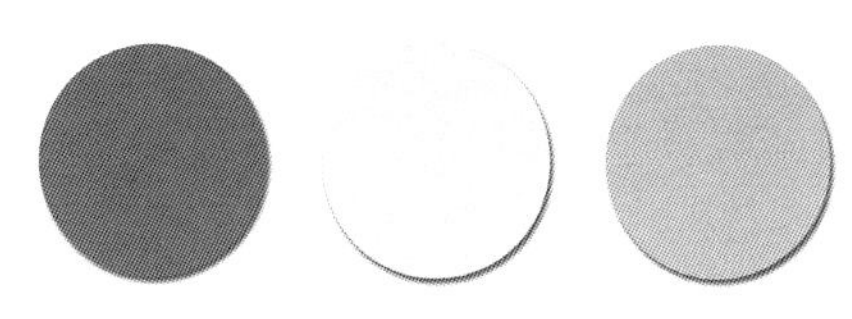

背景用渐变工具绘制，这里使用了三个渐变色。在渐变菜单（Photoshop）中可以设置颜色的分配和过渡的方式。在这里，放置产品的平面被加亮，因此营造了画面的空间感。

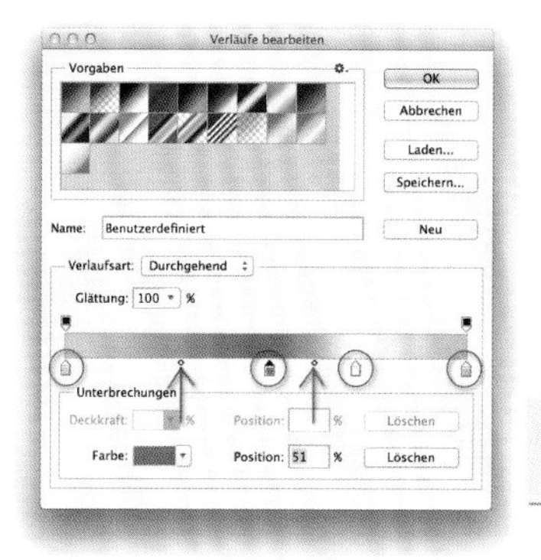

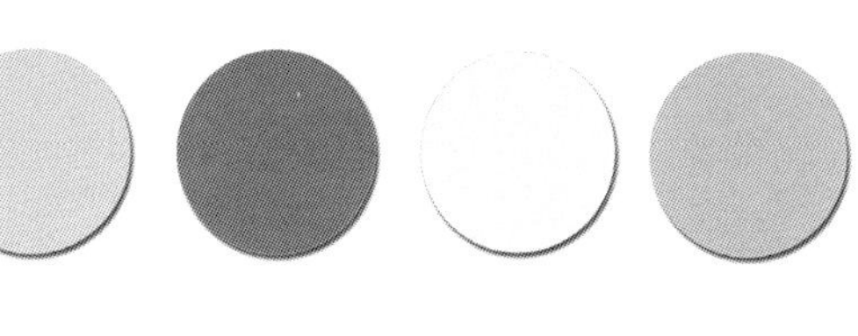

背景使用渐变工具以用四个颜色值绘制。产品主体放置在浅色的区域上，在这之上绘制了一个深色的范围。以此来增强后方的景深。

镜像，逼真的画面背景

光滑的平面会产生镜像，就像自然界中的水面，也像人工科技领域中的高质量表面（如玻璃）。镜像经常与高科技产品联系起来。明暗的转化，颜色和形态的处理，在画面表现中产生了很强的生动感。也可以与配合绘制延伸的背景，产生逼真的视觉效果。

利用四个色调的渐变绘制立方体的背景。

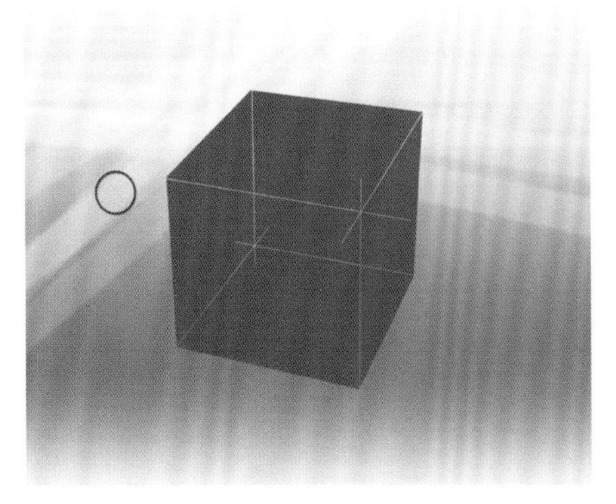

在立方体的轴侧方向使用橡皮擦出条纹（不透明度：25%）。

填充影子的形状，并且在后方提亮。

用大画笔绘制桌面的轻微镜像效果，边缘使用橡皮工具处理。

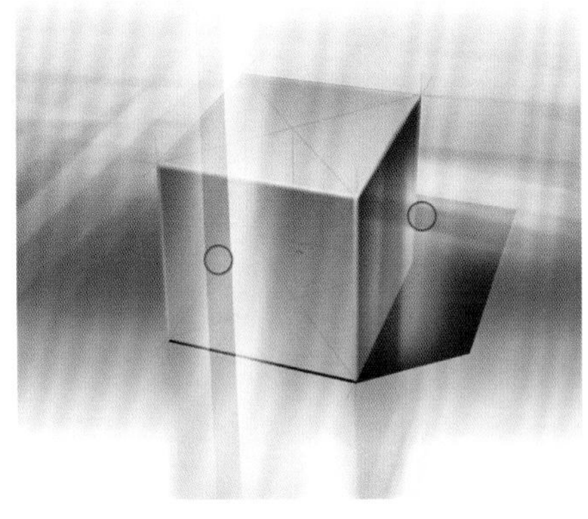

在新的图层用白色涂出线条（大画笔，硬度：0%），使用橡皮工具处理（不透明度：50%）

右图的最终效果展现了立方体上来自环境中的不同的反射光。这个简单的物体通过画面的造型变得生动有趣，通过结构以及表面作用营造了一种整体的画面感。

利用镜像与背景绘制汽车的环境。

放大图像，把汽车镜像到另一个画面上并且组合（调节透明度）。

轻微的表面粗糙度可以执行滤镜-模糊-动态模糊命令来处理（角度：0，距离：30像素）。

在镜像图案上使用渐变到透明的蒙版。

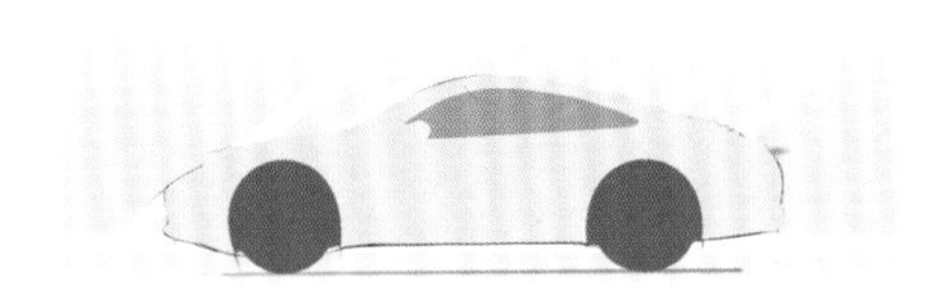

在画板上绘制图形。利用橡皮工具擦出背景上这些提升活力的线条（通过按住转换键）。

利用渐变工具填充三个色调（灰度）的背景。

背景与图形结合。通过调节图层的透明度，可以很简单地调节灰度值。

调节镜像图层的透明度，制造轻微的画面裁剪效果。汽车应该是画面的主体，左上角的光反射可以附加更多的光照氛围。加入字体可以让画面更为完整。

在一个现代的场景中，使用镜像绘制逼真背景以及环境的造型。

将图（一个玩具摩托车）放置在深色的背景上。执行滤镜-模糊-动态模糊命令制作镜像图案，并以同样的方法画出驾驶员背后的线条。

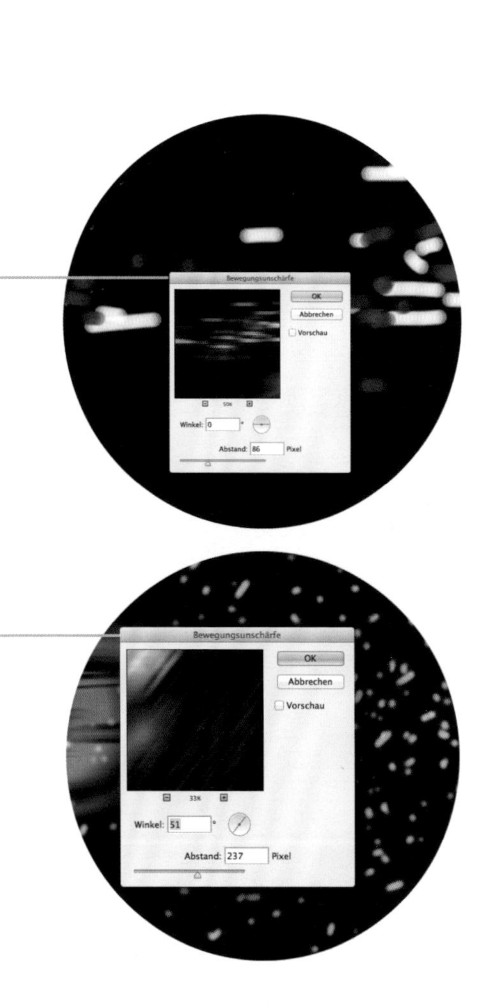

用一个小的画笔绘出远处的城市灯光，并用动态模糊处理。这就产生了动态照片的效果。利用另一个角度的相同的滤镜处理洒落的雨滴。

在之后的处理中，附加了蓝天以及黄昏的光线。用很多线条绘制出汽车车灯，制造动态感。绘制尾灯以及另外一个照亮驾驶员及摩托车的左侧光源的效果。用橡皮处理线条，烘托出一种行驶在风中雨中的画面气氛。

律师声明

侵权举报电话

图书在版编目（CIP）数据

产品数字手绘综合表现技法 /（德）马蒂亚斯·舍恩赫尔著；张博等译．— 北京：中国青年出版社，2018.5
书名原文：Digitales Zeichnen
ISBN 978-7-5153-5099-8
I. ①产… II. ①马… ②张… III. ①产品设计 – 绘画技法 – 应用软件 – 教材 IV. ① TB472-39
中国版本图书馆 CIP 数据核字（2018）第 090729 号

版权登记号：01-2018-0957

产品数字手绘综合表现技法

[德] 马蒂亚斯·舍恩赫尔（Matthias Schönherr） 著
张博 刘睿琪 王晓宇 孙畅 译

出版发行：中国青年出版社
地　　址：北京市东四十二条 21 号
邮政编码：100708
电　　话：（010）50856188 / 50856199
传　　真：（010）50856111
企　　划：北京中青雄狮数码传媒科技有限公司

责任编辑：张　军
助理编辑：张君娜
封面设计：杜家克
专业顾问：刘　超

印　　刷：深圳市精彩印联合印务有限公司
开　　本：889×1194　1/16
印　　张：14
版　　次：2018 年 7 月北京第 1 版
印　　次：2018 年 7 月第 1 次印刷
书　　号：ISBN 978-7-5153-5099-8
定　　价：128.00 元

本书如有印装质量等问题，请与本社联系
电话：(010) 50856188 / 50856199
读者来信：reader@cypmedia.com
如有其他问题请访问我们的网站：www.cypmedia.com